普通高等教育"十二五"规划教材

信号与线性系统

（第2版）

王　霞　侯兴松　阎鸿森

西安交通大学出版社
XI'AN JIAOTONG UNIVERSITY PRESS

内容简介

本书是 1999 年由西安交通大学出版社出版的《信号与线性系统》的修订版。本书全面系统地介绍了信号分析、线性时不变系统分析的基本理论与方法,并对数字信号处理的基础知识做了必要的介绍。从连续时间到离散时间,从时域到频域和变换域,并以通信工程与信号处理作为主要应用背景进行了全面系统的讨论。

全书共分为 9 章。绪论和第 1 章介绍了信号与系统分析的基本概念和必要的预备知识。第 2 章讨论了信号与系统的时域分析方法。第 3 章和第 4 章分别讨论了连续时间信号与系统和离散时间信号与系统的频域分析。第 5 章结合傅里叶分析在通信领域的应用介绍了滤波与调制。第 6 章围绕连续时间信号与离散时间信号之间的内在联系讨论了采样。第 7 章介绍了数字信号处理的重要理论 DFT 与 FFT。第 8 章和第 9 章则分别讨论了变换域的分析方法——拉普拉斯变换与 z 变换。

全书内容取材适当,体系结构合理,融信号分析、信号处理、系统分析于一体,且便于根据不同的教学要求进行剪裁与组合。适合于高等学校电气、电子、信息、计算机等类学科与专业的本科生作为基本教材使用,也可供从事相关领域工作的工程技术人员参考。

图书在版编目(CIP)数据

信号与线性系统/王霞,侯兴松,阎鸿森编著. —2 版.
—西安:西安交通大学出版社,2014.7(2024.3 重印)
ISBN 978 - 7 - 5605 - 6307 - 7

Ⅰ.①信… Ⅱ.①王…②侯…③阎… Ⅲ.①信号
理论②线性系统 Ⅳ.①TK911.6

中国版本图书馆 CIP 数据核字(2014)第 117714 号

书 名	信号与线性系统(第 2 版)
编 著	王　霞　侯兴松　阎鸿森
责任编辑	任振国

出版发行　西安交通大学出版社
　　　　　(西安市兴庆南路 1 号　邮政编码 710048)
网　　址　http://www.xjtupress.com
电　　话　(029)82668357　82667874(市场营销中心)
　　　　　(029)82668315(总编办)
传　　真　(029)82668280
印　　刷　西安日报社印务中心

开　　本　787mm×1 092mm　1/16　印张　23.75　字数　574 千字
版次印次　2014 年 9 月第 2 版　2024 年 3 月第 5 次印刷
书　　号　ISBN 978 - 7 - 5605 - 6307 - 7
定　　价　39.80 元

第 2 版前言

《信号与线性系统》自 1999 年出版至今已历经 15 年,在此期间广大教师和读者对该教材给予了充分的肯定和厚爱,也为我们进一步修订此书提供了不少有益的意见。

征得原编著者同意,我们对该书进行修订。在第二版修订中,继续保持了第一版编写时的主导思想,对连续时间信号与系统和离散时间信号与系统采用并行的方法展开讨论;在全面系统地介绍信号与系统分析的理论与方法的同时,适当地引入数字信号处理的有关基础知识,以适应不同专业的教学需要。所不同的是,第二版教材更多地考虑了各章内容和篇幅的相对均衡,以利于教师对教学内容的灵活剪裁和教学组织的有效实施。同时,适当地引入新的分析手段和工具,以适应信号与系统分析的不断发展。

与第一版相对比,将第一版第 4 章的内容拆分为第二版的第 3,5,6 章,将第一版第 5 章的内容拆分为第二版的第 4,7 章,并且都做了适度的改写、补充或修编。这样做的好处是,既突出了傅里叶分析的应用、采样以及离散傅里叶变换及其快速算法的地位,使各章的分量与篇幅更加趋于均衡,也更便于根据不同专业的情况进行教学内容的剪裁和组织。

鉴于滤波器的设计严格说来属于系统综合或系统设计的范畴,而且随着教学改革的不断深入,需要这部分教学内容的专业,已经基本上都设置了相关的后续课程。因而,在本次修订时完全删除了这一章。

第一版教材为了突出系统函数的重要性,将其单列为一章加以介绍。实践证明这样做有利也有弊。其不利之处在于,把利用系统函数分析系统的结构与特性和介绍相应的系统分析方法割裂开了,容易造成拉普拉斯变换和 z 变换分析方法在内容体系上的不完整、不紧凑,也不便于教学内容的灵活选取和组织。因此,在第二版修订时,将这一章所涉及的内容分别回归到了第 8 章和第 9 章。

考虑到在国际流行的科技应用软件中,Matlab 具有重要的意义和广泛的影响,不少学校或专业在本科一二年级已给学生介绍了该软件的使用。为了适应这一情况,使学生能够尽早地认识和熟悉 Matlab 的应用,本书第二版在第 2,7,8,9 章都引入了利用 Matlab 分析系统特性的内容,也安排了相应的习题。

对于不同层次的学校和不同类型的专业,修订后的教材更便于进行灵活的剪裁,以适应不同学时的教学要求。例如:由本书的第 1,2,3 章和第 6,8,9 章,可以构成信号与系统课程最基本的内容体系。对于设置有《数字信号处理》后续课程的专业,可以删去第 7 章的内容;对于非信息类的专业,还可以删去第 5 章的内容,等等。

本书第二版由阎鸿森主持修订,侯兴松编写了第 1,2,6 章,王霞编写了第 5,7,8,9 章以及附录,阎鸿森编写了其余部分,并对全书进行了审阅和统稿。

西安交通大学电子与信息工程学院的相关领导,信息与通信工程系的领导与从事该课程教学的各位教师,以及兄弟院校的相关教师对本书的修订给予了大力支持和鼓励,并提供了许多有益的意见和建议。西安交通大学出版社资深编辑任振国同志为本书的修订与出版付出了大量的心血和辛勤的劳动,在此一并表示由衷的感谢。

由于编者的水平所限,书中难免有不妥或错误之处,恳请读者予以指正。

编　者

2014 年 4 月

于西安交通大学信息与通信工程系

第 1 版前言

21 世纪将是信息的时代。信息科学与技术的发展将极大地影响社会经济乃至人们的生活,学科之间的相互渗透已成为当代科学技术发展的重要特点。有关信息获取、信息传输、信息处理和信息重现的基本理论和相关技术,对几乎所有的工程技术人员来说,已成为不可缺少的必备知识。为适应 21 世纪科学技术的发展和社会主义市场经济对人才的需求,加强基础、拓宽口径、增强适应性、注重人才综合素质的培养,已成为社会各界的共识。因此,作为研究信号与系统分析的基本理论和方法的一门基础课程,"信号与系统"也被越来越多的专业作为主干课而列入教学计划。我校自 1985 年将该课程列为信息控制类专业的主干课,近几年又扩大为电子类、计算机类、电气工程类专业的主干课,并且这一趋势还在继续。在此形势下,针对这些专业和学科的需要,吸收国内外教材的长处,编写适用于非信息类专业本科生教学使用,并体现面向 21 世纪人才培养需要的"信号与系统"教材,就成为教学改革中一项重要的任务。

我校从 1984 年率先引进了美国麻省理工学院 A. V. 奥本海姆等编著的《信号与系统》作为教材。经 10 多年的教学实践,得到了广大师生的赞誉,并被不少兄弟院校所采用。该书将连续时间信号与系统和离散时间信号与系统并重,采用并行的方法展开讨论,具有明显的特色和独到的优越性。但在对非信息类专业的教学中,也感到在内容的深度、广度及教材篇幅等方面不尽合适。为此,在充分继承该书体系结构上的优点,并吸收其它教材长处的基础上,结合多年教学的实践经验,编写了这本教材,以适用于电子类、计算机类和电气工程类专业本科生教学的需要。与以往的教材相比较,本教材在以下方面作了适当调整:

1. 本书在继续保持连续时间信号与系统和离散时间信号与系统并重,采用并行方法展开讨论的同时,不过分追求两者的对等和内容的对应。这样做既可以有助于读者通过对比了解两类信号与系统的相互联系和重要区别,又有利于摒弃那些并非是最常用、最基本的内容,从而减少教材篇幅,保证基本内容和重点内容更加突出。

2. 考虑到非信息类专业一般在教学计划中没有单独设置"数字信号处理"课程,而数字信号处理的基础理论与方法又对工程技术人员迎接未来新技术的挑战具有重要意义,本书适当地引入了有关数字信号处理的基础知识。使读者能通过本书的学习,为进一步涉足数字信号处理技术打下良好的基础。

3. 基于系统函数在描述、分析、综合一个系统时所具有的重要性,为了突出其地位,本书将系统函数独立作为一章,对连续时间系统和离散时间系统的系统函数进行了详尽的讨论。

4. 由于工程实际中广泛应用非零初始状态的系统,即增量线性系统,本书在坚持对严格意义上的线性系统讨论的同时,适度地增加了利用单边拉氏变换和单边 z 变换分析增量线性系统的内容。这样既保证了对线性系统定义的严密性,又照顾了实际工程需要的适用性。

5. 为了体现以信号分析为基础,系统分析为桥梁,处理技术为手段,系统设计为目的的思想,本书增加了滤波器一章,简要地介绍了模拟滤波器和数字滤波器设计的基础知识。

全书共 9 章,每章均附有适量的习题。除了有足够数量的基本习题外,还编入了部分与工程应用结合较为紧密的习题以及少量的对正文内容加以扩展和引伸的习题。其目的在于更好地适应不同层次的教学要求和读者。本书的全部内容适合于 64 学时的教学,如果删去第 9 章则可在 56 学时内讲授。本书也可作为信息类专业本、专科学生的基本教材或教学参考书。还可供从事相关领域技术工作的工程技术人员作为参考。

本书的第 2,3 章由田惠生教授编写;第 6,7,8 章由王新凤副教授编写;阎鸿森教授编写了其余各章,并对全书统稿。刘树棠教授参与了本书编写大纲的制定,审阅了第 4,5 章书稿,并提出了许多宝贵意见。刘贵忠教授审阅了全部书稿并提出许多宝贵意见。本书在编写过程中得到西安交通大学教务处、西安交通大学出版社以及电子与信息工程学院信息与通信工程系有关领导的热情鼓励和大力支持。在此一并表示衷心的感谢。

由于编者的水平有限,本书在内容取材、体系安排、文字表述等方面必有不少缺点甚至错误,敬请读者批评指正。

编　者

1998 年 10 月于西安交通大学

目　录

1

绪 论

0.1 信 号

当今的时代被人们称为信息化的时代。人类在社会活动与日常生活中,无时无刻不涉及到信息的获取、存储、传输、处理、控制、利用与再现。人们之间的问讯与通信,相互传递新闻、图像或数据,都是为了把某些信息以适当的形式传递给对方。可以说上至天文,下至地理;大到宇宙空间,小到粒子、核子的研究乃至工农业生产、社会发展及家庭生活都离不开信息科学。尽管在不同的领域有不同的具体问题,然而,信息的获取、传输与再现都是其中的主要任务。当然有时为了更好地完成信息的传递,也需要对信息进行必要的变换和处理。

0.1.1 消息与信号

信息通常隐含于一些约定的、按一定规则组织起来的"符号"之中。这种按约定的方式组成的"符号"统称为消息。消息通常可以用语言、文字、图画、数据、符号等来表示。由于消息一般不便于高速度、远距离、高可靠性和有效性地传输与处理,因而往往需要将它们转换成更便于传输和处理的信号。因此可以说信号是消息的载体,是消息的一种表现形式,而消息则是信号所包含的具体内容。信号可以是多种多样的,要用某种物理方式表达出来,通常表现为随时间变化的某些物理量。例如古代烽火台的狼烟以及交通路口的红绿灯是光信号;钟声和汽车鸣笛声是声信号;晶体管放大器的输入、输出电压,广播电台和电视台发射的电磁波是电信号,等等。在各种信号中,电信号是最便于存储、传输、处理与再现的,因而也是应用最广泛的。通常电信号表现为随时间变化的电流、电压、电荷或磁通。许多非电的物理量如:力、速度、转矩、温度、压力、流量、功率等等都可以通过适当的传感器变换成电信号,因而对电信号的研究具有普遍的意义。电信号是本课程的主要研究对象。

0.1.2 本课程所研究的信号

如果信号可以表示成一个或几个自变量的确定的函数,我们就称该信号是**确知信号**。如果信号不是自变量的确定的函数,即给定自变量的某一个值时,信号的值并不确定,而只知道此信号取某一数值的概率,我们就称该信号是**随机信号**。严格说来,携带着信息的信号往往具有不可预知的不确定性。因为对接收者来说,如果传输的是确知信号,就不可能由它得到任何新的信息,因而也就失去了信息传输的意义。尽管如此,对确知信号的分析仍然是基本的,也是重要的。这不仅因为许多实际信号与确知信号有着相近的特性,可以被近似为或理想化为确知信号,使问题的分析大大简化,以便在工程实际中应用,而且对确知信号的分析也是分析随机信号的基础。此外,在信号传输的过程中,除了人们所需要的带有信息的信号外,往往还夹杂着各种干扰和噪声,它们通常具有更大的随机性,因而信息传输过程中的信号严格说来都是随机的。作为一门技术基础课程,本书只对确知信号进行分析。有关随机信号的分析留待后续课程中去研究。

　　确知信号可以表示成一个或几个自变量的确定的函数。按照自变量的取值是否连续可以将其划分为连续时间信号和离散时间信号,分别如图 0.1 和图 0.2 所示。

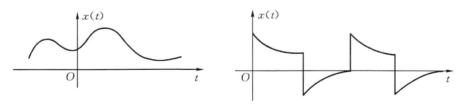

图 0.1　连续时间信号

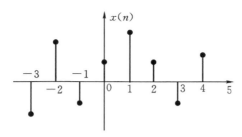

图 0.2　离散时间信号

　　连续时间信号与离散时间信号是现实世界中客观存在的两大类信号。例如记录在录音磁带或唱片上的音乐信号、电话线上传输的语音信号以及描述照片的图像信号都是连续时间信号;描述逐年人口统计情况、细胞分裂过程或工厂每月产量的信号都是离散时间信号。

　　本书只讨论确知信号,既包括连续时间信号也包括离散时间信号。

0.2　系　统

0.2.1　系统的概念

　　要产生信号,或对信号进行传输、处理、存储、控制、利用和再现,都需要一定的物理装置,这种装置通常就称为**系统**。系统是一个非常广泛的概念。从一般意义上讲,系统是由若干个相互依赖、相互作用的事物组合而成的具有特定功能的整体。系统可以是物理系统,例如通信系统、自动控制系统、计算机系统、机械系统、化工系统等等;也可以是非物理系统,例如生产管理、经济调控、文化教育、司法立法等社会经济和社会管理方面的系统。

　　电路与电网络都是电系统。在一定意义上,电系统与电路、电网络是同义词。随着大规模集成电路技术的发展,各种极为复杂的电路或网络可以集成在很小的芯片上,已经很难从复杂程度或规模大小来确切区分什么是电路、网络,什么是系统。如果说它们之间有什么区别的话,主要是看问题的观点和处理问题的角度有所不同。从电路或网络的观点出发,关注的是电路中各支路的电流,各节点的电压;而从系统的观点出发,则着重于输入与输出之间的关系或系统的运算功能与结构。或者可以说,电路和网络的观点关注的是局部的问题;而系统的观点关注的是全局性的问题。在信号传输、信息处理的领域中,一般都是用系统的观点去分析和处理问题的。

0.2.2　系统的例子

1. 信号传输系统

从广义上讲，一切信息的传输过程都可以看成是通信，一切完成信息传输任务的系统都可以看成是通信系统。例如，电报、传真、电话、电视、雷达、导航等系统都是通信系统。为了说明通信系统的基本构成，我们以大家熟悉的电视系统为例。在电视系统中，要传输的信息隐含在配有声音的画面或现实的场景中。在传输时，首先要通过摄像机将画面或场景的色彩和亮度转变成图像信号，同时利用话筒将声音转变为伴音信号，这些就组成了要传输的带有信息的原始信号。然后，将原始信号送入电视发射机使其转变为更易于传输的高频电信号，经过天线以电磁波的形式发射出去，在空间信道进行传播。接收机通过天线截获电磁波的一部分能量，并将其转变为高频电信号，然后经过接收机的一系列电路将高频电信号恢复成图像和伴音再分别送到电视的显像屏和扬声器，使接收者能够看到传输的画面，并听到伴音。这个传输过程可以用图 0.3 来表示。

图 0.3　通信系统的基本组成

图 0.3 是一般通信系统的基本组成，图中的转换器是将消息转变成电信号或将电信号还原成消息的装置。因为在将消息或信号进行转变的同时，能量的形式也发生了转变，因而也称它们为换能器。图中信道是信号传输的通道或媒介。例如在电话系统中它是一对导线；在无线电通信中它是整个空间；在卫星通信中它还包括人造卫星；在光纤通信中则是光导纤维，等等。

2. 基于内容的图像检索系统

近年来，随着多媒体技术的飞速发展，全世界数字图像的容量正以惊人的速度增长，每天都会产生海量的图像数据。这些数字图像中包含了大量难以用文字进行描述的有用信息。如何从海量的图像数据中找到用户所需要的图像是一个具有挑战性的问题。这就要求有一种能够快速而且准确地查找、访问图像的技术，也就是所谓的图像检索技术。图 0.4 给出了一个典型的基于内容的图像检索系统框图。

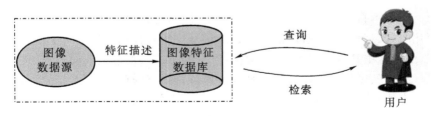

图 0.4　基于内容的图像检索系统框图

　　传统的搜索引擎中提供的图像检索功能主要是基于文本的图像检索,也即用图像本身所带的文本描述信息来进行检索。这种基于文本的图像检索方法过度依赖于图片本身的文字描述信息,如果文字描述和图像内容无关,则会产生错误的检索结果。

　　基于内容的图像检索能够很好地弥补基于文本的图像检索中存在的不足。基于内容的图像检索指的是查询条件本身就是一个图像,或者是对于图像内容的描述,它通过提取底层特征的方式来建立特征描述,然后通过计算,比较这些特征描述和查询条件之间的距离,来决定两个图片的相似程度。在基于内容的图像检索系统中,特征描述和相似度计算等诸多环节都涉及到信号与系统的相关知识。

0.2.3　本课程所研究的系统

　　系统的功能可以用图 0.5 来表示,图中的方框代表某种系统,$x(t)$ 是输入信号,也称为**激励**;$y(t)$ 是输出信号,也称为**响应**。从更广泛的意义看,系统可以被看成是一个信号变换器,它依据系统的功能将输入信号变换成输出响应。当然图

图 0.5　系统的框图

0.5 所示的系统只有一个输入和一个输出,所以称为单输入—单输出系统。工程实际中的系统也可以有多个输入和多个输出,被称为多输入—多输出系统。

　　如果系统的输入信号和输出响应都是连续时间信号,则称这种系统是**连续时间系统**;与之相对应,如果系统的输入信号和输出响应都是离散时间信号,则称这种系统为**离散时间系统**。

　　从不同的角度出发,可以对系统进行不同的分类。例如:按照系统自身的特性可以将系统划分成线性系统与非线性系统,时变系统与时不变系统,因果系统与非因果系统,即时(无记忆)系统与动态(记忆)系统,稳定系统与不稳定系统,可逆系统与不可逆系统,等等;按照系统的参量又可以将其划分为集总参数系统与分布参数系统,等等。本书的研究对象是集总参数的**线性时不变系统**(Linear Time-Invariant System),通常简称为 LTI 系统,既包括连续时间系统,也包括离散时间系统。关于系统的特性,将在下一章作进一步的讨论。

0.3　信号与系统分析

　　为了通过系统对信号进行有效的传输和处理,就必须对信号自身的特性和系统的特性有深入的了解,并且要求系统的特性与信号的特性相匹配。这就产生了信号与系统分析的问题。

0.3.1　信号分析

　　信号分析的基本目的之一是揭示信号自身的特性,包括时域特性和频域特性等,以及信号发生某些变化时,其特性的相应改变;二是提取信号中所蕴含的信息。由于信号的数据量往往很大,从海量的数据中获取信息堪比“大海捞针”。为了加快信息提取的过程,往往需要对信号进行分析,以便更好、更快地获取信号的特征。此外,信号分析也是与系统分析相关联的,其目的也在于能够方便地获取信号经过系统后,系统对输入信号所产生的响应。

　　由于描述实际物理现象的信号是多种多样的,出于不同的目的,往往需要采用不同的信号分析方法,因此人们必须建立多种具有广泛适用性的信号分析的理论与方法。

　　各种信号分析方法的基本思想都是研究信号的分解,即设法将任意信号分解成某种基本

单元信号的线性组合。也就是通过采用不同的信号分解方法,用尽可能简单的基本信号单元对信号进行表示。进而,通过对构成信号的基本单元进行分析,达到了解信号特性或提取相关信息的目的。

由于对基本单元信号的不同选择,使信号的分解可以在时域、频域、变换域中进行,这就导致了信号分析的时域方法、频域方法和变换域方法。随着科学技术的不断进步,信号分析的理论与方法也在不断发展,如小波变换、时频分析、独立成分分析理论以及压缩感知理论等,使信号分析进入了更高的境界。由于这些内容更适合于在研究生阶段学习,本书将不对这些内容加以介绍。

此外,鉴于连续时间信号与离散时间信号之间存在着密切的内在联系,对一个连续时间信号提取其离散时间的样本就可以得到一个相应的离散时间信号。为了揭示它们之间的内在关系,顺应越来越多的对连续时间信号进行离散时间处理或数字处理的发展趋势,我们还将在讨论传统的信号分析基本方法的同时,也介绍信号的采样理论、离散傅里叶变换(DFT)及其快速算法(FFT)。当然,严格说来这些理论和方法应该属于信号处理的范畴。

本书将在以后的各章分别介绍有关信号分析和处理的这些基本理论与方法。

0.3.2　系统分析

系统分析的任务,通常是求取某一确定的系统对给定的输入信号所产生的输出响应;或者根据已知的系统激励和所要求的输出响应去分析系统应该具有什么样的特性。一般来说,系统分析包含三个过程:首先需要对待分析的系统,建立其数学模型;然后运用数学方法对该数学模型进行求解从而得到系统对给定输入信号所产生的响应;最后对所得到的解,给予物理解释,赋予其物理含义。

系统的数学模型通常可以分为两大类:一类是只反映系统输入与输出之间的关系,或者说只反映系统外部特性的模型,这种模型称为**输入-输出模型**;另一类是不仅反映系统输入与输出之间的关系,而且反映系统内部状态的模型,这种模型称为**状态空间模型**。描述输入-输出模型的方程通常称为输入-输出方程;描述状态空间模型的方程称为状态方程。对于单输入-单输出的系统,通常采用输入-输出模型来描述就可以了,而对于多输入-多输出的系统或非线性系统,由于输入和输出的关系可能会极为复杂,因而往往采用状态空间模型来描述。所以,系统的分析方法也相应地可以分为输入-输出法和状态变量法两大类。

对本书所研究的线性时不变系统而言,输入-输出方程通常是一个线性常系数微分方程或线性常系数差分方程,当然,有时候也可能是一个线性的代数方程;状态方程则是由一阶线性常系数微分方程或差分方程构成的方程组。由于本书主要研究的是单输入-单输出系统,状态变量的分析方法在此不易显现其优点;同时,对单输入-单输出模型建立的各种分析方法也都很容易推广到状态空间模型中去,因此本书不对状态变量法作具体讨论,而认为将其放在有关控制理论或非线性系统分析的课程中去讲授更为适宜。本书的各章将只对输入-输出法作详细讨论。

由于信号的分析可以在时域、频域和变换域中进行,因而线性时不变系统的分析方法也相应地有时域分析法、频域分析法和变换域分析法。

本书将在第 2 章讨论线性时不变系统的时域分析法;在第 3,4 两章分别讨论连续时间系统和离散时间系统的频域分析法;在第 8,9 两章分别讨论连续时间系统和离散时间系统的变换域分析法。

0.3.3　信号与系统分析的应用领域

信号与系统分析的理论与方法广泛地应用于很多科学和技术领域中,例如在通信、航空航天、电路设计、生物工程、工业过程控制、图像及语音处理、声学、地震学、能源产生与分配、经济预测与调控等方面都起着重要的作用。

在某些情况下,人们关注的是某个特定系统对各种输入信号会产生怎样的响应。例如,对人的听觉系统从事的研究就是这方面的一个例子。此外,对某一特定地理区域的经济特性进行研究,当出现自然灾害、新矿藏的发现等不能事先预计的情况时,更好地预测它们对经济带来的影响也是这方面的例子。在另一些情况下,人们关注的不是对已有的系统进行分析,而是注重于系统的设计。即为了使给定的信号经过系统后,所产生的输出响应满足预定的要求,研究系统应该具有何种特性,进而设计出该系统的结构和参量。各种滤波器、信号处理器的设计及经济预测都是这方面的例子。

第二类最常见的应用是信号的恢复,即从受到某种干扰或污损的信号中恢复原来的信号。这种情况在具有背景噪声的语言通信和图像传输中常常遇到。例如雷达、声纳、无线通信、电视广播、数据传输以及对磨损的旧唱片或视盘恢复原来的声音或图像等均是这一应用领域的例子。

图像的恢复与增晰也是这方面的例子。例如航空摄影或人造卫星拍摄的图像由于受天气、云层等的影响,某些部分会受到污损而导致图像不清晰或完全不能反映真实情况,就需要以某种信号处理的方式设计相应的系统,使图像得以恢复或增强其清晰度。此外,有时还需要对图像的某些特征予以增强,例如在超声或 CT 诊断中,就需要对人体组织的轮廓边界予以增强,等等。

信号与系统分析的另一类重要应用是改变已知系统的特性。工业控制或过程控制就是这类应用的例子。在工业控制过程中,通过传感器将测量出的各种物理量,如温度、压力、化学成分、流量等,转换成电信号,根据测得的信号与设定值的误差,由调节器产生相应的控制信号去调整、改善正在进行的生产过程,以达到人们预期的目标。

以上提到的只是信号与系统分析的理论和方法,在工程实际中广泛应用的几个方面。信号与系统分析的概念、理论与方法之所以极其重要,不仅是因为它们存在于各种各样的工程实际和物理过程之中,而且还由于这一整套概念、理论和方法一直是并仍在不断地发展着,被用来解决牵涉到各种信号与系统的许多问题。正由于这样,作为信号与系统课程核心的一些基本概念和方法,对于所有工程类专业来说都是重要的。随着工程技术人员面临的需要对许多复杂过程进行分析与综合的新挑战,信号与系统分析方法潜在的和实际的应用领域一直在不断扩大。因此信号与系统课程不仅是工程教育中非常基本的一门课程,而且也成为工科学生在大学本科教育阶段所修课程中最有受益、引人入胜而又最有用处的一门课程。它也是工科学生进一步学习通信技术、控制工程和信号处理领域相关后续课程所必需具备的理论基础。

随着计算机和大规模集成电路技术的不断发展,信号与系统分析也一直在不断地发展和演变着,以适应各种新技术、新问题、新机遇的挑战。可以相信,随着技术的进步,越来越多的复杂系统和更先进的信号处理、信号传输技术的实现将成为可能。这将会更加速信号与系统分析自身的进展,也将使信号与系统分析的概念、理论和方法应用到更加广阔的领域中去。在某些方面的应用甚至会远远超出通常认为是隶属于常规科学和工程技术的领域。因此,掌握寓于这些理论和方法中的思想,比记住这些具体方法本身重要得多。从这一角度出发,可以认为信号与系统课程也是所有科学家和工程技术人员都应予以充分关注的。

　　通过对本书的学习,并辅以一定数量的习题演练,将会使读者在信号与系统分析方面打下坚实的理论基础。

第 1 章　信号与系统

1.0　引　言

为了便于讨论信号与系统的分析方法,建立信号与系统的分析体系,本章将引入信号与系统的数学描述和数学表示,并利用这种数学表示来研究信号与系统分析中的一些基本概念和基本性质,为后续各章的讨论奠定基础。

1.1　信号的描述与分类

1.1.1　信号的描述

在日常生活中,信号可以用于描述范围极为广泛的各种物理现象,它往往表现为由于某些物理量的改变所引起的变化波形。例如,人的声道系统所产生的语音信号就是一种声压随时间的起伏变化。而亮度随位置(二维空间变量)的变化可用于描述黑白照片。

在数学上,信号可以表示为一个或几个自变量的函数。例如,上述的语音信号就可以表示为声压随时间变化的一维函数;黑白照片可表示为亮度随位置(二维空间变量)变化的二维函数。本书仅讨论一维信号。

为了讨论方便起见,通常总是用时间来表示自变量,但在某些具体应用中自变量也可以不是时间。例如,在气象观测中,气压、温度和风速随海拔高度变化的情况,自变量就不是时间,而是海拔高度。但为了方便,在以后的讨论中通常总是将自变量称为时间。下面给出几个日常生活中常见信号的例子。

例 1.1　语音信号是一个一维的连续时间信号,如图 1.1 所示。

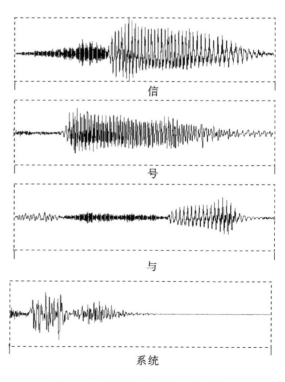

图 1.1　语音信号:"信号与系统"

　　例 1.2　图像处理中的标准测试图像：Lena 图像信号，它是一个二维的连续时间信号。如图 1.2 所示。

图 1.2　Lena 图像信号

　　例 1.3　蝙蝠的巡游声纳经常会发出双曲鸣叫信号，其信号形式为

$$x(t) = \begin{cases} \cos\dfrac{\alpha}{\beta - t}, & 0 \leqslant t < \beta \\ 0, & 其它\ t \end{cases} \tag{1.1}$$

在 $\alpha = 1$，$\beta = 0.67$ 时的波形如图 1.3 所示。它也是一个一维的连续时间信号。

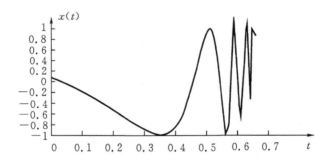

图 1.3　蝙蝠发出的双曲鸣叫信号

　　例 1.4　每周的道琼斯指数信号，它是一个离散时间信号的例子。如图 1.4 所示。

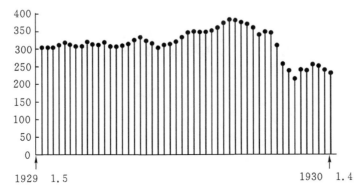

图 1.4

1.1.2　信号的分类

为了描述和处理的方便,往往需要对信号进行分类。根据不同的目的,可从不同的角度对信号进行不同的分类。

1. 连续时间信号和离散时间信号

按照自变量取值的连续性与离散性可将信号分为连续时间信号和离散时间信号。连续时间信号通常用函数 $x(t)$ 来表示,其自变量在定义域内可以连续取任意值(不加说明的话,本书中信号的自变量定义域都为 $(-\infty,\infty)$),至于信号的取值则在其值域内可以是连续的,也可以是不连续的。前面给出的语音信号、图像信号以及蝙蝠发出的鸣叫信号都是连续时间信号,下面再举出几个连续时间信号的例子。

例 1.5　正弦信号 $x(t)=A\sin\pi t$　　　　　　　　　　　　　　　　　　　(1.2)

其中,A 是常数,代表正弦信号的幅度。自变量 t 在 $(-\infty,\infty)$ 上连续取值,信号幅度在 $[-A,A]$ 间连续取值。信号的波形如图 1.5 所示。

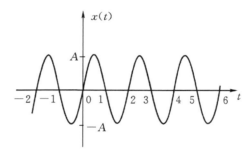

图 1.5　正弦信号的波形

例 1.6　单边指数信号

$$x(t)=\begin{cases}Ae^{-at}, & t>0,a>0\\ 0, & t<0\end{cases}$$　　　　　　　　(1.3)

其中,A 是常数。自变量 t 在定义域 $(-\infty,\infty)$ 上连续取值,函数在 0 和 A 之间连续取值,但在 $t=0$ 处,函数有间断点。信号的波形如图 1.6 所示。

例 1.7　矩形脉冲信号

$$x(t)=\begin{cases}1, & -1<t<1\\ 0, & \text{其它 } t\end{cases}$$　　　　　　　　(1.4)

矩形脉冲信号的定义域为 $(-\infty,\infty)$,信号值只取 0 或 1,信号在 $t=\pm1$ 处有间断点,信号的波形如图 1.7 所示。

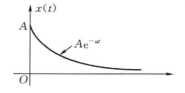

图 1.6　单边指数信号

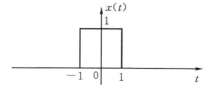

图 1.7　矩形脉冲信号

与上述连续时间信号相对应的是离散时间信号,比如人口统计数据、银行存款利息计算及例 1.4 给出的每周的道琼斯指数变化等都是离散时间信号。离散时间信号是仅仅定义在离散时刻点上的信号,其自变量只能取离散的数值。除了这些离散时刻点外,在其它时间没有定义(不能认为在其它时间其值为零)。信号的值域可以是连续的,也可以是不连续的。下面再给出几个离散时间信号的例子。

例 1.8　离散时间正弦信号

$$x(n) = A\sin\frac{\pi}{4}n \tag{1.5}$$

其波形如图 1.8 所示。

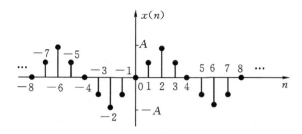

图 1.8　离散时间正弦信号

例 1.9　离散时间矩形脉冲信号

$$x(n) = \begin{cases} 1, & -2 \leqslant n \leqslant 2 \\ 0, & \text{其它 } n \end{cases} \tag{1.6}$$

其波形如图 1.9 所示。

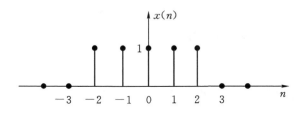

图 1.9　离散时间矩形脉冲信号

2. 周期信号与非周期信号

对一个连续时间信号 $x(t)$ 而言,如果存在一个正实数 T,使得

$$x(t) = x(t + kT), \qquad k = 0, \pm 1, \pm 2, \cdots \tag{1.7}$$

对所有 t 都成立,则称 $x(t)$ 为周期信号,T 称为 $x(t)$ 的周期。我们把能使式(1.7)成立的最小的正实数称为 $x(t)$ 的基波周期,记作 T_0。

对一个离散时间信号 $x(n)$ 而言,若存在一个正整数 N,使得

$$x(n) = x(n + kN), \qquad k = 0, \pm 1, \pm 2, \cdots \tag{1.8}$$

对所有 n 都成立,则称 $x(n)$ 为离散时间周期信号,N 称为 $x(n)$ 的周期。能使式(1.8)成立的最小的正整数被称为 $x(n)$ 的基波周期,记作 N_0。

通常所说周期信号的周期,在没有特殊说明的情况下,一般是指基波周期。周期信号具有无限持续且周而复始的特点,因而只要给出了周期信号在任一周期内的函数式或波形,便可确定它在任何时刻的数值。不具有周期性的信号称为非周期信号。图 1.10 是周期信号的例子。

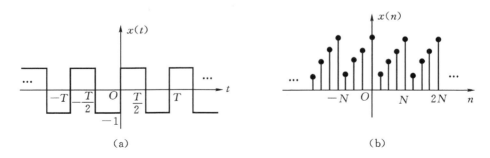

图 1.10　周期信号

(a) 连续时间周期信号;(b) 离散时间周期信号

应当指出,$x(t)=c$(常数),可看作是周期信号,但其基波周期无意义;$x(n)=c$ 是周期信号,其基波周期为 1。在后续的信号与系统分析中我们经常会碰到周期信号。

严格说来,由于周期信号具有无始无终的特点,在工程实际中无法得到真正的周期信号。但对周期信号的研究仍然具有重要的价值。一方面,在理想情况下,比如无电阻损耗的理想 LC 电路和无摩擦损耗的理想机械系统的自然响应都是周期的。另一方面,在实际中也常常可以见到在一定时间范围内具有周期重复特点的信号,这类信号与周期信号有着紧密的联系。除此以外,在信号处理中,对工程实际中得到的有限持续期的信号,为了处理方便,有时也需要将其人为延拓成周期信号,如图 1.11 所示。

基波周期为 T_0 的周期信号 $x(t)$ 的一个重要性质是在任何持续期为 T_0 的区间内,$x(t)$ 下的面积都相等,即对任意的实数 a,b 有

$$\int_a^{a+T_0} x(t)\mathrm{d}t = \int_b^{b+T_0} x(t)\mathrm{d}t \tag{1.9}$$

为便于应用,在任何持续期为 T_0 的区间上,位于 $x(t)$ 下的面积记为

$$\int_{T_0} x(t)\mathrm{d}t \tag{1.10}$$

类似的结论对基波周期为 N_0 的离散时间周期信号 $x(n)$ 也成立,即对任意的整数 m,k 有

$$\sum_{n=m}^{m+N_0-1} x(n) = \sum_{n=k}^{k+N_0-1} x(n) \tag{1.11}$$

为了表示离散时间周期信号在任意一个周期内的求和与求和的起点无关的特点,上述的求和常常记为

$$\sum_{n=\langle N_0 \rangle} x(n) \tag{1.12}$$

3. 奇信号与偶信号

信号还可以分为奇信号和偶信号。对实信号而言,如果信号 $x(t)$ 或 $x(n)$ 满足:

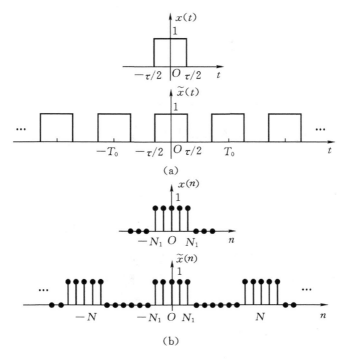

图 1.11　由非周期信号延拓成的周期信号

(a)连续时间信号及其周期延拓;(b)离散时间信号及其周期延拓

$$x(-t) = x(t) \tag{1.13}$$

或
$$x(-n) = x(n) \tag{1.14}$$

则称 $x(t)$ 或 $x(n)$ 为偶信号。偶信号的波形关于纵坐标轴呈镜像对称。

　　若信号 $x(t)$ 或 $x(n)$ 满足

$$x(-t) = -x(t) \tag{1.15}$$

或
$$x(-n) = -x(n) \tag{1.16}$$

则称信号 $x(t)$ 或 $x(n)$ 为奇信号。奇信号的波形关于坐标原点对称。奇信号在 $t=0$ 或 $n=0$
处的值必为零。图 1.12 给出了一个连续时间偶信号和奇信号的例子。

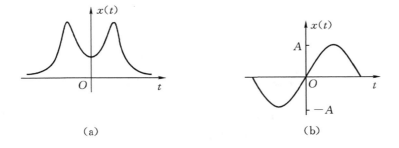

图 1.12

(a)连续时间偶信号;(b)连续时间奇信号

任何实信号都可以分解成一个奇信号和一个偶信号之和,即

$$x(t) = x_o(t) + x_e(t) \tag{1.17}$$

或

$$x(n) = x_o(n) + x_e(n) \tag{1.18}$$

其中:

$x_o(t) = \dfrac{1}{2}[x(t) - x(-t)]$ 是一个奇信号,称为 $x(t)$ 的奇部;

$x_e(t) = \dfrac{1}{2}[x(t) + x(-t)]$ 是一个偶信号,称为 $x(t)$ 的偶部。

同样:

$x_o(n) = \dfrac{1}{2}[x(n) - x(-n)]$ 是一个奇信号,称为 $x(n)$ 的奇部;

$x_e(n) = \dfrac{1}{2}[x(n) + x(-n)]$ 是一个偶信号,称为 $x(n)$ 的偶部。

对实信号的偶部和奇部,根据对称性很容易验证如下性质:

设 $x(t)$ 为任意实信号, $x_e(t)$, $x_o(t)$ 分别是其偶部和奇部,对任意的 $T>0$,有

$$\int_{-T}^{T} x_e(t) x_0(t) \, dt = 0$$

类似地,对离散时间信号 $x(n)$,可以验证

$$\sum_{n=-N}^{N} x_e(n) x_0(n) = 0$$

4. 能量信号和功率信号

虽然不同的信号存在各种各样的特性,然而,各种信号也具有一些共同的特性,比如任何信号都具有相应的能量和功率。对一个连续时间信号 $x(t)$ 而言,在时间区间 $t_1 \leqslant t \leqslant t_2$ 内的能量定义为

$$E = \int_{t_1}^{t_2} |x(t)|^2 \, dt \tag{1.19}$$

在此区间内的平均功率定义为

$$P = \frac{1}{t_2 - t_1} \int_{t_1}^{t_2} |x(t)|^2 \, dt \tag{1.20}$$

类似地,离散时间信号 $x(n)$ 在区间 $n_1 \leqslant n \leqslant n_2$ 内的能量定义为

$$E = \sum_{n=n_1}^{n_2} |x(n)|^2 \tag{1.21}$$

在此区间的平均功率定义为

$$P = \frac{1}{n_2 - n_1 + 1} \sum_{n=n_1}^{n_2} |x(n)|^2 \tag{1.22}$$

上述定义也可以推广到无穷区间内(即: $-\infty < t < +\infty$, $-\infty < n < +\infty$)。对一个连续时间信号 $x(t)$ 而言,在区间 $-\infty < t < +\infty$ 内的总能量定义为

$$E_\infty \triangleq \lim_{T \to \infty} \int_{-T}^{+T} |x(t)|^2 \, dt = \int_{-\infty}^{+\infty} |x(t)|^2 \, dt \tag{1.23}$$

其平均功率定义为

$$P_\infty = \lim_{T \to \infty} \frac{1}{2T} \int_{-T}^{T} |x(t)|^2 \mathrm{d}t \tag{1.24}$$

对一个离散时间信号 $x(n)$ 而言,在区间 $-\infty < n < +\infty$ 内的总能量定义为

$$E_\infty \triangleq \lim_{N \to \infty} \sum_{n=-N}^{N} |x(n)|^2 = \sum_{n=-\infty}^{+\infty} |x(n)|^2 \tag{1.25}$$

其平均功率定义为

$$P_\infty = \lim_{N \to \infty} \frac{1}{2N+1} \sum_{n=-N}^{N} |x(n)|^2 \tag{1.26}$$

根据无穷区间内的能量和功率的定义就可以将信号划分为三种不同的类型。

第一类是信号具有有限的总能量,即 $E_\infty < \infty$。这类信号被称为**能量信号**。根据式(1.24)和式(1.26),能量信号在无穷区间内的平均功率必然为零。在有限长区间内信号值为 1,而在此区间以外均为 0 的矩形脉冲信号就是能量信号的一个例子。

第二类信号是其总能量无限,但平均功率 P_∞ 有限的信号。这类信号被称为**功率信号**。可以看到,如果 $P_\infty > 0$,就必然有 $E_\infty = \infty$。这是因为,如果在单位时间内有非零的平均能量(也就是非零的平均功率),那么在无限区间内积分或求和就必然具有无限大的能量。例如,常数信号 $x(n) = 2$ 就具有无限能量,但其平均功率 $P_\infty = 4$。通常周期信号都是功率信号。

第三类信号的平均功率 P_∞ 和总能量 E_∞ 都是无限的,此类信号既不是能量信号,也不是功率信号。比如 $x(t) = t$ 就是这类信号。

值得注意,这里对信号的能量与功率的定义和根据实际物理量(比如电压)所定义的能量与功率不尽相同。在实际物理量的基础上定义能量和功率时,必须考虑量纲的一致性。比如,若 $x(t)$ 是某个电阻上的电压,则式(1.19)的结果必须除以电阻的阻值才是 $x(t)$ 的能量。但是即便有这样的差别,我们在这里对能量和功率的定义仍然具有广泛的用途。

1.2　信号的运算

在信号处理过程中往往涉及到信号的运算,它包括信号的相加、相乘、微分与积分、差分与求和等基本运算,以及信号的自变量变换等。

1.2.1　信号的基本运算

信号的基本运算包括信号的相加、相乘、微分与积分、差分与求和等。这些运算在工程实际中具有重要的应用。

1. 信号的相加或相乘

设有两个信号 $x_1(t)$ 和 $x_2(t)$,相加或相乘分别表示为:$x_1(t) + x_2(t)$ 和 $x_1(t) \cdot x_2(t)$。两个信号相加或相乘后可以得到一个新的信号,当然也就改变了原来信号的特性,如图 1.13 (a)所示,这在后续的信号分解、通信系统中的调制解调中具有重要的用途。

对离散时间信号也存在信号的相加或相乘。设有两个信号 $x_1(n)$ 和 $x_2(n)$,它们的相加或相乘分别表示为:$x_1(n) + x_2(n)$ 和 $x_1(n) \cdot x_2(n)$。如图 1.13(b)所示。

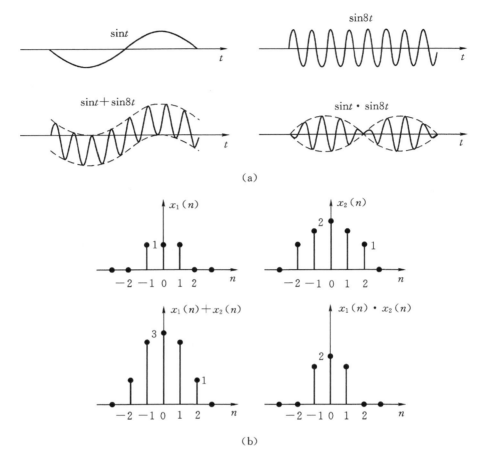

图 1.13　信号的相加或相乘

(a)连续时间信号；(b)离散时间信号

2. 信号的微分与积分、差分与求和

对连续时间信号 $x(t)$ 而言,其微分运算是指 $x(t)$ 对 t 求导数,即: $x'(t) = \dfrac{\mathrm{d}x(t)}{\mathrm{d}t}$ 。

信号 $x(t)$ 的积分运算是指 $x(\tau)$ 在 $(-\infty, t)$ 区间内的积分,其表达式为 $\displaystyle\int_{-\infty}^{t} x(\tau)\mathrm{d}\tau$ 。

对离散时间信号 $x(n)$ 而言,其差分运算是指 $x(n) - x(n-1)$,其求和运算是指 $x(k)$ 在 $(-\infty, n)$ 区间内的求和,其表达式为 $\displaystyle\sum_{k=-\infty}^{n} x(k)$ 。

图 1.14(a)给出了微分与积分运算的例子,图 1.14(b)给出了差分与求和的例子。可以看到,微分和差分运算可以凸显出原始信号中的变化部分,利用这一作用可以检测信号中的突变部分;而与微分和差分运算相反,积分与求和运算后,信号的突变部分变得平滑,利用这一作用可以削弱信号中混入的噪声的影响。

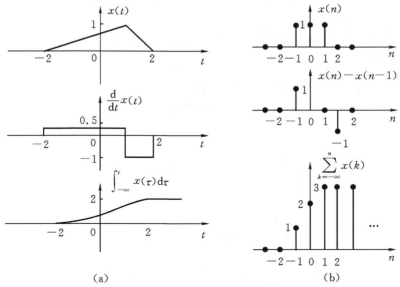

(a)　　　　　　　　　　　　　　　　　　　(b)

图 1.14(a) 连续时间信号的微分与积分；(b)离散时间信号的差分与求和

1.2.2　信号的自变量变换

1. 信号的时移

将信号的自变量 t 换成 $t-t_0$，或将自变量 n 换成 $n-n_0$，就称为是信号的时移变换。

若 $t_0>0$，则 $x(t-t_0)$ 就是把 $x(t)$ 向右平移 t_0；若 $t_0<0$，则 $x(t-t_0)$ 是把 $x(t)$ 向左平移 $|t_0|$ 的结果，如图 1.15 所示。

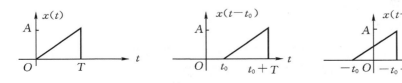

图 1.15　连续时间信号的平移

对离散时间信号 $x(n)$ 情况完全类似，若 n_0 为正整数，则 $x(n-n_0)$ 是将 $x(n)$ 向右平移 n_0 个序号；若 n_0 为负整数，则 $x(n-n_0)$ 是将 $x(n)$ 向左平移 $|n_0|$ 个序号的结果，如图 1.16 所示。

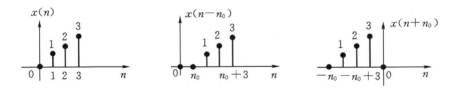

图 1.16　离散时间信号的平移

在雷达、声纳和地震信号等处理中可以找到信号时移现象的实际例子。比如,雷达发出的电磁波信号 $x(t)$,当碰到目标(比如飞机)后会反射回来,在理想情况下,接收端收到的回波信号就是在时间上发生了延迟,并在幅度上可能有所改变的原始发射信号。

2. 信号的反转

将信号的自变量 t 换成 $-t$,或将自变量 n 换成 $-n$,就称为是信号的反转变换。

连续时间信号 $x(-t)$ 是将 $x(t)$ 以 $t=0$ 为轴进行反转的结果,如图 1.17 所示。

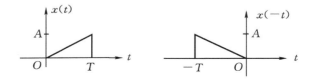

图 1.17　连续时间信号的反转

离散时间信号 $x(-n)$ 是将 $x(n)$ 以 $n=0$ 为轴进行反转的结果,如图 1.18 所示。

图 1.18　离散时间信号的反转

在实际中,如果 $x(t)$ 代表一盘磁带上录制的声音的话,那么 $x(-t)$ 就代表将此磁带倒过来播放时所产生的信号。

3. 信号的尺度变换

将连续时间信号的自变量 t 换成 at,其中 a 是大于零的常数,就称为信号的尺度变换。

若 $a>1$,则 $x(at)$ 是将 $x(t)$ 在时间轴上压缩 a 倍,若 $0<a<1$,则 $x(at)$ 是将 $x(t)$ 在时间轴上展宽 $1/a$ 倍的结果。这种变换称为信号的尺度变换或称为比例尺变换。如图 1.19 所示。

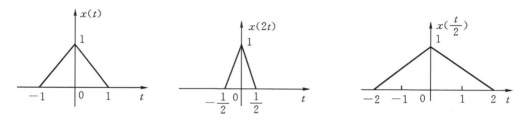

图 1.19　$x(t)$ 尺度变换的例子

如果 $x(t)$ 代表在磁带上录制的声音的话,那么 $x(2t)$ 就代表将此磁带以两倍速度放音时所播放出的信号;而 $x(t/2)$ 则代表将此磁带放音速度降低一半时所对应的信号。

对离散时间信号,由于其自变量只能取整数值,因而严格地说,不能像连续时间信号那样进行尺度变换。如果需要将信号 $x(n)$ 变换为

$$x_1(n) = x(Nn) \quad （N \text{ 为正整数}） \tag{1.27}$$

则意味着 $x_1(n)$ 是以 $N-1$ 个序号为间隔,从 $x(n)$ 中选取相应的序号点,并将所选出的序号点上的信号值重新依次排序所构成的信号。这种过程称为对信号的抽取(decimation)。

直接将信号 $x(n)$ 变换为 $x_2(n) = x(\frac{n}{N})$ 是不可行的,这是由于当 n 不是 N 的整倍数时 $x(\frac{n}{N})$ 没有定义。一种可行的方法是将信号 $x(n)$ 变换为

$$x_2(n) = \begin{cases} x(\frac{n}{N}), & n \text{ 为 } N \text{ 的整数倍} \\ 0, & \text{其它 } n \end{cases} \tag{1.28}$$

该式表明 $x_2(n)$ 是在 $x(n)$ 相邻两序号之间插入 $N-1$ 个零值后所构成的信号。这种过程称为对信号的内插(interpolation)。一般说来在对信号进行内插时,插入的值可以根据实际需要来定义,并不一定插入零值。当 $N=2$ 时,图 1.20 示出了对 $x(n)$ 进行抽取和内插的例子。

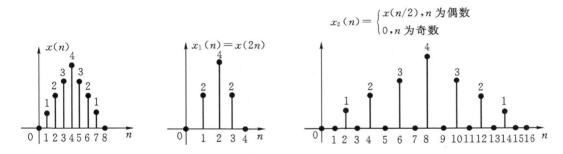

图 1.20　离散时间信号的抽取和内插

由于抽取的过程使原信号的长度有所缩短,内插使信号的长度有所加长,从这个意义上讲,对离散时间信号的抽取和内插,类似于对连续时间信号的尺度变换。值得注意的是,由于抽取过程中通常都会丢弃原信号的一些值,因此,一般说来抽取的过程是不可逆的,即不能从抽取之后的信号恢复成原始信号。

在上述自变量变换的基础上,可以通过将一个基本信号 $x(t)$ 或 $x(n)$,经过反转、平移和伸缩等自变量变换来构造新的信号。比如说,在实际中,如计算机视觉处理中我们经常关注的是对某一个已知的信号 $x(t)$,通过自变量变换以求得一个形式如 $x_{a,b}(t) = \frac{1}{\sqrt{|a|}} x(\frac{t-b}{a})$ 的信号,这里的 a 称为尺度因子,b 称为位移因子,它们都是与 t 无关的常数。

一种有条不紊的途径是首先根据 b 的值将 $x(t)$ 延时或超前,然后再根据 a 的值来对这个已经延时或超前的信号进行尺度变换和/或时间反转。如果 $|a| > 1$,就将该已经延时或超前的信号进行扩展;如果 $|a| < 1$,就进行压缩。如果 $a < 0$ 就再作时间反转。最后将该信号在幅度上乘以 $\frac{1}{\sqrt{|a|}}$ 就得到了 $x_{a,b}(t) = \frac{1}{\sqrt{|a|}} x(\frac{t-b}{a})$。

在 $x(t)$ 给定的基础上,如果选择不同的 a,b 则可以得到不同的 $x_{a,b}(t)$。这些不同的

$x_{a,b}(t)$ 可以构成一个信号集合,该信号集合在图像处理、计算机视觉、地球物理信号处理以及机械信号处理中十分有用。

例 1.10 在计算机视觉处理中常常需要对信号 $x(t) = (t^2 - 1)\mathrm{e}^{-\frac{t^2}{2}}$ 进行缩放和时移以得到 $\frac{1}{\sqrt{a}}x(\frac{t-b}{a}), a > 0$。图 1.21 给出了 $x(t)$ 的波形,将 $x(t)$ 分别时移、伸缩后的波形,以及将其既时移又伸缩变换后的波形。可见,通过选择不同的 b 值,$x(t)$ 进行了不同程度的时移。如果选择不同的 a 值,$x(t)$ 将进行不同的缩放。

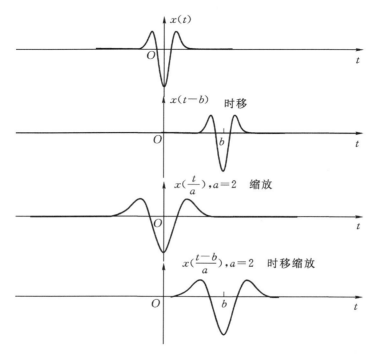

图 1.21　信号的时移和缩放

1.3　常用的基本信号

下面介绍几个常用的基本信号,这几个信号不仅在自然界经常出现,而且由它们可以构成许多其它的信号。无论在对信号与系统基本特性的研究中,还是对信号与系统分析方法的建立与讨论中,它们都有着特殊的重要性。

1.3.1　正弦信号

1. 连续时间正弦信号

由于正弦信号和余弦信号二者仅在相位上相差 $\pi/2$,在本课程中,我们统称其为正弦信号,一般写作:

$$x(t) = A\cos(\Omega_0 t + \phi) \tag{1.29}$$

如图 1.22 所示。在式(1.29)中，A 为振幅，Ω_0 为角频率，ϕ 为初相位。如果以秒作为 t 的量纲，则 ϕ 的量纲为弧度，而 Ω_0 的量纲为弧度/秒，记为 rad/s。

连续时间正弦信号是周期信号，其基波周期 T_0，基波频率 f_0 和角频率 Ω_0 之间关系为

$$T_0 = \frac{1}{f_0} = \frac{2\pi}{|\Omega_0|} \tag{1.30}$$

其中，f_0 的单位为周期数/秒，即赫兹(Hz)。当基波周期 $T_0 \to \infty$ 时，频率 $f_0 \to 0$，此时 $x(t)$ 趋近于一个常数，通常将 $x(t)$ 为常数的信号称为直流信号。

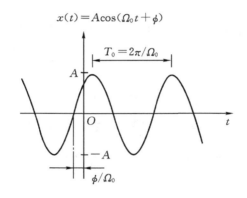

图 1.22　正弦信号

连续时间正弦信号是一种基本信号。它是电波、声波、光波、机械波和地震波等物理现象的数学抽象。在通信、语音处理、图像处理、机械控制和地震信号处理等几乎所有的工程应用领域中都有着广泛的应用。

2. 离散时间正弦信号

比照连续时间正弦信号的函数形式，可得到离散时间正弦信号的一般形式为

$$x(n) = A\cos(\omega_0 n + \phi) \tag{1.31}$$

式中，A 为振幅，ω_0 为角频率(可以是任何实数)，ϕ 为初相位。由于自变量 n 无量纲，所以 ω_0 和 ϕ 的量纲都是弧度。

图 1.23 给出了 $\omega_0 = \dfrac{2\pi}{8}$ 时，离散时间正弦信号(这里假定 $A=1$，初相位为 $\phi=0$)的波形。

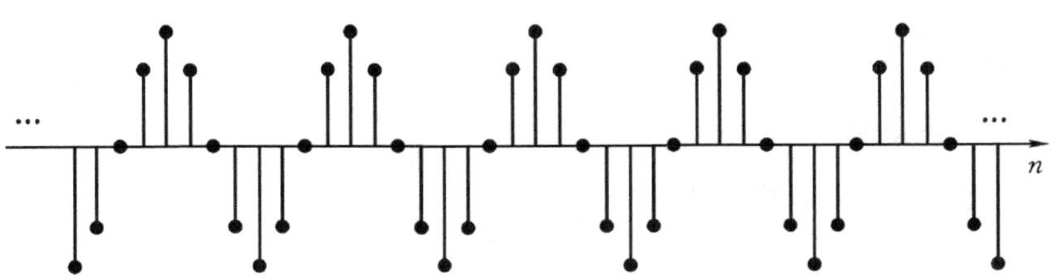

$$x(n) = \cos(n\pi/4)$$

图 1.23　周期为 8 的离散时间正弦信号

值得注意，和连续时间正弦信号不同，离散时间正弦信号不一定是周期的。这是因为离散

时间信号的自变量只能取整数,因此离散时间周期信号的周期也只能是正整数。故在离散时间正弦信号中,并非对任何实数 ω_0 都能找到满足周期性要求的正整数 N。下面我们讨论离散时间正弦信号具有周期性所需要的条件。

设 $x(n) = \cos\omega_0 n$ 是周期信号,则根据周期信号的定义应有 $\cos\omega_0 n = \cos\omega_0(n+N)$,其中,$N$ 为正整数。欲使此式成立,则应有

$$\omega_0 N = 2\pi m \ (m \text{ 为整数})$$

也就是

$$\frac{\omega_0}{2\pi} = \frac{m}{N} \tag{1.32}$$

这表明,只有在 $\frac{\omega_0}{2\pi}$ 是有理数时,离散时间正弦信号才是周期的。如果 $\frac{\omega_0}{2\pi}$ 为无理数,则离散时间正弦信号就不具有周期性。这一点是离散时间正弦信号与连续时间正弦信号之间的重要区别。

然而不论离散时间正弦信号是否是周期的,我们都将 ω_0 称为它的频率。比如,$\cos\left(\frac{2\pi}{4}n\right)$ 是基波周期为 4 的正弦信号,$\cos\left(\frac{4\pi}{5}n\right)$ 是基波周期为 5 的周期信号,而 $\cos\left(\frac{n}{4}\right)$ 为非周期信号,对该信号而言,找不到正整数 N,使得 $\cos\left(\frac{n}{4}\right)$ 与 $\cos\left(\frac{n+N}{4}\right)$ 相等。图 1.24 给出了这几个正弦信号的图形。

离散时间正弦信号也可以通过对连续时间正弦信号提取其在离散时间点上的样本,即对连续时间正弦信号采样而得到。例如,若连续时间正弦信号为 $x(t) = \cos\Omega_0 t$,对其按采样间隔 T_s(或等效的采样频率为 $f_s = \frac{1}{T_s}$,它表示每秒钟采样 f_s 个点)进行采样,得到的采样值可写作 $x(n) = x(nT_s) = \cos(n\Omega_0 T_s)$。如果令 $\omega_0 = \Omega_0 T_s = \frac{\Omega_0}{f_s}$,则 $x(n) = \cos(\omega_0 n)$。在信号处理中,为了区分 ω_0 和 Ω_0,称 ω_0 为数字频率,Ω_0 为模拟频率,由 $\omega_0 = \Omega_0 T_s = \frac{\Omega_0}{f_s}$,可以认为数字频率是将模拟频率对于采样频率 f_s 归一化后的结果。

值得注意的是,对连续时间正弦信号进行采样得到的离散时间正弦信号也不一定是周期的。一般说来,对以 T_0 为周期的连续时间周期信号 $x(t)$ 而言,以 T_s 为间隔进行采样,得到的离散时间信号是否有周期性与采样间隔 T_s 有关。只有当 $\frac{T_0}{T_s}$ 为有理数时,采样后得到的序列才是周期的,否则为非周期信号。

1.3.2　指数信号

1. 连续时间指数信号

连续时间指数信号的一般形式为

$$x(t) = Ae^{\alpha t} \tag{1.33}$$

式中,A 和 α 可以是实常数,也可以是复常数。以下分三种情况讨论。

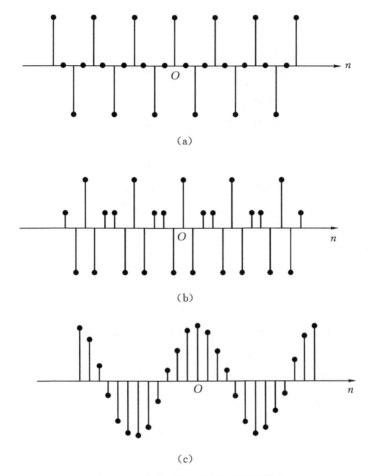

图 1.24　离散时间正弦信号的周期性

(a)$\cos(\frac{2\pi}{4}n)$:周期信号;(b)$\cos(\frac{4\pi}{5}n)$:周期信号;(c)$\cos(\frac{n}{4})$:非周期信号

1)实指数信号

若 A 和 α 均为实常数,则 $x(t)$ 为实指数信号。在以下的讨论中都假定 $A>0$。

当 $\alpha>0$ 时,$x(t)$ 随时间按指数规律单调增长。这类信号可用来描述如原子裂变、细菌繁殖等物理现象。

当 $\alpha<0$ 时,$x(t)$ 随时间按指数规律单调衰减。这类信号可用于描述 RC 电路的暂态响应、放射线衰变等物理过程。

当 $\alpha=0$ 时,$x(t)$ 为一常数,也称为直流信号。实指数信号的波形如图 1.25 所示。

在实指数信号中,$|\alpha|$ 反映了信号增长或衰减的速率,$|\alpha|$ 越大,增长或衰减的速率越快。通常将 $|\alpha|$ 的倒数称为时间常数,记作 τ,即 $\tau=\frac{1}{|\alpha|}$。

2)周期性复指数信号

当 $A=1$,$\alpha=\mathrm{j}\Omega_0$ 时,$x(t)$ 为周期性复指数信号,即

$$x(t)=\mathrm{e}^{\mathrm{j}\Omega_0 t} \tag{1.34}$$

可以验证，当 $T = k\dfrac{2\pi}{|\Omega_0|}$ 时，$x(t+T) = \mathrm{e}^{\mathrm{j}\Omega_0(t+T)}$

$= \mathrm{e}^{\mathrm{j}\Omega_0 t}\mathrm{e}^{\mathrm{j}2\pi k\frac{\Omega_0}{|\Omega_0|}T} = \mathrm{e}^{\mathrm{j}\Omega_0 t} = x(t)$ 。这表明 $x(t) = \mathrm{e}^{\mathrm{j}\Omega_0 t}$ 是周

期信号，其基波周期为 $T_0 = \dfrac{2\pi}{|\Omega_0|}$ 。显然，基波周期

T_0 与基波频率 Ω_0 成反比。当基波周期 T_0 变小时，
$|\Omega_0|$ 增大，表示信号的振荡速率变快；反之，当基波周
期 T_0 变大时，$|\Omega_0|$ 减小，表示信号的振荡速率变慢；
当 $|\Omega_0| = 0$ 时，信号变成了常数即直流信号。

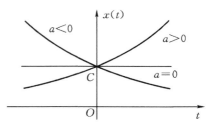

图 1.25　实指数信号

根据欧拉（Euler）公式，周期性复指数信号也可以表示为

$$\mathrm{e}^{\mathrm{j}\Omega_0 t} = \cos\Omega_0 t + \mathrm{j}\sin\Omega_0 t \tag{1.35}$$

这表明 $x(t) = \mathrm{e}^{\mathrm{j}\Omega_0 t}$ 的实部和虚部都是正弦信号。同样，正弦信号也可以用与其基波周期相同
的复指数信号来表示，即

$$A\cos(\Omega_0 t + \varphi) = \frac{A}{2}\big[\mathrm{e}^{\mathrm{j}(\Omega_0 t+\varphi)} + \mathrm{e}^{-\mathrm{j}(\Omega_0 t+\varphi)}\big] = A\mathrm{Re}\big[\mathrm{e}^{\mathrm{j}(\Omega_0 t+\varphi)}\big]$$

$$A\sin(\Omega_0 t + \varphi) = \frac{A}{2\mathrm{j}}\big[\mathrm{e}^{\mathrm{j}(\Omega_0 t+\varphi)} - \mathrm{e}^{-\mathrm{j}(\Omega_0 t+\varphi)}\big] = A\mathrm{Im}\big[\mathrm{e}^{\mathrm{j}(\Omega_0 t+\varphi)}\big] \tag{1.36}$$

在工程实际中，**成谐波关系的复指数信号集合**是很有用的。该信号集合可以表示为

$$\Phi_k(t) = \{\mathrm{e}^{\mathrm{j}k\Omega_0 t}\} \qquad k = 0, \pm 1, \pm 2, \cdots \tag{1.37}$$

该信号集合具有如下特点：

（1）信号集合中的任何一个信号 $\Phi_k(t) = \mathrm{e}^{\mathrm{j}k\Omega_0 t}$ 都是周期的，且其周期为 $T_k = \dfrac{2\pi}{|k\Omega_0|}$ 。此

信号集中全部的 $\Phi_k(t) = \mathrm{e}^{\mathrm{j}k\Omega_0 t}$，$k = 0, \pm 1, \pm 2, \cdots$ 有一个公共的周期 $T_0 = \dfrac{2\pi}{|\Omega_0|}$ ，T_0 被称为
基波周期。

（2）在该信号集合中，任何一个信号的频率都是某一个正频率 Ω_0 的整数倍，故称这组信号
是成谐波关系的。Ω_0 被称为基波频率。当 $k = 0$ 时，$\Phi_0(t) = 1$ 称为零次谐波（或直流）；当 k
$= \pm 1$ 时，$\Phi_1(t) = \mathrm{e}^{\mathrm{j}\Omega_0 t}$ 和 $\Phi_{-1}(t) = \mathrm{e}^{-\mathrm{j}\Omega_0 t}$ 称为 1 次谐波（或基波）；当 $k = \pm 2$ 时，$\Phi_2(t) = \mathrm{e}^{\mathrm{j}2\Omega_0 t}$
和 $\Phi_{-2}(t) = \mathrm{e}^{-\mathrm{j}2\Omega_0 t}$ 称为 2 次谐波；当 $k = \pm n$ 时，$\Phi_n(t) = \mathrm{e}^{\mathrm{j}n\Omega_0 t}$ 和 $\Phi_{-n}(t) = \mathrm{e}^{-\mathrm{j}n\Omega_0 t}$ 就称为 n 次
谐波，等等。

上述成谐波关系的复指数信号集合具有一个十分重要的性质，即

$$\int_0^{T_0}\Phi_k(t)\Phi_m^*(t)\mathrm{d}t = \int_0^{T_0}\mathrm{e}^{\mathrm{j}(k-m)\Omega_0 t}\mathrm{d}t$$

$$= \int_0^{T_0}\cos(k-m)\Omega_0 t\,\mathrm{d}t + \mathrm{j}\int_0^{T_0}\sin(k-m)\Omega_0 t\,\mathrm{d}t \tag{1.38}$$

$$= \begin{cases} T_0, & k = m \\ 0, & k \neq m \end{cases}$$

在数学上，称满足上述关系的信号集合为正交信号集合，故该成谐波关系的复指数信号集
合是一个正交信号集合。事实上，用该正交信号集合几乎可以表示任意的周期为 T_0 的周期信
号。对任何周期为 T_0 的周期信号而言，该正交信号集合也是完备的。完备正交信号集合在信
号分析与处理中具有十分重要的作用。

　　3）一般的复指数信号

　　当 A 和 α 均为复数时，$x(t)$ 为复指数信号，这是指数信号的一般形式。

令复数 $A = |A|e^{j\theta}$，$\alpha = \sigma + j\Omega_0$，则复指数信号可表示为

$$x(t) = Ae^{\alpha t} = |A|e^{\sigma t}e^{j(\Omega_0 t + \theta)} = |A|e^{\sigma t}\cos(\Omega_0 t + \theta) + j|A|e^{\sigma t}\sin(\Omega_0 t + \theta) \quad (1.39)$$

　　由此可见，复指数信号 $x(t)$ 的实部和虚部分别是振幅按指数规律变化的正弦振荡。如图 1.26 所示。

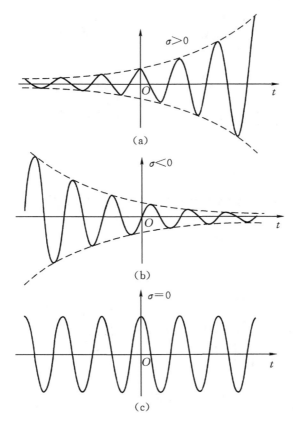

图 1.26　复指数信号的实部

(a)$\sigma > 0$ 的波形；(b)$\sigma < 0$ 的波形；(c)$\sigma = 0$ 的波形

　　当 $\sigma > 0$ 时，$x(t)$ 的实部和虚部分别是振幅呈指数增长的正弦振荡，如图 1.26(a)所示。

　　当 $\sigma < 0$ 时，$x(t)$ 的实部和虚部分别是振幅呈指数衰减的正弦振荡，如图 1.26(b)所示

　　当 $\sigma = 0$ 时，$x(t)$ 的实部和虚部分别是等幅的正弦振荡，如图 1.26(c)所示。

　　振幅呈指数衰减的正弦振荡也称为阻尼振荡。RLC 电路和阻尼机械运动中的过渡过程都可以用衰减的振荡来描述。

　　2. 离散时间指数信号

　　离散时间指数信号的一般形式为

$$x(n) = K\alpha^n \quad (1.40)$$

式中，K 和 α 可以是实常数，也可以是复常数。若取 $\alpha = e^{\beta}$，则可表示为

$$x(n) = ce^{\beta n} \tag{1.41}$$

这与式(1.33)表示的连续时间指数信号具有相似的形式。

和连续时间的情况一样,离散时间指数信号也有以下几种情况。

1)实指数信号

若 K 和 α 均为实数,则 $x(n) = K\alpha^n$ 为实指数信号。此时,当 $\alpha > 1$ 时,$x(n)$ 随 n 单调指数增长;当 $0 < \alpha < 1$ 时,$x(n)$ 随 n 单调指数衰减;当 $-1 < \alpha < 0$ 时,$x(n)$ 随 n 按指数规律交替衰减;当 $a < -1$ 时,$x(n)$ 随 n 按指数规律交替增长;当 $\alpha = -1$ 时,$x(n)$ 为交替变化的常数信号;当 $\alpha = 1$ 时,$x(n)$ 为常数信号。图 1.27 给出了几种离散时间实指数信号的波形。

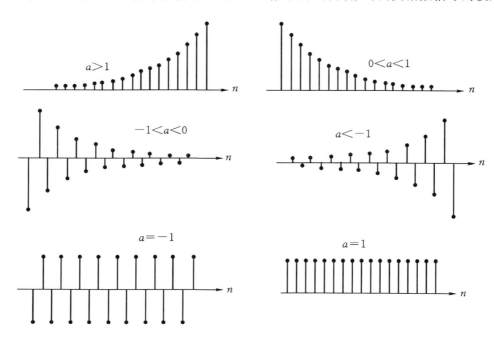

图 1.27　离散时间实指数信号

2) 周期性的复指数信号

若 $K = 1, \alpha = e^{j\omega_0}$ 时,则有离散时间复指数信号:

$$x(n) = e^{j\omega_0 n} \tag{1.42}$$

由欧拉公式有:

$$e^{j\omega_0 n} = \cos\omega_0 n + j\sin\omega_0 n \tag{1.43}$$

不难看出,离散时间正弦信号与离散时间复指数信号的关系为

$$A\cos(\omega_0 n + \phi) = \frac{A}{2}[e^{j(\omega_0 n + \phi)} + e^{-j(\omega_0 n + \phi)}] = A\mathrm{Re}\{e^{j(\omega_0 n + \phi)}\} \tag{1.44}$$

通过前面的讨论,我们已经知道,连续时间复指数信号 $e^{j\Omega_0 t}$ 是周期信号。然而与之不同的是离散时间复指数信号 $e^{j\omega_0 n}$ 不一定是周期信号,而只有在满足一定的条件时才具有周期性。由式(1.43)我们看到离散时间复指数信号 $e^{j\omega_0 n}$ 的实部与虚部均是正弦信号,当然只有在其实部与虚部均满足周期性条件时,$e^{j\omega_0 n}$ 才是周期的。也就是说,只有当

$$\frac{\omega_0}{2\pi} = \frac{m}{N} \tag{1.45}$$

或者说当 $\frac{\omega_0}{2\pi}$ 是有理数时，$e^{j\omega_0 n}$ 才具有周期性。

当 $x(n) = e^{j\omega_0 n}$ 是离散时间周期信号时，$\frac{\omega_0}{2\pi} = \frac{m}{N}$（$\omega_0 \neq 0$）必为有理数，在满足这个条件的参数 m 和 N 中，必有一组是没有公因子的，即 m/N 是最简分数（或 m 与 N 互质），我们把这时的 N 称为该周期信号的基波周期，记作 N_0。这时该信号的基波频率可表示为

$$\omega_B = \frac{2\pi}{N_0} = \frac{\omega_0}{m} \tag{1.46}$$

基波周期可表示为
$$N_0 = m \frac{2\pi}{\omega_0} \tag{1.47}$$

和连续时间的情况相类似，把一组成谐波关系的离散时间周期复指数信号组成一个信号集，称为**成谐波关系的离散时间复指数信号集**，记作

$$\phi_k(n) = \{e^{jk\left(\frac{2\pi}{N}\right)n}\} \qquad k = 0, \pm 1, \pm 2, \cdots \tag{1.48}$$

在这个信号集中，每一个信号都是周期的，且 N 是其公共周期，也就是基波周期；$\frac{2\pi}{N}$ 是它的基波频率。由于各信号的频率 $k\left(\frac{2\pi}{N}\right)$ 都是基波频率 $\frac{2\pi}{N}$ 的整数倍，故称它们成谐波关系。

在连续时间情况下，成谐波关系的复指数信号集 $\phi_k(t)$ 中的每一个信号都是不相同的，或者说它们彼此是独立的。而离散时间的情况却大不相同。因为

$$e^{jk\left(\frac{2\pi}{N}\right)n} = e^{j(k+N)\left(\frac{2\pi}{N}\right)n} = e^{jk\left(\frac{2\pi}{N}\right)n} \cdot e^{j2\pi n} = e^{jk\left(\frac{2\pi}{N}\right)n} \tag{1.49}$$

也即是
$$\phi_k(n) = \phi_{k+N}(n) \tag{1.50}$$

式(1.50)表明：在成谐波关系的离散时间复指数信号集中，只有 $\phi_0(n)$，$\phi_1(n)$，$\cdots$，$\phi_{N-1}(n)$ 或其它任意 N 个序号相连的信号是相互独立的，其余信号均可看作是这 N 个信号的重复。如 $\phi_N(n) = \phi_0(n)$，$\phi_{N+1}(n) = \phi_1(n)$，等等。

对成谐波关系的离散时间复指数信号集合，如果从相互独立的 N 个分量 $\phi_0(n)$，$\phi_1(n)$，$\cdots$，$\phi_{N-1}(n)$ 中任意取出两个信号 $\phi_k(n)$ 和 $\phi_m(n)$，它们之间也满足：

$$\begin{aligned}
\sum_{n=0}^{N-1} \phi_k(n)\phi_m^*(n) &= \sum_{n=0}^{N-1} e^{jk\frac{2\pi}{N}n}\left(e^{jm\frac{2\pi}{N}n}\right)^* = \sum_{n=0}^{N-1} e^{j(k-m)\frac{2\pi}{N}n} \\
&= \sum_{n=0}^{N-1} \left\{\cos\left[(k-m)\frac{2\pi}{N}n\right] + j\sin\left[(k-m)\frac{2\pi}{N}n\right]\right\} \\
&= \begin{cases} N, & k = m \\ 0, & k \neq m \end{cases}
\end{aligned} \tag{1.51}$$

这表明该信号集合也是一个正交信号集合，由于该正交信号集合可以表示任意的周期为 N 的周期信号，故对任何周期为 N 的周期信号而言，该信号集合也是完备的正交信号集合。

3）一般的复指数信号

若 K 和 α 均为复数，则 $x(n) = K\alpha^n$ 为一般形式的离散时间复指数信号。令复数 $K = |k|e^{j\theta}$，$\alpha = re^{j\omega_0}$，则有

$$\begin{aligned}
x(n) &= |K|r^n e^{j(\omega_0 n + \theta)} \\
&= |K|r^n[\cos(\omega_0 n + \theta) + j\sin(\omega_0 n + \theta)] \\
&= \text{Re}\{x(n)\} + j\text{Im}\{x(n)\}
\end{aligned} \tag{1.52}$$

式中，$\operatorname{Re}\{x(n)\} = |K|r^n\cos(\omega_0 n + \theta)$ 为 $x(n)$ 的实部；$\operatorname{Im}\{x(n)\} = |K|r^n\sin(\omega_0 n + \theta)$ 为 $x(n)$ 的虚部。

可见，离散时间复指数信号 $x(n)$ 的实部和虚部都是幅度按指数规律变化的正弦信号。

当 $r > 1$ 时，$x(n)$ 的实部和虚部分别为指数增长的正弦信号，如图 1.28(a) 所示。

当 $0 < r < 1$ 时，$x(n)$ 的实部和虚部分别为指数衰减的正弦信号，如图 1.28(b) 所示。

当 $r = 1$ 时，$x(n)$ 的实部和虚部分别为正弦信号，如图 1.28(c) 所示。

3. $e^{j\Omega_0 t}$ 与 $e^{j\omega_0 n}$ 的差异

通过前面的讨论，我们不难发现，连续时间复指数信号 $e^{j\Omega_0 t}$ 与离散时间复指数信号 $e^{j\omega_0 n}$ 二者之间有许多相似之处，但也存在一些重要的区别。

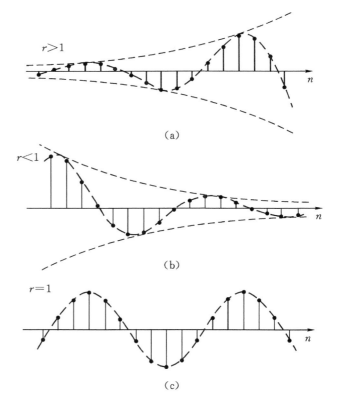

图 1.28　离散时间复指数信号

我们已经知道，信号 $x(t) = e^{j\Omega_0 t}$ 是时间 t 的周期函数，Ω_0 反映信号的振荡频率，Ω_0 越大，振荡频率越高；对不同的 Ω_0 值，$e^{j\Omega_0 t}$ 是互不相同的周期信号。然而，信号 $x(n) = e^{j\omega_0 n}$ 并不一定是周期的；对不同的 ω_0，$e^{j\omega_0 n}$ 也并不都是互不相同的信号，而是以 2π 为周期重复的。为了说明这一点，我们考察频率为 $(\omega_0 + 2\pi k)$ 的复指数序列

$$e^{j(\omega_0 + 2\pi k)n} = e^{j\omega_0 n}e^{j2\pi kn} = e^{j\omega_0 n}$$

这表明，频率为 ω_0 的复指数序列与频率为 $(\omega_0 + 2\pi k)$ 的复指数序列是完全一样的。这表明 ω_0 只有在 2π 区间内取值时，对应的 $e^{j\omega_0 n}$ 才是彼此独立的。因此，ω_0 通常在 $0 \sim 2\pi$ 或 $-\pi \sim \pi$ 区间内取值，而 $e^{j\omega_0 n}$ 也就不具有 ω_0 越大，振荡频率越高的特点，这一点和 $e^{j\Omega_0 t}$ 完全不同。

图 1.29 给出了与 $e^{j\omega_0 n}$ 对应的正弦序列随 ω_0 变化的情况。可以看出，当 ω_0 从 0 增加到 π 时，信号的振荡速率随之增加；当 ω_0 从 π 增加到 2π 时，信号的振荡速率随之下降；当 $\omega_0 = 2\pi$ 时，信号与 $\omega_0 = 0$ 时相同。由此可见，对离散时间信号而言，低频对应于 ω 为 $0, 2\pi$ 或其它 π 的偶数倍附近，而高频则对应于 π 或其它 π 的奇数倍附近。

最后，我们将 $e^{j\Omega_0 t}$ 与 $e^{j\omega_0 n}$ 的主要差别综合在表 1.1 中，以便于比较。

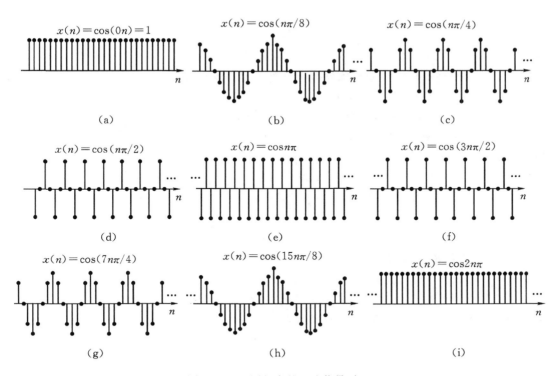

图 1.29　不同频率的正弦信号 $e^{j\omega_0 n}$

表 1.1　$e^{j\Omega_0 t}$ 与 $e^{j\omega_0 n}$ 的差别

$e^{j\Omega_0 t}$	$e^{j\omega_0 n}$
Ω_0 不同时信号不同 Ω_0 越小,对应频率越低,Ω_0 越大,对应频率越高 对任何 Ω_0 值都是周期的 基波频率为 Ω_0 基波周期为 $\dfrac{2\pi}{\Omega_0}$	ω_0 相差 2π 的整数倍时信号相同 低频对应于 ω 为 $0,2\pi$ 或其它 π 的偶数倍附近,而高频对应于 π 或其它 π 的奇数倍附近 仅当 $\omega_0 = m\dfrac{2\pi}{N}$ 时才是周期的（$N>0,m$ 为整数） 基波频率为 $\dfrac{\omega_0}{m}$ 基波周期为 $m\dfrac{2\pi}{\omega_0}$

1.3.3　单位阶跃信号

1. 离散时间单位阶跃信号

离散时间单位阶跃信号定义为

$$u(n) = \begin{cases} 1, & n \geqslant 0 \\ 0, & n < 0 \end{cases} \qquad (1.53)$$

其波形如图 1.30 所示。

2. 连续时间单位阶跃信号

连续时间单位阶跃信号 $u(t)$ 定义为

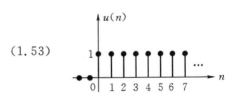

图 1.30　离散时间单位阶跃信号

$$u(t) = \begin{cases} 1, & t > 0 \\ 0, & t < 0 \end{cases} \tag{1.54}$$

其波形如图 1.31 所示。该信号在 $t=0$ 处是不连续的。

单位阶跃信号不仅在信号与系统分析中有着十分重要的作用,而且在简化信号的时域表示方面也非常有用。我们以连续时间单位阶跃信号为例来加以说明,离散时间单位阶跃信号有着与之完全对应的关系。

如根据单位阶跃信号的特性,双边信号乘以单位阶跃就变成了单边信号:

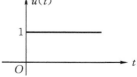

图 1.31　单位阶跃信号

$$x(t)u(t) = \begin{cases} x(t), & t > 0 \\ 0, & t < 0 \end{cases} \tag{1.55}$$

$$x(t)u(t - t_0) = \begin{cases} x(t), & t > t_0 \\ 0, & t < t_0 \end{cases} \tag{1.56}$$

图 1.32 所示的单个矩形脉冲,也称为门函数,

$$g(t) = \begin{cases} 1, & |t| < \tau \\ 0, & |t| > \tau \end{cases} \tag{1.57}$$

就可以用两个不同延迟的单位阶跃信号表示为

$$g(t) = u(t + \tau) - u(t - \tau) \tag{1.58}$$

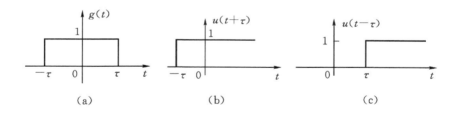

　　　(a)　　　　　　　　　(b)　　　　　　　　　(c)

图 1.32　门函数的分解

利用不同宽度和不同延迟的门函数,可限定分段表示的信号的分段区间,从而将分段表达式转化为一个不分段的表达式。如图 1.33 所示的信号

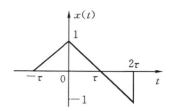

图 1.33　分段函数 $x(t)$ 的波形

$$x(t) = \begin{cases} 1 + \dfrac{t}{\tau}, & -\tau < t < 0 \\ 1 - \dfrac{t}{\tau}, & 0 < t < 2\tau \\ 0, & \text{其它 } t \end{cases}$$

可表示为　　$x(t) = (1 + \dfrac{t}{\tau})[u(t + \tau) - u(t)] + (1 - \dfrac{t}{\tau})[u(t) - u(t - 2\tau)]$

不难看出,$u(t)$ 与 $u(n)$ 是相对应的,但它们之间也存在差别。比如 $u(t)$ 在 $t = 0$ 处不连续且没有确切的定义值,而 $u(n)$ 在 $n = 0$ 处定义为 1。$u(t)$ 与 $u(n)$ 分别在连续时间信号与系统、离散时间信号与系统分析中起着相类似的作用。

1.3.4　单位脉冲与单位冲激信号

1. 单位脉冲信号

离散时间单位脉冲信号定义为

$$\delta(n) = \begin{cases} 1, & n = 0 \\ 0, & n \neq 0 \end{cases} \tag{1.59}$$

因为只有当 $n = 0$ 时，$\delta(n)$ 的值为 1，而当 $n \neq 0$ 时，$\delta(n)$ 的值为零，如图 1.34 所示。所以必然有：任何信号 $x(n)$ 与 $\delta(n)$ 相乘，其结果为 $x(n)$ 在 $n = 0$ 处的值乘以 $\delta(n)$，即

$$x(n)\delta(n) = x(0)\delta(n) \tag{1.60}$$

$$x(n)\delta(n-m) = x(m)\delta(n-m) \tag{1.61}$$

我们把这一结果称为离散时间单位脉冲信号的取样特性。

根据定义，可以看出离散时间单位脉冲信号与单位阶跃信号之间存在以下关系：

$$\delta(n) = u(n) - u(n-1) \tag{1.62}$$

$$u(n) = \sum_{k=-\infty}^{n} \delta(k) = \sum_{k=0}^{\infty} \delta(n-k) \tag{1.63}$$

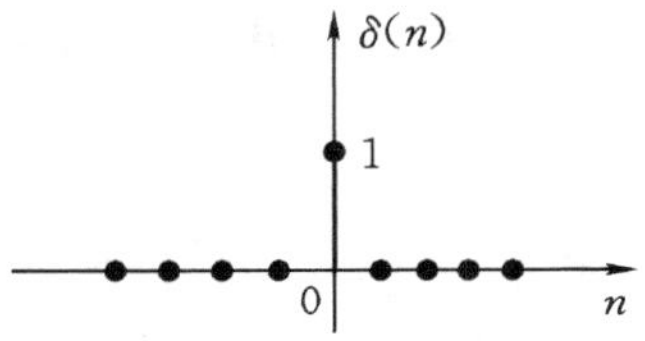

这表明：离散时间单位脉冲信号是离散时间单位阶跃信号的一次差分，而离散时间单位阶跃信号则是单位脉冲信号的求和。

图 1.34　离散时间单位脉冲信号

2. 单位冲激信号

连续时间单位冲激信号 $\delta(t)$，也称 δ 函数，是一个不同于普通函数的特殊信号。仿照离散时间单位脉冲与单位阶跃信号之间的关系，即式(1.62)，注意到差分运算与微分运算是对应的，可以认为连续时间单位冲激就是连续时间单位阶跃的一次微分，其定义可由下式给出：

$$\delta(t) = \frac{\mathrm{d}u(t)}{\mathrm{d}t} \tag{1.64}$$

根据 $\delta(t)$ 的这一定义，反过来就应该有

$$\int_{-\infty}^{t} \delta(\tau)\mathrm{d}\tau = u(t) \tag{1.65}$$

即单位冲激的积分是单位阶跃。

这一点从常规数学的观点来看，显然是不严密的，因为 $u(t)$ 在 $t=0$ 处不连续，因而在这里不可导。下面我们从极限的角度对 $u(t)$ 的导数是 $\delta(t)$ 作出直观解释。

设函数 $u_\Delta(t)$ 如图 1.35 所示，当 $\Delta \to 0$ 时，$u_\Delta(t)$ 趋于 $u(t)$，即

$$\lim_{\Delta \to 0} u_\Delta(t) = u(t)$$

由于 $u_\Delta(t)$ 是一个处处连续的函数，故可对其求导，并记为 $\delta_\Delta(t)$，于是有

$$\delta_\Delta(t) = \frac{\mathrm{d}u_\Delta(t)}{\mathrm{d}t}$$

波形如图 1.36 所示。

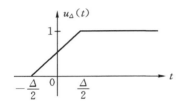
图 1.35　$u_\Delta(t)$ 的波形

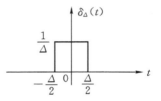
图 1.36　$\delta_\Delta(t)$ 的波形

当 Δ 趋于零时，$\delta_\Delta(t)$ 的宽度越来越窄，而其幅度越来越大，但其所包围的面积始终为 1。我们将 $\delta_\Delta(t)$ 的这一极限认为就是 $\delta(t)$，即

$$\delta(t) = \lim_{\Delta \to 0} \delta_\Delta(t)$$

由以上讨论可以看到，当 $t \neq 0$ 时，$\delta(t)$ 为零；当 $t = 0$ 时，$\delta(t)$ 为非零值，其值趋于无穷大，但其积分（或者说其面积）始终等于 1。我们把 $\delta(t)$ 的积分（或其面积）称为冲激强度。在图形上，通常用坐标原点处的箭头来表示 $\delta(t)$，图中的"(1)"表示单位冲激强度。图 1.37 给出了 $\delta(t)$ 的图形表示。

除了上述定义，物理学家狄拉克（Dirac）还给出 $\delta(t)$ 信号的另一种定义方式：

$$\begin{cases} \displaystyle\int_{-\infty}^{+\infty} \delta(t)\,\mathrm{d}t = 1 \\ \delta(t) = 0, \qquad t \neq 0 \end{cases} \tag{1.66}$$

图 1.37　单位冲激信号

这种定义与式(1.64)的定义本质上是一致的。

与离散时间单位脉冲信号一样，通过考察

$$x(t)\delta_\Delta(t) \approx x(0)\delta_\Delta(t)$$

在 $\Delta \to 0$ 时的极限，可以得到连续时间单位冲激信号的采样性质

$$x(t)\delta(t) = x(0)\delta(t) \tag{1.67}$$

同理，对出现在任意时间点 t_0 的冲激有类似的表示形式

$$x(t)\delta(t - t_0) = x(t_0)\delta(t - t_0) \tag{1.68}$$

由上述采样性质还可以推出如下性质：

$$\int_{-\infty}^{+\infty} x(t)\delta(t)\,\mathrm{d}t = \int_{-\infty}^{+\infty} x(0)\delta(t)\,\mathrm{d}t = x(0)\int_{-\infty}^{+\infty} \delta(t)\,\mathrm{d}t = x(0) \tag{1.69}$$

$$\int_{-\infty}^{+\infty} x(t)\delta(t - t_0)\,\mathrm{d}t = \int_{-\infty}^{+\infty} x(t_0)\delta(t - t_0)\,\mathrm{d}t = x(t_0)\int_{-\infty}^{+\infty} \delta(t - t_0)\,\mathrm{d}t = x(t_0) \tag{1.70}$$

除了上述性质外，单位冲激函数还具有一些别的性质。比如它是一个偶函数，即

$$\delta(t) = \delta(-t) \tag{1.71}$$

这可以利用下式来证明：

$$\int_{-\infty}^{+\infty} x(t)\delta(-t)\,\mathrm{d}t = \int_{+\infty}^{-\infty} x(-\tau)\delta(\tau)\,\mathrm{d}(-\tau)$$

$$= \int_{-\infty}^{+\infty} x(0)\delta(\tau)\,\mathrm{d}\tau = x(0)$$

还可以对其进行微分和积分运算，其中单位冲激函数的一阶微分 $\delta'(t)$（也称为冲激偶）定义为

$$\int_{-\infty}^{+\infty} x(t)\delta'(t)\mathrm{d}t = -x'(0)$$

我们已经知道,对单位冲激函数进行一次积分即可得到单位阶跃信号。如果以 $u_{-2}(t)$ 表示 $\delta(t)$ 的二次积分,则有

$$u_{-2}(t) = \int_{-\infty}^{t}\int_{-\infty}^{\tau}\delta(\lambda)\mathrm{d}\lambda\mathrm{d}\tau = \int_{-\infty}^{t}u(\tau)\mathrm{d}\tau = tu(t)$$

此时 $u_{-2}(t)$ 已经是一个常规函数。

单位冲激函数是一种奇异函数,对这种函数的定义和运算都不能完全按照常规函数的意义去理解,在数学上常常用广义函数或分配函数的理论对其作出严格的定义。有关这方面的讨论可参见附录 B。

单位冲激函数是一个被理想化了的信号。它可以用来近似工程实际中存在的一类能量有限,但作用时间极短的物理现象。例如:用理想电压源对理想电容器充电时,电路中的电流只有接通电源的瞬间才存在,而此瞬间的电流就可以用冲激函数描述。又如:两个刚体完全弹性碰撞时,由于碰撞时间极短,而冲量有限,因而碰撞时的作用力也需要由冲激函数来描述。在实际中,类似的例子还可以举出许多。

1.4　系统的描述

1.4.1　系统的概念与数学模型

"系统"是由若干相互作用和相互依赖的事物组合而成的具有特定功能的整体。从信号处理的角度来说,系统本质上可以看成是对信号产生某种变换的任何过程。要分析任何一个系统,都必须先建立该系统的数学模型。所谓系统的数学模型是指对系统物理特性的数学抽象,即以数学表达式或具有理想特性的符号组合图形来表征系统的特性。例如:一个由电源、电阻器、电感器和电容器组成的串联电路,将其器件分别用相应的理想化(忽略其分布参数和损耗等影响)的元件符号,如电阻 R、电感 L、电容 C 和理想电压源 $e(t)$ 表示,则可构成系统的电路图,如图 1.38,这个电路图就是用符号组合图形表示的系统模型。在这个电路中,若以 $e(t)$ 为系统的输入,回路电流 $i(t)$ 为系统的输出,运用基尔霍夫定律可列出方程:

$$LC\frac{\mathrm{d}^2 i(t)}{\mathrm{d}t^2} + RC\frac{\mathrm{d}i(t)}{\mathrm{d}t} + i(t) = C\frac{\mathrm{d}e(t)}{\mathrm{d}t}$$

这种反映输入-输出关系的微分方程就是该串联系统的数学模型。

系统分析的过程就是从实际物理问题抽象出系统的数学模型(数学建模),用数学的方法对系统的数学模型进行分析、求解,并对所得到的结果作出物理解释、赋予其物理意义的过程。

1.4.2　系统的表示

前面已经提到,在信号与系统分析中,系统是对

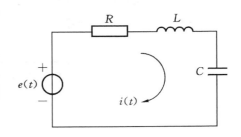

图 1.38　RLC 电路

信号进行变换的实体。对系统进行表示,也就是对其输入、输出信号之间的关系进行表示。

　　系统可以分为连续时间系统和离散时间系统这两大类。连续时间系统将连续时间输入信号转换成连续时间输出信号,这样的系统可用图 1.39(a)来表示,也可直接用一个箭头表示成 $x(t) \rightarrow y(t)$。其意思是,如果给系统的输入信号是 $x(t)$,则系统的输出信号就是 $y(t)$。同样,离散时间系统将离散时间输入信号转换为离散时间输出信号,它可以用图 1.39(b)来表示,也可以用一个箭头表示成 $x(n) \rightarrow y(n)$。

（a）　　　　　　　　　　　　　　　　　　　（b）

图 1.39　单输入-单输出系统

（a)连续时间系统;（b) 离散时间系统

　　一个系统也可以同时接受一个以上的输入信号,产生一个以上的输出信号,这样的系统称为多输入-多输出系统,用图 1.40 表示。本书只讨论单输入-单输出(SISO)系统,但所涉及的基本概念和方法也可适用于或推广到多输入-多输出(MIMO)系统中去。

图 1.40　多输入-多输出系统

　　以上讨论的是系统的一般表示,并未具体指明输入输出之间的关系到底是如何确定的。通常用系统的数学模型对系统加以具体描述。建立系统输入信号和输出信号所遵循的数学方程即输入-输出方程(连续时间系统为代数方程或微分方程,离散时间系统为代数方程或差分方程)是具体描述系统的一种形式。

　　用一些基本运算单元,如放大器、加法器、乘法器、积分器、延迟器等,构成系统的模拟图,以反映系统的运算关系,是描述系统的又一种形式。一般说来,描述系统的方法有多种,例如:电路图表示;系统方程表示;模拟图表示等。各种表示方法可以相互转化,例如应用有关的电路知识可由电路图写出系统的方程;也可由系统的模拟图写出系统的方程;而由系统方程也可画出系统模拟图。在信号与系统分析中,常用的基本运算单元见表 1.2 和表 1.3。

表 1.2　连续时间基本运算单元

运 算 单 元 框 图		输入输出关系
放大器	$x(t) \xrightarrow{a} y(t)$	$y(t) = ax(t)$
积分器	$x(t) \longrightarrow \boxed{\int} \longrightarrow y(t)$	$y(t) = \int_{-\infty}^{t} x(\tau)\,\mathrm{d}\tau$

续表 1.2

运 算 单 元 框 图	输入输出关系
延迟器　$x(t) \longrightarrow \boxed{T} \longrightarrow y(t)$	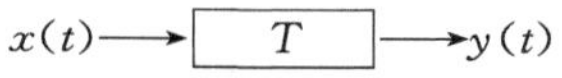 $y(t) = x(t-T)$
加法器　$\begin{array}{c} x_1(t) \\ x_2(t) \end{array} \searrow\!\!\!\!\nearrow \oplus \rightarrow y(t)$	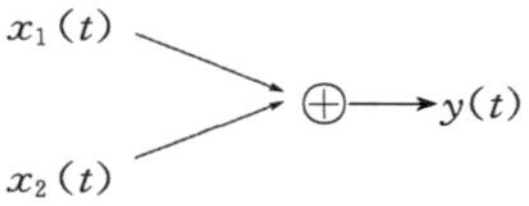 $y(t) = x_1(t) + x_2(t)$
乘法器　$\begin{array}{c} x_1(t) \\ x_2(t) \end{array} \searrow\!\!\!\!\nearrow \otimes \rightarrow y(t)$	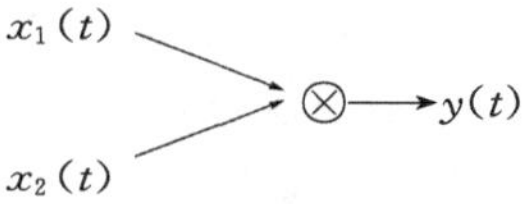 $y(t) = x_1(t) x_2(t)$

表 1.3　离散时间基本运算单元

运 算 单 元 框 图	输入输出关系
单位移序器　$x(n) \longrightarrow \boxed{D} \longrightarrow y(n)$	 $y(n) = x(n-1)$
加 法 器　$\begin{array}{c} x_1(n) \\ x_2(n) \end{array} \searrow\!\!\!\!\nearrow \oplus \rightarrow y(n)$	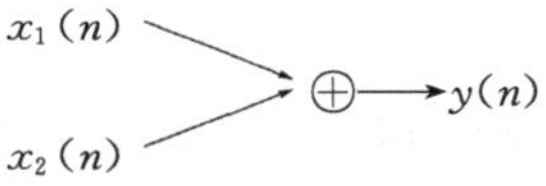 $y(n) = x_1(n) + x_2(n)$
乘 法 器　$\begin{array}{c} x_1(n) \\ x_2(n) \end{array} \searrow\!\!\!\!\nearrow \otimes \rightarrow y(n)$	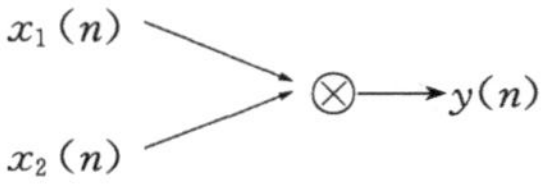 $y(n) = x_1(n) x_2(n)$

例 1.11　某连续时间系统如图 1.41 所示,根据此图写出系统的输入输出方程。

由图可见,$y(t)$ 是系统的输出,也是积分器的输出。积分器的输入应该是 $\dfrac{\mathrm{d}y(t)}{\mathrm{d}t}$,而积分器的输入又是系统输入 $x(t)$ 与输出 $y(t)$ 延迟 T 并放大 a 倍后相加,即

$$\frac{\mathrm{d}y(t)}{\mathrm{d}t} = -ay(t-T) + x(t)$$

所以该系统的输入输出方程为

$$\frac{\mathrm{d}y(t)}{\mathrm{d}t} + ay(t-T) = x(t)$$

例 1.12　某离散时间系统的输入输出方程为

$$y(n) = \left[2x(n) - x^2(n)\right]^2$$

根据方程表示的运算关系,不难画出系统的框图结构,如图 1.42 所示。

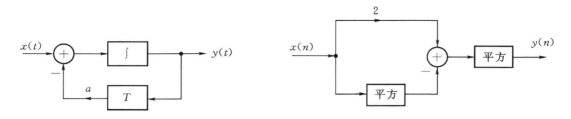

图 1.41　例 1.11 的系统图　　　　　　　　图 1.42　例 1.7 的系统框图

1.4.3　系统的互联

无论是在实际的物理系统中,还是在信号与系统分析中,都经常遇到几个系统互相联结的问题。通过系统的互联,一方面可以由若干个子系统构成一个新的更复杂的系统;另一方面,也可以将一个较大、较复杂的系统分解成某些子系统互联的结果,以便通过对子系统的分析,借以了解整个系统的特性。系统互联有以下几种基本形式。

1. 级联

几个子系统首尾依次相接,前一个系统的输出就是后一个系统的输入,这种互联方式称为系统的级联,如图 1.43(a)所示。

2. 并联

几个子系统的输入端相接,所有子系统接受同一个输入信号,而系统的输出则是各子系统的输出之和,这种互联方式称为系统的并联,如图 1.43(b)所示。

3. 反馈联结

系统 1 的输出,经过另一个子系统 2 反馈到系统 1 的输入端,与外加的输入信号相加或相减后构成系统 1 的真正输入,这种联结方式称为系统的反馈联结,如图 1.43(c)所示。

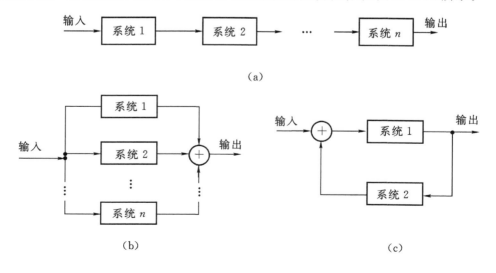

图 1.43　系统联结

(a)级联;(b) 并联;(c) 反馈联结

1.5　系统的性质

在这一节,我们将介绍连续时间系统和离散时间系统的一些基本性质。这些性质既有数学上的表示,又有其物理含义。根据这些性质,我们可以从不同的角度出发,将系统划分成不同的种类。

1.5.1　记忆与无记忆性

如果一个系统在任何时刻的输出都只与该时刻的输入有关,而与其它时刻的输入无关,就称该系统是**无记忆系统**;如果它在某时刻的输出不仅与该时刻的输入有关,而且还与该时刻以前或以后的输入有关,它就是**记忆系统**。

无记忆系统也被称为即时系统或瞬时系统。一个电阻器就是一个无记忆系统,因为在任何时刻,它的输出都只取决于当时的输入。如果把电阻中通过的电流作为输入 $x(t)$,把电阻上的电压作为输出 $y(t)$,则一个阻值为 R 的电阻器的输入-输出关系可表示为

$$y(t) = Rx(t) \qquad\qquad (1.72)$$

同样地,由以下输入-输出关系表示的系统:

$$y(n) = \sin(x(n)) \qquad\qquad (1.73)$$

就是一个离散时间无记忆系统。

一种特别简单的无记忆系统是恒等系统。恒等系统的输出就等于输入。连续时间恒等系统的输入-输出关系可表示为

$$y(t) = x(t) \qquad\qquad (1.74)$$

离散时间恒等系统的输入-输出方程是

$$y(n) = x(n) \qquad\qquad (1.75)$$

记忆系统又称为动态系统或存储系统。包含有电容、电感等储能元件的电路就是一种记忆系统。这种系统即使在它的输入端去掉当前的输入后,它仍有可能产生输出,因为它所含的储能元件记忆着以前的输入对系统曾经有过的影响。下面的几个系统都是记忆系统。

$y(t) = x(t-1)$ 表示一个连续时间记忆系统。因为该系统在 t 时刻的响应 $y(t)$,总与此时刻之前的 $t-1$ 时刻的输入 $x(t-1)$ 有关,例如 $y(0)$ 与 $x(-1)$ 有关,$y(1)$ 与 $x(0)$ 有关等等,这说明系统具有记忆以前输入的能力。

电容器是记忆系统的另一个例子。因为若把流过它的电流作为输入 $x(t)$,将其两端的电压作为输出 $y(t)$,则其输入-输出关系可表示为

$$y(t) = \frac{1}{C} \int_{-\infty}^{t} x(\tau) \mathrm{d}\tau$$

这表明该系统在 t 时刻的输出电压是该时刻以前所有输入电流的累积。

$y(n) = \frac{1}{2}\big[x(n) - x(n-1)\big]$ 是一个离散时间记忆系统。因为该系统在 n 时刻的响应 $y(n)$,不仅仅取决于当前时刻 n 处的输入值 $x(n)$,而且还与以前时刻 $n-1$ 的输入值 $x(n-1)$ 有关。

1.5.2　可逆性与逆系统

如果一个系统对任何不同的输入信号所产生的输出响应都不相同,或者换句话说,根据系统的输出就可以唯一地确定该系统的输入,也即系统的输入与输出可以构成——对应的关系,则称该系统为**可逆系统**。否则就是**不可逆系统**。

如果一个系统分别对两个或两个以上不同的输入,能产生相同的输出,则这个系统就是不可逆的。例如:

$y(t)=0$ 是一个不可逆系统,因为该系统对任何输入信号所产生的输出响应都为零。

$y(t)=\cos(x(t))$ 也是一个不可逆系统,因为该系统当输入为 $x(t)$ 和 $x(t)+2k\pi$ 时,所产生的输出都相同。

两点差分系统:$y(n)=\dfrac{1}{2}[x(n)-x(n-1)]$ 是一个不可逆系统,因为系统对 $x(n)$ 和 $x(n)+1$ 这两个不同的输入信号所产生的输出信号是相同的。

两点动平均系统:$y(n)=\dfrac{1}{2}[x(n)+x(n-1)]$ 也是一个不可逆系统,因为当 $x(n)=(-1)^n$ 和 $x(n)=0$ 时,系统的输出都是 $y(n)=0$。

抽取系统:$y(n)=x(2n)$ 是一个不可逆系统,因为该系统对任何偶数点相同、奇数点不同的信号都可以产生相同的输出。

两点相乘系统:$y(n)=x(n)x(n-1)$ 是一个不可逆系统,因为该系统当输入为 $x(n)=\delta(n)$ 和 $x(n)=\delta(n+1)$ 时,所产生的输出都为零。

如果一个系统是可逆的,则一定可以找到一个与它所对应的逆系统,使得该系统与其逆系统级联后构成一个恒等系统。如图 1.44 所示。

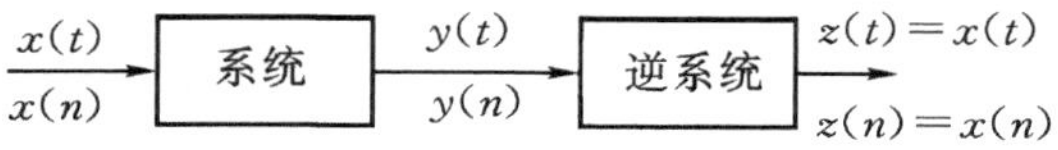

图 1.44　可逆系统与其逆系统级联构成恒等系统

例如,$y(t)=2x(t)$ 是可逆系统,其逆系统是 $y(t)=\dfrac{1}{2}x(t)$。前者是对输入信号放大 2 倍,后者是对输入信号衰减 2 倍,这两个系统级联后整个系统的输入和输出相等,故构成一个恒等系统。

$y(n)=\displaystyle\sum_{k=-\infty}^{n}x(k)$ 是可逆系统,其逆系统是 $y(n)=x(n)-x(n-1)$。前者是累加器,后者是差分器。值得注意,差分器是不可逆的,它不存在逆系统,故不能说差分器的逆系统是累加器。

一般说来,只要能找出两个不同的输入信号,并根据描述系统的输入-输出关系,能得出两个相同的输出响应,就可以判定一个系统是不可逆的。但通过穷举的方法,要断言系统是可逆的,则并不容易。因为我们不可能将一个系统所有可能的输入信号无一遗漏地加以穷举。

1.5.3 因果性

如果一个系统在任何时刻的输出都只取决于当时的输入以及以前的输入,而不取决于将来的输入,则该系统就称为**因果系统**,否则就是**非因果系统**。

因果系统没有预测未来输入的能力,因而也称为不可预测系统。在因果系统中,输出响应是输入激励所产生的结果,输入激励是产生输出响应的原因。先有原因才能有结果,这就是因果律。因果系统服从因果律。对因果系统而言,如果系统的输入在 t_0 或 n_0 前为零,相应的输出在 t_0 或 n_0 前也必须为零。

例如 RC, RL, RLC 等实际电路都是因果系统。而由 $y(t) = x(t+1)$,和 $y(t) = x(-t)$ 所定义的都是非因果系统。类似地,由 $y(n) = \frac{1}{2}x(n) + \frac{1}{2}x(n-1)$ 所定义的系统是因果系统,但 $y(n) = \frac{1}{2}[x(n) + x(n+1)]$ 所定义的是非因果系统。

在信号的自变量为时间时,因果性十分重要,连续时间的非因果系统是物理不可实现的。例如,考虑由如下方程描述的系统 $y(t) = x(t-2) + x(t+2)$。该式指出,在 t 秒时刻的输出 $y(t)$ 是由前 2 秒的输入值 $x(t-2)$ 和后 2 秒的输入值 $x(t+2)$ 之和给出的。显然该系统是非因果的。如果该系统运行在 t 秒时刻,它就不可能知道 2 秒后的输入值会是什么,因此在工程实际中不可能实现这样的连续时间非因果系统。而 $y(t) = x(t-4) + x(t)$ 所描述的系统,因为是因果的,是物理可实现的。

虽然因果系统十分重要,但这并不意味着所有具有实际意义的系统都是仅仅由因果系统构成的。当信号的自变量不是时间(比如图像处理中信号的自变量往往对应的是空间位置)时,可以构造大量的非因果系统。即使信号的自变量是时间,但待处理的信号已经提前记录下来了,在这种非实时的信号处理场合也可以实现非因果系统。

1.5.4 稳定性

一个系统,如果对任何有界的输入所产生的输出都是有界的,则称这个系统是**稳定系统**;如果系统对有界的输入会产生无界的输出,则称其为**不稳定系统**。

例如,连续时间 RLC 电路和由 $y(n) = x(n-1)$ 所描述的系统都是稳定系统;而由方程 $y(n) = \sum_{k=-\infty}^{n} x(k)$ 和 $y(t) = \int_{-\infty}^{t} x(\tau)\mathrm{d}\tau$ 所描述的系统都是不稳定系统,因为在有界输入,比如输入是单位阶跃信号的情况下,它们的输出都是无界的。在工程实际中通常总希望所构建的系统是稳定的。

1.5.5 时不变性

如果系统的输入信号在时间上发生一个时移,相应的输出信号也仅仅在时间上产生一个同样的时移,除此之外没有任何其它改变,如图 1.45 所示,则称该系统为**时不变系统**。

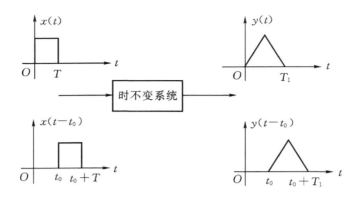

图 1.45　时不变系统的响应(原图 2.46)

时不变性反映了系统自身的特性不随时间发生变化。比如,一个 RC 电路,如果其电阻值 R 和电容值 C 不发生变化,它就是时不变的。

时不变性也可以描述为:若 $x(t) \rightarrow y(t)$ 时,有 $x(t-t_0) \rightarrow y(t-t_0)$,则该连续时间系统是时不变的。同理,若 $x(n) \rightarrow y(n)$ 时,有 $x(n-n_0) \rightarrow y(n-n_0)$,则该离散时间系统是时不变的。如果一个系统不是时不变的,我们就称它为**时变系统**。

检验一个系统的时不变性,可通过如下步骤来进行:

(1)当系统的输入为 $x_1(t)$ 时,根据系统的输入-输出关系确定其输出 $y_1(t)$;

(2)当系统的输入为 $x_2(t)$ 时,再根据系统的输入-输出关系确定其输出 $y_2(t)$;

(3)令 $x_2(t) = x_1(t-t_0)$,用 $x_1(t)$ 来表示 $y_2(t)$;

(4)将上一步得到的 $y_2(t)$ 与通过把 $y_1(t)$ 作自变量变换而得到的 $y_1(t-t_0)$ 相比较,看二者是否相同,若相同,则系统为时不变系统;若不同,则系统为时变系统。

例 1.13　判断系统 $y(t) = \cos(x(t))$ 的时不变性。

(1)当系统的输入为 $x_1(t)$ 时,其输出为:$y_1(t) = \cos(x_1(t))$;

(2)当系统的输入为 $x_2(t)$ 时,其输出为:$y_2(t) = \cos(x_2(t))$;

(3)令 $x_2(t) = x_1(t-t_0)$,则有:$y_2(t) = \cos(x_2(t)) = \cos(x_1(t-t_0))$;

(4)显然有 $y_2(t) = y_1(t-t_0)$,所以系统是时不变的。

例 1.14　判断系统 $y(n) = x(2n)$ 的时不变性。

(1)当系统的输入为 $x_1(n)$ 时,$y_1(n) = x_1(2n)$;

(2)当系统的输入为 $x_2(n)$ 时,$y_2(n) = x_2(2n)$;

(3)令 $x_2(n) = x_1(n-n_0)$,则 $x_2(2n) = x_1(2n-n_0)$;于是有
$$y_2(n) = x_2(2n) = x_1(2n-n_0)$$

(4)然而,对输出 $y_1(n)$ 做自变量变换,可得:$y_1(n-n_0) = x_1(2(n-n_0)) \neq y_2(n)$,所以该系统是时变系统。

1.5.6　线性性

如果一个系统既满足叠加性同时又满足齐次性,则称该系统为**线性系统**,否则为**非线性系统**。

所谓叠加性是指,几个激励同时作用于系统时,系统的响应等于每个激励单独作用时所产生的响应之和,即

若 $x_1(t) \rightarrow y_1(t)$,$x_2(t) \rightarrow y_2(t)$,则 $x_1(t) + x_2(t) \rightarrow y_1(t) + y_2(t)$

所谓齐次性是指,若系统的输入乘以任意常数,则系统的输出也乘以相同的常数,即

若 $x(t) \rightarrow y(t)$,则 $ax(t) \rightarrow ay(t)$

综上所述,连续时间线性系统应满足

$$ax_1(t) + bx_2(t) \rightarrow ay_1(t) + by_2(t) \tag{1.76}$$

同理,离散时间线性系统应满足

$$ax_1(n) + bx_2(n) \rightarrow ay_1(n) + by_2(n) \tag{1.77}$$

由线性系统的齐次性,可以直接推出线性系统的另一个重要性质,这就是零输入产生零输出。以连续时间系统为例,将输入所乘的常数设为零,则输出所乘的常数也是零,即

$$0 \times x(t) \rightarrow 0 \times y(t) \tag{1.78}$$

这里需要指出,所谓"零输入"是指系统根本就没有输入,而不是输入信号在某一时刻或某一时间区间内为零值;另外,线性系统必须具有"零输入-零输出"的特性,不具有这一性质的系统就不是线性系统。但仅具有这一特性的系统未必一定是线性系统。因为这一性质是仅由齐次性推得的,而并未考虑叠加性。也就是说,满足"零输入-零输出"的特性,是系统具有线性特性的必要条件,而并非充分条件。

例 1.15 判断系统:$y(n) = nx(n)$ 是否为线性系统。

(1)叠加性判定:

$x_1(n) + x_2(n) \rightarrow n[x_1(n) + x_2(n)] = nx_1(n) + nx_2(n) = y_1(n) + y_2(n)$,满足叠加性;

(2)齐次性判定:

$$ax(n) \rightarrow nax(n) = ay(n)$$,满足齐次性;

该系统既满足叠加性,又满足齐次性,所以是线性系统。

例 1.16 判断系统:$y(t) = x(t)x(t-1)$ 是否为线性系统。

叠加性判定:

$$
\begin{aligned}
x_1(t) + x_2(t) &\rightarrow [x_1(t) + x_2(t)][x_1(t-1) + x_2(t-1)] \\
&= x_1(t)x_1(t-1) + x_1(t)x_2(t-1) + x_2(t)x_1(t-1) + x_2(t)x_2(t-1) \\
&= y_1(t) + y_2(t) + x_1(t)x_2(t-1) + x_2(t)x_1(t-1) \\
&\neq y_1(t) + y_2(t)
\end{aligned}
$$

不满足叠加性,所以该系统为非线性系统。实际上这个系统也不满足齐次性。

1.5.7 增量线性系统

线性系统的数学模型是线性方程。值得注意,由线性方程表示的系统并不一定都是线性系统。例如:$y(t) = x(t) + 2$ 是一个线性方程,但当 $x(t) = 0$ 时,$y(t) = 2 \neq 0$,不满足"零输入-零输出"的特性,所以这个线性方程描述的系统不是线性系统。事实上,这个系统既不满足叠加性,也不满足齐次性,其原因在于输出中的常数项 2 始终与输入 $x(t)$ 没有关系。像这样的系统属于**增量线性系统**。

如果一个系统输出的增量与输入的增量之间成线性关系,则称该系统为增量线性系统。也就是说,系统对任何两个输入信号的响应之差是这两个输入信号之差的线性函数,即它们的

差既满足齐次性也满足叠加性。例如对前述 $y(t) = x(t) + 2$ 所表示的系统，我们有

$$x_1(t) \rightarrow y_1(t) = x_1(t) + 2 \ ; \ x_2(t) \rightarrow y_2(t) = x_2(t) + 2$$

显然有：$y_2(t) - y_1(t) = x_2(t) - x_1(t)$，表明输出的增量与输入的增量是线性关系。

　　任何增量线性系统的输出都可以表示成一个线性系统的输出再加上一个与输入无关的信号，如图 1.46 所示。

图 1.46　增量线性系统的模型

　　由于线性系统必须满足零输入-零输出的特性，因而其初始状态必然为零，故 $z(t)$ 只是由输入信号 $x(t)$ 引起的输出响应，通常称这一响应为系统的**零状态响应**；由于 $y_0(t)$ 与输入信号 $x(t)$ 无关，它完全是由系统的初始状态（系统的初始状态主要是先前激励作用的结果）所引起的输出响应，因而也称为系统的**零输入响应**。增量线性系统的全响应则是零输入响应和零状态响应之和。

　　线性系统一定是一个零初始状态的系统，通常也被称为系统最初是静止的或松弛的。

　　严格地说，增量线性系统并不属于线性系统，本不属于本书的讨论对象。但根据增量线性系统的等效模型，本书所讨论的所有分析线性系统的方法，都可以适用于获得增量线性系统的零状态响应。只要能通过其它途径得到零输入响应，增量线性系统的分析也就迎刃而解了。

　　本书着重讨论线性、时不变、因果、稳定的无记忆和记忆系统，这种系统的数学模型一般是线性常系数微分方程或差分方程。

1.6　系统的分析方法

　　在系统分析中，LTI 系统的分析具有重要意义。这不仅是因为在实际应用中大量存在的系统都是 LTI 系统。而且，有一些非线性系统或时变系统在限定范围内往往也可以用 LTI 系统来加以近似。另外，LTI 系统的分析方法已经形成了完善的体系结构。

　　LTI 系统分析的一个目的是研究系统对给定输入信号所产生的输出响应。另一个目的是研究为了使给定输入信号经过系统后，其输出响应符合人们的希望或要求，系统应该具有什么样的特性，进而设计出该系统。前者称为系统的分析，后者称为系统的综合。本书以系统的分析为重点。

　　以信号分析为基础，人们已经建立了分析 LTI 系统的相应方法：时域分析、频域分析和变换域分析方法（包括 s 域和 z 域）。

　　时域分析法直接分析系统的时间响应特性，或称时域特性。这种方法的主要优点是物理概念直接、清楚。在时域分析法中，LTI 系统的卷积方法最受重视。

　　频域分析方法建立在傅里叶分析的基础之上，在采用频域分析法分析系统时，往往需要先建立系统的频率特性，输入信号的频域特性等。利用频域分析方法，可以将时域中的微分、积分运算转化为代数运算，或将卷积运算转化为乘法运算。这在解决实际问题时具有很多优势。比如，根据信

号占有的频带与系统通带间的适应关系来分析信号传输问题,往往比时域法更简便和直观。

变换域分析方法,包括拉普拉斯变换域与 z 变换域分析方法是系统频域分析方法的推广,它可以用来分析频域分析方法所不能分析的系统。比如,不稳定系统的分析就可以方便地利用变换域分析方法来分析。这些系统分析方法将在后续的各章里做更详细的介绍。

本章讨论了有关信号与系统的一些基本概念和重要性质,介绍了一些常用信号和信号的表示与时域变换,以及系统的基本性质。这些都是信号与系统分析的重要基础,也是学习本课程必须掌握的基本知识。

习　题

1.1　(1) 已知连续时间信号 $x(t)$ 如图 P1.1(a)所示。试画出下列各信号的波形图,并加以标注。

(a) $x(t-2)$

(b) $x(1-t)$

(c) $x(2t+2)$

(2) 根据图 P1.1(b)所示的信号 $h(t)$,试画出下列各信号的波形图,并加以标注。

(a) $h(t+3)$

(b) $h(\frac{t}{2}-2)$

(c) $h(1-2t)$

(3) 根据图 P1.1(a)和(b)所示的 $x(t)$ 和 $h(t)$,画出下列各信号的波形图,并加以标注。

(a) $x(t)h(-t)$

(b) $x(1-t)h(t-1)$

(c) $x(2-\frac{t}{2})h(t+4)$

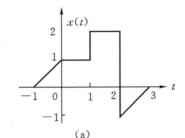

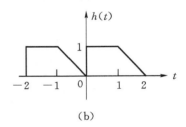

图 P1.1

1.2　(1) 已知离散时间信号 $x(n)$ 如图 P1.2(a)所示,试画出下列各信号的波形图,并加以标注。

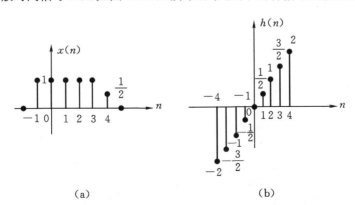

(a)　　　　　　　　　(b)

图 P1.2

(a) $x(4-n)$

(b) $x(2n+1)$

(c) $\hat{x}(n)=\begin{cases} x(\dfrac{n}{3}), & n \text{ 为 3 的倍数} \\ 0, & \text{其它 } n \end{cases}$

(2) 对图 P1.2(b)所示的信号 $h(n)$，试画出下列各信号的波形，并加以标注。

    (a) $h(2-n)$

    (b) $h(n+2)$

    (c) $h(n+2)+h(-n-1)$

(3) 根据图 P1.2(a)和(b)所示的 $x(n)$ 和 $h(n)$，画出下列各信号的波形图，并加以标注。

    (a) $x(n+2)h(1-2n)$

    (b) $x(1-n)h(n+4)$

    (c) $x(n-1)h(n-3)$

1.3 画出图 P1.3 所给各信号的奇部和偶部。

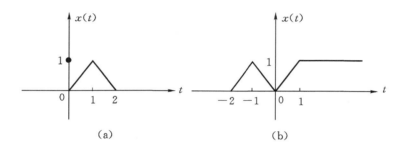

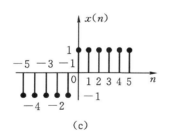
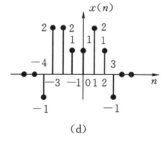

图 P1.3

1.4 已知 $x(n)$ 如图 P1.4 所示，

    设：$y_1(n)=x(2n)$

    $y_2(n)=\begin{cases} x(n/2), & n \text{ 为偶数} \\ 0, & n \text{ 为奇数} \end{cases}$

    画出 $y_1(n)$ 和 $y_2(n)$ 的波形图。

1.5 判断下列各信号是否是周期信号，如果是周期信号，求出它的基波周期。

    (a) $x(t)=2\cos(3t+\pi/4)$

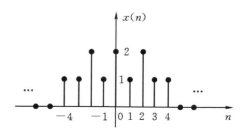

图 P1.4

(b) $x(n) = \cos(8\pi n/7 + 2)$

(c) $x(t) = e^{j(\pi t - 1)}$

(d) $x(n) = e^{j(n/8 - \pi)}$

(e) $x(n) = \sum\limits_{m=0}^{\infty} \left[\delta(n - 3m) - \delta(n - 1 - 3m) \right]$

(f) $x(t) = \cos 2\pi t \times u(t)$

(g) $x(n) = \cos(n/4) \times \cos(n\pi/4)$

1.6　画出下列各信号的波形图

(a) $x_1(t) = \sin\left(\dfrac{2\pi}{T} t\right) \left[u(t) - u(t - T) \right]$ 　　　　(b) $x_2(t) = \sin\left(\dfrac{2\pi}{T} t\right) \left[u(t) - u\left(t - \dfrac{3}{4} T\right) \right]$

(c) $x_3(t) = \sum\limits_{k=-\infty}^{+\infty} x_1(t + kT)$ 　　　　　　　(d) $x_4(t) = \sum\limits_{k=-\infty}^{+\infty} x_2(t + kT)$

1.7　判断下列说法是否正确？如果正确，则求出每个信号基波周期之间的关系，如果不正确，则举出一个反例。

(1) (a) 若 $x(t)$ 是周期的，则 $x(2t)$ 也是周期的。

　　(b) 若 $x(2t)$ 是周期的，则 $x(t)$ 也是周期的。

　　(c) 若 $x(t)$ 是周期的，则 $x(t/2)$ 也是周期的。

　　(d) 若 $x(t/2)$ 是周期的，则 $x(t)$ 也是周期的。

(2) 定义 $y_1(n) = x(2n)$，$y_2(n) = \begin{cases} x(n/2), & n \text{ 为偶数} \\ 0, & n \text{ 为奇数} \end{cases}$

　　(a) 若 $x(n)$ 是周期的，则 $y_1(n)$ 也是周期的。

　　(b) 若 $y_1(n)$ 是周期的，则 $x(n)$ 也是周期的。

　　(c) 若 $x(n)$ 是周期的，则 $y_2(n)$ 也是周期的。

　　(d) 若 $y_2(n)$ 是周期的，则 $x(n)$ 也是周期的。

1.8　(a) 设 $x(t)$ 和 $y(t)$ 都是周期信号，其基波周期分别为 T_1 和 T_2。在什么条件下，和式 $x(t) + y(t)$ 是周期的？如果该信号是周期的，它的基波周期是什么？

　　(b) 设 $x(n)$ 和 $y(n)$ 都是周期信号，其基波周期分别为 N_1 和 N_2。在什么条件下，和式 $x(n) + y(n)$ 是周期的？如果该信号是周期的，它的基波周期是什么？

1.9　对周期离散时间指数信号 $x(n) = e^{jm(\frac{2\pi}{N})n}$，证明该信号的基波周期为 $N_0 = \dfrac{N}{\gcd(m, N)}$。其中 $\gcd(m, N)$ 为 m 和 N 的最大公约数。

1.10　设 $x(t)$ 是连续时间复指数信号 $x(t) = e^{j\omega_0 t}$，其基波频率为 ω_0，基波周期为 $T_0 = \dfrac{2\pi}{\omega_0}$。将 $x(t)$ 取等间隔样本得到一个离散时间信号 $x(n) = x(nT) = e^{j\omega_0 nT}$。

(a) 证明，仅当 $\dfrac{T}{T_0}$ 为一有理数时，$x(n)$ 才是周期的。

(b) 假设 $x(n)$ 是周期的，也即有 $\dfrac{T}{T_0} = \dfrac{p}{q}$，其中 p, q 为整数。此时，$x(n)$ 的基波周期和基波频率是多少？

(c)假定 $\dfrac{T}{T_0}=\dfrac{p}{q}$，试问需要多少个 $x(t)$ 的周期才能得到 $x(n)$ 的一个周期的样本？

1.11 已知信号 $x(t)=\sin t\times[u(t)-u(t-\pi)]$，求：

(a) $x_1(t)=\dfrac{\mathrm{d}^2}{\mathrm{d}t^2}x(t)+x(t)$ \qquad (b) $x_2(t)=\displaystyle\int_{-\infty}^{t}x(\tau)\mathrm{d}\tau$

1.12 计算下列各积分：

(a) $\displaystyle\int_{-\infty}^{\infty}\sin t\times\delta\left(t-\dfrac{\pi}{2}\right)\mathrm{d}t$ \qquad (b) $\displaystyle\int_{-\infty}^{\infty}\mathrm{e}^{-t}\times\delta(t+2)\mathrm{d}t$

(c) $\displaystyle\int_{-\infty}^{\infty}(t^3+t+2)\delta(t-1)\mathrm{d}t$ \qquad (d) $\displaystyle\int_{-\infty}^{\infty}u\left(t-\dfrac{t_0}{2}\right)\delta(t-t_0)\mathrm{d}t$

(e) $\displaystyle\int_{-\infty}^{\infty}\mathrm{e}^{-\tau}\delta(\tau)\mathrm{d}\tau$

1.13 根据本章的讨论，一个系统可能是或者不是：①瞬时的；②时不变的；③线性的；④因果的；⑤稳定的。对下列各方程描述的每个系统，判断这些性质中哪些成立，哪些不成立，说明理由。

(a) $y(t)=\mathrm{e}^{x(t)}$ \qquad (b) $y(n)=x(n)x(n-1)$

(c) $y(n)=x(n-2)2x(n-17)$ \qquad (d) $y(t)=x(t-1)-x(1-t)$

(e) $y(t)=x(t)\times\sin 6t$ \qquad (f) $y(n)=nx(n)$

(g) $y(t)=\begin{cases}0, & t<0\\ x(t)+x(t-100), & t\geqslant0\end{cases}$ \quad (h) $y(t)=\begin{cases}0, & x(t)<0\\ x(t)+x(t-100), & x(t)\geqslant0\end{cases}$

(i) $y(n)=x(2n)$ \qquad (j) $y(t)=x(t/2)$

1.14 判断下列每个系统是否是可逆的。如果是可逆的，则写出其逆系统；如果不是，则找出使该系统具有相同输出的两个输入信号。

(a) $y(t)=x(t-4)$ \qquad (b) $y(t)=\cos[x(t)]$

(c) $y(n)=nx(n)$ \qquad (d) $y(t)=\displaystyle\int_{-\infty}^{t}x(\tau)\mathrm{d}\tau$

(e) $y(n)=x(n)x(n-1)$ \qquad (f) $y(n)=x(1-n)$

(g) $y(t)=\dfrac{\mathrm{d}x(t)}{\mathrm{d}t}$ \qquad (h) $y(t)=x(2t)$

(i) $y(n)=x(2n)$ \qquad (j) $y(n)=\begin{cases}x(n/2), & n\text{ 为偶数}\\ 0, & n\text{ 为奇数}\end{cases}$

1.15 对图 P1.15 所示的级联系统，已知其 3 个子系统的输入-输出方程由下列各式给出：

系统 1：$y(n)=x(-n)$

系统 2：$y(n)=ax(n-1)+bx(n)+cx(n+1)$

系统 3：$y(n)=x(-n)$

其中：a,b,c 都是实数。

(a) 求整个互联系统的输入-输出关系；

(b) 当 a,b,c 满足什么条件时，整个系统是线性时不变的。

（c）当 a,b,c 满足什么条件时，总的输入-输出关系与系统 2 相同。

（d）当 a,b,c 满足什么条件时，整个系统是因果系统。

图 P1.15

1.16　已知某线性时不变系统对图 P1.16(a)所示信号 $x_1(t)$ 的响应是图 P1.16(b)所示的 $y_1(t)$。分别确定该系统对图 P1.16(c)和(d)所示输入 $x_2(t)$ 和 $x_3(t)$ 的响应 $y_2(t)$ 和 $y_3(t)$，并画出其波形图。

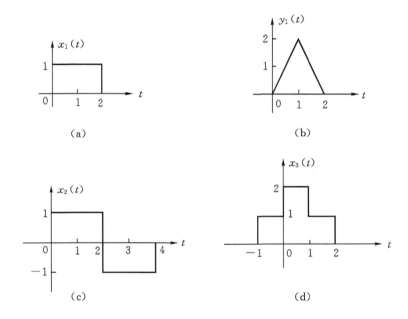

图 P1.16

1.17　(a)某离散时间线性系统对输入 $x_1(n),x_2(n)$ 和 $x_3(n)$ 分别有响应 $y_1(n),y_2(n)$ 和 $y_3(n)$ 如图 P1.17(a)所示。如果该系统的输入为图 P1.17(b)所示的 $x(n)$，求系统的输出 $y(n)$。

　　　(b)如果一个离散时间线性时不变系统对图 P1.17(a)所示的输入 $x_1(n)$ 有响应 $y_1(n)$，那么该系统对 $x_2(n)$ 和 $x_3(n)$ 的响应是什么？

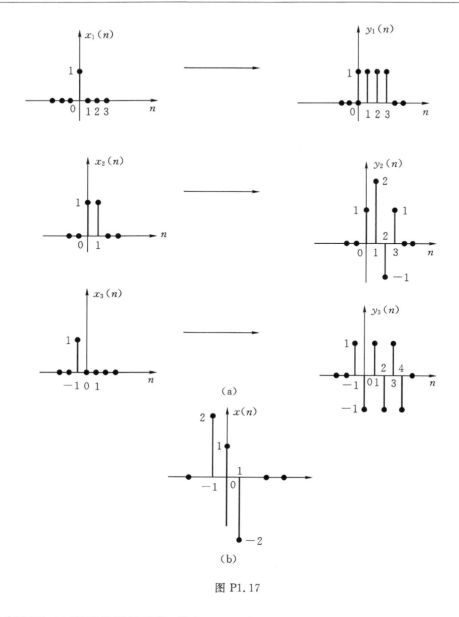

图 P1.17

1.18　对图 P1.18 所示的反馈系统,假定 $n<0$ 时 $y(n)=0$。

(a) 当 $x_1(n)=\delta(n)$时,求输出 $y_1(n)$,并画出其波形图。

(b) 当 $x_2(n)=u(n)$时,求输出 $y_2(n)$,并画出其波形图。

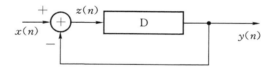

图 P1.18

1.19　某线性时不变系统,当输入为图 P1.19(a)所示的 $x_1(t)$ 时,输出 $y_1(t)$ 如图 P1.19(b)所示。试求当输入为 P1.19(c)所示的 $x_2(t)$ 时,系统的输出 $y_2(t)$。

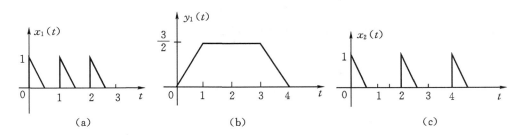

P1.19

数学复习

1.20　用直角坐标形式 $x+\mathrm{j}y$ 表示下列复数:

$$\mathrm{e}^{\mathrm{j}\pi} , \mathrm{e}^{-\mathrm{j}\pi} , \mathrm{e}^{\mathrm{j}\frac{\pi}{2}} , \mathrm{e}^{-\mathrm{j}\frac{\pi}{2}} , \mathrm{e}^{\mathrm{j}\frac{5\pi}{2}} , \sqrt{2}\mathrm{e}^{\mathrm{j}\frac{\pi}{4}}$$

1.21　用极坐标形式 ($r\mathrm{e}^{\mathrm{j}\theta}, -\pi<\theta\leqslant\pi$) 表示下列复数:

$$2 , -2 , -4\mathrm{j} , 1+\mathrm{j} , 1-\mathrm{j} , (1+\mathrm{j})(1-\mathrm{j}) , \frac{(1+2\mathrm{j})}{(1-3\mathrm{j})}$$

1.22　已知欧拉公式 $\mathrm{e}^{\mathrm{j}\theta} = \cos\theta + \mathrm{j}\sin\theta$,利用欧拉公式,导出下列关系:

(a) $\cos\theta = \dfrac{1}{2}(\mathrm{e}^{\mathrm{j}\theta} + \mathrm{e}^{\mathrm{j}\theta})$

(b) $\sin\theta = \dfrac{1}{2\mathrm{j}}(\mathrm{e}^{\mathrm{j}\theta} - \mathrm{e}^{\mathrm{j}\theta})$

(c) $\cos^2\theta = \dfrac{1}{2}(1 + \cos2\theta)$

(d) $(\sin\theta)(\sin\phi) = \dfrac{1}{2}\cos(\theta - \phi) - \dfrac{1}{2}\cos(\theta + \phi)$

(e) $\sin(\theta + \phi) = \sin\theta\cos\phi + \cos\theta\sin\phi$

1.23　设 z 是一复变量,即 $z = x+\mathrm{j}y = r\mathrm{e}^{\mathrm{j}\theta}$,$z$ 的复共轭定义为 $z^* = x-\mathrm{j}y = r\mathrm{e}^{\mathrm{j}\theta}$。试导出下列关系式,其中 z,z_1,z_2 都是任意复数:

(a) $zz^* = r^2$

(b) $\dfrac{z}{z^*} = \mathrm{e}^{\mathrm{j}2\theta}$

(c) $z + z^* = 2\mathrm{Re}\{z\}$

(d) $z - z^* = 2\mathrm{j}\mathrm{Im}\{z\}$

(e) $(z_1 + z_2)^* = z_1^* + z_2^*$

(f) $(z_1 z_2)^* = z_1^* z_2^*$

(g) $\left(\dfrac{z_1}{z_2}\right)^* = \dfrac{z_1^*}{z_2^*}$

1.24　下面的公式在后续很多场合都会用到

(a)证明有限项求和公式:

$$\sum_{n=0}^{N-1} \alpha^n = \begin{cases} N, & \alpha = 1 \\ \dfrac{1 - \alpha^N}{1 - \alpha}, & \alpha \neq 1 \end{cases}$$

(b)证明无限项求和公式:若 $|\alpha| < 1$,则:$\displaystyle\sum_{n=0}^{\infty} \alpha^n = \dfrac{1}{1 - \alpha}$

第 2 章　信号与系统的时域分析

2.0　引　言

信号与系统分析的主要任务之一,是在已知系统并给定输入的条件下,求解系统的输出响应。信号与系统的时域分析是指在分析过程中,信号描述、系统描述及整个分析全部在时间域进行,即所涉及的信号的自变量都是时间 t(或 n)的一种分析方法。这种方法直观,物理概念清楚,在图像处理等诸多场合具有重要的应用价值,同时也是学习频域分析和各种变换域分析方法的基础。在本章中,我们将讨论线性时不变(LTI)系统的时域分析方法。

如第 1 章所述,LTI 系统满足叠加性和齐次性。因而,如果能将系统的任意输入信号 $x(t)$ 分解为若干个基本单元信号的线性组合,则系统的输出 $y(t)$ 就可以表示成每个基本单元信号分别作用于系统时所产生的输出的线性组合。即若 $x(t)$ 可表示为

$$x(t) = \sum_i a_i x_i(t) \tag{2.1}$$

则 LTI 系统的输出可表示为

$$y(t) = \sum_i a_i y_i(t) \tag{2.2}$$

其中 $y_i(t)$ 是系统对基本单元信号 $x_i(t)$ 所产生的响应。

由此可见,只要能将任意信号分解成基本单元信号的线性组合,并能求出系统对基本单元信号所产生的响应,则可方便地求出系统对任意输入信号 $x(t)$ 所产生的响应 $y(t)$。

基于这一思路,不难想象,从便于系统分析的角度出发,所选取的基本单元信号必须具有自身简单、可以用来表示尽可能广泛的任意信号,而且 LTI 系统对它的响应容易求得的特点。那么,用什么样的信号作为基本单元信号? 怎样将任意的信号分解为基本单元信号的线性组合? 又如何求系统对基本单元信号的响应? 这是三个必须解决的基本问题,也是本书要讨论的内容。

本章将讨论以 $\delta(n)$ 为基本单元信号对离散时间信号进行分解,并以卷积和运算为基本方法的离散时间 LTI 系统的时域分析法和以 $\delta(t)$ 为基本单元信号对连续时间信号进行分解,并以卷积积分运算为基本方法的连续时间 LTI 系统的时域分析法。进而引出系统单位脉冲或单位冲激响应这一重要概念,并在此基础上进一步讨论 LTI 系统的有关性质等问题。

2.1　信号的时域分解

根据不同的处理目的,信号的时域分解有多种形式。本节仅讨论用 $\delta(n)$ 表示任意离散时间信号和用 $\delta(t)$ 表示任意连续时间信号这两种情况。

2.1.1 用 $\delta(n)$ 表示离散时间信号

设任意的离散时间信号 $x(n)$ 如图 2.1 所示,信号 $x(n)$ 由其序列值$\cdots,x(-3),x(-2),$ $x(-1),x(0),x(1),x(2),\cdots$ 组成。如果我们每次从 $x(n)$ 中取出一个点,就可以将 $x(n)$ 拆开来。每一次取出的点都可以表示成一个所处的位置不同、加权值也不同的单位脉冲序列。也就是说 $x(n)$ 可以被分解成一系列的移位加权脉冲,每个脉冲的位置分别对应于 $x(n)$ 中各点的位置,其幅度与 $x(n)$ 所对应时刻的序列值相等,如:

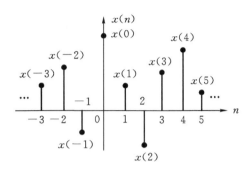

图 2.1 $x(n)$的波形

$$x(-2)\delta(n+2) = \begin{cases} x(-2), & n=-2 \\ 0, & n\neq-2 \end{cases}$$

$$x(-1)\delta(n+1) = \begin{cases} x(-1), & n=-1 \\ 0, & n\neq-1 \end{cases}$$

$$x(0)\delta(n) = \begin{cases} x(0), & n=0 \\ 0, & n\neq 0 \end{cases}$$

$$x(1)\delta(n-1) = \begin{cases} x(1), & n=1 \\ 0, & n\neq 1 \end{cases}$$

$$x(2)\delta(n-2) = \begin{cases} x(2), & n=2 \\ 0, & n\neq 2 \end{cases}$$

依次可有:

$$x(k)\delta(n-k) = \begin{cases} x(k), & n=k \\ 0, & n\neq k \end{cases}$$

显然,将以上所有各脉冲序列加起来就是 $x(n)$,因此,$x(n)$ 可表示为

$$x(n) = \cdots + x(-2)\delta(n+2) + x(-1)\delta(n+1) + x(0)\delta(n) + x(1)\delta(n-1) + \cdots$$

亦即

$$x(n) = \sum_{k=-\infty}^{+\infty} x(k)\delta(n-k) \tag{2.3}$$

式(2.3)表明,任何离散时间信号 $x(n)$ 都可以用单位脉冲序列的移位、加权和来表示,其加权因子为 $x(k)$。可见,任何离散时间信号都可以被分解为一系列不同加权、不同位置的单位脉冲序列之和。

2.1.2　用 $\delta(t)$ 表示连续时间信号

为便于讨论,我们先定义图 2.2 所示的面积为 1 的矩形脉冲

$$\delta_\Delta(t) = \begin{cases} \dfrac{1}{\Delta}, & 0 < t < \Delta \\ 0, & \text{其它 } t \end{cases} \tag{2.4}$$

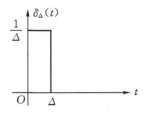

图 2.2　$\delta_\Delta(t)$ 的波形

由式(2.4)有

$$\Delta\delta_\Delta(t) = \begin{cases} 1, & 0 < t < \Delta \\ 0, & \text{其它 } t \end{cases} \tag{2.5}$$

将此信号时移 $k\Delta$ 有

$$\Delta\delta_\Delta(t - k\Delta) = \begin{cases} 1, & k\Delta < t < (k+1)\Delta \\ 0, & \text{其它 } t \end{cases} \tag{2.6}$$

如图 2.3 所示。

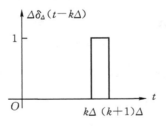

图 2.3　$\delta_\Delta(t - k\Delta)$ 的波形

设有连续时间信号 $x(t)$,将其用一系列窄矩形脉冲近似,如图 2.4 所示,可得以下近似表达式:

$$\hat{x}(t) = \sum_{k=-\infty}^{+\infty} x(k\Delta)\delta_\Delta(t - k\Delta)\Delta \tag{2.7}$$

式中,$x(k\Delta)$ 是 $x(t)$ 在 $t = k\Delta$ 处的函数值,也是图 2.4 中阴影示出的第 k 个矩形脉冲的幅度加权值。

由图 2.4 可见,当 $\Delta \to 0$ 时,$\hat{x}(t) \to x(t)$。在这一极限过程中,$\delta_\Delta(t) \to \delta(t)$,且当 Δ 趋于无穷小,即 $\Delta \to \mathrm{d}\tau$ 时,$k\Delta \to \tau$,求和变为积分,因此可得 $x(t)$ 的精确表达式为

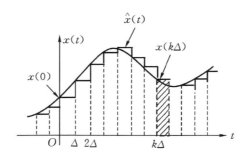

图 2.4　用矩形脉冲近似 $x(t)$

$$x(t) = \lim_{\Delta \to 0} \hat{x}(t) = \int_{-\infty}^{+\infty} x(\tau)\delta(t-\tau)\mathrm{d}\tau \qquad (2.8)$$

式(2.8)表明,任意的连续时间信号 $x(t)$ 都可以用无穷多个单位冲激函数的移位、加权之"和"(即积分)来表示。这也是式(2.8)的几何图形解释。

2.2　离散时间 LTI 系统的时域分析

2.2.1　卷积和

如 2.1.1 节所述,任何离散时间信号 $x(n)$ 都可以表示成单位脉冲 $\delta(n)$ 的移位、加权和,即:$x(n) = \sum_{k=-\infty}^{+\infty} x(k)\delta(n-k)$。根据 LTI 系统的线性性质,离散时间 LTI 系统对输入信号 $x(n)$ 的响应 $y(n)$ 就是系统对单位脉冲 $\delta(n)$ 的响应的移位、加权和。

若 LTI 系统对 $\delta(n)$ 的响应为 $h(n)$,这里 $h(n)$ 称为系统的单位脉冲响应,则由时不变性有,系统对 $\delta(n-k)$ 的响应为 $h(n-k)$;又根据齐次性,系统对 $x(k)\delta(n-k)$ 的响应为 $x(k)h(n-k)$;再由叠加性,系统对 $\sum_{k=-\infty}^{+\infty} x(k)\delta(n-k)$ 的响应为 $\sum_{k=-\infty}^{+\infty} x(k)h(n-k)$,即离散时间 LTI 系统对输入信号 $x(n)$ 的响应为

$$y(n) = \sum_{k=-\infty}^{+\infty} x(k)h(n-k) \qquad (2.9)$$

式(2.9)所定义的运算称为卷积和,通常记为

$$y(n) = x(n) * h(n) \qquad (2.10)$$

上式表明,离散时间 LTI 系统对输入信号 $x(n)$ 的响应就等于输入信号 $x(n)$ 与系统单位脉冲响应 $h(n)$ 的**卷积和**。同时也表明,离散时间 LTI 系统可以完全由其单位脉冲响应 $h(n)$ 来表征,即在给定 $h(n)$ 的情况下,任意输入信号通过离散时间 LTI 系统的输出都可以由卷积和来唯一确定。

例 2.1　已知:$x(n) = \alpha^n u(n)$,　$0 < \alpha < 1$;　$h(n) = u(n)$,　求 $y(n) = x(n) * h(n)$。

由式(2.9)有

$$y(n) = \sum_{k=-\infty}^{+\infty} x(k)h(n-k) = \sum_{k=-\infty}^{+\infty} \alpha^k u(k)u(n-k)$$

式中,k 为求和变量;n 为参变量。由于 $k<0$ 时,$u(k)=0$, $k>n$ 时,$u(n-k)=0$,所以求和区间应是 $0\leqslant k\leqslant n$,故有

$$y(n) = \sum_{k=0}^{n} a^k = \frac{1-a^{n+1}}{1-a}u(n)$$

2.2.2　卷积和的计算

卷积和是一种数学运算,除了可以直接通过公式(2.9)来计算卷积和的结果,还可以借助图解使其运算关系形象直观,便于理解。由式(2.10)不难看出,$x(n)*h(n)$ 的几何意义就是将 $x(k)$ 与 $h(n-k)$ 相乘后再求和,求和的结果是参变量 n 的函数。知道了两个参与卷积和的信号的波形,可以利用图解法求出卷积和的结果,这种图解算法的一般步骤为:

(1) 改变横坐标:将 $x(n)$ 和 $h(n)$ 中的 n 换成 k,得到 $x(k)$ 和 $h(k)$;

(2) 反转:将 $h(k)$ 以纵轴为对称轴反转得到 $h(-k)$;

(3) 平移:将 $h(-k)$ 随参变量 n 做平移,平移量为 n, 平移后得到 $h(n-k)$。在 k 坐标系中,若 $n>0$ 则将 $h(-k)$ 沿 k 轴向右平移,若 $n<0$,则向左平移;

(4) 相乘:将 $x(k)$ 与 $h(n-k)$ 各对应点相乘;

(5) 求和:将相乘后的各点值相加,即求 $\sum_{k=-\infty}^{+\infty} x(k)h(n-k)$。

按上述(1)—(5)的步骤即可求得在某一个固定的 n 时刻的输出值 $y(n)$。为了计算出全部 n 时刻的 $y(n)$ 值,需要对每个 n 值重复上述步骤中(3)—(5)的过程。

例 2.2　已知 $x(n)$ 和 $h(n)$ 如图 2.5 所示,求 $y(n)=x(n)*h(n)$

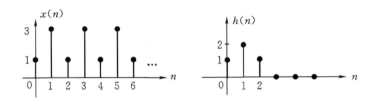

图 2.5　例 2.2 $x(n)$ 和 $h(n)$ 的图形

如图 2.6 所示,先将 $x(n)$ 和 $h(n)$ 的自变量换为 k 即得 $x(k)$ 和 $h(k)$,再将 $h(k)$ 反转为 $h(-k)$;把 $h(-k)$ 沿 k 轴平移 n 得到 $h(n-k)$;分别对不同的 n 值分区间计算 $\sum_{k=-\infty}^{+\infty} x(k)h(n-k)$,其过程如图 2.6 所示。

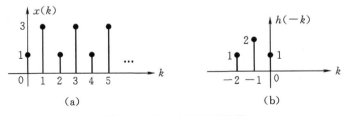

(a)　　　　　　　　　　　　　　　　(b)

图 2.6　例 2.2 的图解说明

不难看出,当 $n\geqslant 2$ 时:$y(n)=8$。

以上结果可表示为：

$$y(n) = x(n) * h(n) = \delta(n) + 5\delta(n-1) + 8u(n-2)$$

其波形如图 2.7 所示。

例 2.3 已知：

$$x(n) = \begin{cases} 1, & 0 \leqslant n \leqslant 4 \\ 0, & \text{其它 } n \text{ 值} \end{cases} \qquad h(n) = \begin{cases} \alpha^n, & 0 \leqslant n \leqslant 6 \\ 0, & \text{其它 } n \text{ 值} \end{cases}$$

波形如图 2.8 所示。为了计算这两个信号的卷积和，应分别考虑 n 的 5 个不同的区间，以便于确定求和的上下限，见图 2.9。

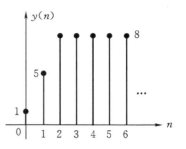

图 2.7　$y(n)$ 的波形

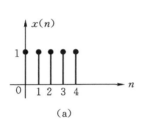

(a)

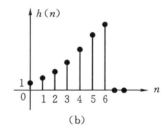

(b)

图 2.8　例 2.3 中 $x(n)$ 和 $h(n)$ 的波形

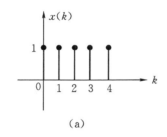

(a)

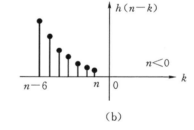

(b)

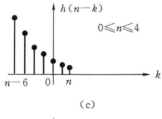

(c)

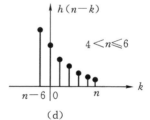

(d)

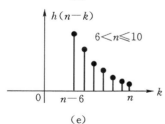

(e)

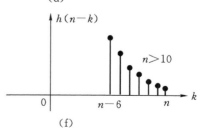

(f)

图 2.9　例 2.3 的图解说明

（1）当 $n<0$ 时，$x(k)$ 与 $h(n-k)$ 不重叠，所以　　　　　　$y(n)=0$

（2）当 $0\leqslant n\leqslant 4$ 时：

$$y(n)=\sum_{k=0}^{n}\alpha^{n-k}=\alpha^{k}\sum_{k=0}^{n}\alpha^{-k}=\frac{1-\alpha^{n+1}}{1-\alpha}$$

（3）当 $4<n\leqslant 6$ 时：

$$y(n)=\sum_{k=0}^{4}\alpha^{n-k}=\alpha^{n}\sum_{k=0}^{4}\alpha^{-k}=\frac{\alpha^{n-4}-\alpha^{n+1}}{1-\alpha}$$

（4）当 $6<n\leqslant 10$ 时：

$$y(n)=\sum_{k=n-6}^{4}\alpha^{n-k}=\frac{\alpha^{n-4}-\alpha^{7}}{1-\alpha}$$

（5）当 $n>10$ 时，$x(k)$ 与 $h(n-k)$ 无重叠，所以　　　　　　$y(n)=0$

综合以上结果，$y(n)$ 可表示为

$$y(n)=\begin{cases}0, & n<0\\[2mm]\dfrac{1-\alpha^{n+1}}{1-\alpha}, & 0\leqslant n\leqslant 4\\[2mm]\dfrac{\alpha^{n-4}-\alpha^{n+1}}{1-\alpha}, & 4<n\leqslant 6\\[2mm]\dfrac{\alpha^{n-4}-\alpha^{7}}{1-\alpha}, & 6<n\leqslant 10\\[2mm]0, & n>10\end{cases}$$

其波形如图 2.10 所示。

列表法

　　如果参与卷积和运算的两个信号都是长度有限的（称为有限长信号），还可以用列表的方式进行卷积和运算。

　　审查卷积和的运算过程，由

$$y(n)=\sum_{k=-\infty}^{\infty}x(k)h(n-k)$$

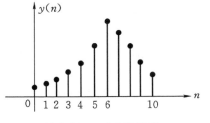

图 2.10　$y(n)$ 的波形

可以发现，当 $h(n-k)$ 随着参变量 n 从 $-\infty$ 到 $+\infty$ 变化的整个过程中，信号 $h(n)$ 的每一点都要和 $x(n)$ 的每一点遍乘一次。当把遍乘后的各点进行相加时，应该相加的那些项具有 $x(k)$ 与 $h(n-k)$ 的宗量之和（即 $k+(n-k)$）总是等于 n 的特点。

　　据此，我们可以将参与卷积和运算的两个有限长序列的各点值列成一个表格，通过列表计算的方法，求得每个 n 值时所对应的卷积和的值。

　　例如：如果已知 $x(n)$ 的各点为：$x(0)=1$，　$x(1)=2$，　$x(2)=3$，　$x(3)=4$；$h(n)$ 的各点为：$h(0)=1$，　$h(1)=0$，　$h(2)=3$，　$h(3)=2$，　$h(4)=1$；要计算 $y(n)=x(n)*h(n)$ 时，我们可以将这些数据列成如下的表格：

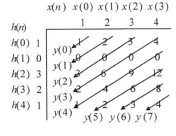

第 1 行是 $h(0)$ 与 $x(n)$ 各点的乘积；
第 2 行是 $h(1)$ 与 $x(n)$ 各点的乘积；
第 3 行是 $h(2)$ 与 $x(n)$ 各点的乘积；
第 4 行是 $h(3)$ 与 $x(n)$ 各点的乘积；
第 5 行是 $h(4)$ 与 $x(n)$ 各点的乘积；

由此表即可很方便地算出 $y(n)$ 各点的值为

$y(0) = 1, \quad y(1) = 2 + 0 = 2, \quad y(2) = 3 + 0 + 3 = 6, \quad y(3) = 4 + 0 + 6 + 2 = 12,$

$y(4) = 0 + 9 + 4 + 1 = 14, y(5) = 12 + 6 + 2 = 20, y(6) = 8 + 3 = 11, y(7) = 4;$

很显然,用列表法计算卷积和时,其运算过程极为简单,但这种方法不适用于无限长信号的卷积和运算;而且,一般说来,也很难将卷积的最终结果表示成解析表达式。

2.2.3 卷积和的性质

同其它数学运算一样,离散时间卷积和运算也具有一些基本的性质,这些性质为简化卷积和的运算过程提供了条件,同时也给信号与系统分析提供了方便。具体来说,离散时间卷积和满足交换律、结合律和分配率等性质。

1. 交换律

$$x(n) * h(n) = h(n) * x(n) \tag{2.11}$$

其证明只需要将卷积和定义式中的求和变量 $n - k$ 置换为 m 便可完成,即

$$\begin{aligned}
x(n) * h(n) &= \sum_{k=-\infty}^{+\infty} x(k)h(n-k) \\
&= \sum_{m=\infty}^{-\infty} x(n-m)h(m) \\
&= \sum_{m=-\infty}^{+\infty} h(m)x(n-m) \\
&= h(n) * x(n)
\end{aligned}$$

2. 结合律

$$[x(n) * h_1(n)] * h_2(n) = x(n) * [h_1(n) * h_2(n)] \tag{2.12}$$

该性质的证明需要交换一次求和的顺序,然后再做变量替换:

$$\begin{aligned}
[x(n) * h_1(n)] * h_2(n) &= \sum_{k=-\infty}^{+\infty} \Big[\sum_{m=-\infty}^{+\infty} x(m)h_1(k-m) \Big] h_2(n-k) \\
&= \sum_{m=-\infty}^{+\infty} x(m) \sum_{k=-\infty}^{+\infty} h_1(k-m)h_2(n-k) \quad (\text{交换求和次序}) \\
&= \sum_{m=-\infty}^{+\infty} x(m) \sum_{l=-\infty}^{+\infty} h_1(l)h_2(n-m-l) \quad (\text{令 } k-m=l) \\
&= \sum_{m=-\infty}^{+\infty} x(m)h(n-m) \\
&= x(n) * h(n) = x(n) * [h_1(n) * h_2(n)]
\end{aligned}$$

其中:$h(n) = h_1(n) * h_2(n)$。

3. 分配律

$$x(n) * [h_1(n) + h_2(n)] = x(n) * h_1(n) + x(n) * h_2(n) \tag{2.13}$$

可以直接利用卷积和的定义证明如下:

$$\begin{aligned}
x(n) * [h_1(n) + h_2(n)] &= \sum_{k=-\infty}^{+\infty} x(k)[h_1(n-k) + h_2(n-k)] \\
&= \sum_{k=-\infty}^{+\infty} x(k)h_1(n-k) + \sum_{k=-\infty}^{+\infty} x(k)h_2(n-k)
\end{aligned}$$

$$= x(n) * h_1(n) + x(n) * h_2(n)$$

从系统的角度看,交换律表明:单位脉冲响应为 $h(n)$ 的系统对输入 $x(n)$ 所产生的响应,与单位脉冲响应为 $x(n)$ 的系统对输入 $h(n)$ 所产生的响应相同。或者说系统的输入信号和单位脉冲响应的作用可以互换。

结合律表明:系统级联时,总系统的单位脉冲响应等于级联的各子系统单位脉冲响应的卷积和。又因为卷积和满足交换律,因而系统级联的次序可以交换。

分配律表明:并联系统对输入信号 $x(n)$ 的响应等于并联的各子系统分别对 $x(n)$ 的响应之和;并联系统总的单位脉冲响应等于参与并联的各子系统单位脉冲响应之和。

应该强调指出:以上这些结论都只对线性时不变系统成立,而且要求所有涉及到的卷积和运算都必须收敛。

卷积和运算除了满足交换律、结合律、分配律之外,还满足以下特性:

时移特性:如果 $x(n) * h(n) = y(n)$,则有

$$x(n - n_0) * h(n) = x(n) * h(n - n_0) = y(n - n_0)$$

差分特性:如果 $x(n) * h(n) = y(n)$,则有

$$[x(n) - x(n-1)] * h(n) = x(n) * [h(n) - h(n-1)] = y(n) - y(n-1)$$

求和特性:如果 $x(n) * h(n) = y(n)$,则有

$$\left[\sum_{k=-\infty}^{n} x(k)\right] * h(n) = x(n) * \left[\sum_{k=-\infty}^{n} h(k)\right] = \sum_{k=-\infty}^{n} y(k)$$

任何离散时间信号 $x(n)$ 与单位脉冲序列 $\delta(n)$ 或与单位阶跃序列 $u(n)$ 的卷积和,具有如下性质:

$$x(n) * \delta(n) = x(n) \tag{2.14}$$

$$x(n) * \delta(n - n_0) = x(n - n_0) \tag{2.15}$$

$$x(n - n_1) * \delta(n - n_2) = x(n - n_1 - n_2) \tag{2.16}$$

$$x(n) * u(n) = \sum_{k=-\infty}^{n} x(k) \tag{2.17}$$

2.3 连续时间 LTI 系统的时域分析

我们已经知道,任何连续时间信号都可以在时域被分解成无数多个移位、加权的单位冲激信号的线性组合。而 LTI 系统又满足线性和时不变性。利用这两个性质,我们就可以根据 LTI 系统对单位冲激信号的响应,即单位冲激响应,来确定在任意信号 $x(t)$ 作用下,系统所产生的响应。

2.3.1 卷积积分

对任意的连续时间 LTI 系统,如果当系统的输入为单位冲激 $\delta(t)$ 时,系统的输出为 $h(t)$,$h(t)$ 称为系统的单位冲激响应,根据系统的时不变性,当系统输入为 $\delta(t - k\Delta)$ 时,其输出为 $h(t - k\Delta)$;又根据系统的齐次性,如果输入冲激的强度为 $x(k\Delta)\Delta$,则其输出也要相应地乘以 $x(k\Delta)\Delta$,即

$$x(k\Delta)\delta(t - k\Delta)\Delta \rightarrow x(k\Delta)h(t - k\Delta)\Delta$$

再按照系统的叠加性,将不同延时和强度的冲激信号加起来再输入系统,则系统的输出也

就是各种不同延时和强度的冲激响应的叠加,即

$$\sum_{k=-\infty}^{+\infty} x(k\Delta)\delta(t-k\Delta)\Delta \rightarrow \sum_{k=-\infty}^{+\infty} x(k\Delta)h(t-k\Delta)\Delta$$

当 $\Delta \rightarrow 0$ 时,有 $k\Delta \rightarrow \tau$,$\Delta \rightarrow d\tau$,求和演变为积分,于是有

$$x(t) = \int_{-\infty}^{+\infty} x(\tau)\delta(t-\tau)d\tau \rightarrow \int_{-\infty}^{+\infty} x(\tau)h(t-\tau)d\tau$$

如果将系统的输出记为 $y(t)$,则有

$$y(t) = \int_{-\infty}^{+\infty} x(\tau)h(t-\tau)d\tau \tag{2.18}$$

式(2.18)定义的运算称为**卷积积分**,简称为卷积。它表明,连续时间 LTI 系统对输入信号 $x(t)$ 的响应,就是信号 $x(t)$ 与系统单位冲激响应 $h(t)$ 的卷积,通常记为

$$y(t) = x(t) * h(t) \tag{2.19}$$

上述输入信号的分解与输出响应的合成(卷积积分)过程如图 2.11 所示。

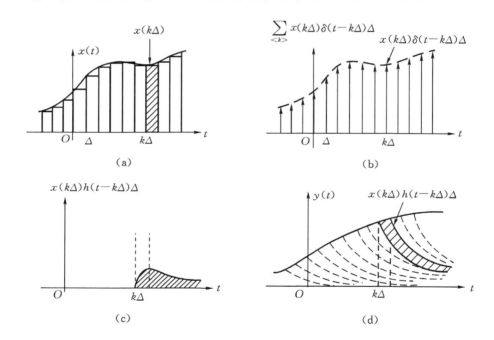

图 2.11 系统输入信号的分解与响应的合成

由式(2.18)可以看出,一个连续时间 LTI 系统,对已知输入信号 $x(t)$ 的响应,取决于该系统的单位冲激响应 $h(t)$。这也说明,LTI 系统的单位冲激响应可以完全表征系统的特性。因此,单位冲激响应 $h(t)$ 也能够完全描述一个线性时不变系统,如图 2.12 所示。

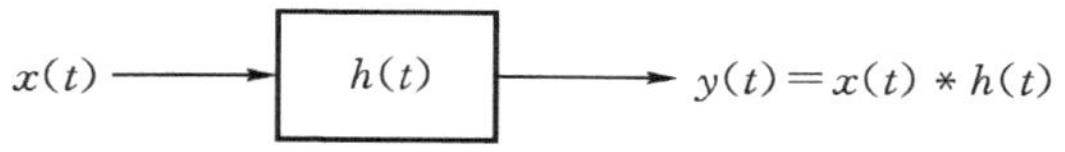

$$x(t) \longrightarrow \boxed{h(t)} \longrightarrow y(t) = x(t) * h(t)$$

图 2.12 用单位冲激响应表示 LTI 系统

例 2.4 已知某连续时间线性时不变系统的单位冲激响应为

$$h(t) = e^{-at}u(t)$$

系统的输入为单位阶跃信号 $x(t)=u(t)$，求系统的输出响应 $y(t)$。

根据式(2.18)，系统的输出为

$$y(t) = x(t) * h(t) = \int_{-\infty}^{+\infty} u(\tau)\mathrm{e}^{-a(t-\tau)} u(t-\tau)\mathrm{d}\tau$$

式中，τ 为积分变量，t 为参变量。由于 $\tau < 0$ 时，$u(\tau) = 0$；而当 $\tau > t$ 时，$u(t-\tau) = 0$，故有

$$y(t) = \int_0^t \mathrm{e}^{-a(t-\tau)}\mathrm{d}\tau = \int_0^t \mathrm{e}^{-at}\mathrm{e}^{a\tau}\mathrm{d}\tau = \frac{1}{a}(1-\mathrm{e}^{-at})u(t)$$

应当指出，作为卷积积分的一般表示式，式(2.18)的积分区间是 $(-\infty,\infty)$，但通过例 2.4 可以看到对不同的具体情况，其卷积积分的上限和下限可能有所不同。因而，在卷积运算中准确地确定卷积积分的上限和下限十分重要。

2.3.2　卷积积分的计算

卷积积分是一种数学运算，借助图解可以使其运算关系形象直观，便于理解。由式(2.18)不难看出，$x(t) * h(t)$ 的几何意义就是求 $x(\tau)$ 与 $h(t-\tau)$ 相乘后，曲线下的面积，这一面积是参变量 t 的函数。知道了两个参与卷积运算的信号的波形，就可以利用图解法求出卷积的结果，这种图解算法的一般步骤为：

(1) 改变横坐标：将 $x(t)$ 和 $h(t)$ 中的 t 换成 τ ，得到 $x(\tau)$ 和 $h(\tau)$；

(2) 反转：将 $h(\tau)$ 以纵轴为对称轴反转得到 $h(-\tau)$；

(3) 平移：将 $h(-\tau)$ 做平移得到 $h(t-\tau)$，位移量为 t。在 τ 坐标系中，若 $t>0$ 则将 $h(-\tau)$ 沿 τ 轴向右平移；若 $t<0$，则向左平移；

(4) 相乘：将 $x(\tau)$ 与 $h(t-\tau)$ 相乘；

(5) 积分：计算 $x(\tau)$ 与 $h(t-\tau)$ 相乘后，曲线下的面积即为 t 时刻的卷积值。

按上述(1)—(5)的步骤可以求得在某个 t 时刻的 $y(t)$。对不同的 t 重复上述的(3)—(5)步骤，就可以得到在不同 t 处 $y(t)$ 的值。

例 2.5　已知信号

$$x(t) = \begin{cases} T, & 0 < t < T \\ 0, & \text{其它 } t \end{cases}$$

$$h(t) = \begin{cases} -1, & 0 < t < \dfrac{T}{2} \\ 1, & \dfrac{T}{2} < t < T \end{cases}$$

求 $y(t) = x(t) * h(t)$ 。

求 $y(t)$ 时，先将 $x(t)$ 和 $h(t)$ 的自变量换为 τ，即得到 $x(\tau)$ 和 $h(\tau)$，其波形如图 2.13 所示；再将 $h(\tau)$ 反转为 $h(-\tau)$；把 $h(-\tau)$ 沿 τ 轴平移 t 得到 $h(t-\tau)$，其中 t 从 $-\infty$ 逐渐增大。由于两个函数均为有限长区间，因此相乘和积分应分区间进行。本例卷积的图解示意如图 2.14 所示。

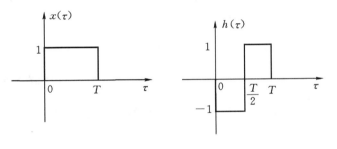

图 2.13　$x(\tau)$ 与 $h(\tau)$ 的波形

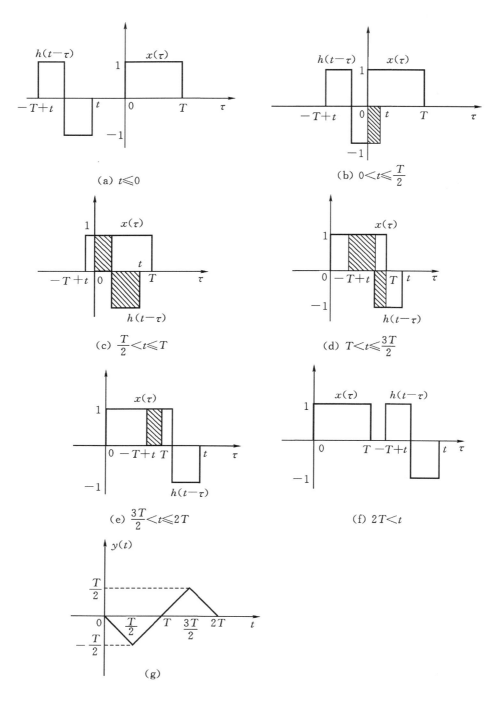

图 2.14　例 2.5 卷积的图解示意

(1)当 $t \leqslant 0$ 时,由图 2.14(a)知,$x(\tau)$ 与 $h(t-\tau)$ 的乘积为零,所以

$$y(t) = 0$$

（2）当 $0 < t \leqslant \dfrac{T}{2}$ 时，由图 2.14(b)知，$x(\tau)$ 与 $h(t-\tau)$ 在 $0 < \tau < t$ 区间内其乘积不为零，所以有

$$
\begin{aligned}
y(t) &= x(t) * h(t) \\
&= \int_0^t x(\tau)h(t-\tau)\mathrm{d}\tau \\
&= \int_0^t (-1 \times 1)\mathrm{d}\tau \\
&= -t
\end{aligned}
$$

（3）当 $\dfrac{T}{2} < t \leqslant T$ 时，由图 2.14(c)知，$x(\tau)$ 与 $h(t-\tau)$ 在 $0 < \tau < t$ 区间内其乘积不为零，所以有

$$
y(t) = \int_0^{t-\frac{T}{2}} 1\mathrm{d}\tau + \int_{t-\frac{T}{2}}^t -1\mathrm{d}\tau = t - T
$$

（4）当 $T < t \leqslant \dfrac{3T}{2}$ 时，由图 2.14(d)知，$x(\tau)$ 与 $h(t-\tau)$ 在 $-T+t < \tau < T$ 区间内其乘积不为零，因而有

$$
y(t) = \int_{-T+t}^{-\frac{T}{2}+t} 1\mathrm{d}\tau + \int_{-\frac{T}{2}+t}^T -1\mathrm{d}t = t - T
$$

（5）当 $\dfrac{3T}{2} < t \leqslant 2T$ 时，由图 2.14(e)知，$x(\tau)$ 与 $h(t-\tau)$ 在 $-T+t \leqslant \tau \leqslant T$ 区间内其乘积不为零，故有

$$
y(t) = \int_{-T+t}^T 1\mathrm{d}\tau = 2T - t
$$

（6）当 $t > 2T$ 时，由图 2.14(f)知，$x(\tau)$ 与 $h(t-\tau)$ 的乘积为零，故有

$$
y(t) = 0
$$

综合以上计算，可得

$$
y(t) = \begin{cases}
0, & t \leqslant 0, t > 2T \\
-t, & 0 < t \leqslant \dfrac{T}{2} \\
t - T, & \dfrac{T}{2} < t \leqslant \dfrac{3T}{2} \\
2T - t, & \dfrac{3T}{2} < t \leqslant 2T
\end{cases}
$$

其波形如 2.14(g)所示。

由本例可见，卷积运算是由信号的反转、平移、相乘和积分等基本环节组成的一个复杂的过程。当参与卷积的两个函数都由多个区段定义时，情况就更为复杂。此时，利用图解进行卷积计算，不仅概念清楚，而且有助于正确地确定参变量 t 在不同区间时卷积积分的上限和下限。

2.3.3　卷积积分的性质

和其它数学运算一样，卷积积分也具有一些基本的性质。利用这些性质可以简化卷积的

计算,同时也给信号与系统分析提供了方便。

1. 卷积积分的代数运算

卷积的代数运算服从交换律、结合律和分配律。

1)交换律

$$x(t) * h(t) = h(t) * x(t) \qquad (2.20)$$

与证明卷积和的交换律相类似,证明卷积积分的交换律只需将式(2.18)中的积分变量 τ 置换为 $t - \lambda$ 便可完成,即

$$
\begin{aligned}
x(t) * h(t) &= \int_{-\infty}^{+\infty} x(\tau) h(t - \tau) \mathrm{d}\tau \\
&= \int_{+\infty}^{-\infty} x(t - \lambda) h(\lambda) \mathrm{d}(-\lambda) \\
&= \int_{-\infty}^{+\infty} h(\lambda) x(t - \lambda) \mathrm{d}\lambda \\
&= h(t) * x(t)
\end{aligned}
$$

从系统的角度看,交换律表明:单位冲激响应为 $h(t)$ 的 LTI 系统对输入信号 $x(t)$ 所产生的响应,与单位冲激响应为 $x(t)$ 的 LTI 系统对输入信号 $h(t)$ 所产生的响应相同。如图 2.15 所示。也表明:两个函数作卷积积分时,其顺序可以交换。在卷积运算中,交换卷积的顺序有时会使运算变得更加简便。

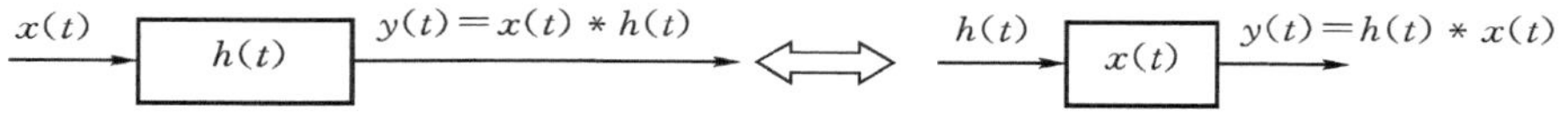

图 2.15　从系统的观点看卷积的交换律

2)结合律

$$[x(t) * h_1(t)] * h_2(t) = x(t) * [h_1(t) * h_2(t)] \qquad (2.21)$$

与证明卷积和的交换律相类似,这个性质的证明需要交换一次积分的次序,然后再做变量代换:

$$
\begin{aligned}
[x(t) * h_1(t)] * h_2(t) &= \int_{-\infty}^{+\infty} \Big[\int_{-\infty}^{+\infty} x(\tau) h_1(\lambda - \tau) \mathrm{d}\tau \Big] h_2(t - \lambda) \mathrm{d}\lambda \\
&= \int_{-\infty}^{+\infty} x(\tau) \Big[\int_{-\infty}^{+\infty} h_1(\lambda - \tau) h_2(t - \lambda) \mathrm{d}\lambda \Big] \mathrm{d}\tau \quad (交换积分顺序) \\
&= \int_{-\infty}^{+\infty} x(\tau) \Big[\int_{-\infty}^{+\infty} h_1(\zeta) h_2(t - \tau - \zeta) \mathrm{d}\zeta \Big] \mathrm{d}\tau \quad (令 \zeta = \lambda - \tau) \\
&= \int_{-\infty}^{+\infty} x(\tau) h(t - \tau) \mathrm{d}\tau \\
&= x(t) * h(t)
\end{aligned}
$$

其中,
$$h(t) = \int_{-\infty}^{+\infty} h_1(\eta) h_2(t - \eta) \mathrm{d}\eta = h_1(t) * h_2(t)$$

所以有

$$[x(t) * h_1(t)] * h_2(t) = x(t) * [h_1(t) * h_2(t)]$$

从系统的角度看,结合律表明:两个 LTI 系统级联时,其总系统的单位冲激响应就等于各

个 LTI 子系统单位冲激响应的卷积积分。在图 2.16(a)中,有

$$w(t) = x(t) * h_1(t)$$

$$y(t) = w(t) * h_2(t) = [x(t) * h_1(t)] * h_2(t)$$

由结合律有

$$y(t) = x(t) * [h_1(t) * h_2(t)] = x(t) * h(t)$$

其中,$h(t) = h_1(t) * h_2(t)$ 就是总系统的单位冲激响应,如图 2.16(b)所示。

根据交换律,也有 $h(t) = h_2(t) * h_1(t)$,这又表明,两个 LTI 系统级联时,其级联的次序可以调换,如图 2.16(c)。

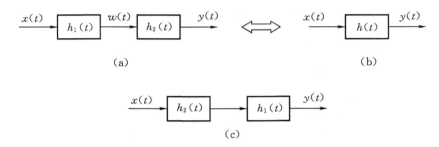

(a)　　　　　　　　　　　(b)

(c)

图 2.16　从系统的角度看卷积结合律及交换律

3)分配律

$$x(t) * [h_1(t) + h_2(t)] = x(t) * h_1(t) + x(t) * h_2(t) \tag{2.22}$$

可直接由卷积的定义证明如下:

$$
\begin{aligned}
x(t) * [h_1(t) + h_2(t)] &= \int_{-\infty}^{+\infty} x(\tau)[h_1(t-\tau) + h_2(t-\tau)]\mathrm{d}\tau \\
&= \int_{-\infty}^{+\infty} x(\tau)h_1(t-\tau)\mathrm{d}\tau + \int_{-\infty}^{+\infty} x(\tau)h_2(t-\tau)\mathrm{d}\tau \\
&= x(t) * h_1(t) + x(t) * h_2(t)
\end{aligned}
$$

从系统的角度看,分配律表明:并联 LTI 系统对输入信号 $x(t)$ 的响应等于各子系统对 $x(t)$ 的响应之和。如在图 2.17(a)中,有

$$y_1(t) = x(t) * h_1(t)$$

$$y_2(t) = x(t) * h_2(t)$$

而

$$y(t) = y_1(t) + y_2(t) = x(t) * h_1(t) + x(t) * h_2(t)$$

根据分配律有

$$y(t) = x(t) * [h_1(t) + h_2(t)] = x(t) * h(t)$$

式中,$h(t) = h_1(t) + h_2(t)$,如图 2.17(b)所示。这又表明:LTI 系统并联时,总系统的单位冲激响应等于各个子系统的单位冲激响应之和。

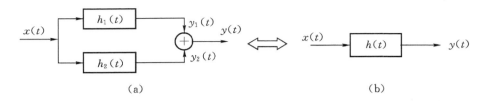

图 2.17　从系统的角度看卷积分配律

2. 卷积的微分与积分

卷积的代数运算与普通乘法运算的规律相同,但卷积的微分与积分却和函数相乘的微分或积分性质不同。

1) 卷积的微分性质

参与卷积的两个函数中,任何一个函数微分一次,则卷积的结果就要微分一次。

若 $x(t) * h(t) = y(t)$,则有

$$\frac{\mathrm{d}x(t)}{\mathrm{d}t} * h(t) = x(t) * \frac{\mathrm{d}h(t)}{\mathrm{d}t} = \frac{\mathrm{d}y(t)}{\mathrm{d}t} \tag{2.23}$$

证明如下:

$$\begin{aligned}
\frac{\mathrm{d}y(t)}{\mathrm{d}t} &= \frac{\mathrm{d}}{\mathrm{d}t} \int_{-\infty}^{+\infty} x(\tau)h(t-\tau)\mathrm{d}\tau \\
&= \int_{-\infty}^{+\infty} x(\tau) \frac{\mathrm{d}h(t-\tau)}{\mathrm{d}t}\mathrm{d}\tau \\
&= x(t) * \frac{\mathrm{d}h(t)}{\mathrm{d}t}
\end{aligned}$$

根据交换律,用类似的方法也可以证明

$$\frac{\mathrm{d}y(t)}{\mathrm{d}t} = \frac{\mathrm{d}x(t)}{\mathrm{d}t} * h(t)$$

2) 卷积的积分性质

参与卷积的两个函数中,任何一个函数被积分一次,其卷积的结果就要被积分一次。

若 $x(t) * h(t) = y(t)$,则有

$$\left[\int_{-\infty}^{t} x(\lambda)\mathrm{d}\lambda\right] * h(t) = x(t) * \int_{-\infty}^{t} h(\lambda)\mathrm{d}\lambda = \int_{-\infty}^{t} y(\lambda)\mathrm{d}\lambda \tag{2.24}$$

证明如下:

$$\begin{aligned}
\int_{-\infty}^{t} y(\lambda)\mathrm{d}\lambda &= \int_{-\infty}^{t} \left[\int_{-\infty}^{+\infty} x(\tau)h(\lambda-\tau)\mathrm{d}\tau\right]\mathrm{d}\lambda \\
&= \int_{-\infty}^{+\infty} x(\tau) \left[\int_{-\infty}^{t} h(\lambda-\tau)\mathrm{d}\lambda\right]\mathrm{d}\tau \\
&= x(t) * \left[\int_{-\infty}^{t} h(\lambda)\mathrm{d}\lambda\right]
\end{aligned}$$

根据交换律,同样可以证明

$$\int_{-\infty}^{t} y(\lambda)\mathrm{d}\lambda = \left[\int_{-\infty}^{t} x(\lambda)\mathrm{d}\lambda\right] * h(t)$$

由卷积的微分和积分性质,显然可得

$$y(t) = x(t) * h(t)$$

$$= \frac{\mathrm{d}x(t)}{\mathrm{d}t} * \left[\int_{-\infty}^{t} h(\lambda)\mathrm{d}\lambda\right] \tag{2.25}$$

$$= \left[\int_{-\infty}^{t} x(\lambda)\mathrm{d}\lambda\right] * \frac{\mathrm{d}h(t)}{\mathrm{d}t}$$

3. 函数与 $\delta(t)$ 或 $u(t)$ 的卷积

函数与冲激函数卷积是卷积积分中最简单的情况。根据卷积的定义和冲激函数的性质,有:

$$x(t) * \delta(t) = \int_{-\infty}^{+\infty} x(\tau)\delta(t-\tau)\mathrm{d}\tau = \int_{-\infty}^{+\infty} x(t)\delta(t-\tau)\mathrm{d}\tau = x(t)\int_{-\infty}^{+\infty} \delta(t-\tau)\mathrm{d}\tau = x(t)$$

$$\tag{2.26}$$

$$x(t) * \delta(t-t_0) = \int_{-\infty}^{+\infty} x(\tau)\delta(t-t_0-\tau)\mathrm{d}\tau$$

$$= \int_{-\infty}^{+\infty} x(t-t_0)\delta(t-t_0-\tau)\mathrm{d}\tau \tag{2.27}$$

$$= x(t-t_0)\int_{-\infty}^{+\infty} \delta(t-t_0-\tau)\mathrm{d}\tau$$

$$= x(t-t_0)$$

显然还可以得到

$$x(t-t_1) * \delta(t-t_2) = x(t-t_1-t_2) \tag{2.28}$$

根据上述结果,不难推出卷积的时移性质:

若　　　　　　　　　　　　$$x(t) * h(t) = y(t)$$

则　　　　　　　　　　$$x(t-t_1) * h(t-t_2) = y(t-t_1-t_2) \tag{2.29}$$

因为

$$x(t-t_1) = x(t) * \delta(t-t_1)$$

$$h(t-t_2) = h(t) * \delta(t-t_2)$$

所以

$$x(t-t_1) * h(t-t_2) = [x(t) * \delta(t-t_1)] * [h(t) * \delta(t-t_2)]$$

$$= [x(t) * h(t)] * [\delta(t-t_1) * \delta(t-t_2)]$$

$$= y(t) * \delta(t-t_1-t_2)$$

$$= y(t-t_1-t_2)$$

利用卷积的微分、积分性质,还可以得到以下结论:

对冲激偶 $\delta'(t)$ 有

$$x(t) * \delta'(t) = x'(t) * \delta(t) = x'(t) \tag{2.30}$$

对单位阶跃函数 $u(t)$ 有

$$x(t) * u(t) = x(t) * \left[\int_{-\infty}^{t} \delta(\tau)\mathrm{d}\tau\right] = \left[\int_{-\infty}^{t} x(\tau)\mathrm{d}\tau\right] * \delta(t) = \int_{-\infty}^{t} x(\tau)\mathrm{d}\tau \tag{2.31}$$

恰当地使用卷积积分的时移、微分与积分性质,以及与 $\delta(t)$ 或 $u(t)$ 卷积的特性,往往可以使某些卷积的运算更加简便。

例 2.6　若信号 $x(t)$ 和 $h(t)$ 分别如图 2.18 所示,求它们的卷积积分 $y(t) = x(t) * h(t)$。

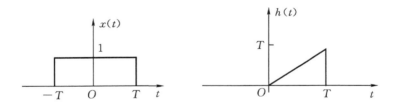

图 2.18   例 2.6 中 $x(t)$ 和 $h(t)$ 的图形

    显然,如果将 $x(t)$ 微分一次,则 $x'(t)$ 将是两个冲激,利用函数与 $\delta(t)$ 卷积的特性,可以使卷积运算得以简化,甚至可以通过简单地作图即可完成。$x'(t)$ 如图 2.19 所示。

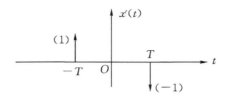

图 2.19   例 2.6 中 $x'(t)$ 的图形

    将 $x'(t)$ 与 $h(t)$ 卷积,就等于将 $h(t)$ 分别平移到 $x'(t)$ 的每个冲激所在的位置。于是可得到如图 2.20 所示的 $y'(t) = x'(t) * h(t)$。

    要得到最终的结果 $y(t) = x(t) * h(t)$,只要将图 2.20 所示的 $y'(t)$ 积分一次即可。于是,可以得到 $y(t) = x(t) * h(t)$ 如图 2.21 所示的最终结果 $y(t)$。

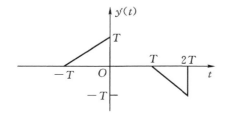 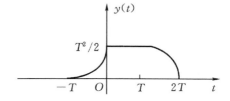

图 2.20   例 2.6 中 $y'(t) = x'(t) * h(t)$ 的图形   图 2.21   例 2.6 的最终结果 $y(t)$

如果将 $y(t)$ 用数学表达式描述,则有

(1)当 $t < -T$ 时,$y(t) = 0$;

(2)当 $-T < t < 0$ 时,$y(t) = \int_{-T}^{t} (t-\tau) d\tau = -\frac{1}{2} (t-\tau)^2 \Big|_{-T}^{t} = \frac{1}{2}t^2 + Tt + \frac{1}{2}T^2$;

(3) 当 $0 < t < T$ 时,$y(t) = \int_{t-T}^{t} (t-\tau) d\tau = \frac{T^2}{2}$;

(4)当 $T < t < 2T$ 时,$y(t) = \int_{t-T}^{T} (t-\tau) d\tau = -\frac{1}{2}t^2 + Tt$;

(5)当 $t > 2T$ 时,$y(t) = 0$。

应当指出,本节根据卷积代数运算的性质,从系统的观点所得到的有关结论,一般来说只对线性时不变系统成立,并且要求涉及到的所有的卷积运算必须收敛。这一点与讨论离散时间卷积和时所得到的结论相一致。因为这些结论都是建立在线性和时不变性的基础之上的,失去了这个前提,前述的结论就未必成立。例如,对非线性系统,由于其单位冲激响应不能完全表征系统,因而非线性系统级联时,级联的顺序是不能调换的。

例 2.7　图 2.22 给出了两个系统的级联,当它们按照图(a)的顺序级联时,显然有该系统的输入输出关系为 $y(t) = 2x^2(t)$。如果将它们的级联次序加以调换,如图(b)所示,则系统的输入输出关系变为 $y(t) = 4x^2(t)$,显然不再是原来的系统了。因而在这种情况下,系统级联的顺序就是不可调换的。这是因为,平方系统本身不是线性系统的缘故。

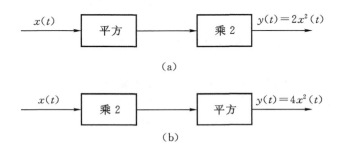

图 2.22　例 2.7 中的系统

例 2.8　如图 2.23 所示,两个系统级联,其中 $h_1(t) = \delta(t) - \delta(t-1)$，$h_2(t) = u(t)$。

图 2.23　例 2.8 中的系统

显然这两个系统都是 LTI 系统,但当输入信号 $x(t) = 1$ 时,如果交换它们的级联次序,则由于 $x(t) * u(t) = \int_{-\infty}^{t} 1 d\tau$,是不收敛的,因而此时交换级联的次序也是不允许的。

2.4　线性时不变系统的性质

在第 1 章,我们对一般的系统讨论过系统的性质,并给出了相关性质的定义。对于本课程所研究的对象——线性时不变系统而言,通过本章前几节的讨论,我们得出了"LTI 系统可以完全由其单位冲激(单位脉冲)响应来表征"的结论。因此,LTI 系统的其它性质(如:因果性、稳定性等)应该在单位冲激(单位脉冲)响应中有所反映。

在本节,我们将通过系统的单位冲激(单位脉冲)响应来进一步研究 LTI 系统的性质。

2.4.1　记忆性

根据第 1 章所给出的定义,无记忆系统(又称即时系统)在任何时刻的输出,都只能取决于

该时刻的输入。对离散时间线性时不变系统,由于系统输出为

$$y(n) = x(n) * h(n) = \sum_{k=-\infty}^{+\infty} x(k)h(n-k)$$

根据无记忆系统的定义,$y(n)$ 只能与 n 时刻的输入 $x(n)$ 有关。因而在上述的和式中,只允许 $k=n$ 时的那一项为非零项,而其余各项必须均为零。由于 $x(k)$ 是输入信号各点的值,一般为非零,所以只有当 $k \neq n$ 时,有 $h(n-k)=0$,也即当 $n \neq 0$ 时,$h(n)=0$,才能满足其余各项都必须为零的要求。因此可以得出结论:无记忆系统的单位脉冲响应 $h(n)$ 只能是一个加权的单位脉冲,即

$$h(n) = k\delta(n) \tag{2.32}$$

式中,k 是一个常数。显然有,$h(0)=k$。于是该无记忆系统就可表示为

$$y(n) = kx(n) \tag{2.33}$$

如果一个离散时间 LTI 系统的单位脉冲响应 $h(n)$ 在 $n \neq 0$ 时不全为零,则该系统就是有记忆系统(又称动态系统)。

对连续时间 LTI 系统,可以得出相同的结论:即时系统的单位冲激响应 $h(t)$ 只能是一个加权了的单位冲激函数,即

$$h(t) = k\delta(t) \tag{2.34}$$

系统可表示为

$$y(t) = kx(t) \tag{2.35}$$

在无记忆系统中,若 $k=1$,则有

$$y(n) = x(n)$$

$$y(t) = x(t)$$

表明系统的输出与输入始终相同,这就是恒等系统。因此恒等系统的单位冲激/脉冲响应为

$$h(t) = \delta(t) \tag{2.36}$$

$$h(n) = \delta(n) \tag{2.37}$$

有记忆系统有时也称为动态系统。例如,累加器系统 $y(n) = \sum_{k=-\infty}^{n} x[k]$ 是一个有记忆系统。电容器是有记忆系统的另一个例子,若将流过它的电流作为输入 $x(t)$,电容上的电压作为输出 $y(t)$,则有 $y(t) = \dfrac{1}{C}\displaystyle\int_{-\infty}^{t} x(\tau)\mathrm{d}\tau$,其中 C 为电容值。

2.4.2　可逆性

由第 1 章的讨论,如果一个系统可逆,则该系统与其逆系统级联后构成的总系统应该是一个恒等系统。据此,对线性时不变系统而言,若 $h(t)$ 表示一个可逆系统,$h_1(t)$ 表示其逆系统,则必有

$$h(t) * h_1(t) = \delta(t) \tag{2.38}$$

因为恒等系统的单位冲激响应是 $\delta(t)$。也就是说,线性时不变可逆系统的单位冲激响应与其逆系统的单位冲激响应的卷积是一个单位冲激函数。对离散时间线性时不变可逆系统也有相同的结论,即

$$h(n) * h_1(n) = \delta(n) \tag{2.39}$$

例 2.9　一个连续时间延时系统的输入-输出关系为

$$y(t) = x(t - t_0) = x(t) * \delta(t - t_0)$$

不难看出,该系统的单位冲激响应为

$$h(t) = \delta(t - t_0)$$

因此,可以求得该系统的逆系统为

$$h_1(t) = \delta(t + t_0)$$

因为 $h(t) * h_1(t) = \delta(t - t_0) * \delta(t + t_0) = \delta(t)$。

类似地有,一个单位脉冲响应为 $\delta(n - n_0)$ 的离散时间延时系统的逆系统为

$$h_1(n) = \delta(n + n_0)$$

例 2.10　某离散时间 LTI 系统的输入-输出关系为

$$y(n) = \sum_{k=-\infty}^{n} x(k) = x(n) * u(n)$$

其单位脉冲响应为

$$h(n) = u(n)$$

该系统是可逆的,其逆系统的单位脉冲响应为

$$h_1(n) = \delta(n) - \delta(n-1)$$

因为 $h(n) * h_1(n) = u(n) * [\delta(n) - \delta(n-1)] = u(n) - u(n-1) = \delta(n)$。其逆系统的输入-输出关系可表示为

$$y(n) = x(n) - x(n-1)$$

这是一个一阶差分运算系统。

值得注意的是,一阶差分运算系统本身是不可逆系统。

2.4.3　因果性

根据系统因果性的定义,因果系统在任何时刻的输出,只能取决于该时刻和该时刻以前的输入。对一个离散时间 LTI 系统来说,其输出为

$$y(n) = \sum_{k=-\infty}^{+\infty} x(k) h(n-k)$$

要满足因果性的定义,在上述的和式中必须要求当 $k > n$ 时,有 $h(n-k) = 0$,才能保证其输出与以后的输入无关。因此,因果系统的单位脉冲响应必须满足

$$h(n) = 0, \quad n < 0 \tag{2.40}$$

此时,$h(n)$ 是一个因果信号,它与 $x(n)$ 的卷积和可表示为

$$
\begin{aligned}
y(n) &= \sum_{k=-\infty}^{n} x(k) h(n-k) \\
&= \sum_{k=0}^{+\infty} h(k) x(n-k)
\end{aligned} \tag{2.41}
$$

对连续时间 LTI 系统可以得出类似的结果,即因果系统的单位冲激响应必须满足

$$h(t) = 0, \quad t < 0 \tag{2.42}$$

此时

$$y(t) = \int_{-\infty}^{t} x(\tau) h(t - \tau) \mathrm{d}\tau$$

$$= \int_{0}^{+\infty} h(\tau) x(t - \tau) \mathrm{d}\tau \tag{2.43}$$

式(2.40)和式(2.42)是 LTI 系统具备因果性的充分必要条件。

例 2.11　考查系统 $y(n) = \sum_{k=-\infty}^{n} x(k)$，其单位脉冲响应为 $h(n) = u(n)$，满足式(2.40)，故该系统是因果的。而且该系统可逆，其逆系统的单位脉冲响应为：$h_1(n) = \delta(n) - \delta(n-1)$，显然，其逆系统也是一个因果系统。

例 2.12　系统 $y(t) = x(t - t_0)$，　$t_0 > 0$，其单位冲激响应为：$h(t) = \delta(t - t_0)$，满足式(2.42)，故为因果系统。该系统也是可逆的，其逆系统的单位冲激响应为 $h_1(t) = \delta(t + t_0)$，不满足式(2.42)，故该逆系统为非因果系统。

2.4.4　稳定性

如果一个系统对于任何有界的输入，其输出都是有界的，则该系统是稳定的。据此，我们来讨论线性时不变稳定系统的单位冲激响应 $h(t)$ 应该具备什么特点。

设输入 $x(n)$ 是有界的，其界值为 B，即对所有的 n 有

$$|x(n)| \leqslant B \tag{2.44}$$

则系统输出的绝对值为

$$|y(n)| = \left| \sum_{k=-\infty}^{+\infty} h(k) x(n - k) \right| \leqslant \sum_{k=-\infty}^{+\infty} |h(k)| |x(n - k)|$$

由于乘积和的绝对值小于等于绝对值乘积的和，所以有

$$|y(n)| \leqslant B \sum_{k=-\infty}^{+\infty} |h(k)|, \quad \text{对任何 } n$$

为了保证 $|y(n)|$ 有界，则必须有

$$\sum_{k=-\infty}^{+\infty} |h(k)| < \infty \tag{2.45}$$

即要求系统的单位脉冲响应绝对可和。这就证明了式(2.45)是离散时间线性时不变系统稳定的充分条件。实际上它也是系统稳定的必要条件。如果该条件不满足，就会有一些有界的输入而产生无界的输出。

用完全类似的方法可以推证出连续时间 LTI 系统稳定的充分必要条件为

$$\int_{-\infty}^{+\infty} |h(t)| \mathrm{d}t < \infty \tag{2.46}$$

即系统的单位冲激响应绝对可积。

2.4.5　系统的单位阶跃响应

系统对单位阶跃信号 $u(t)$ 或 $u(n)$ 的响应称为系统的单位阶跃响应，记为 $s(t)$ 或 $s(n)$。对连续时间 LTI 系统，其单位阶跃响应为

$$s(t) = u(t) * h(t) = \int_{-\infty}^{t} h(\tau) \mathrm{d}\tau \tag{2.47}$$

对离散时间 LTI 系统，其单位阶跃响应为

$$s(n) = u(n) * h(n) = \sum_{k=-\infty}^{n} h(k) \tag{2.48}$$

式(2.47)和式(2.48)表明,LTI 系统的单位阶跃响应是单位冲激(或单位脉冲)响应的积分(或求和)。由于单位冲激信号 $\delta(t)$ 是单位阶跃信号 $u(t)$ 的一阶微分,即 $\delta(t) = \dfrac{\mathrm{d}u(t)}{\mathrm{d}t}$;单位脉冲序列 $\delta(n)$ 是单位阶跃序列 $u(n)$ 的一次差分,即 $\delta(n) = u(n) - u(n-1)$,所以根据卷积的有关性质,可推得

$$h(t) = \frac{\mathrm{d}s(t)}{\mathrm{d}t} \tag{2.49}$$

$$h(n) = s(n) - s(n-1) \tag{2.50}$$

由此可见,系统的单位阶跃响应和系统的单位冲激(单位脉冲)响应之间有着确定的对应关系。因此,单位阶跃响应也能和单位冲激(单位脉冲)响应一样,完全地表征一个 LTI 系统。

2.5　LTI 系统的微分、差分方程描述

线性常系数微分方程可以描述极为广泛的一类连续时间系统;线性常系数差分方程可以描述极为广泛的一类离散时间系统。本节将讨论由微分方程和差分方程描述的线性时不变系统,并分析系统有关性质对方程附加条件的特殊要求。

2.5.1　连续时间 LTI 系统的微分方程描述

描述连续时间系统输入-输出关系的线性常系数微分方程的一般形式为

$$\sum_{k=0}^{N} a_k \frac{\mathrm{d}^k y(t)}{\mathrm{d}t^k} = \sum_{k=0}^{M} b_k \frac{\mathrm{d}^k x(t)}{\mathrm{d}t^k} \tag{2.51}$$

式中,$x(t)$ 为系统的输入,$y(t)$ 是系统的输出。根据描述系统的微分方程来分析系统,其实质就是要求解这个方程。我们知道,线性常系数微分方程的全解是由齐次解(或称通解)和一个特解组成的,即

$$y(t) = y_{\mathrm{h}}(t) + y_{\mathrm{p}}(t) \tag{2.52}$$

其中,$y_{\mathrm{p}}(t)$ 是特解,在系统已确定的情况下,$y_{\mathrm{p}}(t)$ 取决于系统的输入 $x(t)$。$y_{\mathrm{h}}(t)$ 是齐次方程,即

$$\sum_{k=0}^{N} a_k \frac{\mathrm{d}^k y(t)}{\mathrm{d}t^k} = 0 \tag{2.53}$$

的解,它与系统的输入 $x(t)$ 无关,完全取决于反映系统初始状态的附加条件及系统本身的特性。当齐次方程的特征根 λ_k 均为单阶根时,齐次解具有如下的一般形式:

$$y_{\mathrm{h}}(t) = \sum_{k=1}^{N} C_k \mathrm{e}^{\lambda_k t} \tag{2.54}$$

式中,λ_k 是特征根;C_k 是一组待定的常数。而要解出 $y_{\mathrm{h}}(t)$,必须有一组附加条件。从数学的角度看,要确定待定系数 C_k,这组附加条件可以在任意时刻给出,其值也可以是任意的。但如果要求该线性常系数微分方程描述的系统是 LTI 系统时,这组附加条件要受到一定的限制,而不能随意给出。下面我们讨论系统的线性、时不变性和因果性对附加条件的要求。在讨论之前我们首先约定:

如果附加条件在输入信号接入系统的同一时刻给出,则称这组附加条件为初始条件。例如,输入在 t_0 时刻接入系统(即 $t < t_0$ 时,$x(t) = 0$),则称 $y(t_0)$,$y'(t_0)$,$\cdots$,$y^{(N-1)}(t_0)$ 为一组初始条件。

如前所述,线性常系数微分方程的齐次解是 $x(t) = 0$ 时方程的解,也就是输入恒为零(即没有输入)时系统的响应,也就是零输入响应。由于线性系统具有"零输入-零输出"的性质,因而描述线性系统的微分方程的齐次解必须为零。也就是说,当输入 $x(t) = 0$ 时,系统的输出

$$y(t) = y_h(t) = \sum_{k=1}^{N} C_k e^{\lambda_k t}$$

对任何 t 都必须为零。要使 $y(t) = y_h(t) = 0$,则必须使所有的 $C_k = 0$;由于 C_k 由附加条件所确定,只有当全部附加条件都为零时,C_k 才会全部为零,由此可以得出结论:线性常系数微分方程只有在具有零附加条件的情况下,所描述的系统才是线性系统。

例如一阶系统:

$$\frac{dy(t)}{dt} + 3y(t) = x(t)$$

其齐次方程为

$$\frac{dy(t)}{dt} + 3y(t) = 0$$

特征方程为

$$\lambda + 3 = 0$$

特征根为

$$\lambda = -3$$

齐次解为

$$y_h(t) = Ce^{-3t}$$

若附加条件:$y(0) = 0$,则当 $x(t) = 0$ 时

$$y(t) = y_h(t) = Ce^{-3t}$$

由 $y(0) = 0$,可解出 $C = 0$,从而有 $y(t) = 0$,故满足"零输入-零输出"的条件,此时方程描述的系统是线性系统。

为了保证具有零附加条件的线性常系数微分方程所描述的系统,不仅是线性的,而且是因果的,则这组附加条件必须在输入信号接入系统的时刻给出。也就是说,这组附加条件应该是一组**零初始条件**。这是因为,在输入信号接入系统后的任何时刻,系统的输出响应都是由系统本身的特性和输入信号所确定的。如果人为地由给定的附加条件将某一时刻 t_0 时系统的输出及其各阶导数指定为零,就可能会与系统在该时刻应该产生的响应相矛盾。或者说,要满足这一组附加条件的限制,就要求系统必须具有能够预测到在该时刻输出响应及其各阶导数应该等于零的能力。这就可能会违背因果律,从而导致该系统出现非因果性。当然,如果这组零附加条件在输入信号接入系统以前的某一时刻给出,则由于系统是线性的,这种零状态将会一直保持到输入信号接入的时刻,因而与给出零初始条件是一样的。

由以上的讨论,我们可以得出如下结论:当线性常系数微分方程具有一组零初始条件时,它描述的系统不仅是线性的、因果的,同时也是时不变的。

我们可以通过例子来说明该系统也是时不变的。

假定某一阶系统由如下微分方程描述：

$$\frac{\mathrm{d}y(t)}{\mathrm{d}t} + 3y(t) = x(t)$$

当输入为 $x_1(t)$，且在 $t = t_0$ 时刻接入系统，即有

$$x_1(t) = \begin{cases} x_1(t), & t > t_0 \\ 0, & t \leqslant t_0 \end{cases}$$

初始条件为 $y(t_0) = 0$ 时，该方程描述的是一个线性、因果的系统。此时系统的输出响应 $y_1(t)$ 满足

$$\begin{cases} \dfrac{\mathrm{d}y_1(t)}{\mathrm{d}t} + 3y_1(t) = x_1(t) \\ \quad y_1(t_0) = 0 \end{cases} \tag{2.55}$$

如果将系统的输入改为

$$x_2(t) = x_1(t - T) = \begin{cases} x_1(t - T), & t > t_0 + T \\ 0, & t \leqslant t_0 + T \end{cases}$$

则此时系统的输出响应 $y_2(t)$ 必须满足

$$\begin{cases} \dfrac{\mathrm{d}y_2(t)}{\mathrm{d}t} + 3y_2(t) = x_2(t) \\ \quad y_2(t_0 + T) = 0 \end{cases} \tag{2.56}$$

将式（2.55）的解 $y_1(t)$ 通过自变量变换变为 $y_1(t - T)$，并代入式（2.56），很容易直接证明 $y_1(t - T)$ 满足式（2.56），这就验证了式（2.56）的解满足

$$y_2(t) = y_1(t - T)$$

因此，系统是时不变的。

应当指出，当线性常系数微分方程具有一组不全为零的初始条件时，它所描述的系统是一个增量线性系统。

2.5.2 离散时间 LTI 系统的差分方程描述

描述离散时间系统的线性常系数差分方程一般可表示为

$$\sum_{k=0}^{N} a_k y(n - k) = \sum_{k=0}^{M} b_k x(n - k) \tag{2.57}$$

差分方程的解法可以和微分方程完全类似，它的解也可以由通解和一个特解组成。确定差分方程的通解也需要一组附加条件。我们也可以得到与微分方程的情况完全相同的结论，即：线性常系数差分方程连同一组全部为零的初始条件，可以描述一个线性、因果、时不变的系统。这一组初始条件通常是 $y(-1)$，$y(-2)$，$\cdots$，$y(-N)$。

差分方程除了可以按照类似于微分方程的解法求解外，还可以采用递推迭代的方法求解。这种解法特别适合于利用计算机进行数值求解。

将式（2.57）改写为

$$y(n) = \frac{1}{a_0} \Big[\sum_{k=0}^{M} b_k x(n - k) - \sum_{k=1}^{N} a_k y(n - k) \Big] \tag{2.58}$$

可以看出，当 $N \geqslant 1$ 时，$y(n)$ 不仅与输入 $x(n)$ 有关，而且与以前的输出也有关。如果知道了初始条件 $y(-1)$，$y(-2)$，$\cdots$，$y(-N)$，就可以由 $x(n)$ 的每一个值依次推出 $n \geqslant 0$ 时 $y(n)$ 的值。

如果将式(2.57)改写为

$$y(n-N) = \frac{1}{a_N} \Big[\sum_{k=0}^{M} b_k x(n-k) - \sum_{k=0}^{N-1} a_k y(n-k) \Big] \tag{2.59}$$

则只要知道了 $y(1), y(2), \cdots, y(N)$，就可以由 $x(n)$ 的值递推出 $n \leqslant 0$ 时 $y(n)$ 的值。

例 2.13 差分方程的递推求解。若描述某离散时间系统的差分方程为

$$y(n) - \frac{1}{3} y(n-1) = x(n) \tag{2.60}$$

如果 $y(-1)=1$，$x(n)=\delta(n)$，求其输出 $y(n)$。

将式(2.60)改写为

$$y(n) = x(n) + \frac{1}{3} y(n-1)$$

可递推出 $n \geqslant 0$ 时 $y(n)$ 的值：

$$y(0) = x(0) + \frac{1}{3} y(-1) = 1 + \frac{1}{3} = \frac{4}{3}$$

$$y(1) = x(1) + \frac{1}{3} y(0) = 0 + \frac{1}{3} \times \frac{4}{3} = \frac{4}{9} = \frac{4}{3^2}$$

$$y(2) = x(2) + \frac{1}{3} y(1) = 0 + \frac{1}{3} \times \frac{4}{9} = \frac{4}{3^3}$$

$$\vdots$$

$$y(n) = x(n) + \frac{1}{3} y(n-1) = \frac{4}{3^{n+1}}, \quad n \geqslant 0$$

将式(2.60)改写为

$$y(n-1) = 3[y(n) - x(n)]$$

则可推得 $n < 0$ 时 $y(n)$ 的值：

$$y(-1) = 3[y(0) - x(0)] = 3\Big[\frac{4}{3} - 1\Big] = 1$$

$$y(-2) = 3[y(-1) - x(-1)] = 3[1 - 0] = 3$$

$$y(-3) = 3[y(-2) - x(-2)] = 3[3 - 0] = 3^2$$

$$\vdots$$

$$y(-n) = 3[y(-n+1) - x(-n+1)] = 3^{n-1} = \Big(\frac{1}{3}\Big)^{-n+1}, n > 0$$

所以该差分方程的解可表示为

$$y(n) = \frac{4}{3^{n+1}} u(n) + \Big(\frac{1}{3}\Big)^{n+1} u(-n-1)$$

在式(2.57)中，只要 $k \neq 0$ 时，a_k 不全为零，差分方程总是可以递推的。这种方程称为递推型方程。它所描述的系统称为**递归系统**，也称为无限长单位脉冲响应(IIR：Infinite Impulse Response)系统。

如果在式(2.57)中，除 a_0 以外的其它 a_k 都为零，即 $a_k = 0$，$k = 1, 2, \cdots, N$，则差分方程变为

$$y(n) = \frac{1}{a_0} \sum_{k=0}^{M} b_k x(n-k) \tag{2.61}$$

求解此方程就无需进行递推，故称这类方程为非递推方程。它所描述的系统称为非递归

系统,也称为有限长单位脉冲响应(FIR:Finite Impulse Response)系统。很显然,这种系统的
单位脉冲响应就是

$$h(n) = \begin{cases} \dfrac{b_n}{a_0}, & 0 \leqslant n \leqslant M \\ 0, & \text{其它 } n \end{cases}$$

IIR 系统和 FIR 系统是应用非常广泛的两大类离散时间 LTI 系统,它们在系统结构、特性
与设计方法等方面都有明显差异。

2.6　LTI 系统的方框图表示

LTI 系统分析的一个重要目的是按给定的要求来设计和实现系统,而要实现的系统往往
可以用微分方程或差分程来描述。实现这样一个系统,本质上就是要完成微分方程或差分方
程所表示的各种运算关系。为了便于模拟实现和直观分析,利用第 1 章所介绍的基本运算单
元来表示方程所规定的运算关系,就形成了系统的方框图表示。

2.6.1　离散时间 LTI 系统的方框图表示

描述离散时间 LTI 系统的差分方程涉及移位、相加和乘以常数三种基本运算。因而,利
用移位器(或单位延迟)、加法器和放大器这三种基本运算单元,按照差分方程所表示的运算关
系,即可作出相应的系统方框图。

例 2.14　描述一阶 LTI 系统的差分方程为

$$y(n) + ay(n-1) = bx(n) \tag{2.62}$$

该方程可改写为

$$y(n) = -ay(n-1) + bx(n) \tag{2.63}$$

这一方程的实现框图如图 2.24 所示。图中,$y(n)$
经单位延迟后为 $y(n-1)$,$y(n-1)$ 乘以 $-a$ 后与 $x(n)$
乘以 b 相加,即为式(2.63)所表示的运算关系。

例 2.15　一阶非递归 LTI 系统的差分方程为

$$y(n) = b_0 x(n) + b_1 x(n-1) \tag{2.64}$$

根据方程可以做出图 2.25 所示的系统实现框图。

例 2.16　描述二阶 LTI 系统的差分方程为

$$y(n) + ay(n-1) = b_0 x(n) + b_1 x(n-1) \tag{2.65}$$

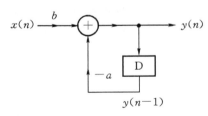

图 2.24　由式(2.62)描述的系统
的框图

将方程改写为

$$y(n) = -ay(n-1) + b_0 x(n) + b_1 x(n-1) \tag{2.66}$$

设

$$w(n) = b_0 x(n) + b_1 x(n-1) \tag{2.67}$$

则

$$y(n) = -ay(n-1) + w(n) \tag{2.68}$$

于是式(2.68)与例 2.14 中式(2.63)相类似,式(2.67)与例 2.15 中式(2.64)相类似,所以
由式(2.66)给出的系统可以看成是由图 2.24 和图 2.25 那样的两个 LTI 系统的级联,如图
2.26 所示。

由于两个线性时不变系统级联时，其次序可以调换，因此将图 2.26 中前后两部分调换一下次序，可得式（2.66）的另一种结构的实现框图，如图 2.27。

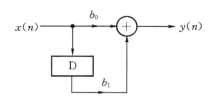

图 2.25　由式（2.64）描述的系统方框图

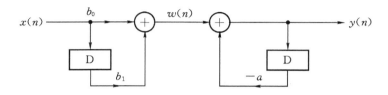

图 2.26　由式（2.66）描述的系统方框图

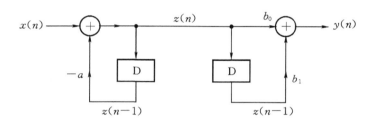

图 2.27　式（2.66）描述的系统的另一种方框图表示

在图 2.27 中，由于两个延迟单元具有相同的输入，因此可以将两个延迟单元合并为一个，从而节省一个延迟单元。图 2.28 是合并后的方框图。

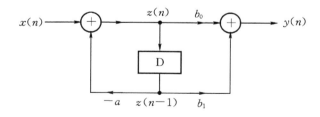

图 2.28　式（2.66）描述的系统方框图

作为一般情况，我们可将式（2.57）给出的差分方程表示为

$$y(n) = \frac{1}{a_0}\Big[\sum_{k=0}^{M} b_k x(n-k) - \sum_{k=1}^{N} a_k y(n-k)\Big] \tag{2.69}$$

设

$$w(n) = \sum_{k=0}^{M} b_k x(n-k) \tag{2.70}$$

则有

$$y(n) = \frac{1}{a_0}\Big[w(n) - \sum_{k=1}^{N} a_k y(n-k)\Big] \qquad (2.71)$$

根据式(2.70)和式(2.71),可得图 2.29 所示的实现框图。

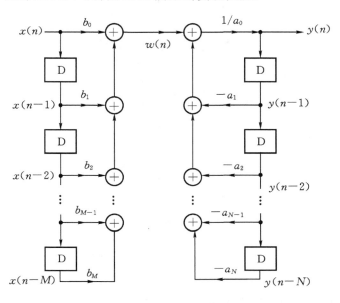

图 2.29　式(2.69)描述的 LTI 系统的直接 I 型结构

　　图 2.29 给出的方框图称为差分方程式(2.69)所描述系统的**直接 I 型结构**。显然,这个方框图可以看成是两个系统的级联,调换这两个系统的级联次序,就得到图 2.30 所示的方框图。根据例 2.16 所讨论的概念,将图 2.30 中的两列延迟器(为简化描述,设 $M=N$)合并为一列即可形成图 2.31 所示的方框图。这种方框图被称为**直接 II 型结构**,也称为正准型结构,因为它所需要的延迟单元最少。

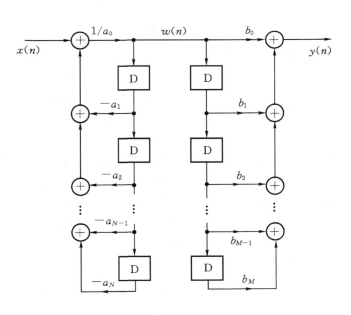

图 2.30　将图 2.29 调换级联次序后的框图

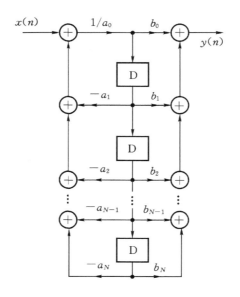

图 2.31　式(2.69)的直接 Ⅱ 型结构

2.6.2　连续时间 LTI 系统的方框图表示

由描述连续时间 LTI 系统的微分方程

$$\sum_{k=0}^{N} a_k \frac{\mathrm{d}^k y(t)}{\mathrm{d}t^k} = \sum_{k=0}^{M} b_k \frac{\mathrm{d}^k x(t)}{\mathrm{d}t^k} \tag{2.72}$$

可以看出,只要将微分方程中的各次微分运算更换为差分运算,即将

$$y(t) \text{ 换为 } y(n)$$
$$y'(t) \text{ 换为 } y(n-1)$$
$$y''(t) \text{ 换为 } y(n-2)$$
$$\vdots$$

则微分方程就变成了差分方程,因此,只要将实现差分方程的方框图中的延迟运算单元(即延迟器)更换为微分运算单元(即微分器),即可得到连续时间线性时不变系统的实现框图。然而,由于微分器在实际中不易实现(其稳定性和抗干扰能力很差),故工程实际中常用积分器代替微分器。为此,需要将微分方程改写为积分方程。

为了便于讨论,我们先作如下约定:

零次积分: $y_{(0)}(t) = y(t)$

一次积分: $y_{(1)}(t) = \int_{-\infty}^{t} y_{(0)}(\tau)\mathrm{d}\tau = y_{(0)}(t) * u(t) = y(t) * u(t)$

二次积分: $y_{(2)}(t) = \int_{-\infty}^{t} y_{(1)}(\tau)\mathrm{d}\tau = y_{(1)}(t) * u(t) = y(t) * u(t) * u(t)$

$$\vdots$$

k 次积分: $y_{(k)}(t) = \int_{-\infty}^{t} y_{(k-1)}(\tau)\mathrm{d}\tau = y(t) * \underbrace{u(t) * u(t) * \cdots u(t)}_{k\text{个}}$

有了这些约定后,对式(2.72)给出的微分方程(为简化描述,设 $M=N$)两边做 N 次积分,便可得到

$$\sum_{k=0}^{N}a_ky_{(N-k)}(t)=\sum_{k=0}^{N}b_kx_{(N-k)}(t) \tag{2.73}$$

把此式改写为

$$y(t)=\frac{1}{a_N}\Big[\sum_{k=0}^{N}b_kx_{(N-k)}(t)-\sum_{k=0}^{N-1}a_ky_{(N-k)}(t)\Big] \tag{2.74}$$

再令

$$w(t)=\sum_{k=0}^{N}b_kx_{(N-k)}(t) \tag{2.75}$$

则有

$$y(t)=\frac{1}{a_N}\Big[w(t)-\sum_{k=0}^{N-1}a_ky_{(N-k)}(t)\Big] \tag{2.76}$$

这就变成了一个积分方程,利用与讨论差分方程时相类似的方法,用积分器代替图 2.29 中的延时器,并将系数排列的顺序倒置,即可得出连续时间 LTI 系统直接 I 型结构的方框图,如图 2.32 所示。

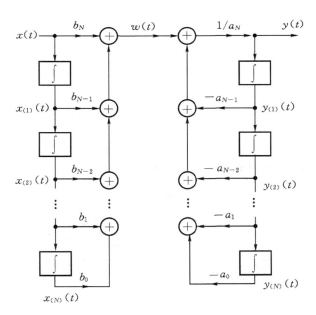

图 2.32 连续时间 LTI 系统的直接 I 型结构

通过调换级联的次序,合并积分器即可得到直接 II 型结构,如图 2.33 所示。同样地,由于直接 II 型结构需要的积分器数量最少,故也称为正准型结构。

连续时间线性时不变系统的直接型结构框图与描述系统的微分方程直接对应,图 2.32 和图 2.33 中所标注的 a_k 和 b_k 就是式(2.72)给出的微分方程中的 a_k 和 b_k。因此,在由微分方程作方框图时,不必将微分方程先转化为积分方程。可以直接根据微分方程的阶次和各项的系数,只要注意到各系数排列的基本规律,即可直接参照图 2.32 或图 2.33 作出与微分方程相对应的直接型结构框图。

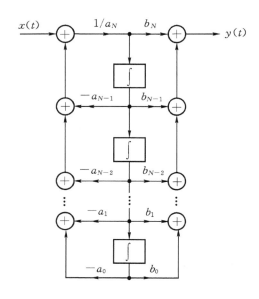

图 2.33　连续时间 LTI 系统的直接 Ⅱ 型结构

除了直接型结构外,系统的方框图还有级联型、并联型等多种形式,这些结构将在后续的相关章节中予以介绍。

2.7　应用 Matlab 实现卷积运算

2.7.1　连续时间信号的卷积积分运算

利用 Matlab 的图形功能能够十分有效地阐明卷积过程。考虑 $y(t) = x(t) * h(t)$,其中, $x(t) = h(t) = u(t + 0.5) - u(t - 0.5)$ 。下面的程序以动画的形式给出了两个相同的矩形脉冲信号的卷积过程。将卷积的结果以及在卷积过程中每一位置处的输入信号 $x(\tau)$ 和反转信号 $h(t - \tau)$ 都画出来了。可以验证,两个相同的矩形脉冲信号卷积的结果是一个三角波信号。

```
% 清除所有中间变量
clear
% 产生待卷积信号
  T=-3:0.001:3;
  x=abs(T)<=0.5;
  h=x;
% 清除当前图像
  clf
% 创建临时目录存放中间数据
mkdir('tmp');
% 获取 T 的最小值及其位置;
```

```
[tmp zero_offset] = min(abs(T));
    % 获得图像帧号
SyncFrames=[150 * (1:numel(T))];  % numel(T)得到 T 所对应的数据点数;
    frame=1;
    integral=nan(size(T));
    % 下面每个循环获得 offset_i 所对应时刻的卷积结果,并显示出来。
    for offset_i=1:numel(T);
        offset=T(offset_i);
    shift=offset_i-zero_offset;
  % 移位以获得 h(t-tau);
        h_shifted = circshift(h,[0 shift]);
        % 获得某个时刻 T 的卷积结果
        product = h_shifted. * x;
        integral(offset_i) = sum(product)/numel(T) * (T(end)-T(1));
% 显示卷积结果
        if offset_i==SyncFrames(frame)
        frame=frame+1;
% 显示卷积重叠区域的面积
    area(T, product, 'facecolor', 'yellow');  % area 填充二维区域图,这里用黄色填充 T
                            -product 之间的区域
        hold on           % 保留当前图形和坐标,以便后续绘图命令添加到现有的图形上
    plot(T, x,'b', T, h_shifted,'r', T, integral, 'k', [offset offset],[0 2], 'k:')
        hold off                      % 撤销之前 hold on 操作
        axis image                   % 设置横纵坐标轴的间隔相同
        axis([-2 2.5 0 1.1])   % 设置坐标轴范围 axis([xmin xmax ymin ymax])
        xlabel('\tau & t');      % 设置横轴标签
      grid on                    % 添加网格线
legend('x(\tau)h(t-\tau)','x(\tau)','h(t-\tau)','(x\ast h)(t)');
                    % 显示标记
        drawnow                % 显示图像
end
end
% 删除临时目录
delete('tmp/ *');
% 更改目录
rmdir('tmp');
```

由于计算机只能处理离散时间信号,在计算机中计算卷积积分时,是将信号按需要进行采样离散化形成序列,积分运算用求和运算代替,因而问题转化为两个序列的卷积和,上述的卷积积分就是这样做的。可以将上述程序直接拷贝到安装有 Matlab 的计算机中执行,看看运行

的结果,以便对卷积运算过程有一个直观的认识。

下面是关于程序的相关注释。命令 clc 清除各种中间变量,clf 清除各种中间图像,mkdir 创建一个临时目录,用于记录程序的中间结果。在 for 循环中计算每一个 T 时刻的卷积值,并连续地画出来,从而形成一个动画效果。运算完成后删除临时目录并更新目录。程序中的一些关键命令已经给出了详细注释。

2.7.2 离散时间信号的卷积和运算

在 Matlab 中两个有限长离散时间信号的卷积可用 conv 命令很方便地实现。例如,两个长为 4 的矩形脉冲卷积 $g[n]=(u[n]-u[n-4])*(u[n]-u[n-4])$,是长为($4+4-1=7$)的三角形。可以用向量$[1,1,1,1]$表示 $u[n]-u[n-4]$,由下面命令计算卷积:

$\gg$conv([1,1,1,1], [1,1,1,1])

ans =   1   2   3   4   3   2   1

再比如两个长度为 7 的信号的卷积和是长度为 13 的序列:

$\gg$conv([1 1 1 −1 −1 1 −1],[−1 1 −1 −1 1 1 1])

ans= −1 0 −1   0   −1   0   7   0   −1   0   −1   0   −1

习　题

2.1　设 $x(n) = \delta(n) + 2\delta(n-1) + \delta(n-3)$ 和 $h(n) = \delta(n) + \delta(n-1)$,分别利用卷积和的计算公式,以及图解方法计算卷积和 $y(n) = x(n) * h(n)$。

2.2　计算下列各对信号的卷积和 $y(n) = x(n) * h(n)$:

(a) $x(n) = \alpha^n u(n)$, $h(n) = \beta^n u(n)$ 　对 $\alpha \neq \beta$;

(b) $x(n) = h(n) = \alpha^n u(n)$;

(c) $x(n) = \left(-\dfrac{1}{2}\right)^n u(n-4)$, $h(n) = 4^n u(2-n)$;

(d) $x(n) = h(n)$ 如图 P2.2 所示,$y(n)$ 的最大值在什么位置出现? 其值为多少?

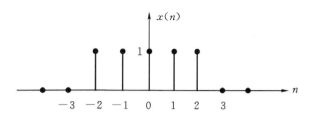

图 P2.2

2.3　已知 $x(t)$ 和 $h(t)$ 如图 P2.3 所示。用图解法计算卷积积分 $y(t) = x(t) * h(t)$。$y(t)$ 是周期的吗? 为什么?

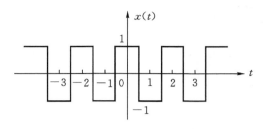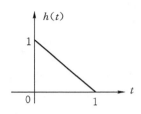

图 P2.3

2.4　计算下列各对信号的卷积积分 $y(t) = x(t) * h(t)$。

(a) $x(t) = e^{\alpha t}u(t)$　　　$h(t) = e^{\beta t}u(t)$（对 $\alpha \neq \beta$ 和 $\alpha = \beta$ 两种情况都做）；

(b) $x(t) = \sin(\pi t)[u(t) - u(t-2)]$　　$h(t) = \cos(\pi t)[u(t) - u(t-2)]$；

(c) $x(t) = u(t) - u(t-2)$　　$h(t) = u(t) - 2u(t-2) + u(t-4)$。

2.5　各信号的波形如图 P2.5 所示,求下列卷积:

(a) $x_1(t) * x_2(t)$　　　　　(b) $x_1(t) * x_3(t)$

(c) $x_1(t) * x_4(t)$　　　　　(d) $x_1(t) * x_2(t) * x_3(t)$

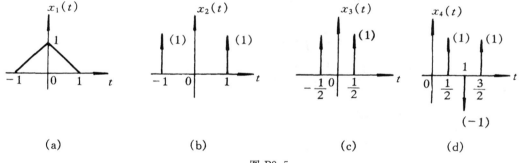

图 P2.5

2.6　对下列各种说法,判断是对还是错:

(a)若 $n < N_1, x(n) = 0$ 和 $n < N_2, h(n) = 0$,那么 $n < N_1 + N_2, x(n) * h(n) = 0$;

(b)若 $y(n) = x(n) * h(n)$,则 $y(n-1) = x(n-1) * h(n-1)$;

(c)若 $y(t) = x(t) * h(t)$,则 $y(-t) = x(-t) * h(-t)$;

(d)若 $t > T_1$, $x(t) = 0$ 和 $t > T_2, h(t) = 0$,则 $t > T_1 + T_2, x(t) * h(t) = 0$。

2.7　对图 P2.7 所示的两个 LTI 系统的级联,已知:

$$h_1(n) = \sin 6n$$
$$h_2(n) = a^n u(n), |a| < 1$$

输入为 $x(n) = \delta(n) - \delta(n-1)$,求输出 $y(n)$。

$$x(n) \longrightarrow \boxed{h_1(n)} \xrightarrow{w(n)} \boxed{h_2(n)} \longrightarrow y(n)$$

图 P2.7

2.8　已知有图 P2.8.1 所示的 LTI 系统的互联。

(a)用 $h_1(n)$，$h_2(n)$，$h_3(n)$，$h_4(n)$，$h_5(n)$ 表示总的单位脉冲响应 $h(n)$；

(b)当 $h_1(n) = 4\left(\dfrac{1}{2}\right)^n[u(n) - u(n-3)]$

$$h_2(n) = h_3(n) = (n+1)u(n)$$

$$h_4(n) = \delta(n-1)$$

$$h_5(n) = \delta(n) - 4\delta(n-3)$$

时，求 $h(n)$。

(c) $x(n)$ 如图 P2.8.2 所示，求(a)中所给系统的响应 $y(n)$，并画出 $y(n)$ 的波形图。

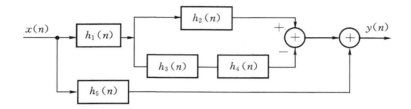

图 P2.8.1

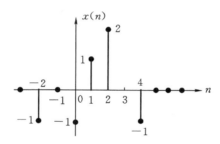

图 P2.8.2

2.9　某线性时不变系统的输入-输出关系由下式表示：

$$y(t) = \int_{-\infty}^{t} e^{-(t-\tau)} x(\tau - 2)\mathrm{d}\tau$$

(a)该系统的单位冲激响应 $h(t)$ 是什么？

(b)当 $x(t)$ 如图 P2.9 所示时，确定系统的响应 $y(t)$。

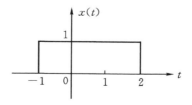

图 P2.9

2.10　判断下列说法是否正确。对你认为正确的加以证明,对你认为错误的举出相反的例子。

(a) 如果 $y(t) = x(t) * h(t)$,则 $y(2t) = 2x(2t) * h(2t)$;

(b) 如果 $y(n) = x(n) * h(n)$,则 $y(2n) = 2x(2n) * h(2n)$;

(c) $x(n) * [h(n) \times g(n)] = [x(n) * h(n)] \times g(n)$;

(d) $a^n x(n) * a^n h(n) = a^n [x(n) * h(n)]$;

(e) 如果 $x(t)$ 和 $h(t)$ 都是奇函数,则 $y(t) = x(t) * h(t)$ 是偶函数;

(f) 如果 $x(n)$ 为奇函数,$h(n)$ 是偶函数,则 $y(n) = x(n) * h(n)$ 是奇函数;

(g) 如果 $y(t) = x(t) * h(t)$,则 $\dfrac{dy(t)}{dt} = x(t) * \dfrac{dh(t)}{dt}$;

(h) 如果 $y(n) = x(n) * h(n)$,则 $y_1(n) = [x(n) - x(n-1)] * h(n) = y(n) - y(n-1)$ 。

2.11　判断下列说法是否正确,并说明理由:

(a) 如果 $h(t)$ 是一个 LTI 系统的单位冲激响应,且 $h(t)$ 是周期性的非零函数,那么该系统是不稳定的。

(b) 一个因果 LTI 系统的逆系统也是因果的。

(c) 如果对任何 n 有 $|h(n)| \leqslant K$,其中 K 是一个给定的常数,那么以 $h(n)$ 为单位脉冲响应的 LTI 系统是稳定的。

(d) 如果一个离散时间 LTI 系统具有有限持续期的单位脉冲响应 $h(n)$,则该系统是稳定的。

(e) 如果一个离散时间 LTI 系统的单位脉冲响应 $h(n)$ 满足 $\displaystyle\sum_{n=-\infty}^{+\infty} h^2[n] < \infty$,则该系统是稳定的。

(f) 如果一个 LTI 系统是因果的,则该系统是稳定的。

(g) 一个非因果系统和一个因果系统的级联必定是非因果的。

(h) 对一个连续时间 LTI 系统来说,当且仅当它的阶跃响应 $s(t)$ 绝对可积,也就是: $\displaystyle\int_{-\infty}^{+\infty} |s(t)| \, dt < \infty$ 时,该系统是稳定的。

(i) 对一个离散时间 LTI 系统来说,当且仅当对 $n < 0$ 它的阶跃响应 $s(n)$ 为零时,该系统是因果的。

2.12　判断下列每一个单位脉冲或冲激响应为 $h(n)$ 或 $h(t)$ 的 LTI 系统的稳定性和因果性。

(a) $h(n) = \left(\dfrac{1}{2}\right)^n u(n)$　　　(b) $h(n) = (0.9)^n u(n+3)$

(c) $h(n) = (0.9)^n u(-n)$　　(d) $h(n) = 4^n u(2-n)$

(e) $h(t) = e^{-5t} u(t-1)$　　(f) $h(t) = e^{-5t} u(1-t)$

(g) $h(t) = e^{-6|t|}$　　　　　(h) $h(t) = t e^{-2t} u(t)$

2.13　对图 P2.13 所示的级联系统,已知系统 A 是 LTI 系统,系统 B 是系统 A 的逆系统。设 $y_1(t)$ 表示系统 A 对 $x_1(t)$ 的响应,$y_2(t)$ 是系统 A 对 $x_2(t)$ 的响应。

(a) 系统 B 对输入 $ay_1(t) + by_2(t)$ 的响应是什么? 这里 a 和 b 是常数。

(b) 系统 B 对输入 $y_1(t-\tau)$ 的响应是什么?

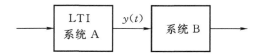

图 P2.13

2.14 已知某连续时间 LTI 系统当输入为图 P2.14(a)所示的 $x_1(t)$ 时，输出为图 P2.14(b)所示的 $y_1(t)$。现若给该系统施加的输入信号为 $x_2(t) = \sin\pi t[u(t) - u(t-1)]$，求系统的输出响应 $y_2(t)$。

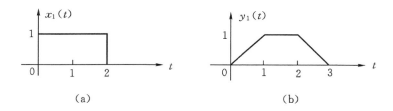

(a)　　　　　　　　　　　　　(b)

图 P2.14

2.15 一个零初始状态的 LTI 系统由以下差分方程描述：

$$y(n) = \alpha y(n-1) + (1-\alpha)x(n), \quad 0 \leqslant \alpha \leqslant 1$$

现已知 $x(n)$ 如图 P2.15 所示，用递归法解差分方程，求出系统的响应 $y(n)$，并分别画出 $\alpha = 0, \dfrac{1}{2}, 1$ 时系统的响应 $y(n)$ 的波形。

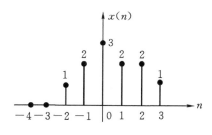

图 P2.15

2.16 用直接 II 型结构实现下列每一个离散时间 LTI 系统，假定这些系统都是最初松弛的。

(a) $y(n) - y(n-1) = x(n) - x(n-4)$

(b) $y(n) = \dfrac{1}{4}x(n-2) + \dfrac{1}{4}x(n-1) + \dfrac{1}{2}x(n)$

2.17 用直接 II 型结构实现下列每个连续时间 LTI 系统，假定这些系统都是最初松弛的。

(a) $4\dfrac{\mathrm{d}^2 y(t)}{\mathrm{d}t^2} + 2\dfrac{\mathrm{d}y(t)}{\mathrm{d}t} = x(t) - 4\dfrac{\mathrm{d}^2 x(t)}{\mathrm{d}t^2}$

(b) $\dfrac{\mathrm{d}^2 y(t)}{\mathrm{d}t^2} = x(t) - 2\dfrac{\mathrm{d}x(t)}{\mathrm{d}t}$

第3章 连续时间信号与系统的频域分析

3.0 引 言

在第 2 章,我们在时域将离散时间信号分解成移位单位脉冲的加权和,将连续时间信号分解成移位单位冲激的加权积分,并利用 LTI 系统的线性与时不变特性,导出了卷积和与卷积积分,从而建立了对 LTI 系统在时域进行分析的方法。这种方法不仅使我们在已知系统单位冲激响应和给定系统输入的条件下,计算 LTI 系统的响应时变得十分方便,而且它揭示了 LTI 系统对任意输入信号的响应是如何由系统对构成输入信号的基本信号单元(即单位冲激和单位脉冲)的响应组合而成的。并且进一步表明 LTI 系统的特性完全可以由它的单位冲激响应来表征。因此,我们可以把系统的性质与单位冲激响应的特性相联系,并通过对单位冲激响应的研究来详细分析 LTI 系统的特性。

这一章和第 4 章我们将讨论信号与 LTI 系统的另一种分析方法——频域分析法。本章先讨论连续时间信号与系统,第 4 章讨论离散时间信号与系统。频域分析法的基本思想与第 2 章一样,都是设法将信号分解成一组基本信号单元的加权和或加权积分,进而利用 LTI 系统的线性和时不变性解决系统分析的问题。所不同的是,频域分析法中利用复指数信号作为分解信号的基本单元。在这种情况下,信号的表示就是傅里叶级数与傅里叶变换。因此,频域分析又称为傅里叶分析。在本章和第 4 章中,我们将会看到,LTI 系统对复指数信号所产生的响应具有特别简单的形式。并且以复指数信号作为基本信号单元,可以表示相当广泛的一类信号。正因为如此,傅里叶分析为我们提供了另一种非常方便的 LTI 系统的表示和分析方法。傅里叶分析法在信号与系统的研究中有着特别重要的作用,它使我们从频域的角度获得对 LTI 系统更加深入的了解。在本章及以后各章中,我们会广泛地应用到它。

3.1 连续时间 LTI 系统的特征函数

分析 LTI 系统的基本思想是将任意信号分解成基本信号单元的线性组合,再利用 LTI 系统的线性特性和时不变特性,通过系统对基本信号单元所产生的响应线性组合成系统对整个输入信号的响应。因此,作为分解信号的基本信号单元应该满足以下要求:

(1)利用这种基本信号单元能够构成相当广泛的一类信号。

(2)LTI 系统对基本信号单元所产生的响应应该容易求得,并且这种响应具有比较简单的形式。

对连续时间 LTI 系统,复指数信号 e^{s},其中 s 是一个复数,就满足以上要求。本节我们先说明复指数信号满足第二个要求,以后几节中再说明它满足第一个要求。通过这些讨论,我们会清楚地看到为什么傅里叶级数和傅里叶变换在 LTI 系统的分析中具有极其重要的地位。

由第 2 章的讨论我们知道,如果一个 LTI 系统的单位冲激响应为 $h(t)$,当系统的输入为

$x(t) = \mathrm{e}^{st}$ 时，系统的响应 $y(t)$ 可以通过卷积积分求得，即

$$y(t) = x(t) * h(t) = \int_{-\infty}^{\infty} h(\tau) \mathrm{e}^{s(t-\tau)} \mathrm{d}\tau \tag{3.1}$$

显然，在式(3.1)中可以将 e^{st} 移到积分号外，从而有

$$y(t) = \mathrm{e}^{st} \int_{-\infty}^{\infty} h(\tau) \mathrm{e}^{-s\tau} \mathrm{d}\tau \tag{3.2}$$

由于式(3.2)中的积分是一个由 s 确定的复常数，故可以令

$$H(s) = \int_{-\infty}^{\infty} h(\tau) \mathrm{e}^{-s\tau} \mathrm{d}\tau \tag{3.3}$$

于是，系统的响应 $y(t)$ 可写为

$$y(t) = H(s) \mathrm{e}^{st} \tag{3.4}$$

这表明：LTI 系统对复指数信号的响应仍然是个复指数信号，系统所起的作用只是改变了复指数信号的幅值。

如果系统对一个信号所产生的响应仅仅是将该信号与一个复常数相乘，我们就称该信号是此系统的**特征函数**。而所乘的复常数 $H(s)$ 则称为与此特征函数相对应的**特征值**。式(3.4)表明：复指数信号 e^{st} 是一切连续时间 LTI 系统的特征函数。应当指出，尽管某些 LTI 系统可能还有其它的特征函数，但是只有复指数信号才能够成为一切 LTI 系统的特征函数。

如果连续时间信号 $x(t)$ 能够表示成复指数信号的线性组合，例如

$$x(t) = a_1 \mathrm{e}^{s_1 t} + a_2 \mathrm{e}^{s_2 t} + a_3 \mathrm{e}^{s_3 t} \tag{3.5}$$

其中：$a_1, a_2, a_3, s_1, s_2, s_3$ 均为复常数。根据式(3.4)，LTI 系统对其中每一个复指数信号的响应就分别是：

$$a_1 \mathrm{e}^{s_1 t} \rightarrow a_1 H(s_1) \mathrm{e}^{s_1 t}$$
$$a_2 \mathrm{e}^{s_2 t} \rightarrow a_2 H(s_2) \mathrm{e}^{s_2 t}$$
$$a_3 \mathrm{e}^{s_3 t} \rightarrow a_3 H(s_3) \mathrm{e}^{s_3 t}$$

其中：$H(s_1), H(s_2), H(s_3)$ 分别是系统与各个特征函数相对应的特征值。根据系统的线性特性，这些响应叠加起来就是系统对 $x(t)$ 的响应。于是有

$$y(t) = a_1 H(s_1) \mathrm{e}^{s_1 t} + a_2 H(s_2) \mathrm{e}^{s_2 t} + a_3 H(s_3) \mathrm{e}^{s_3 t} \tag{3.6}$$

由此可见，只要我们能够把连续时间信号 $x(t)$ 分解成复指数信号的线性组合

$$x(t) = \sum_k a_k \mathrm{e}^{s_k t} \tag{3.7}$$

并求出系统与特征函数对应的各个特征值 $H(s_k)$，那么系统对 $x(t)$ 的响应就可以很方便地得出。即

$$y(t) = \sum_k a_k H(s_k) \mathrm{e}^{s_k t} \tag{3.8}$$

至此，我们已看到，复指数函数 e^{st} 完全符合分解信号时，作为基本信号单元所需满足的第二个要求。一般来说，s 应该是一个复数，即 $s = \sigma + \mathrm{j}\Omega$，按照由特殊到一般的认识规律，在本章我们先研究将 s 局限为纯虚数的情况，即 $s = \mathrm{j}\Omega$，只考虑 $\mathrm{e}^{\mathrm{j}\Omega t}$ 这种形式的复指数信号。而在第 8 章再讨论 s 为一般复数的情况，这就是对 LTI 系统进行复频域或称变换域分析时的拉普拉斯变换了。至于复指数函数究竟能在多大的范围内表示连续时间信号，我们将通过 3.2 到 3.5 节的讨论加以说明。

3.2　连续时间周期信号的傅里叶级数(CFS)

如果连续时间信号 $x(t)$ 是周期的,则对任何 t 都应满足

$$x(t) = x(t + T) \tag{3.9}$$

其中,T 是一个非零的正实数。满足式(3.9)的最小非零正值 T_0 称为该信号的**基波周期**,Ω_0 $= 2\pi/T_0$ 称为该信号的**基波频率**。

在第 1 章介绍的基本连续时间信号中,我们已经知道复指数信号 $e^{j\Omega_0 t}$ 是周期的,它的基波频率为 Ω_0,基波周期 $T_0 = 2\pi/\Omega_0$。在第 1 章我们还介绍过成谐波关系的复指数信号集

$$\phi_k(t) = \{e^{jk\Omega_0 t}\}, k = 0, \pm 1, \pm 2, \cdots \tag{3.10}$$

我们知道,这个信号集中的每一个信号都是周期的,它们的频率都是 Ω_0 的整数倍,因此称它们是成谐波关系的。Ω_0 是该信号集的基波频率,$T_0 = 2\pi/\Omega_0$ 是它的基波周期。显然,这个信号集中的每一个信号也都是以 T_0 为周期的,只是当 $|k| \geqslant 2$ 时,T_0 是 $\phi_k(t)$ 的周期 $T_k = 2\pi/k\Omega_0$ 的整数倍。

如果我们把成谐波关系的复指数信号线性组合起来,构成一个连续时间信号 $x(t)$,即

$$x(t) = \sum_k a_k e^{jk\Omega_0 t} \tag{3.11}$$

那么,$x(t)$ 也一定是以 T_0 为周期的。这表明,完全可以用成谐波关系的复指数信号的线性组合来表示周期性连续时间信号。或者说,连续时间周期性信号可以被分解成许许多多成谐波关系的复指数信号的线性组合。在式(3.11)中,由于 $k=0$ 的项是一个常数,因而称为 $x(t)$ 的**直流分量**;$k = \pm 1$ 的两项都具有基波周期 T_0,因而它合起来称为 $x(t)$ 的**基波分量**或**一次谐波分量**,$k = \pm 2$ 的两项其频率都是基波频率的二倍,周期是基波周期的一半,故称为**二次谐波分量**;依此类推,$k = \pm N$ 的项就称为 **N 次谐波分量**。

将连续时间周期信号表示为成谐波关系的复指数信号的线性组合,这就是连续时间傅里叶级数。

3.2.1　连续时间傅里叶级数(CFS)

如果把成谐波关系的复指数信号集中的所有信号都线性组合起来,就成为连续时间傅里叶级数,即

$$x(t) = \sum_{k=-\infty}^{+\infty} \dot{A}_k e^{jk\Omega_0 t} \tag{3.12}$$

其中:$\dot{A}_k$ 是傅里叶级数的系数,通常是一个复数;Ω_0 是基波频率,它是正实数;k 是整数。由于这种形式的傅里叶级数是以复指数函数 $e^{jk\Omega_0 t}$ 为基底的,也称为指数形式的傅里叶级数。

如果 $x(t)$ 是实信号,则 $x^*(t) = x(t)$,于是有

$$x(t) = x^*(t) = \sum_{k=-\infty}^{+\infty} \dot{A}_k^* e^{-jk\Omega_0 t} \tag{3.13}$$

在上式中用 $-k$ 代替 k,可得到

$$x(t) = \sum_{k=-\infty}^{+\infty} \dot{A}_{-k}^* e^{jk\Omega_0 t} \tag{3.14}$$

比较式(3.12)与式(3.14),可以得出 $\dot{A}_k = \dot{A}_k^*$ 或者

$$\dot{A}_k^* = \dot{A}_{-k} \tag{3.15}$$

这表明,对实信号来说,其傅里叶级数中 $k = N$ 和 $k = -N$ 这两项的系数总是互为共轭的。正因为如此,这两项合并起来才真正代表了信号中实实在在的一个正弦谐波分量。

如果将式(3.12)改写成如下形式:

$$x(t) = \dot{A}_0 + \sum_{k=1}^{\infty} \left[\dot{A}_k e^{jk\Omega_0 t} + \dot{A}_{-k} e^{-jk\Omega_0 t} \right]$$

再利用 $\dot{A}_k^* = \dot{A}_{-k}$ 的关系,可以得出

$$x(t) = \dot{A}_0 + \sum_{k=1}^{\infty} \left[\dot{A}_k e^{jk\Omega_0 t} + \dot{A}_k^* e^{-jk\Omega_0 t} \right]$$

注意到上式括号内的两项互为共轭,根据欧拉公式有

$$x(t) = \dot{A}_0 + 2 \sum_{k=1}^{\infty} \mathrm{Re}\{ \dot{A}_k e^{jk\Omega_0 t} \} \tag{3.16}$$

将 $\dot{A}_k$ 表示为极坐标形式

$$\dot{A}_k = A_k e^{j\theta_k}$$

其中: A_k 是 $\dot{A}_k$ 的模; θ_k 是 $\dot{A}_k$ 的幅角。式(3.16)可改写为

$$x(t) = \dot{A}_0 + 2 \sum_{k=1}^{\infty} \mathrm{Re}[A_k e^{j(k\Omega_0 t + \theta_k)}] = A_0 + 2 \sum_{k=1}^{\infty} A_k \cos(k\Omega_0 t + \theta_k) \tag{3.17}$$

这就是常常遇到的连续时间傅里叶级数的三角函数形式。

如果将 $\dot{A}_k$ 表示成实部与虚部,即

$$\dot{A}_k = a_k + jb_k$$

其中, a_k 和 b_k 都是实数,则式(3.16)又可写成

$$x(t) = A_0 + 2 \sum_{k=1}^{\infty} [a_k \cos k\Omega_0 t - b_k \sin k\Omega_0 t] \tag{3.18}$$

这就是傅里叶级数的另一种三角函数形式。

对实信号来说,由于 $\dot{A}_k^* = \dot{A}_{-k}$,于是有

$$A_k = A_{-k}, \qquad \theta_k = -\theta_{-k}$$
$$a_k = a_{-k} \qquad b_k = -b_{-k} \tag{3.19}$$

这表明,对 k 而言,周期性实信号的傅里叶级数的系数,其模是偶函数,相位是奇函数;余弦分量的系数是偶函数,正弦分量的系数是奇函数。或者说, $\dot{A}_k$ 的实部是偶函数,虚部是奇函数。

尽管傅里叶级数的三角函数形式是最早产生的,也是最普遍采用的,但由于指数形式的傅里叶级数会给我们对问题的讨论带来极大方便,因此我们将在以后几乎毫无例外地采用这种傅里叶级数的表示形式。

如果一个 LTI 系统的单位冲激响应为 $h(t)$,系统的输入 $x(t)$ 是一个周期信号,它可以表示成式(3.12),由于复指数信号是 LTI 系统的特征函数,根据式(3.8),可以得出系统的输出响应为

$$y(t) = \sum_{k=-\infty}^{+\infty} \dot{A}_k H(jk\Omega_0) e^{jk\Omega_0 t} \tag{3.20}$$

式中：$H(jk\Omega_0)$ 是当 $s = jk\Omega_0$ 时系统的特征值,可由下式计算:

$$H(jk\Omega_0) = \int_{-\infty}^{\infty} h(\tau) e^{-jk\Omega_0\tau} d\tau \tag{3.21}$$

这说明:LTI 系统对周期性输入信号的响应一定是周期的,而且其周期与输入信号的周期相同。或者说,如果 $\{\dot{A}_k\}$ 是输入信号的傅里叶级数的系数,那么 $\{\dot{A}_k H(jk\Omega_0)\}$ 就是输出响应的傅里叶级数的系数。

例 3.1　某 LTI 系统的单位冲激响应 $h(t) = e^{-t}u(t)$,输入 $x(t)$ 是一个周期信号,它可以表示为

$$x(t) = \sum_{k=-3}^{3} \dot{A}_k e^{j2\pi kt} \tag{3.22}$$

其中:$\dot{A}_0 = 1, \dot{A}_1 = \dot{A}_{-1} = 1/2, \dot{A}_2 = \dot{A}_{-2} = 1/3, \dot{A}_3 = \dot{A}_{-3} = 1/4$,求该系统的输出响应 $y(t)$ 。

先求出系统的特征值 $H(jk\Omega_0)$,据式(3.21)有

$$H(jk\Omega_0) = \int_0^{\infty} e^{-\tau} e^{-jk\Omega_0\tau} d\tau = -\frac{1}{1+jk\Omega_0} e^{-(1+jk\Omega_0)\tau} \Big|_0^{\infty} = \frac{1}{1+jk\Omega_0} \tag{3.23}$$

根据式(3.22)和式(3.20),注意到在这里 $\Omega_0 = 2\pi$,可以写出

$$y(t) = \sum_{k=-3}^{3} \dot{B}_k e^{j2\pi kt} \tag{3.24}$$

其中 $\dot{B}_k = \dot{A}_k H(jk2\pi)$,即:

$$\begin{aligned}
&\dot{B}_0 = 1, \\
&\dot{B}_1 = \frac{1}{2}\left(\frac{1}{1+j2\pi}\right); \quad \dot{B}_{-1} = \frac{1}{2}\left(\frac{1}{1-j2\pi}\right) \\
&\dot{B}_2 = \frac{1}{3}\left(\frac{1}{1+j4\pi}\right); \quad \dot{B}_{-2} = \frac{1}{3}\left(\frac{1}{1-j4\pi}\right) \\
&\dot{B}_3 = \frac{1}{4}\left(\frac{1}{1+j6\pi}\right); \quad \dot{B}_{-3} = \frac{1}{4}\left(\frac{1}{1-j6\pi}\right)
\end{aligned} \tag{3.25}$$

3.2.2　傅里叶级数的系数

为了将周期信号表示为傅里叶级数形式,必须解决系数 $\dot{A}_k$ 如何确定的问题。为此,将式(3.12)两边同乘以 $e^{-jn\Omega_0 t}$,可得

$$x(t) e^{-jn\Omega_0 t} = \sum_{k=-\infty}^{+\infty} \dot{A}_k e^{jk\Omega_0 t} e^{-jn\Omega_0 t} \tag{3.26}$$

将式(3.26)两边从 0 到 $T_0 = 2\pi/\Omega_0$ 对 t 积分,有

$$\int_0^{T_0} x(t) e^{-jn\Omega_0 t} dt = \int_0^{T_0} \sum_{k=-\infty}^{+\infty} \dot{A}_k e^{j(k-n)\Omega_0 t} dt$$

交换上式右边积分与求和的次序可得

$$\int_0^{T_0} x(t) e^{-jn\Omega_0 t} dt = \sum_{k=-\infty}^{+\infty} \dot{A}_k \int_0^{T_0} e^{j(k-n)\Omega_0 t} dt \tag{3.27}$$

该式右边的积分很容易求出,当 $k \neq n$ 时,有

$$\int_0^{T_0} e^{j(k-n)\Omega_0 t} dt = \frac{1}{j(k-n)\Omega_0} e^{j(k-n)\Omega_0 t} \Big|_0^{T_0} = \frac{1}{j(k-n)\Omega_0} \left[e^{j(k-n)2\pi} - 1 \right] = 0$$

当 $k = n$ 时,由于被积函数变为 1,显然该积分等于 T_0。

于是

$$\int_0^{T_0} e^{j(k-n)\Omega_0 t} dt = \begin{cases} T_0, & k = n \\ 0, & k \neq n \end{cases} \tag{3.28}$$

因此式(3.27)变为

$$\int_0^{T_0} x(t) e^{-jn\Omega_0 t} dt = \dot{A}_n T_0$$

或

$$\dot{A}_k = \frac{1}{T_0} \int_0^{T_0} x(t) e^{-jk\Omega_0 t} dt \tag{3.29}$$

这就是确定傅里叶级数系数的关系式。可以证明,只要积分在一个周期的区间内进行,式(3.28)就一定成立。因而在根据式(3.29)计算系数时,只要求积分在一个基波周期的区间上进行就足够了,而不必刻意限定积分的上下限。所以,通常表示为

$$\dot{A}_k = \frac{1}{T_0} \int_{T_0} x(t) e^{-jk\Omega_0 t} dt \tag{3.30}$$

其中 $\int_{T_0}$ 表示在任何一个 T_0 区间上的积分。

至此我们看到,如果一个周期信号 $x(t)$ 可以表示成一组成谐波关系的复指数信号的线性组合,即 $x(t)$ 存在傅里叶级数表示式的话,那么傅里叶级数的系数 $\dot{A}_k$ 可以由式(3.30)求得:

$$x(t) = \sum_{k=-\infty}^{+\infty} \dot{A}_k e^{jk\Omega_0 t}, \qquad (\Omega_0 = 2\pi/T_0) \tag{3.31}$$

$$\dot{A}_k = \frac{1}{T_0} \int_{T_0} x(t) e^{-jk\Omega_0 t} dt \tag{3.32}$$

式(3.31)和式(3.32)这一对关系就定义了一个周期信号的傅里叶级数表示。

3.2.3 频谱的概念

傅里叶级数的物理含义在于它揭示了周期信号是由一系列谐波分量叠加而成的。当我们通过傅里叶级数把一个周期信号分解为一组成谐波关系的复指数信号的线性组合时,对每一个复指数分量 $\dot{A}_k e^{jk\Omega_0 t}$ 来说,只要我们知道了这个分量的频率和复振幅,这个分量就完全确定了。如果我们知道了一个周期信号所包含的全部复指数分量的频率和相应的复振幅,这个周期信号也就完全确定了。因此,只要将周期信号 $x(t)$ 的所有谐波分量的复振幅随频率的分布表示出来,就等于表示了信号 $x(t)$ 本身,而不必再关注这些分量随时间 t 是如何变化的。

将周期信号所包含的所有谐波分量的复振幅随频率的分布情况表示出来,就称为信号的**频谱**。如上所述,描述了一个信号的频谱,就等于描述了这个信号本身。换言之,正如波形是信号在时域的表示一样,频谱则是信号在频域的表示。

傅里叶级数的系数 $\dot{A}_k$ 就表示了周期信号中各复指数谐波分量的复振幅,因此也称它为信号的频谱系数。如果我们用直线段来代表每个 $\dot{A}_k$,将其随频率的分布绘制成图形,就称为**频谱图**。由于 $\dot{A}_k$ 通常是复数(故称为复振幅),它包含了谐波分量的幅度和相位,因此在绘制频

谱图时,需要分别表示出幅度与频率的关系(称为**幅度频谱**)和相位与频率的关系(称为**相位频谱**)。

有了信号频谱的概念,我们就可以在频域表示信号和分析信号,从而实现信号分析方法从时域到频域的转变。

例 3.2　已知周期信号

$$x(t) = 1 + \sin\Omega_0 t + 2\cos\Omega_0 t + \cos\left(2\Omega_0 t + \frac{\pi}{4}\right)$$

绘出该信号的频谱图。

对本例这样的简单情形,只要将 $x(t)$ 直接展开成复指数信号的线性组合,就可以直接得到傅里叶级数的系数。根据欧拉公式,有

$$x(t) = 1 + \frac{1}{2j}\left[e^{j\Omega_0 t} - e^{-j\Omega_0 t}\right] + \left[e^{j\Omega_0 t} + e^{-j\Omega_0 t}\right] + \frac{1}{2}\left[e^{j(2\Omega_0 t + \pi/4)} + e^{-j(2\Omega_0 t + \pi/4)}\right]$$

$$= 1 + \left(1 + \frac{1}{2j}\right)e^{j\Omega_0 t} + \left(1 - \frac{1}{2j}\right)e^{-j\Omega_0 t} + \left(\frac{1}{2}e^{j\pi/4}\right)e^{j2\Omega_0 t} + \left(\frac{1}{2}e^{-j\pi/4}\right)e^{-j2\Omega_0 t}$$

于是可得各系数为:

$$\dot{A}_0 = 1, \quad \dot{A}_1 = \left(1 + \frac{1}{2j}\right) = 1 - \frac{1}{2}j, \quad \dot{A}_{-1} = \left(1 - \frac{1}{2j}\right) = 1 + \frac{1}{2}j$$

$$\dot{A}_2 = \frac{1}{2}e^{j\pi/4} = \frac{\sqrt{2}}{4}(1 + j), \quad \dot{A}_{-2} = \frac{1}{2}e^{-j\pi/4} = \frac{\sqrt{2}}{4}(1 - j)$$

$$\dot{A}_k = 0, \quad |k| > 2$$

根据 $|\dot{A}_k|$ 和 θ_k 即可分别绘出幅度频谱和相位频谱如图 3.1 所示。

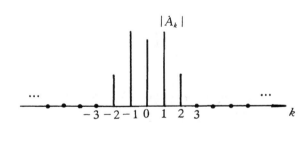

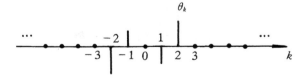

图 3.1　例 3.2 中信号的幅度频谱和相位频谱

3.2.4　周期性矩形脉冲信号的频谱

考查图 3.2 所示周期性矩形脉冲信号 $x(t)$,它在一个周期内的定义如下:

$$x(t) = \begin{cases} 1, & |t| < \tau/2 \\ 0, & \tau/2 < |t| < T_0/2 \end{cases} \tag{3.33}$$

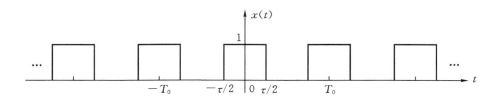

图 3.2　周期性矩形脉冲信号

显然该信号的基波周期为 T_0，基波频率为 $\Omega_0 = 2\pi / T_0$。

根据式(3.32)计算 $x(t)$ 的傅里叶级数系数，由于 $x(t)$ 是偶对称的，因此积分区间选为 $-T_0/2$ 到 $T_0/2$ 最为方便。$k = 0$ 时，有

$$\dot{A}_0 = \frac{1}{T_0} \int_{-\tau/2}^{\tau/2} \mathrm{d}t = \frac{\tau}{T_0} \qquad (3.34)$$

$\dot{A}_0$ 代表信号在一个周期里的平均值，即直流分量。由式(3.34)看出，$\dfrac{\tau}{T_0}$ 也表示 $x(t) = 1$ 的时间区间在整个周期中所占的比重，因此也称它为占空比。当 $k \neq 0$ 时，可由式(3.32)得

$$\dot{A}_k = \frac{1}{T_0} \int_{-\tau/2}^{\tau/2} \mathrm{e}^{-jk\Omega_0 t} \mathrm{d}t = -\frac{1}{jk\Omega_0 T_0} \mathrm{e}^{-jk\Omega_0 t} \Big|_{-\tau/2}^{\tau/2} = \frac{2}{k\Omega_0 T_0} \left[\frac{\mathrm{e}^{jk\Omega_0 \tau/2} - \mathrm{e}^{-jk\Omega_0 \tau/2}}{2j} \right]$$

$$= \frac{2\sin(k\Omega_0 \tau/2)}{k\Omega_0 T_0} = \frac{\tau}{T_0} \frac{\sin(k\Omega_0 \tau/2)}{k\Omega_0 \tau/2} = \frac{\sin(k\Omega_0 \tau/2)}{k\pi}, \quad k \neq 0 \qquad (3.35)$$

图 3.3 给出了 T_0 不变，τ 取几个不同值时周期性矩形脉冲信号的频谱及其包络。

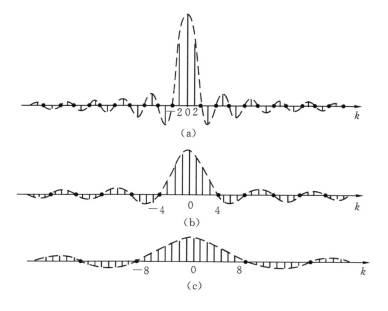

图 3.3　T_0 不变，τ 改变时周期性矩形脉冲信号的频谱及其包络

(a) $T_0 = 2\tau$ ；(b) $T_0 = 4\tau$ ；(c) $T_0 = 8\tau$

从图 3.3 看出,周期信号的频谱是由一根一根离散的线段构成的,因此频谱具有**离散性**。由于每一根谱线所对应的频率都是基波频率的整数倍,因此频谱也具有**谐波性**。随着谐波次数的增高,谐波的幅度整体上具有减小的趋势,表明信号的能量主要集中于低频谐波之中,因而频谱又具有**收敛性**。

在图 3.3 中,当 $T_0 = 2\tau$ 时,$x(t)$ 的占空比为 $1/2$,此时信号是对称的方波。由于此时 $\Omega_0\tau = \pi$,所以在式(3.35)中所有的偶次谐波系数等于 0。由于 $x(t)$ 是偶对称的实信号,因此 $\dot{A}_k$ 是关于 k 偶对称的,并且是实数。此时可以用一张图表示信号的频谱。

在图 3.3 的频谱中出现了负频率分量和负振幅分量,这完全是由于指数型傅里叶级数以 $\mathrm{e}^{jk\Omega_0 t}$ 为基底而产生的。正是 $\mathrm{e}^{jk\Omega_0 t}$ 和 $\mathrm{e}^{-jk\Omega_0 t}$ 或 $\dot{A}_k$ 与 $\dot{A}_{-k}$ 所对应的两个分量合起来才表示一个实际存在的正弦谐波分量。如果按照式(3.17)的三角函数形式的傅里叶级数绘制频谱,则得到的是一个单边的频谱,就不会有负频率出现。图中负振幅的分量意味着该分量的相位是 $\pm\pi$。

从图中还可以看到,当 T_0 不变而改变 τ 从而使占空比改变时,由于基波频率不变,谱线的密度不变,随着占空比的减小(即信号脉冲宽度减小),频谱的包络展宽,这意味着信号的带宽变大。同时由于信号的功率减小,故使频谱的幅度也相应有所减小。当然,如果将 τ 固定,通过改变周期 T_0 来改变占空比,则随着 T_0 的增大,基波频率减小,谱线将变得更加密集,此时频谱的包络除了因为信号的平均功率减小而幅度有所下降外,并不发生展宽或压缩,包络线过零点所对应的频率不会改变。图 3.4 给出了脉冲宽度不变,而周期变化时周期性矩形脉冲信号的频谱及其包络。

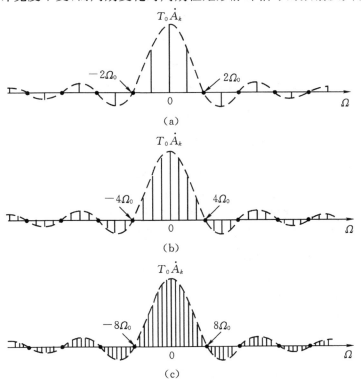

图 3.4　τ 不变,T_0 改变时周期性矩形脉冲信号的频谱及其包络

(a) $T_0 = 2\tau$;　　(b) $T_0 = 4\tau$;　　(c) $T_0 = 8\tau$

3.2.5　信号对称性与傅里叶级数的关系

前面已经指出,频谱是信号在频域的表示。因此,当信号具有对称特性时,必然在它的傅里叶级数系数中有所体现。

如果 $x(t)$ 是实信号,由式(3.15),其傅里叶级数的系数满足 $\dot{A}_k^* = \dot{A}_{-k}$。如果 $x(t)$ 又是偶对称的,即 $x(t) = x(-t)$,则由于

$$x(t) = \sum_{k=-\infty}^{+\infty} \dot{A}_k e^{jk\Omega_0 t} \tag{3.36}$$

可得

$$x(-t) = \sum_{k=-\infty}^{+\infty} \dot{A}_k e^{-jk\Omega_0 t} = \sum_{k=-\infty}^{+\infty} \dot{A}_{-k} e^{jk\Omega_0 t} \tag{3.37}$$

比较式(3.36)和式(3.37),并注意到式(3.15)的关系,于是有

$$\dot{A}_k = \dot{A}_{-k}, \quad \dot{A}_k = \dot{A}_k^* \tag{3.38}$$

这表明,实偶信号的傅里叶级数系数,即信号的频谱是偶函数,而且是实函数。

如果 $x(t)$ 是奇对称的,即 $x(t) = -x(-t)$,则根据式(3.36)和式(3.37),可以得到

$$\dot{A}_k = -\dot{A}_{-k}, \quad \dot{A}_k = -\dot{A}_k^* \tag{3.39}$$

这表明,实奇信号的频谱是奇函数,而且是纯虚函数。

由于任何实信号都可以被分解为偶部和奇部,即

$$x(t) = x_e(t) + x_o(t) \tag{3.40}$$

其中:$x_e(t)$ 是 $x(t)$ 的偶部;$x_o(t)$ 是 $x(t)$ 的奇部。如果 $\dot{A}_k$ 代表 $x(t)$ 的傅里叶级数系数,且 $\dot{A}_k = a_k + jb_k$,根据前面的讨论,必定有 a_k 是 $x_e(t)$ 的傅里叶级数系数,jb_k 是 $x_o(t)$ 的傅里叶级数系数。换句话说,实信号的偶部对应着信号频谱的实部;奇部对应着信号频谱的虚部。

3.2.6　连续时间傅里叶级数的性质

连续时间傅里叶级数具有一系列重要的性质,这些性质对于深入了解连续时间周期信号的频域表示是很有用的。恰当地利用这些性质,可以使很多信号的傅里叶级数的求取得到简化。我们从后面对连续时间傅里叶变换的讨论可以看到,傅里叶级数的大部分性质都可以从 3.6 节所对应的傅里叶变换的性质中推演出来。在这里仅限于对几个性质的讨论,借以说明这些性质是如何被导出、解释和应用的。

假设 $x(t)$ 是一个周期为 T、基波频率为 $\Omega_0 = 2\pi/T$ 的周期信号,其傅里叶级数的系数为 $\dot{A}_k$,为简便起见,我们将这种关系记为

$$x(t) \leftrightarrow \dot{A}_k$$

1. 线性性质

若 $x(t)$ 和 $y(t)$ 是两个周期同为 T 的连续时间周期信号,其傅里叶级数的系数分别为 $\dot{A}_k$ 和 $\dot{B}_k$,即:

$$x(t) \leftrightarrow \dot{A}_k$$

$$y(t) \leftrightarrow \dot{B}_k$$

由于 $x(t)$ 和 $y(t)$ 具有相同的周期，将它们线性组合起来也一定是周期的，且周期也为 T。根据式（3.32），很容易得到 $x(t)$ 和 $y(t)$ 的线性组合 $f(t) = ax(t) + by(t)$ 的傅里叶级数的系数 $\dot{C}_k$ 一定可以表示为 $\dot{C}_k = a\dot{A}_k + b\dot{B}_k$，即

$$f(t) = ax(t) + by(t) \leftrightarrow \dot{C}_k = a\dot{A}_k + b\dot{B}_k \tag{3.41}$$

傅里叶级数的线性性质很容易推广到具有相同周期 T 的任意多个信号的线性组合。

2. 时移性质

我们知道，如果将一个周期信号 $x(t)$ 在时间上平移某个 t_0，这个信号的周期不会发生改变。根据式（3.32），对 $x(t-t_0)$ 求其傅里叶级数的系数 $\dot{B}_k$，有

$$\dot{B}_k = \frac{1}{T} \int_T x(t-t_0) e^{-jk\Omega_0 t} dt, \qquad \Omega_0 = 2\pi/T$$

令 $\tau = t - t_0$，注意到新变量 τ 也是在一个周期 T 的范围内变化的，于是有

$$\dot{B}_k = \frac{1}{T} \int_T x(\tau) e^{-jk\Omega_0(\tau+t_0)} d\tau = e^{-jk\Omega_0 t_0} \frac{1}{T} \int_T x(\tau) e^{-jk\Omega_0 \tau} d\tau = e^{-jk\Omega_0 t_0} \dot{A}_k \tag{3.42}$$

也就是

$$x(t-t_0) \leftrightarrow \dot{A}_k e^{-jk(2\pi/T)t_0} \tag{3.43}$$

显然，傅里叶级数的时移性质告诉我们，当周期信号在时域发生时移时，不会改变该信号的幅频特性。因为，由式（3.42）可以得到 $|\dot{B}_k| = |\dot{A}_k|$。

3. 时域反转

如果将一个周期信号在时域反转，其周期不会改变。根据式（3.31），我们将 $x(-t)$ 展开为傅里叶级数，有

$$x(-t) = \sum_{k=-\infty}^{\infty} \dot{B}_k e^{jk\Omega_0 t}$$

其中 $\dot{B}_k$ 是 $x(-t)$ 的傅里叶级数系数。对上式作变量代换 $k \to -k$，$t \to -t$，则有

$$x(t) = \sum_{k=-\infty}^{\infty} \dot{B}_{-k} e^{jk\Omega_0 t}$$

与 $x(t)$ 的傅里叶级数表示式相对照，显然有

$$\dot{A}_k = \dot{B}_{-k} \qquad 或 \qquad \dot{B}_k = \dot{A}_{-k}$$

这表明：若 $x(t) \leftrightarrow \dot{A}_k$，则有

$$x(-t) \leftrightarrow \dot{A}_{-k} \tag{3.44}$$

时域反转性质告诉我们：如果周期信号在时域发生反转，则其傅里叶级数的系数在频域也发生反转。由此，很容易推论出：如果 $x(t)$ 是偶函数，$x(t) = x(-t)$，则必然有 $\dot{A}_k = \dot{A}_{-k}$，表明 $\dot{A}_k$ 也是偶函数；若 $x(t)$ 是奇函数，$x(t) = -x(-t)$，则必然有 $\dot{A}_k = -\dot{A}_{-k}$，表明 $\dot{A}_k$ 也是奇函数。

4. 时域尺度变换

当对周期信号 $x(t)$ 作时域的尺度变换时，信号的周期将发生改变。如果把周期为 T，基

波频率为 $\Omega_0 = 2\pi/T$ 的信号 $x(t)$，通过尺度变换变成 $x(at)$，$a > 0$，则 $x(at)$ 的周期就变为 T/a，其基波频率变为 $a\Omega_0$。根据式(3.31)，可将 $x(at)$ 表示为傅里叶级数

$$x(at) = \sum_{k=-\infty}^{\infty} \dot{B}_k e^{jka\Omega_0 t}$$

其中 $\dot{B}_k$ 是 $x(at)$ 的傅里叶级数系数。如果对上式进行变量置换 $at \rightarrow t$，显然就有

$$x(t) = \sum_{k=-\infty}^{\infty} \dot{B}_k e^{jk\Omega_0 t} = \sum_{k=-\infty}^{\infty} \dot{A}_k e^{jk\Omega_0 t} \tag{3.45}$$

于是有

$$\dot{B}_k = \dot{A}_k \tag{3.46}$$

这表明，周期信号在时域发生尺度变换时，不会影响它各次谐波分量的幅度和相位，只会影响其各次谐波的频率。

5. 信号相乘

如果将两个周期相同的信号相乘，其乘积一定是具有同样周期的信号。若 $x(t)$ 和 $y(t)$ 都是以 T 为周期的信号，其傅里叶级数的系数分别为为 $\dot{A}_k$ 和 $\dot{B}_k$，$f(t) = x(t)y(t)$，根据式(3.32)，可以得出 $f(t)$ 的傅里叶级数系数 $\dot{C}_k$ 为

$$\dot{C}_k = \frac{1}{T}\int_T f(t) e^{-jk\Omega_0 t}\mathrm{d}t = \frac{1}{T}\int_T x(t)y(t) e^{-jk\Omega_0 t}\mathrm{d}t = \frac{1}{T}\int_T x(t)\sum_{m=-\infty}^{\infty}\dot{B}_l e^{jm\Omega_0 t} e^{-jk\Omega_0 t}\mathrm{d}t$$

交换积分与求和的次序，有

$$\dot{C}_k = \sum_{m=-\infty}^{\infty}\dot{B}_m \frac{1}{T}\int_T x(t) e^{-j(k-m)\Omega_0 t}\mathrm{d}t = \sum_{m=-\infty}^{\infty}\dot{B}_m \dot{A}_{k-m} = \dot{A}_k * \dot{B}_k$$

这表明，如果有 $x(t) \leftrightarrow \dot{A}_k$，$y(t) \leftrightarrow \dot{B}_k$，$f(t) = x(t)y(t)$，则有

$$f(t) = x(t)y(t) \leftrightarrow \dot{C}_k = \sum_{m=-\infty}^{\infty}\dot{A}_m \dot{B}_{k-m} = \sum_{m=-\infty}^{\infty}\dot{A}_{k-m}\dot{B}_m = \dot{A}_k * \dot{B}_k \tag{3.47}$$

傅里叶级数的相乘特性表明：两个周期相同的信号在时域相乘，则其傅里叶级数的系数在频域是卷积和的关系。

6. 共轭对称性

如果对一个周期信号取复数共轭，其周期当然不会改变。如果有 $x(t) \leftrightarrow \dot{A}_k$，对 $x(t)$ 取复数共轭，根据式(3.31)，有

$$x^*(t) = \sum_{k=-\infty}^{\infty}\dot{A}_k^* e^{-jk\Omega_0 t}$$

将上式中的 k 置换为 $-k$，就得到

$$x^*(t) = \sum_{k=-\infty}^{\infty}\dot{A}_{-k}^* e^{jk\Omega_0 t}$$

于是有：如果 $x(t) \leftrightarrow \dot{A}_k$，则

$$x^*(t) \leftrightarrow \dot{A}_{-k}^* \tag{3.48}$$

利用傅里叶级数的共轭对称性，也可以很方便地得出我们在前一节得出的重要结论，即：

如果 $x(t)$ 是实信号,则 $x(t) = x^*(t)$,于是有 $\dot{A}_k = \dot{A}^*_{-k}$,也就是 $\dot{A}^*_k = \dot{A}_{-k}$;由此又可得出 $\dot{A}_k$ 的实部是偶函数,虚部是奇函数;$\dot{A}_k$ 的模是偶函数,相位是奇函数。

如果 $x(t)$ 是实信号,且是偶对称的,结合时域反转特性,可以得到 $\dot{A}_k$ 不仅是实函数,而且是偶对称的;如果 $x(t)$ 是实信号,且是奇对称的,则有 $\dot{A}_k$ 不仅是虚函数,而且是奇对称的。这些结论对于分析信号的时域特性和频域特性之间的关系,具有重要的意义。

7. 帕斯瓦尔(Parseval)定理

连续时间周期信号的帕斯瓦尔定理可表示为

$$\frac{1}{T}\int_T \left| x(t) \right|^2 \mathrm{d}t = \sum_{k=-\infty}^{\infty} \left| \dot{A}_k \right|^2 \tag{3.49}$$

帕斯瓦尔定理可证明如下:

$$\frac{1}{T}\int_T \left| x(t) \right|^2 \mathrm{d}t = \frac{1}{T}\int_T x(t) x^*(t) \mathrm{d}t = \frac{1}{T}\int_T x(t) \sum_{k=-\infty}^{\infty} \dot{A}^*_k \mathrm{e}^{-\mathrm{j}k\Omega_0 t} \mathrm{d}t$$

交换上式中积分与求和的次序,有

$$\frac{1}{T}\int_T \left| x(t) \right|^2 \mathrm{d}t = \sum_{k=-\infty}^{\infty} \dot{A}^*_k \frac{1}{T}\int_T x(t) \mathrm{e}^{-\mathrm{j}k\Omega_0 t} \mathrm{d}t = \sum_{k=-\infty}^{\infty} \dot{A}^*_k \dot{A}_k = \sum_{k=-\infty}^{\infty} \left| \dot{A}_k \right|^2$$

帕斯瓦尔定理告诉我们:周期信号在一个周期内的平均功率,就等于它的全部谐波分量的平均功率之和。

我们可以将连续时间傅里叶级数的全部重要性质列成表 3.1,以供使用时查找。

表 3.1　连续时间傅里叶级数的性质

性　　　质	周　期　信　号	傅 里 叶 级 数 的 系 数
	$\left.\begin{array}{l} x(t) \\ y(t) \end{array}\right\}$ 周期为 T,基波频率 $\Omega_0 = 2\pi/T$	$\left.\begin{array}{l} \dot{A}_k \\ \dot{B}_k \end{array}\right\}$
线性特性	$ax(t) + by(t)$	$a\dot{A}_k + b\dot{B}_k$
时移特性	$x(t - t_0)$	$\dot{A}_k \mathrm{e}^{-\mathrm{j}k\Omega_0 t_0} = \dot{A}_k \mathrm{e}^{-\mathrm{j}k(2\pi/T)t_0}$
移频特性	$x(t)\mathrm{e}^{\mathrm{j}M\Omega_0 t} = x(t)\mathrm{e}^{-\mathrm{j}M(2\pi/T)t}$	$\dot{A}_{k-M}$
共轭对称性	$x^*(t)$	$\dot{A}^*_{-k}$
时域反转	$x(-t)$	$\dot{A}_{-k}$
时域尺度变换	$x(at),a>0$(周期为 T/a)	$\dot{A}_k$
周期卷积	$\displaystyle\int_T x(\tau)y(t-\tau)\mathrm{d}\tau$	$T\dot{A}_k\dot{B}_k$
相乘特性	$x(t)y(t)$	$\displaystyle\sum_{l=-\infty}^{\infty} \dot{A}_l\dot{B}_{k-l}$
微分特性	$\dfrac{\mathrm{d}x(t)}{\mathrm{d}t}$	$\mathrm{j}k\Omega_0\dot{A}_k = \mathrm{j}k(2\pi/T)\dot{A}_k$
积分特性	$\displaystyle\int_{-\infty}^{t} x(\tau)\mathrm{d}\tau$,(仅当 $A_0 = 0$ 时才为有限值且是周期的)	$\dfrac{\dot{A}_k}{\mathrm{j}k\Omega_0} = \dfrac{\dot{A}_k}{\mathrm{j}k(2\pi/T)}$

性　　质	周　期　信　号	傅　里　叶　级　数　的　系　数
实信号的共轭对称性	$x(t)$为实信号	$\begin{cases} \dot{A}_k = \dot{A}_{-k}^* \\ \mathrm{Re}[\dot{A}_k] = \mathrm{Re}[\dot{A}_{-k}] \\ \mathrm{Im}[\dot{A}_k] = -\mathrm{Im}[\dot{A}_{-k}] \\ |\dot{A}_k| = |\dot{A}_{-k}| \\ \measuredangle\dot{A}_k = -\measuredangle\dot{A}_{-k} \end{cases}$
实、偶信号	$x(t)$为实、偶信号	$\dot{A}_k$为实、偶函数
实、奇信号	$x(t)$为实、奇信号	$\dot{A}_k$为虚、奇函数
实信号的奇、偶分解	$\begin{cases} x_e(t) = \dfrac{1}{2}[x(t)+x(-t)] \\ x_o(t) = \dfrac{1}{2}[x(t)-x(-t)] \end{cases}$	$\mathrm{Re}[\dot{A}_k]$ $j\mathrm{Im}[\dot{A}_k]$
帕斯瓦尔定理	$\dfrac{1}{T}\displaystyle\int_T |x(\tau)|^2 \mathrm{d}\tau = \sum_{k=-\infty}^{\infty} |\dot{A}_k|^2$	

3.3　连续时间非周期信号的傅里叶变换(CTFT)

3.3.1　从傅里叶级数到傅里叶变换

在上一节,我们已经看到,通过连续时间傅里叶级数可以把周期信号表示为一组成谐波关系的复指数信号的线性组合。这种以复指数信号作为基本信号单元,分解信号的思想完全可以推广到非周期信号。

在研究图 3.2 所示周期性矩形脉冲信号的频谱时,我们已经得到了它的傅里叶级数系数 $\dot{A}_k$,它由式(3.35)给出

$$\dot{A}_k = \frac{2\sin(k\Omega_0\tau/2)}{k\Omega_0 T_0} \tag{3.50}$$

在分析它的频谱时,我们已经指出:当 τ 不变,而增大周期 T_0 时,随着 T_0 的增加,谱线将越来越密集,同时频谱幅度将越来越小。如果 T_0 趋于无穷大,则图 3.2 的周期性矩形脉冲信号将演变成非周期的矩形脉冲信号。我们可以预料,此时离散的频谱会无限密集而演变成连续的频谱。但与此同时,频谱的幅度将变成无穷小量。图 3.4 显示了周期性矩形脉冲信号的频谱随 T_0 增大所发生的这种变化。所不同的是,为了使频谱幅度不致减小,我们画出的是 $T_0\dot{A}_k$,而不是 $\dot{A}_k$ 。同时,横坐标的标尺是连续频率 Ω 。由式(3.50),我们得到

$$T_0\dot{A}_k = \frac{2\sin(k\Omega_0\tau/2)}{k\Omega_0} = \frac{2\sin(\Omega\tau/2)}{\Omega}\Big|_{\Omega=k\Omega_0} \tag{3.51}$$

显然,对连续变量 Ω 来说, $2\sin(\Omega\tau/2)/\Omega$ 代表了 $T_0\dot{A}_k$ 的包络。而 $T_0\dot{A}_k$ 则是对此包络等间隔所取的样本。由式(3.51)看出,频谱的包络是与周期 T_0 无关的。随着周期 T_0 的增大,即 Ω_0 的减小,意味着对包络所取的样本越来越密集。在 $T_0 \to \infty$ 的极限情况下,周期信号变成了非

周期信号,此时 $T_0 \dot{A}_k$ 也就会趋近于包络函数。

　　以上分析说明了,当我们把一个非周期信号 $x(t)$ 看成是相应的周期信号 $\tilde{x}(t)$ 在周期趋于无穷大的极限时,可以通过考查周期信号 $\tilde{x}(t)$ 的傅里叶级数在此时的极限,来建立非周期信号的频谱表示。图 3.5 给出了一个一般的非周期信号 $x(t)$ 及与其相对应的周期信号 $\tilde{x}(t)$。很显然,我们可以把 $\tilde{x}(t)$ 看成是将 $x(t)$ 进行周期性延拓的结果。而 $x(t)$ 则可以视为 $\tilde{x}(t)$ 在周期 $T_0 \to \infty$ 时的极限。

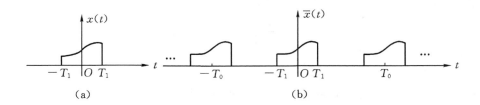

图 3.5　(a)非周期信号 $x(t)$;(b)由 $x(t)$ 构成的周期信号 $\tilde{x}(t)$

　　将 $\tilde{x}(t)$ 展开成傅里叶级数有

$$\tilde{x}(t) = \sum_{k=-\infty}^{+\infty} A_k e^{jk\Omega_0 t} \tag{3.52}$$

$$\dot{A}_k = \frac{1}{T_0} \int_{-T_0/2}^{T_0/2} \tilde{x}(t) e^{-jk\Omega_0 t} dt \tag{3.53}$$

其中:$\Omega_0 = 2\pi/T_0$。由于在积分区间 $-T_0/2 \leqslant t \leqslant T_0/2$ 内,$\tilde{x}(t)$ 与 $x(t)$ 相同。而在此区间以外 $x(t) = 0$,因此式(3.53)可以改写为

$$T_0 \dot{A}_k = \int_{-T_0/2}^{T_0/2} x(t) e^{-jk\Omega_0 t} dt \tag{3.54}$$

当 $T_0 \to \infty$ 时,$\Omega_0 = 2\pi/T_0$ 变成无穷小量,$k\Omega_0$ 变成连续变量 Ω,此时 $T_0 \dot{A}_k$ 变成连续函数,将其记为 $X(j\Omega)$,则式(3.54)在极限情况下变为

$$X(j\Omega) = \int_{-\infty}^{\infty} x(t) e^{-j\Omega t} dt \tag{3.55}$$

这就是连续时间傅里叶变换。$X(j\Omega)$ 称为非周期信号的**频谱密度函数**,通常习惯上也简称为频谱。

　　比较式(3.54)和式(3.55),我们可以得到

$$\dot{A}_k = \frac{1}{T_0} X(jk\Omega_0) \tag{3.56}$$

式(3.56)揭示了一个周期信号的频谱系数和由该周期信号的一个周期所构成的非周期信号的频谱密度函数之间的关系。

　　利用式(3.56),我们可以将式(3.52)改写为

$$\tilde{x}(t) = \sum_{k=-\infty}^{+\infty} \frac{1}{T_0} X(jk\Omega_0) e^{jk\Omega_0 t}$$

注意到 $\Omega_0 = 2\pi/T_0$,上式又可写成

$$\tilde{x}(t) = \frac{1}{2\pi} \sum_{k=-\infty}^{+\infty} X(jk\Omega_0) e^{jk\Omega_0 t} \Omega_0 \tag{3.57}$$

当 $T_0 \rightarrow \infty$ 时，$\tilde{x}(t)$ 就演变为 $x(t)$，与此同时 $\Omega_0 \rightarrow \mathrm{d}\Omega$，$k\Omega_0 \rightarrow \Omega$，上式的求和转化为积分，于是式(3.57)变为

$$x(t) = \frac{1}{2\pi} \int_{-\infty}^{+\infty} X(\mathrm{j}\Omega) \mathrm{e}^{\mathrm{j}\Omega t} \mathrm{d}\Omega \tag{3.58}$$

式(3.58)称为傅里叶反变换。它告诉我们，非周期信号 $x(t)$ 可以分解成无数多个频率连续分布的复指数信号的线性组合，每一个复指数分量的复振幅为 $\frac{1}{2\pi} X(\mathrm{j}\Omega) \mathrm{d}\Omega$。

式(3.55)和式(3.58)被称为傅里叶变换对，即：

$$x(t) = \frac{1}{2\pi} \int_{-\infty}^{\infty} X(\mathrm{j}\Omega) \mathrm{e}^{\mathrm{j}\Omega t} \mathrm{d}\Omega \tag{3.59}$$

$$X(\mathrm{j}\Omega) = \int_{-\infty}^{\infty} x(t) \mathrm{e}^{-\mathrm{j}\Omega t} \mathrm{d}t \tag{3.60}$$

正如傅里叶级数是周期信号的频域表示一样，傅里叶变换也是非周期信号在频域的表示。

3.3.2　常用连续时间信号的傅里叶变换

1. $x(t) = \mathrm{e}^{-at} u(t)$，$a > 0$

由式(3.60)可以直接计算出

$$X(\mathrm{j}\Omega) = \int_0^{\infty} \mathrm{e}^{-at} \mathrm{e}^{-\mathrm{j}\Omega t} \mathrm{d}t = -\frac{1}{a + \mathrm{j}\Omega} \mathrm{e}^{-(a+\mathrm{j}\Omega)t} \bigg|_0^{\infty} = \frac{1}{a + \mathrm{j}\Omega} \tag{3.61}$$

由于 $X(\mathrm{j}\Omega)$ 通常是复函数，既有实部又有虚部，因此在绘制频谱图时，需要分别图示 $X(\mathrm{j}\Omega)$ 的模和相位与 Ω 的关系。也就是分别表示 $x(t)$ 的幅度频谱和相位频谱。由式(3.61)可以得到

$$|X(\mathrm{j}\Omega)| = \frac{1}{\sqrt{a^2 + \Omega^2}}, \qquad \sphericalangle X(\mathrm{j}\Omega) = -\arctan\left(\frac{\Omega}{a}\right)$$

其幅度频谱和相位频谱分别如图 3.6(a)和(b)所示。

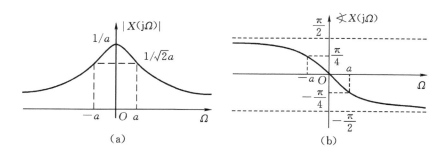

图 3.6　信号 $x(t) = \mathrm{e}^{-at} u(t)$ 的频谱（$a > 0$）

2. $x(t) = \mathrm{e}^{-a|t|}$，$a > 0$

该信号如图 3.7 所示。由式(3.60)可直接得出

$$X(\mathrm{j}\Omega) = \int_{-\infty}^{0} \mathrm{e}^{at} \mathrm{e}^{-\mathrm{j}\Omega t} \mathrm{d}t + \int_{0}^{\infty} \mathrm{e}^{-at} \mathrm{e}^{-\mathrm{j}\Omega t} \mathrm{d}t$$

$$= \frac{1}{a - \mathrm{j}\Omega} + \frac{1}{a + \mathrm{j}\Omega} = \frac{2a}{a^2 + \Omega^2} \tag{3.62}$$

在这里,我们看到由于 $x(t)$ 是偶对称的实信号,它的傅里叶变换是一个实偶函数。$x(t)$ 的频谱可以用一幅图来表示,如图 3.8 所示。

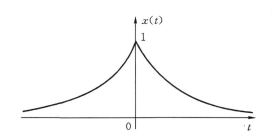

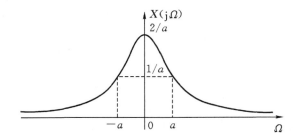

图 3.7　信号 $x(t)=\mathrm{e}^{-a|t|}$, $a>0$　　　　　　　图 3.8　$x(t)=\mathrm{e}^{-a|t|}$ 的频谱,$a>0$

3. $x(t)=\delta(t)$

由式(3.60)可直接计算出

$$X(\mathrm{j}\Omega) = \int_{-\infty}^{\infty} \delta(t)\mathrm{e}^{-\mathrm{j}\Omega t}\,\mathrm{d}t = 1 \tag{3.63}$$

这表明单位冲激信号中包含了所有的频率分量,而且这些频率分量的幅度都是 1,相位都是 0。正因为 $\delta(t)$ 具有这样的特点,因而 LTI 系统对 $\delta(t)$ 的响应,即系统的单位冲激响应才能完全表征系统本身的固有特性。

4. $\mathrm{sgn}(t) = \begin{cases} 1, & t>0 \\ -1, & t<0 \end{cases}$ (3.64)

信号 $\mathrm{sgn}(t)$ 称为符号函数,如图 3.9 所示。

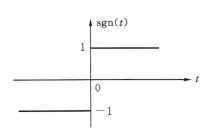

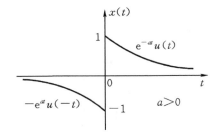

图 3.9　符号函数 $\mathrm{sgn}(t)$　　　　　　　　图 3.10　$\mathrm{sgn}(t)$ 的近似

这个信号可以视为图 3.10 所示信号在 $a \to 0$ 时的极限。对图 3.10 的信号 $x(t)$,我们有

$$X(\mathrm{j}\Omega) = \int_{0}^{\infty} \mathrm{e}^{-at}\mathrm{e}^{-\mathrm{j}\Omega t}\,\mathrm{d}t - \int_{-\infty}^{0} \mathrm{e}^{at}\mathrm{e}^{-\mathrm{j}\Omega t}\,\mathrm{d}t$$

$$= \frac{1}{a+\mathrm{j}\Omega} - \frac{1}{a-\mathrm{j}\Omega} = \frac{-2\mathrm{j}\Omega}{a^2+\Omega^2}$$

当 $a \to 0$ 时,$x(t) \to \mathrm{sgn}(t)$,此时有

$$X(\mathrm{j}\Omega) \leftrightarrow \frac{2}{\mathrm{j}\Omega}$$

于是有

$$\text{sgn}(t) \leftrightarrow \frac{2}{\text{j}\Omega} \qquad\qquad (3.65)$$

在这里我们看到,由于 $x(t)$ 和 $\text{sgn}(t)$ 都是奇对称的信号,它们的傅里叶变换都是纯虚的,并且是奇函数。

5. 矩形脉冲信号

$$x(t) = \begin{cases} 1, & |t| < \tau/2 \\ 0, & |t| < \tau/2 \end{cases}$$

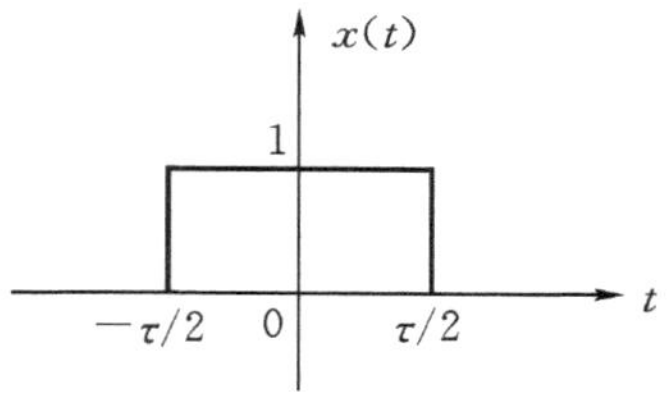

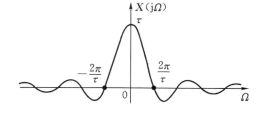

图 3.11　矩形脉冲信号

如图 3.11 所示。据式(3.60)可得出

$$X(\text{j}\Omega) = \int_{-\tau/2}^{\tau/2} \text{e}^{-\text{j}\Omega t}\, \text{d}t = \frac{2\sin(\Omega \tau/2)}{\Omega} \qquad (3.66)$$

正如在前面所指出的,矩形脉冲信号的频谱密度函数,就是与其相对应的周期性矩形脉冲信号频谱的包络。$X(\text{j}\Omega)$ 如图 3.12 所示。图中 $X(\text{j}\Omega)$ 为负值的区间,意味着在此区间的相位为 π 或 $-\pi$。不过应该强调指出,相位频谱必须满足奇对称。

图 3.12　矩形脉冲的频谱

6. 如果一个信号 $x(t)$ 的傅里叶变换为

$$X(\text{j}\Omega) = \begin{cases} 1, & |\Omega| < W \\ 0, & |\Omega| > W \end{cases} \qquad (3.67)$$

如图 3.13 所示。具有这种频率特性的 LTI 系统被称为**理想低通滤波器**。

根据式(3.59),可以求得

$$x(t) = \frac{1}{2\pi} \int_{-W}^{W} \text{e}^{\text{j}\Omega t}\, \text{d}\Omega = \frac{\sin Wt}{\pi t} \qquad\qquad (3.68)$$

$x(t)$ 如图 3.14 所示。

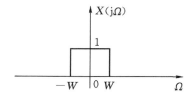

图 3.13　式(3.58)的频谱图 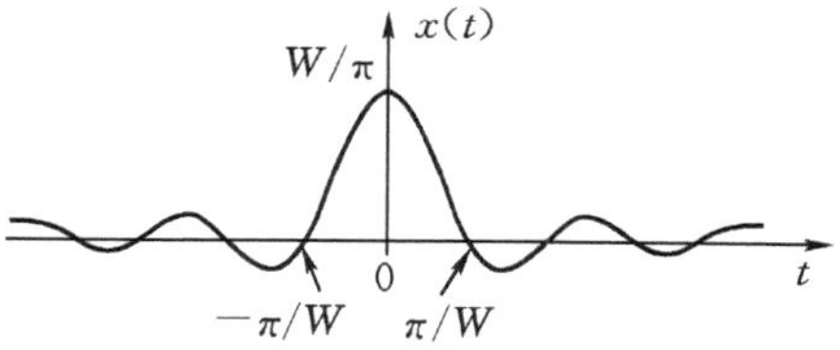　　　　　图 3.14　式(3.58)对应的信号

比较图 3.11,3.12 和图 3.13,3.14,我们发现,这两种情况下的傅里叶变换对中,都有一个是矩形脉冲,另一个是 $\sin x/x$ 的形式。具体地说,当时域信号是矩形脉冲时,它的频谱具有 $\sin x/x$ 的形状;当时域信号具有 $\sin x/x$ 的形状时,其频谱是一个矩形脉冲。这种现象,揭示了信号的时域特性和频域特性之间存在着一种对偶的关系。这种对偶关系将在 3.6 节作进一步的讨论。

在对以上两种情况讨论时,我们已经看到,在它们的傅里叶变换对中,都有一个函数具有 $\sin x/x$ 的形式。在前面讨论周期性矩形脉冲信号的频谱时,式(3.35)也可以改写成这种形式,即

$$\dot{A}_k = \frac{2\sin(k\Omega_0\tau/2)}{k\Omega_0 T_0} = \frac{\tau}{T_0}\frac{\sin(k\Omega_0\tau/2)}{(k\Omega_0\tau/2)} \tag{3.69}$$

由于 $\sin x/x$ 这个函数在信号的傅里叶分析和 LTI 系统的研究中具有特殊的重要作用，因此往往给予它特别的名称和符号，通常将 $\sin x/x$ 定义为 $\mathrm{Sa}(x)$，称为取样函数；或者定义 $\sin\pi x/\pi x = \mathrm{sinc}(x)$，称为 sinc 函数。$\mathrm{Sa}(x)$ 和 $\mathrm{sinc}(x)$ 分别如图 3.15 所示。

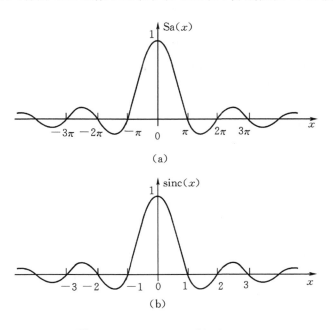

图 3.15　(a) $\mathrm{Sa}(x)$；(b) $\mathrm{sinc}(x)$

　　显然，$\mathrm{sinc}(x)$ 就是将 $\mathrm{Sa}(x)$ 的自变量作尺度变换的结果，或者说是以 π 作为因子对自变量进行了归一化的结果。

　　进一步考查图 3.13 和图 3.14，讨论当 W 改变时，对信号与频谱产生的影响。我们看到，当 W 增大时，信号 $x(t)$ 在时域被压缩，其主瓣（即 $|t| < \dfrac{\pi}{W}$ 的部分）变得越来越窄，而主瓣的幅度则变得越来越大。与此同时，$x(t)$ 的频谱 $X(\mathrm{j}\Omega)$ 则在频域变得越来越宽。图 3.16 显示了这种变化过程。如果考虑当 $W \to \infty$ 时的极限情况，则 $x(t)$ 将表现为单位冲激，而 $X(\mathrm{j}\Omega)$ 将变为常数，且 $X(\mathrm{j}\Omega) = 1$，这正是我们在式(3.63)中所讨论的情况。如果我们考查图 3.11 和图 3.12 所示的傅里叶变换对，则当 $\tau \to \infty$ 时，$x(t)$ 将变为常数 $x(t) = 1$，此时 $X(\mathrm{j}\Omega)$ 将随 τ 的增大在频域受到压缩，最终表现为频域的冲激。因此我们可以预言，信号 $x(t) = 1$ 的傅里叶变换应该是频域的一个冲激。

　　在以上的讨论中，我们感觉到在信号的时域特性与频域特性之间还存在着一种相反的关系。即信号在时域的持续期越长，它的频谱在频域所占的频带就越窄，反之亦然。时域与频域的这种相反关系，我们将在 3.6 节用傅里叶变换的尺度性质加以解释。

7. $x(t) = 1$

　　在上面我们已经预言了 $x(t) = 1$ 的傅里叶变换应当表现为频域中的一个冲激。为了检验这一预言是否正确，我们考查频域的冲激 $\delta(\Omega)$ 与什么样的信号相对应。根据式(3.59)有

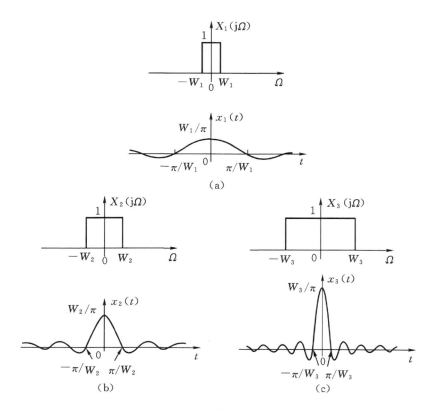

图 3.16　几个不同的 W 值对信号及其频谱的影响

$$x(t) = \frac{1}{2\pi}\int_{-\infty}^{\infty}\delta(\Omega)\mathrm{e}^{\mathrm{j}\Omega t}\,\mathrm{d}\Omega = \frac{1}{2\pi}\int_{-\infty}^{\infty}\delta(\Omega)\,\mathrm{d}\Omega = \frac{1}{2\pi}$$

由此我们可以得到

$$x(t) = 1 \leftrightarrow 2\pi\delta(\Omega) \tag{3.70}$$

正如我们所预言的那样，$x(t)=1$ 的傅里叶变换是频域中强度为 2π 的冲激。

8. $x(t) = u(t)$

我们可以将 $u(t)$ 分解成偶部与奇部。其偶部为

$$u_\mathrm{e}(t) = \frac{1}{2}\big[u(t) + u(-t)\big] = \frac{1}{2}$$

$u(t)$ 的奇部为

$$u_\mathrm{o}(t) = \frac{1}{2}\mathrm{sgn}(t)$$

$u_\mathrm{e}(t)$ 和 $u_\mathrm{o}(t)$ 如图 3.17 所示。

由前面的讨论我们知道

$$u_\mathrm{e}(t) \leftrightarrow \pi\delta(\Omega)$$

$$u_\mathrm{o}(t) \leftrightarrow \frac{1}{\mathrm{j}\Omega}$$

因此，可以得到

$$u(t) \leftrightarrow \pi\delta(\Omega) + \frac{1}{\mathrm{j}\Omega} \qquad (3.71)$$

在这里,我们看到了实信号的偶部与傅里叶变换的实部相对应,实信号的奇部与傅里叶变换的虚部相对应。

3.3.3 信号的带宽

无论对周期信号还是非周期信号,在研究其频谱时,我们看到很多常用信号的频谱都具有收敛性,即低频分量的幅度较大,而频率越高的分量,其幅度具有相对减小的趋势。这表明信号的能量主要包含在它的低频分量之中。此外,我们还看到很多信号的频谱中都包含有无数多个不同频率的分量,或者说很多

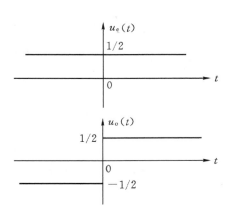

图 3.17　$u(t)$ 的偶部与奇部

信号所占有的频带严格地说都是无限的。例如,我们讨论过的周期性矩形脉冲信号、指数信号、非周期的矩形脉冲信号、单位阶跃信号等等都是如此。

通过系统传输信号时,往往不可能将信号中所包含的所有频率分量都进行有效的传输。从工程实际的角度看,一般也未必有这种必要。通常只要保证信号能量的大部分或绝大部分能得到有效传输就足够了。为了达到这一目的,传输信号的系统必须保证能将占有信号大部分能量的那些频率分量有效地传输到系统输出端。或者说,系统必须与所传输的信号相匹配。为了描述系统和所传输的信号在占有频带上的这种关系,我们有必要定义信号的有效带宽,简称为**信号的带宽**,通常指的是从零频率开始到需要考虑的信号最高频率分量之间的频率范围。

在工程应用中,定义信号带宽的方法主要有以下两种:

(1)对于频谱或频谱的包络具有 sinc 函数形式的信号,通常定义其带宽为 sinc 函数主瓣宽度的一半,即从零频到 sinc 函数第一个过零点之间的频率范围。

(2)对于其它形状的频谱,工程上常常将频谱的幅度从最大值降低到最大值的 $1/\sqrt{2}$ 时所对应的频率定义为信号的带宽。

当然,对信号带宽的定义不是绝对的,也还有其它的定义方法,例如也可以定义频谱从最大值下降到最大值的 1/10 时所对应的频率作为信号的带宽。但在工程实际中,应用最普遍的是在这里介绍的前两种定义方法。按照这种定义方法,我们知道图 3.6 所示指数信号的带宽等于 a ;图 3.12 所示矩形脉冲的带宽等于 $2\pi/\tau$

3.4　吉布斯(Gibbs)现象

到目前为止,我们对用复指数信号作为基本信号单元,分解周期信号和非周期信号的可行性作了充分讨论。并通过若干实例看到了这种表示信号的方法具有相当广泛的现实性,即很多有用的信号都可以据此方法分解成复指数信号的线性组合。然而,这并不意味着用复指数信号表示周期信号和非周期信号时,对信号本身没有任何约束。要解决傅里叶级数和傅里叶变换究竟能在多大范围内表示信号的问题,我们还需要对它们作进一步的研究。

3.4.1　傅里叶级数的收敛性

假定周期信号 $x(t)$ 可以表示成傅里叶级数，我们以级数中有限项的和

$$x_N(t) = \sum_{k=-N}^{N} \dot{A}_k e^{jk\Omega_0 t} \tag{3.72}$$

来近似 $x(t)$。这种近似产生的误差函数表示为 $e_N(t)$，则

$$e_N(t) = x(t) - x_N(t) = x(t) - \sum_{k=-N}^{N} \dot{A}_k e^{jk\Omega_0 t} \tag{3.73}$$

显然 $e_N(t)$ 也是周期的，并且与 $x(t)$ 具有相同周期。通常我们把一个信号 $f(t)$ 在某一区间 $[a,b]$ 上拥有的能量表示为

$$E = \int_a^b |f(t)|^2 dt$$

于是，式(3.71)的误差信号在一个周期内的能量为

$$E_N = \int_{T_0} |e_N(t)|^2 dt = \int_{T_0} e_N(t) e_N^*(t) dt \tag{3.74}$$

可以证明，在均方误差最小的准则下，误差能量函数中有限项级数的系数 $\dot{A}_k$ 应该满足

$$\dot{A}_k = \frac{1}{T_0} \int_{T_0} x(t) e^{-jk\Omega_0 t} dt \tag{3.75}$$

可以发现，式(3.75)与式(3.32)是相同的。这表明：如果 $x(t)$ 能够表示为傅里叶级数，当以该级数的有限项来近似 $x(t)$ 时，在均方误差最小的准则下，这种近似是最佳的。所取的项数越多，这种近似所产生的误差越小。如果 $N \to \infty$，则 $E_N \to 0$。当然，这种误差是指在一个周期内信号能量的误差。

由于傅里叶级数是一个无穷级数，因而存在着收敛问题。这包含两方面的意思：是否任何周期信号都可以表示为傅里叶级数；如果一个信号能够表示为傅里叶级数，是否对任何 t 值，级数都收敛于原来的信号。

关于傅里叶级数的收敛，有两组稍有不同的条件。

第一组条件：如果周期信号 $x(t)$ 在一个周期内平方可积，即

$$\int_{T_0} |x(t)|^2 dt < \infty \tag{3.76}$$

则其傅里叶级数表达式一定存在。

满足式(3.76)的条件，就意味着信号的功率有限，因此信号中所包含的所有谐波分量的幅度都是有限值，这就保证了由式(3.32)确定的所有系数 $\dot{A}_k$ 均为有限值。因此傅里叶级数表达式一定存在。这是因为

$$\int_{T_0} |x(t)|^2 dt = \int_{T_0} x(t) x^*(t) dt \tag{3.77}$$

将 $x(t)$ 和 $x^*(t)$ 均以傅里叶级数表示式代入，并注意到

$$\int_{T_0} e^{jk\Omega_0 t} e^{-jm\Omega_0 t} dt = \begin{cases} 0, & k \neq m \\ T_0, & k = m \end{cases} \tag{3.78}$$

可以得出

$$\int_{T_0} |x(t)|^2 dt = T_0 \sum_{K=-\infty}^{\infty} |\dot{A}_k|^2 \tag{3.79}$$

当式(3.76)成立时,式(3.79)中的所有 $\dot{A}_k$ 必为有限值。

第二组条件:与第一组条件稍有不同的这一组条件,就是我们已经熟知的狄里赫利(Dirichlet)条件,它包括以下三点。

(1)在任何周期内,$x(t)$ 必须绝对可积,即

$$\int_{T_0} |x(t)| \, dt < \infty \qquad (3.80)$$

因为据式(3.32),有

$$|\dot{A}_k| \leqslant \frac{1}{T_0} \int_{T_0} |x(t) e^{-jm\Omega_0 t}| \, dt$$

$$= \frac{1}{T_0} \int_{T_0} |x(t)| \, dt$$

所以当式(3.80)成立时,必有 $|\dot{A}_k| < \infty$,从而保证了级数的所有系数均为有限值。

(2)在任何周期内,$x(t)$ 只有有限个极值点,且在极值点处的极值为有限值。

(3)在任何有限区间内,$x(t)$ 只有有限个间断点,且在这些不连续点处,$x(t)$ 的左右极限均为有限值。

图 3.18 给出了几个不满足狄里赫利条件的信号。其中图(a)信号 $x(t) = \dfrac{1}{t}$,$0 < t \leqslant 1$,不满足第一点;图(b)信号 $x(t) = \sin\left(\dfrac{2\pi}{t}\right)$,$0 < t \leqslant 1$,不满足第二

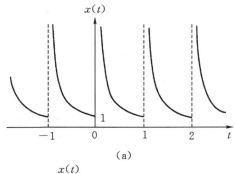

(a)

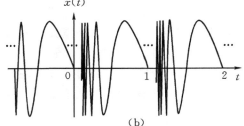

(b)

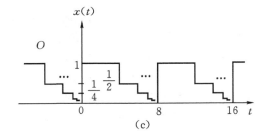

(c)

图 3.18　不满足狄里赫利条件的信号

点;图(c)信号是阶梯形的,每一个阶梯的高度和持续宽度都是前一个阶梯的一半,显然它不满足第三点。由图 3.18 可以看出,不满足狄里赫利条件的信号一般都是自然界中比较反常的信号。在工程实际中应用的绝大多数信号都满足狄里赫利条件或平方可积条件,因而它们都可以表示成傅里叶级数。

3.4.2　傅里叶变换的收敛性

与傅里叶级数一样,傅里叶变换也存在着收敛问题。由傅里叶级数和傅里叶变换的关系,我们可以想到傅里叶变换存在条件应该与傅里叶级数的情况基本相同。事实的确如此,傅里叶变换的存在也有两组类似的条件。

第一组条件:如果 $x(t)$ 平方可积,即

$$\int_{-\infty}^{\infty} |x(t)|^2 \, dt < \infty \qquad (3.81)$$

则 $x(t)$ 的傅里叶变换存在。满足式(3.81),即意味着信号的能量有限,因而其所有频率分量的幅度必为有限值,从而可以保证 $X(j\Omega)$ 为有限值。

第二组条件,也称为狄里赫利条件,这就是:

(1) $x(t)$ 绝对可积,即

$$\int_{-\infty}^{\infty} |x(t)|\,\mathrm{d}t < \infty \tag{3.82}$$

(2)在任何有限区间内,$x(t)$ 只有有限个极值点,且在这些极值点处的极值是有限值。

(3)在任何有限区间内,$x(t)$ 只能有有限个间断点,而且在这些间断点处,信号的左右极限都必须是有限值。

很明显,实际应用中相当广泛的信号都是满足傅里叶变换的存在条件的。应该强调指出,这些条件只是傅里叶变换存在的**充分条件**,在 3.3 节我们讨论的常用信号中,尽管 sgn(t),$u(t)$,$x(t) = 1$ 等信号都不满足绝对可积的条件,但我们仍然通过不同的方法得到了它们的傅里叶变换。这充分表明了,利用傅里叶变换可以表示相当广泛的信号。在 3.5 节还会看到,利用冲激函数,我们甚至可以对不满足狄里赫利条件的周期信号建立傅里叶变换表示,从而将傅里叶级数表示与傅里叶变换表示统一起来。这样会给我们的分析带来方便。

值得指出的是,平方可积条件与狄里赫利条件并不是等价的,满足狄里赫利条件的信号并不一定也满足平方可积条件,反之亦然。

3.4.3　吉布斯现象

在讨论傅里叶级数的收敛问题时,我们已经指出,如果用无穷级数的有限项之和近似周期信号,则傅里叶级数是在均方误差最小的准则下对信号的最佳近似。尽管如此,我们仍然有必要研究一下傅里叶级数是如何收敛于原来信号的。

1898 年美国物理学家米切尔森(Albert Michelson)用自己制做的谐波分析仪研究了许多周期信号。该仪器可以计算周期信号傅里叶级数的有限项和,而且最多可取到 80 次谐波。当他对许多连续的周期信号进行有限项谐波叠加时,发现部分和 $x_N(t)$ 都能很好地与 $x(t)$ 相一致。但当他用各次谐波叠加成方波信号时,出现了意想不到的情况。他发现随着所取谐波项数 N 的增加,在信号连续的地方,部分和 $x_N(t)$ 越来越接近于 $x(t)$,但在间断点的两侧总是存在着起伏与超量。N 的增大只是使这些起伏向间断点处压缩,但并不会消失。而且,无论 N 取多大,起伏的最大峰值都保持不变,总有 9% 的超量。1899 年著名的数学物理学家吉布斯解释了这一现象,因而这种现象就称为吉布斯现象。用有限项谐波叠加成方波信号的过程示于图 3.19。

吉布斯现象告诉我们:傅里叶级数在信号的连续点处收敛于原来的信号;在信号的间断点处收敛于间断点左右极限的平均值。当用傅里叶级数的有限项和来近似信号时,在间断点两侧将呈现高频起伏和超量。在实际应用中,我们往往要用傅里叶级数的部分和来近似周期信号,因而应该选择足够大的 N,以保证这些起伏和超量所占有的能量可以忽略。但无论 N 取多么大的有限值,起伏和超量是不会消失的。在极限的情况下,随着 $N \to \infty$,起伏和超量拥有的能量趋向于零。正是在这个意义下傅里叶级数收敛于原来信号 $x(t)$ 的。

与傅里叶级数的情况相同,当用傅里叶变换表示有间断点的非周期信号时,同样会产生吉布斯现象。我们以单位阶跃信号为例,来说明产生吉布斯现象的原因。

以 $U(\mathrm{j}\Omega)$ 表示单位阶跃 $u(t)$ 的频谱,考查用 $u(t)$ 的截断频谱重建信号的过程。假定对 $U(\mathrm{j}\Omega)$ 分别在 Ω_1 和 Ω_2 处截断,由截断频谱重建的信号分别为 $f_1(t)$ 和 $f_2(t)$,则有:

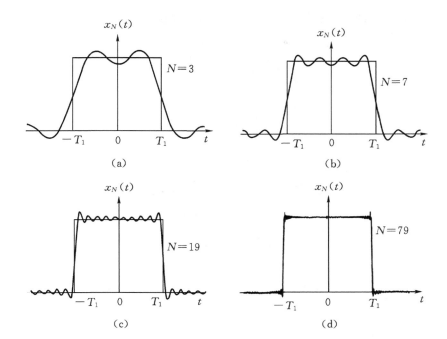

图 3.19　吉布斯现象的说明

$$f_1(t) = \frac{1}{2\pi} \int_{-\Omega_1}^{\Omega_1} U(j\Omega) e^{j\Omega t} d\Omega \tag{3.83}$$

$$f_2(t) = \frac{1}{2\pi} \int_{-\Omega_2}^{\Omega_2} U(j\Omega) e^{j\Omega t} d\Omega \tag{3.84}$$

如果 $\Omega_2 = 2\Omega_1$，则 $f_1(t)$ 和 $f_2(t)$ 如图 3.20 所示。从图中我们清楚地看到了吉布斯现象的存在。也就是，在间断点两侧呈现出起伏和超量，随着截断频率的增大，起伏和超量向间断点处压缩，但峰值大小不变。

如果 $\hat{U}(j\Omega)$ 表示被截断的频谱，则可以表示为

$$\hat{U}(j\Omega) = U(j\Omega) \times W(j\Omega) \tag{3.85}$$

其中：$W(j\Omega)$ 称为窗口（Window）函数，在这里

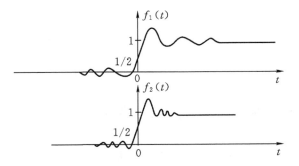

图 3.20　频谱截断后的单位阶跃

$$W(j\Omega) = \begin{cases} 1, & |\Omega| < \Omega_0 \\ 0, & |\Omega| > \Omega_0 \end{cases} \tag{3.86}$$

根据式（3.85）和在 3.6 节将要讨论的傅里叶变换的卷积性质，可以得出

$$\hat{u}(t) = u(t) * w(t) \tag{3.87}$$

其中：$\hat{u}(t)$ 是由截断频谱重建的信号，$w(t)$ 是窗口函数在时域对应的信号。在这里，根据式 (3.86) 和式 (3.59) 有

$$w(t) = \frac{\Omega_0}{\pi} \frac{\sin\Omega_0 t}{\Omega_0 t} \tag{3.88}$$

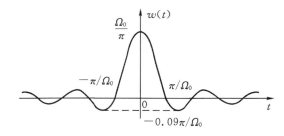

图 3.21   截断矩形窗对应的时域波形

如图 3.21 所示。于是，我们得出

$$\hat{u}(t) = u(t) * \frac{\Omega_0}{\pi} \frac{\sin\Omega_0 t}{\Omega_0 t}$$
$$= \frac{\Omega_0}{\pi} \int_{-\infty}^{t} \frac{\sin\Omega_0 \tau}{\Omega_0 \tau} \mathrm{d}\tau \tag{3.89}$$

令 $\Omega_0 \tau = \lambda$，则式 (3.89) 变为

$$\hat{u}(t) = \frac{1}{\pi} \int_{-\infty}^{\Omega_0 t} \frac{\sin\lambda}{\lambda} \mathrm{d}\lambda \tag{3.90}$$

这个积分不能用初等函数表示，但可以利用正弦积分函数 Si(x) 直接写出。正弦积分定义为

$$\mathrm{Si}(x) = \int_0^x \frac{\sin\lambda}{\lambda} \mathrm{d}\lambda \tag{3.91}$$

根据正弦积分的性质 Si($-x$) = $-$Si(x)，Si(∞) = $\frac{\pi}{2}$，式 (3.90) 可写为

$$\hat{u}(t) = \frac{1}{2} + \frac{1}{\pi} \mathrm{Si}(\Omega_0 t) \tag{3.92}$$

图 3.22 绘出了 $\frac{1}{2} + \frac{1}{\pi} \mathrm{Si}(x)$ 的值。由图 3.22 和式 (3.89) 可以看出，在间断点 $t = 0$ 的前面对应的是图 3.22 原点左边的振荡；间断点后面对应的是原点右边的振荡。间断点两边出现的过冲的最大值是间断值的 9%，分别出现于 $\Omega_0 t = \pm\pi$ 或 $t = \pm\pi/\Omega_0$ 处。

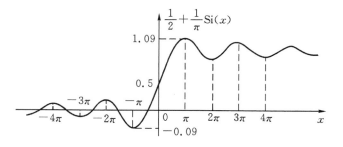

图 3.22   函数 $\frac{1}{2} + \frac{1}{\pi} \mathrm{Si}(x)$

由此，我们可以看出，当简单地把信号频谱截断时，相当于给信号的频谱加上了一个矩形窗口函数，正是由于矩形窗口函数的时域特性导致了在间断点处吉布斯现象的产生。

3.5　连续时间周期信号的傅里叶变换

我们已经知道,满足收敛条件的周期信号可以用傅里叶级数来表示,非周期信号可以用傅里叶变换来表示。这虽然解决了周期信号与非周期信号如何在频域分解的问题,但不同的表示方法总会给我们造成某些不便。如果能够将它们统一起来,无疑将会给我们带来许多便利。由于任何周期信号都不满足绝对可积的条件,因此不可能按照傅里叶变换的定义去建立周期信号的傅里叶变换。所幸的是,狄里赫利条件是傅里叶变换存在的充分条件。在前面我们已经看到有些信号尽管不满足这些条件,但它们的傅里叶变换依然存在,因此建立周期信号的傅里叶变换表示是可能的。

我们已经知道 $x(t)=1$ 的傅里叶变换是 $X(j\Omega)=2\pi\delta(\Omega)$。现在来考查一下 $X(j\Omega)=2\pi\delta(\Omega-\Omega_0)$ 应该对应于时域中的什么信号。根据式(3.59),可以得到

$$x(t)=\frac{1}{2\pi}\int_{-\infty}^{\infty}2\pi\delta(\Omega-\Omega_0)e^{j\Omega t}\,d\Omega=e^{j\Omega_0 t} \tag{3.93}$$

即

$$e^{j\Omega_0 t}\leftrightarrow 2\pi\delta(\Omega-\Omega_0) \tag{3.94}$$

将式(3.94)的关系加以推广,可以想到,如果信号 $x(t)$ 是由复指数信号 $e^{j\Omega_0 t}$ 线性组合而成的,即

$$x(t)=\sum_{k=-\infty}^{\infty}\dot{A}_k e^{jk\Omega_0 t} \tag{3.95}$$

那么,$x(t)$ 的傅里叶变换一定应该是式(3.94)所示的频域中等间隔冲激函数的线性组合。即

$$X(j\Omega)=2\pi\sum_{k=-\infty}^{\infty}\dot{A}_k\delta(\Omega-k\Omega_0) \tag{3.96}$$

由于式(3.95)就是一个周期信号 $x(t)$ 的傅里叶级数表示式,因此式(3.96)就成为周期信号 $x(t)$ 的傅里叶变换表示式。

式(3.96)表明,周期信号可以用傅里叶变换来表示,它由频域中一组等间隔的冲激函数线性组合而成,每个冲激的强度等于相应的傅里叶级数系数 $\dot{A}_k$ 的 2π 倍。

例 3.3　求 $x(t)=\sin\Omega_0 t$ 的傅里叶变换。

由于 $x(t)=\sin\Omega_0 t=\dfrac{1}{2j}(e^{j\Omega_0 t}-e^{-j\Omega_0 t})$,所以 $x(t)$ 的傅里叶级数为

$$\dot{A}_1=\frac{1}{2j},\qquad \dot{A}_{-1}=-\frac{1}{2j},\text{其它 }\dot{A}_k=0$$

根据式(3.96),可得到相应的傅里叶变换为

$$X(j\Omega)=\frac{\pi}{j}\left[\delta(\Omega-\Omega_0)-\delta(\Omega+\Omega_0)\right] \tag{3.97}$$

如图 3.23 所示。

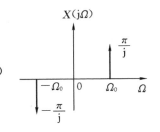

图 3.23　$x(t)=\sin\Omega_0 t$ 的频谱

例 3.4 求 $x(t) = \cos\Omega_0 t$ 的傅里叶变换。

因为 $x(t) = \cos\Omega_0 t = \dfrac{1}{2}(e^{j\Omega_0 t} + e^{-j\Omega_0 t})$

所以 $x(t)$ 的傅里叶级数系数为

$\dot{A}_1 = \dfrac{1}{2}, \quad \dot{A}_{-1} = \dfrac{1}{2}$ ，其余 $\dot{A}_k = 0$

因此 $x(t) = \cos\Omega_0 t$ 的傅里叶变换为

$$X(j\Omega) = \pi[\delta(\Omega - \Omega_0) + \delta(\Omega + \Omega_0)] \qquad (3.98)$$

图 3.24 $x(t) = \cos\Omega_0 t$ 的频谱

如图 3.24 所示。

例 3.5 对图 3.2 所示的周期性矩形脉冲信号 $x(t)$ ，由式(3.35)可知其傅里叶级数的系数为

$$\dot{A}_k = \frac{\sin(k\Omega_0\tau/2)}{k\pi}, k \neq 0$$

因此，它的傅里叶变换为

$$X(j\Omega) = 2\pi \sum_{k=-\infty}^{\infty} \dot{A}_k \delta(\Omega - k\Omega_0)$$

$$= \sum_{k=-\infty}^{\infty} \frac{2\sin(k\Omega_0\tau/2)}{k} \delta(\Omega - k\Omega_0) \qquad (3.99)$$

其中，$\Omega_0 = \dfrac{2\pi}{T_0}$ 。当 $T_0 = 2\tau$ 时，$X(j\Omega)$ 如图 3.25 所示。与图 3.3(a)相比较，可以看出它们的区别仅仅是频谱图中的谱线被一个个冲激函数所代替，幅度上相差一个 2π 的因子。

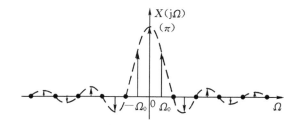

图 3.25   周期方波的傅里叶变换

例 3.6 在信号分析中，一个很重要的周期信号是均匀冲激串

$$x(t) = \sum_{k=-\infty}^{\infty} \delta(t - kT) \qquad (3.100)$$

如图 3.26(a)所示。显然它是周期的，其基波周期为 T 。

将 $x(t)$ 表示为傅里叶级数

$$x(t) = \sum_{k=-\infty}^{\infty} \dot{A}_k e^{jk\Omega_0 t} \qquad (3.101)$$

其中，$\Omega_0 = \dfrac{2\pi}{T}$ ，根据式(3.32)可求得傅里叶级数的系数为

$$\dot{A}_k = \frac{1}{T} \int_{-T/2}^{T/2} \delta(t) e^{-jk\Omega_0 t} dt = \frac{1}{T} \int_{-T/2}^{T/2} \delta(t) dt = \frac{1}{T} \qquad (3.102)$$

因此，该信号的傅里叶变换为

$$X(j\Omega) = \frac{2\pi}{T} \sum_{k=-\infty}^{\infty} \delta\left(\Omega - \frac{2\pi}{T}k\right) \tag{3.103}$$

如图 3.26(b)所示。可见时域一个均匀冲激串的傅里叶变换在频域也是一个均匀冲激串。在时域冲激的间隔 T 越大,则频域的冲激间隔(即基波频率)$2\pi/T$ 就越小。这又一次显示了时域和频域之间的相反关系。

由于建立了周期信号的傅里叶变换,使我们可以将周期信号和非周期信号的表示统一起来,从而可以很方便地把傅里叶分析的方法应用于诸如调制和采样这样一些问题的分析中去。

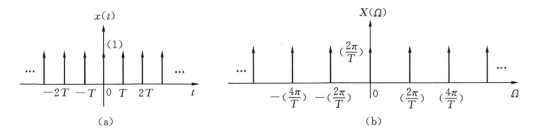

图 3.26　均匀冲激串及其傅里叶变换

3.6　连续时间傅里叶变换的性质

本节我们将讨论连续时间傅里叶变换的重要性质。讨论这些性质的目的在于:通过它们深刻揭示信号的时域描述与其频域描述之间的关系。同时有很多性质对简化傅里叶变换或反变换的求取也是很有用的。此外,由于傅里叶级数与傅里叶变换有密切的关系,我们将会看到,尽管只是对傅里叶变换导出的许多性质,也同样可以直接应用于傅里叶级数。因此,我们不再对傅里叶级数的性质作专门讨论,只在本节最后的附表中列出,以便与傅里叶变换的性质加以对照。

为了方便,我们常常用 $\mathscr{F}\{x(t)\}$ 表示 $X(j\Omega)$,用 $\mathscr{F}^{-1}\{X(j\Omega)\}$ 表示 $x(t)$,或者将 $x(t)$ 和 $X(j\Omega)$ 这一对傅里叶变换对表示为 $x(t) \leftrightarrow X(j\Omega)$。

1. 线性性

若
$$x_1(t) \overset{\mathscr{F}}{\leftrightarrow} X_1(j\Omega) \ ; \quad x_2(t) \overset{\mathscr{F}}{\leftrightarrow} X_2(j\Omega)$$
则有

$$ax_1(t) + bx_2(t) \overset{\mathscr{F}}{\leftrightarrow} aX_1(j\Omega) + bX_2(j\Omega) \tag{3.104}$$

这表明线性组合而成的信号的傅里叶变换,等于各单个信号傅里叶变换的线性组合。线性性质可以直接根据傅里叶变换的定义,即式(3.55)得到证明。

2. 对称性

若 $x(t)$ 是实信号,且 $x(t) \overset{\mathscr{F}}{\leftrightarrow} X(j\Omega)$,则
$$X^*(j\Omega) = X(-j\Omega) \tag{3.105}$$
由式(3.55)可以得到

$$X^*(j\Omega) = \left[\int_{-\infty}^{\infty} x(t)e^{-j\Omega t}dt\right]^* = \int_{-\infty}^{\infty} x^*(t)e^{j\Omega t}dt$$

因为 $x(t)$ 是实信号，所以 $x^*(t) = x(t)$，上式可变为

$$X^*(j\Omega) = \int_{-\infty}^{\infty} x(t)e^{j\Omega t}dt = X(-j\Omega)$$

这一性质在傅里叶级数中也有同样体现，即如果 $x(t)$ 是实周期信号，则有 $\dot{A}_k^* = \dot{A}_{-k}$。

如果将 $X(j\Omega)$ 表示为实部与虚部，即

$$X(j\Omega) = X_R(j\Omega) + jX_I(j\Omega)$$

当 $x(t)$ 是实信号时，由式(3.105)可以得到

$$X_R(j\Omega) = X_R(-j\Omega)$$

$$X_I(j\Omega) = -X_I(-j\Omega)$$

这表明：$X(j\Omega)$ 的实部是 Ω 的偶函数，$X(j\Omega)$ 的虚部是 Ω 的奇函数。

如果将 $X(j\Omega)$ 表示成模和相角，即

$$X(j\Omega) = |X(j\Omega)|e^{j\sphericalangle X(j\Omega)}$$

则可得到 $\qquad |X(j\Omega)| = |X(-j\Omega)|, \qquad \sphericalangle X(j\Omega) = -\sphericalangle X(-j\Omega)$

这表明 $|X(j\Omega)|$ 是 Ω 的偶函数；$\theta(\Omega)$ 是 Ω 的奇函数。

如果 $x(t)$ 不仅是实函数，而且是偶函数，即 $x^*(t) = x(t)$；　$x(t) = x(-t)$，则由式(3.55)有

$$X(j\Omega) = \int_{-\infty}^{\infty} x(t)e^{-j\Omega t}dt = \int_{-\infty}^{\infty} x(-t)e^{-j\Omega t}dt = \int_{-\infty}^{\infty} x(\tau)e^{j\Omega\tau}d\tau = X(-j\Omega)$$

也就是

$$X(j\Omega) = X(-j\Omega) \tag{3.106}$$

这表明 $X(j\Omega)$ 是偶函数，再根据式(3.105)又可得出 $X(j\Omega)$ 是实函数。我们在 3.3 节讨论 $x(t) = e^{-a|t|}$，　$a > 0$ 的傅里叶变换时，已经看到了这一点。用类似方法可以证明当 $x(t)$ 是奇函数，即 $x(t) = -x(-t)$ 时，其傅里叶变换是奇函数，而且是纯虚数。这一点在 3.3 节讨论 $\text{sgn}(t)$ 的傅里叶变换时，也已得到证实。

如果将实信号 $x(t)$ 分解为偶部和奇部，即

$$x(t) = x_e(t) + x_o(t)$$

则由线性性质有

$$\mathscr{F}\{x(t)\} = \mathscr{F}\{x_e(t)\} + \mathscr{F}\{x_o(t)\}$$

由于 $\mathscr{F}\{x_e(t)\}$ 是偶部的傅里叶变换，它应该是实函数；$\mathscr{F}\{x_o(t)\}$ 是奇部的傅里叶变换，它应该是纯虚数。因此对实信号 $x(t)$ 应该有

$$x(t) \overset{\mathscr{F}}{\leftrightarrow} X(j\Omega)$$

$$x_e(t) \overset{\mathscr{F}}{\leftrightarrow} X_R(j\Omega)$$

$$x_o(t) \overset{\mathscr{F}}{\leftrightarrow} jX_I(j\Omega)$$

3. 时移特性

若 $\qquad\qquad\qquad\qquad\qquad x(t) \overset{\mathscr{F}}{\leftrightarrow} X(j\Omega)$

则有

$$x(t - t_0) \overset{\mathscr{F}}{\leftrightarrow} X(j\Omega) e^{-j\Omega t_0} \tag{3.107}$$

根据式 (3.55) 直接对 $x(t - t_0)$ 作傅里叶变换,并采用变量代换 $\tau = t - t_0$,即可得到式 (3.107) 的性质。

时移特性表明信号在时域的时移只会使频谱的相位产生附加的线性相移,而不会影响信号的幅度频谱。

4. 时域微分与积分

若 $x(t)$ 的傅里叶变换是 $X(j\Omega)$,将式 (3.59) 两边对 t 微分,并交换微分与积分的次序可得

$$\frac{\mathrm{d}x(t)}{\mathrm{d}t} = \frac{1}{2\pi} \int_{-\infty}^{\infty} j\Omega X(j\Omega) e^{j\Omega t} \mathrm{d}\Omega$$

也就是

$$\frac{\mathrm{d}x(t)}{\mathrm{d}t} \overset{\mathscr{F}}{\leftrightarrow} j\Omega X(j\Omega) \tag{3.108}$$

这表明对信号在时域进行微分就等效于在频域将它的频谱乘以 $j\Omega$。据此性质可以将时域的微分运算转变成频域的代数运算。这一点在分析由微分方程描述的 LTI 系统时尤为重要。

与微分性质相对应,如果对信号在时域积分则相应有

$$\int_{-\infty}^{t} x(\tau) \mathrm{d}\tau \leftrightarrow \frac{1}{j\Omega} X(j\Omega) + \pi X(0) \delta(\Omega) \tag{3.109}$$

这一性质的证明将在 3.7 节加以介绍。

5. 尺度变换

若

$$x(t) \overset{\mathscr{F}}{\leftrightarrow} X(j\Omega)$$

则有

$$x(at) \overset{\mathscr{F}}{\leftrightarrow} \frac{1}{|a|} X\left(\frac{j\Omega}{a}\right) \tag{3.110}$$

其中 a 是实常数。该性质可以由式 (3.55) 直接证明,即

$$\mathscr{F}\{x(at)\} = \int_{-\infty}^{\infty} x(at) e^{-j\Omega t} \mathrm{d}t$$

经变量代换 $\tau = at$,可得

$$\mathscr{F}\{x(at)\} = \begin{cases} \dfrac{1}{a} \displaystyle\int_{-\infty}^{\infty} x(\tau) e^{-j\frac{\Omega}{a}\tau} \mathrm{d}\tau, & a > 0 \\[3mm] -\dfrac{1}{a} \displaystyle\int_{-\infty}^{\infty} x(\tau) e^{-j\frac{\Omega}{a}\tau} \mathrm{d}\tau, & a < 0 \end{cases}$$

将两种情况综合起来,即是式 (3.110)。

作为特例,如果 $a = -1$,则有

$$x(-t) \overset{\mathscr{F}}{\leftrightarrow} X(-j\Omega) \tag{3.111}$$

尺度变换性质告诉我们,除了一个因子 $1/|a|$ 以外,信号在时域有尺度变换因子 a,则它的频谱在频域相应就有尺度变换因子 $1/a$,反之亦然。这就从理论上说明了时域与频域之间的相反关系。具体地说,对一个脉冲信号,如果脉冲宽度越宽,它的频带就越窄;脉宽减小 a 倍,其带宽就相应增大 a 倍,因此脉宽与带宽的乘积是一个常数。这个常数通常被称为脉宽带

宽积。

6. 对偶性

如果 $x(t)$ 的傅里叶变换为 $X(\mathrm{j}\Omega)$，则根据式(3.59)有

$$x(t) = \frac{1}{2\pi} \int_{-\infty}^{\infty} X(\mathrm{j}\Omega) \mathrm{e}^{\mathrm{j}\Omega t} \,\mathrm{d}\Omega$$

如果把式中的变量 t 和 Ω 交换，则进一步可写成

$$2\pi x(\Omega) = \int_{-\infty}^{\infty} X(\mathrm{j}t) \mathrm{e}^{\mathrm{j}\Omega t} \,\mathrm{d}t$$

这表明，$2\pi x(-\Omega)$ 是 $X(\mathrm{j}t)$ 的傅里叶变换，于是我们看到傅里叶变换在时域和频域之间存在着一种对偶的关系。即

如果 $$x(t) \overset{\mathscr{F}}{\leftrightarrow} X(\mathrm{j}\Omega)$$

则 $$X(\mathrm{j}t) \overset{\mathscr{F}}{\leftrightarrow} 2\pi x(-\Omega) \tag{3.112}$$

这种对偶性我们在 3.3 节已经通过实例有所了解。图 3.27 显示了这种关系。

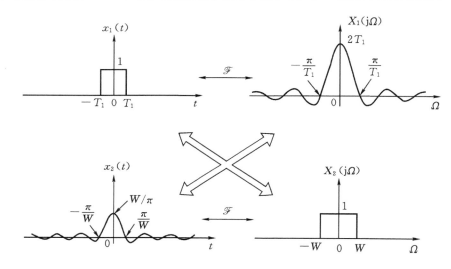

图 3.27　傅里叶变换对偶性的说明

利用对偶性往往可以在求傅里叶变换或反变换时简化计算。

例 3.7　求下面信号的傅里叶变换

$$x(t) = \frac{2}{t^2 + 1} \tag{3.113}$$

如果令 $$\hat{X}(\mathrm{j}\Omega) = \frac{2}{\Omega^2 + 1}$$

则根据式(3.62)可知其反变换应为

$$\hat{x}(t) = \mathrm{e}^{-|t|}$$

通过对偶性即可求得式(3.113)的傅里叶变换为

$$X(\mathrm{j}\Omega) = 2\pi \mathrm{e}^{-|\Omega|}$$

利用对偶性还可以很方便地从傅里叶变换的一些性质，联想或推导出与之对偶的其它性

质。例如,可以由时移特性推出移频特性,由式(3.107)可以得到

$$x(t)e^{j\Omega_0 t} \leftrightarrow X[j(\Omega - \Omega_0)] \qquad (3.114)$$

这一性质的证明如下:

如果
$$x(t) \overset{\mathscr{F}}{\leftrightarrow} X(j\Omega)$$

则有
$$X(jt) \overset{\mathscr{F}}{\leftrightarrow} 2\pi x(-\Omega)$$

根据式(3.107)有

$$X[j(t - t_0)] \overset{\mathscr{F}}{\leftrightarrow} 2\pi x(-\Omega)e^{-j\Omega t_0}$$

再次利用对偶性有

$$2\pi x(-t)e^{-j\Omega_0 t} \leftrightarrow 2\pi X[j(-\Omega - \Omega_0)]$$

由式(3.111),我们有 $x(-t) \leftrightarrow X(-j\Omega)$,于是得到

$$x(t)e^{j\Omega_0 t} \overset{\mathscr{F}}{\leftrightarrow} X[j(\Omega - \Omega_0)]$$

用同样方法,可以从时域微分特性推出频域微分特性;从时域积分特性推出频域积分特性等等。分别表示为式(3.115),式(3.116)

$$-jtx(t) \overset{\mathscr{F}}{\leftrightarrow} \frac{dX(j\Omega)}{d\Omega} \qquad (3.115)$$

$$-\frac{1}{jt}x(t) + \pi x(0)\delta(t) \overset{\mathscr{F}}{\leftrightarrow} \int_{-\infty}^{\Omega} X(j\tau)d\tau \qquad (3.116)$$

7. 帕斯瓦尔(Parseval)定理

如果 $x(t)$ 的傅里叶变换是 $X(j\Omega)$,则有

$$\int_{-\infty}^{\infty} |x(t)|^2 dt = \frac{1}{2\pi} \int_{-\infty}^{\infty} |X(j\Omega)|^2 d\Omega \qquad (3.117)$$

这个定理可证明如下:

$$\int_{-\infty}^{\infty} |x(t)|^2 dt = \int_{-\infty}^{\infty} x(t)x^*(t)dt$$

$$= \frac{1}{2\pi} \int_{-\infty}^{\infty} x(t)\left[\int_{-\infty}^{\infty} X^*(j\Omega)e^{-j\Omega t} d\Omega\right]dt$$

交换上式右边的积分次序有

$$\int_{-\infty}^{\infty} |x(t)|^2 dt = \frac{1}{2\pi} \int_{-\infty}^{\infty} X^*(j\Omega)\left[\int_{-\infty}^{\infty} x(t)e^{-j\Omega t} dt\right]d\Omega$$

$$= \frac{1}{2\pi} \int_{-\infty}^{\infty} X^*(j\Omega)X(j\Omega)d\Omega$$

$$= \frac{1}{2\pi}\left[\int_{-\infty}^{\infty} |X(j\Omega)|^2 d\Omega\right]$$

帕斯瓦尔定理表明,信号拥有的能量既可以在时域求得,也可以在整个频率范围内对其频谱在单位频率上的能量 $|X(j\Omega)|^2/2\pi$ 积分而求得。$|X(j\Omega)|^2$ 称为信号的**能量谱密度**。

对周期信号也有相应的帕斯瓦尔定理。但由于周期信号的能量是无限的,因而帕斯瓦尔定理的形式有所不同。可以证明对周期信号有

$$\frac{1}{T_0} \int_{T_0} |x(t)|^2 dt = \sum_{k=-\infty}^{\infty} |\dot{A}_k|^2 \qquad (3.118)$$

其中：T_0 是信号的周期；$\dot{A}_k$ 是 $x(t)$ 的傅里叶级数系数。式(3.118)表明对周期信号在时域求得的平均功率等于在频域求得的功率。因此也将 $|\dot{A}_k|^2$ 称为周期信号的**功率谱**。这个定理的证明已在 3.2.6 中作了介绍。

8. 卷积特性

如果
$$x_1(t) \overset{\mathscr{F}}{\leftrightarrow} X_1(j\Omega) , \quad x_2(t) \overset{\mathscr{F}}{\leftrightarrow} X_2(j\Omega) ,$$

则有
$$x_1(t) * x_2(t) \overset{\mathscr{F}}{\leftrightarrow} X_1(j\Omega) X_2(j\Omega) \tag{3.119}$$

令 $x(t) = x_1(t) * x_2(t)$，对 $x(t)$ 直接作傅里叶变换，有

$$X(j\Omega) = \int_{-\infty}^{\infty} \left[\int_{-\infty}^{\infty} x_1(\tau) x_2(t-\tau) \,\mathrm{d}\tau \right] \mathrm{e}^{-j\Omega t} \,\mathrm{d}t$$

交换上式中的积分次序，可得

$$X(j\Omega) = \int_{-\infty}^{\infty} x_1(\tau) \,\mathrm{d}\tau \left[\int_{-\infty}^{\infty} x_2(t-\tau) \mathrm{e}^{-j\Omega t} \,\mathrm{d}t \right]$$

利用时移特性，则上式变为

$$X(j\Omega) = \int_{-\infty}^{\infty} x_1(\tau) X_2(j\Omega) \mathrm{e}^{-j\Omega \tau} \,\mathrm{d}\tau = X_1(j\Omega) X_2(j\Omega)$$

这就证明了式(3.119)的卷积特性。

卷积特性可将时域里的卷积运算转变为频域里的代数运算，为我们在频域分析 LTI 系统提供了理论依据。

9. 调制特性

利用傅里叶变换的对偶性，我们可以从卷积特性推出与之对偶的调制特性。

根据对偶性，如果 $x_1(t) \overset{\mathscr{F}}{\leftrightarrow} X_1(j\Omega)$，$x_2(t) \overset{\mathscr{F}}{\leftrightarrow} X_2(j\Omega)$，则有

$$X_1(jt) \overset{\mathscr{F}}{\leftrightarrow} 2\pi x_1(-\Omega) , \quad X_2(jt) \overset{\mathscr{F}}{\leftrightarrow} 2\pi x_2(-\Omega)$$

利用卷积特性，可得到

$$X_1(jt) * X_2(jt) \overset{\mathscr{F}}{\leftrightarrow} 4\pi^2 x_1(-\Omega) x_2(-\Omega)$$

再根据对偶关系，有

$$4\pi^2 x_1(-t) x_2(-t) \overset{\mathscr{F}}{\leftrightarrow} 2\pi X_1(-j\Omega) * X_2(-j\Omega)$$

由于 $x_1(-t) \overset{\mathscr{F}}{\leftrightarrow} X_1(-j\Omega)$，$x_2(-t) \overset{\mathscr{F}}{\leftrightarrow} X_2(-j\Omega)$ 我们可得到

$$x_1(t) x_2(t) \overset{\mathscr{F}}{\leftrightarrow} \frac{1}{2\pi} X_1(j\Omega) * X_2(j\Omega) \tag{3.120}$$

式(3.120)就是傅里叶变换的调制特性，也称频域卷积特性。调制特性在通信领域有重要的应用，我们将在第 5 章作进一步的介绍。

为了查阅方便，我们将傅里叶变换的性质以及常用信号的傅里叶变换对分别列于表 3.2,和表 3.3 中。

表 3.2　连续时间傅里叶变换的性质

性　质	非周期信号	傅里叶变换
	$x(t)$	$X(j\Omega) = X_R(j\Omega) + jX_I(j\Omega) = \mid X(j\Omega) \mid e^{j \angle X(j\Omega)}$
	$y(t)$	$Y(j\Omega) = Y_R(j\Omega) + jY_I(j\Omega) = \mid Y(j\Omega) \mid e^{j \angle Y(j\Omega)}$
线性特性	$ax(t) + by(t)$	$aX(j\Omega) + bY(j\Omega)$
时移特性	$x(t - t_0)$	$X(j\Omega) e^{-j\Omega_0}$
移频特性	$x(t) e^{j\Omega_0 t}$	$X[j(\Omega - \Omega_0)]$
共轭对称性	$x^*(t)$	$X^*(-j\Omega)$
时域尺度变换	$x(at)$	$\dfrac{1}{\mid a \mid} X\left(\dfrac{j\Omega}{a}\right)$
时域反转	$x(-t)$	$X(-j\Omega)$
卷积特性	$x(t) * y(t)$	$X(j\Omega)Y(j\Omega)$
相乘特性	$x(t)y(t)$	$\dfrac{1}{2\pi} X(j\Omega) * Y(j\Omega)$
时域微分	$\mathrm{d}x(t)/\mathrm{d}t$	$j\Omega X(j\Omega)$
时域积分	$\displaystyle\int_{\infty}^{t} x(\tau)\mathrm{d}\tau$	$\dfrac{1}{j\Omega} X(j\Omega) + \pi X(0)\delta(\Omega)$
频域微分	$tx(t)$	$j\dfrac{\mathrm{d}}{\mathrm{d}\Omega} X(j\Omega)$
对偶性		$x(t) \overset{\mathscr{F}}{\leftrightarrow} X(j\Omega)$ $X(jt) \overset{\mathscr{F}}{\leftrightarrow} 2\pi x(-\Omega)$
$x(t)$ 为实信号		$\begin{cases} X(j\Omega) = X^*(-j\Omega) \\ \mathrm{Re}[X(j\Omega)] = \mathrm{Re}[X(-j\Omega)] \\ \mathrm{Im}[X(j\Omega)] = -\mathrm{Im}[X(-j\Omega)] \\ \mid X(j\Omega) \mid = \mid X(-j\Omega) \mid \\ \angle X(j\Omega) = -\angle X(-j\Omega) \end{cases}$
$x(t)$ 为实信号 $x_e(t) = E_v\{x(t)\}$ $x_o(t) = O_d\{x(t)\}$		$\mathrm{Re}[X(j\Omega)]$ $j\mathrm{Im}[X(j\Omega)]$
帕斯瓦尔定理 $\displaystyle\int_{-\infty}^{\infty} \mid x(t) \mid^2 \mathrm{d}t = \dfrac{1}{2\pi} \int_{-\infty}^{\infty} \mid X(j\Omega) \mid^2 \mathrm{d}\Omega$		

表 3.3　常用信号的傅里叶变换对

信号	傅里叶变换
$e^{-at}u(t)$，$\quad a>0$	$\dfrac{1}{a+j\Omega}$
$e^{-a|t|}$，$\quad a>0$	$\dfrac{2a}{a^2+\Omega^2}$
$x(t)=1$	$2\pi\delta(\Omega)$
$\delta(t)$	1
$u(t)$	$\pi\delta(\Omega)+\dfrac{1}{j\Omega}$
$x(t)=\begin{cases}1,&\|t\|<\tau/2\\0,&\|t\|>\tau/2\end{cases}$	$\dfrac{2\sin(\Omega\tau/2)}{\Omega}=\tau\mathrm{sinc}\left(\dfrac{\Omega\tau/2}{\pi}\right)$
$\mathrm{sgn}(t)$	$\dfrac{2}{j\Omega}$
$\sin\Omega_0 t$	$\dfrac{\pi}{j}\left[\delta(\Omega-\Omega_0)-\delta(\Omega+\Omega_0)\right]$
$\cos\Omega_0 t$	$\pi\left[\delta(\Omega-\Omega_0)+\delta(\Omega+\Omega_0)\right]$
$\displaystyle\sum_{n=-\infty}^{\infty}\delta(t-nT)$	$\dfrac{2\pi}{T}\displaystyle\sum_{k=-\infty}^{\infty}\delta\left(\Omega-\dfrac{2\pi}{T}k\right)$
$e^{j\Omega_0 t}$	$2\pi\delta(\Omega-\Omega_0)$
$\displaystyle\sum_{k=-\infty}^{\infty}\dot{A}_k e^{jk\Omega_0 t}$	$2\pi\displaystyle\sum_{k=-\infty}^{\infty}\dot{A}_k\delta(\Omega-k\Omega_0)$
周期性方波 $x(t)=\begin{cases}1,&\|t\|<\tau/2\\0,&\tau/2<\|t\|\leqslant T_0/2\end{cases}$ $x(t+T_0)=x(t)$	$\displaystyle\sum_{k=-\infty}^{\infty}\dfrac{2\sin(k\Omega_0\tau/2)}{k}\delta(\Omega-k\Omega_0)$，$(\Omega_0=2\pi/T_0)$
$\dfrac{\sin Wt}{\pi t}=\dfrac{W}{\pi}\mathrm{sinc}\left(\dfrac{Wt}{\pi}\right)$	$X(j\Omega)=\begin{cases}1,&\|\Omega\|<W\\0,&\|\Omega\|>W\end{cases}$
$te^{-at}u(t)$，$\quad\mathrm{Re}\{a\}>0$	$\dfrac{1}{(a+j\Omega)^2}$
$\dfrac{t^{n-1}}{(n-1)!}e^{-at}u(t)$，$\quad\mathrm{Re}\{a\}>0$	$\dfrac{1}{(a+j\Omega)^n}$

3.7　连续时间 LTI 系统的频域分析

3.7.1　连续时间 LTI 系统的频域分析

在上一节讨论傅里叶变换的性质时,我们已经指出:傅里叶变换的卷积特性为我们在频域分析 LTI 系统提供了理论依据。这是因为,如果 LTI 系统的单位冲激响应为 $h(t)$,系统的输入信号为 $x(t)$,根据时域分析的方法,系统的输出响应 $y(t)$ 为

$$y(t) = x(t) * h(t) = \int_{-\infty}^{\infty} x(\tau) h(t - \tau) \mathrm{d}\tau \tag{3.121}$$

根据傅里叶变换的卷积特性，在频域就有

$$Y(\mathrm{j}\Omega) = X(\mathrm{j}\Omega) H(\mathrm{j}\Omega) \tag{3.122}$$

其中：$Y(\mathrm{j}\Omega) = \mathscr{F}\{y(t)\}$；　$X(\mathrm{j}\Omega) = \mathscr{F}\{x(t)\}$；　$H(\mathrm{j}\Omega) = \mathscr{F}\{h(t)\}$。

因此，只要我们作出 $x(t)$ 和 $h(t)$ 的傅里叶变换，即可按式（3.122）求得 $Y(\mathrm{j}\Omega)$，再对 $Y(\mathrm{j}\Omega)$ 作傅里叶反变换即可求得输出响应 $y(t)$。这就是对连续时间 LTI 系统进行频域分析的基本过程。

从物理意义上讲，之所以对 LTI 系统可以在频域进行分析的本质原因是因为复指数信号是一切 LTI 系统的特征函数。当我们把输入信号 $x(t)$ 表示成复指数信号的线性组合时，系统对每一个复指数信号产生的响应只是给该复指数信号加权了一个相应的特征值。由于

$$x(t) = \frac{1}{2\pi} \int_{-\infty}^{\infty} X(\mathrm{j}\Omega) \mathrm{e}^{\mathrm{j}\Omega t} \mathrm{d}\Omega = \lim_{\Omega_0 \to 0} \frac{1}{2\pi} \sum_{k=-\infty}^{\infty} X(\mathrm{j}k\Omega_0) \mathrm{e}^{\mathrm{j}k\Omega_0 t} \Omega_0 \tag{3.123}$$

$$H(\mathrm{j}k\Omega_0) = \int_{-\infty}^{\infty} h(t) \mathrm{e}^{-\mathrm{j}k\Omega_0 t} \mathrm{d}t \tag{3.124}$$

根据 LTI 系统的齐次性与可加性，则有

$$\frac{1}{2\pi} \sum_{k=-\infty}^{\infty} X(\mathrm{j}k\Omega_0) \mathrm{e}^{\mathrm{j}k\Omega_0 t} \Omega_0 \rightarrow \frac{1}{2\pi} \sum_{k=-\infty}^{\infty} X(\mathrm{j}k\Omega_0) H(\mathrm{j}k\Omega_0) \mathrm{e}^{\mathrm{j}k\Omega_0 t} \Omega_0$$

因此，该系统对 $x(t)$ 的响应为

$$y(t) = \lim_{\Omega_0 \to 0} \frac{1}{2\pi} \sum_{k=-\infty}^{\infty} X(\mathrm{j}k\Omega_0) H(\mathrm{j}k\Omega_0) \mathrm{e}^{\mathrm{j}k\Omega_0 t} \Omega_0$$

$$= \frac{1}{2\pi} \int_{-\infty}^{\infty} X(\mathrm{j}\Omega) H(\mathrm{j}\Omega) \mathrm{e}^{\mathrm{j}\Omega t} \mathrm{d}\Omega$$

这就表明了 $y(t)$ 的傅里叶变换为

$$Y(\mathrm{j}\Omega) = X(\mathrm{j}\Omega) H(\mathrm{j}\Omega)$$

在频域分析 LTI 系统，其基本步骤如下：

（1）对系统的输入信号 $x(t)$ 进行傅里叶变换，得到 $X(\mathrm{j}\Omega)$；

（2）根据系统的描述，确定系统的频率响应 $H(\mathrm{j}\Omega)$；

（3）由 $Y(\mathrm{j}\Omega) = X(\mathrm{j}\Omega) H(\mathrm{j}\Omega)$ 得到 $Y(\mathrm{j}\Omega)$；

（4）对 $Y(\mathrm{j}\Omega)$ 作反变换得到系统的响应 $y(t)$。

例 3.8　傅里叶变换时域积分特性的证明。

因为

$$y(t) = \int_{-\infty}^{t} x(\tau) \mathrm{d}\tau = x(t) * u(t)$$

$$u(t) \overset{\mathscr{F}}{\leftrightarrow} \pi\delta(\Omega) + \frac{1}{\mathrm{j}\Omega} = U(\mathrm{j}\Omega)$$

由卷积特性可得到

$$Y(\mathrm{j}\Omega) = X(\mathrm{j}\Omega) U(\mathrm{j}\Omega) = X(\mathrm{j}\Omega) \left[\pi\delta(\Omega) + \frac{1}{\mathrm{j}\Omega} \right]$$

$$= \frac{1}{\mathrm{j}\Omega} X(\mathrm{j}\Omega) + \pi X(0) \delta(\Omega)$$

即
$$\int_{-\infty}^{t} x(\tau)\mathrm{d}\tau \overset{\mathscr{F}}{\longleftrightarrow} \frac{1}{\mathrm{j}\Omega}X(\mathrm{j}\Omega) + \pi X(0)\delta(\Omega)$$

例 3.9　如果某 LTI 系统的单位冲激响应为
$$h(t) = \mathrm{e}^{-at}u(t),\quad a > 0$$

系统的输入为
$$x(t) = \mathrm{e}^{-bt}u(t),\quad b > 0$$

我们可以求出它们的傅里叶变换分别为
$$X(\mathrm{j}\Omega) = \frac{1}{b + \mathrm{j}\Omega},\qquad H(\mathrm{j}\Omega) = \frac{1}{a + \mathrm{j}\Omega}$$

因此,由卷积特性可得
$$Y(\mathrm{j}\Omega) = X(\mathrm{j}\Omega)H(\mathrm{j}\Omega) = \frac{1}{(a + \mathrm{j}\Omega)(b + \mathrm{j}\Omega)} \tag{3.125}$$

为了求 $Y(\mathrm{j}\Omega)$ 的反变换,通常最简单的办法是将其展开成部分分式,然后利用常用的变换对和傅里叶变换的性质得到 $y(t)$。因此熟练地掌握常用的变换对和灵活运用傅里叶变换的性质,对在频域分析 LTI 系统往往具有关键性的作用。

将式(3.125)展开成部分分式有
$$Y(\mathrm{j}\Omega) = \frac{A}{a + \mathrm{j}\Omega} + \frac{B}{b + \mathrm{j}\Omega}$$

显然有
$$A = Y(\mathrm{j}\Omega)(a + \mathrm{j}\Omega)\big|_{\mathrm{j}\Omega = -a}$$
$$B = Y(\mathrm{j}\Omega)(b + \mathrm{j}\Omega)\big|_{\mathrm{j}\Omega = -b}$$

据此可求得
$$A = \frac{1}{b - a},\qquad B = \frac{1}{a - b}$$

在 $a \neq b$ 的情况下,系统的输出响应为
$$y(t) = \frac{1}{b - a}(\mathrm{e}^{-at} - \mathrm{e}^{-bt})u(t)$$

如果 $a = b$,则式(3.125)变为
$$Y(\mathrm{j}\Omega) = \frac{1}{(a + \mathrm{j}\Omega)^2}$$

根据表 3.3 中的常用变换对,可得
$$y(t) = t\mathrm{e}^{-at}u(t)$$

例 3.10　已知某 LTI 系统的单位冲激响应为
$$h(t) = \mathrm{e}^{-t}u(t)$$

系统的输入 $x(t)$ 为
$$x(t) = \sum_{k=-3}^{3} \dot{A}_k \mathrm{e}^{\mathrm{j}2\pi kt}$$

其中:$\dot{A}_0 = 1$,　$\dot{A}_1 = \dot{A}_{-1} = \dfrac{1}{4}$,　$\dot{A}_2 = \dot{A}_{-2} = \dfrac{1}{2}$,　$\dot{A}_3 = \dot{A}_{-3} = \dfrac{1}{3}$。

此时,$x(t)$ 显然是周期为 2π 的周期信号。由于对 $h(t)$ 和 $x(t)$ 分别作傅里叶变换可得
$$H(\mathrm{j}\Omega) = \frac{1}{1 + \mathrm{j}\Omega}$$

$$X(\mathrm{j}\Omega) = 2\pi \sum_{k=-3}^{3} \dot{A}_k \delta(\Omega - 2\pi k)$$

因此有

$$Y(\mathrm{j}\Omega) = X(\mathrm{j}\Omega)H(\mathrm{j}\Omega) = 2\pi \sum_{k=-3}^{3} \dot{A}_k H(\mathrm{j}2\pi k)\delta(\Omega - 2\pi k)$$

$$= \sum_{k=-3}^{3} \left(\frac{2\pi \dot{A}_k}{1 + \mathrm{j}2\pi k}\right)\delta(\Omega - 2\pi k)$$

对 $Y(\mathrm{j}\Omega)$ 逐项做反变换就可得到 $y(t)$ 的傅里叶级数表示式：

$$y(t) = \sum_{K=-3}^{3} \left(\frac{\dot{A}_k}{1 + \mathrm{j}2\pi k}\right) \mathrm{e}^{\mathrm{j}2\pi kt}$$

当然,该题也可用周期信号经 LTI 系统后的输出仍为一个周期信号,其傅里叶级数的系数为 $A_k H(\mathrm{j}k\Omega_0)$。所以系统的输出 $y(t)$ 为

$$y(t) = \sum_{K=-3}^{3} A_k \left(\frac{1}{1 + \mathrm{j}2\pi k}\right) \mathrm{e}^{\mathrm{j}2\pi kt}$$

3.7.2　LTI 系统的频率响应

从 LTI 系统频域分析方法的讨论中不难看出,系统单位冲激响应 $h(t)$ 的傅里叶变换 $H(\mathrm{j}\Omega)$ 在本质上反映了频率为 Ω 的复指数信号通过 LTI 系统时,系统对信号的复振幅所产生的影响。由于 $H(\mathrm{j}\Omega)$ 反映了 LTI 系统对不同频率的复指数信号所起的作用,因而称 $H(\mathrm{j}\Omega)$ 为系统的**频率特性或频率响应**。因为 $H(\mathrm{j}\Omega)$ 与 $h(t)$ 是一对傅里叶变换,因此在 LTI 系统分析中,$H(\mathrm{j}\Omega)$ 当然应该与 $h(t)$ 具有同样的重要作用。换句话说,$H(\mathrm{j}\Omega)$ 应该能够完全表征一个 LTI 系统,系统的许多重要特性应该在 $H(\mathrm{j}\Omega)$ 中得到反映。比如在第 2 章我们知道,两个 LTI 系统级联时,总的单位冲激响应等于每个子系统单位冲激响应的卷积,系统级联的次序可以交换;当两个 LTI 系统并联时,总的单位冲激响应等于每个系统单位冲激响应相加。当我们用频率响应 $H(\mathrm{j}\Omega)$ 来表征系统时,必然会得到两个 LTI 系统级联时,总系统的频率响应等于每个子系统频率响应的乘积,当然交换级联的次序也不会影响总的频率响应。当两个 LTI 系统并联时,总的频率响应等于每个子系统的频率响应相加。

用系统的频率响应表征 LTI 系统,首先必须保证该系统单位冲激响应的傅里叶变换存在。从第 2 章的讨论知道,如果一个 LTI 系统是稳定的,该系统的单位冲激响应 $h(t)$ 一定绝对可积,即

$$\int_{-\infty}^{\infty} |h(t)|\,\mathrm{d}t < \infty \tag{3.126}$$

这就是狄里赫利条件中的第一条。考虑到所有物理可实现的系统其单位冲激响应都满足狄里赫利用条件的另外两条,因而物理可实现的稳定系统的频率响应一定存在。也就是说,在用频率响应表征 LTI 系统时,将只局限于对稳定系统的描述。

LTI 系统的频率响应可以通过对系统的单位冲激响应进行傅里叶变换而得到。对于由线性常系数微分方程描述的 LTI 系统,我们还可以很简单地直接从方程求出 $H(\mathrm{j}\Omega)$。当需要得到系统的单位冲激响应时,则通过对 $H(\mathrm{j}\Omega)$ 作反变换求得 $h(t)$。

一般的线性常系数微分方程可表示为

$$\sum_{k=0}^{N} a_k \frac{\mathrm{d}^k y(t)}{\mathrm{d}t^k} = \sum_{k=0}^{M} b_k \frac{\mathrm{d}^k x(t)}{\mathrm{d}t^k} \tag{3.127}$$

对式(3.127)两边作傅里叶变换,并利用时域微分特性可得到

$$\sum_{k=0}^{N} a_k (\mathrm{j}\Omega)^k Y(\mathrm{j}\Omega) = \sum_{k=0}^{M} b_k (\mathrm{j}\Omega)^k X(\mathrm{j}\Omega) \tag{3.128}$$

式中 $Y(\mathrm{j}\Omega)$, $X(\mathrm{j}\Omega)$ 分别是 $y(t)$ 和 $x(t)$ 的傅里叶变换。由于

$$Y(\mathrm{j}\Omega) = X(\mathrm{j}\Omega) H(\mathrm{j}\Omega)$$

因此,系统的频率响应为

$$H(\mathrm{j}\Omega) = \frac{Y(\mathrm{j}\Omega)}{X(\mathrm{j}\Omega)}$$

由式(3.128)可得出式(3.127)所描述的 LTI 系统的频率响应为

$$H(\mathrm{j}\Omega) = \frac{Y(\mathrm{j}\Omega)}{X(\mathrm{j}\Omega)} = \frac{\displaystyle\sum_{k=0}^{M} b_k (\mathrm{j}\Omega)^k}{\displaystyle\sum_{k=0}^{N} a_k (\mathrm{j}\Omega)^k} \tag{3.129}$$

从式(3.129)可以看出 $H(\mathrm{j}\Omega)$ 是一个关于 $\mathrm{j}\Omega$ 的有理函数,它的分子和分母都是关于 $\mathrm{j}\Omega$ 的多项式。与式(3.127)比较,可以发现分子多项式各项的系数对应于微分方程右边各项的系数;分母多项式各项的系数对应于微分方程左边各项的系数。注意到这一规律,我们就可以从线性常系数微分方程直接写出该系统的频率响应。

例 3.11　某 LTI 系统由下列微分方程描述,系统最初是松弛的。

$$\frac{\mathrm{d}^2 y(t)}{\mathrm{d}t^2} + 3\frac{\mathrm{d}y(t)}{\mathrm{d}t} + 2y(t) = \frac{\mathrm{d}x(t)}{\mathrm{d}t} + 3x(t)$$

根据式(3.129)可直接写出该系统的频率响应为

$$H(\mathrm{j}\Omega) = \frac{\mathrm{j}\Omega + 3}{(\mathrm{j}\Omega)^2 + 3(\mathrm{j}\Omega) + 2} \tag{3.130}$$

如果要求出该系统的单位冲激响应 $h(t)$,则只需对 $H(\mathrm{j}\Omega)$ 作反变换。为此,将 $H(\mathrm{j}\Omega)$ 展开为部分分式

$$H(\mathrm{j}\Omega) = \frac{\mathrm{j}\Omega + 3}{(\mathrm{j}\Omega + 1)(\mathrm{j}\Omega + 2)} = \frac{A}{\mathrm{j}\Omega + 1} + \frac{B}{\mathrm{j}\Omega + 2}$$

$$A = H(\mathrm{j}\Omega)(\mathrm{j}\Omega + 1)\big|_{\mathrm{j}\Omega = -1} = 2$$

$$B = H(\mathrm{j}\Omega)(\mathrm{j}\Omega + 2)\big|_{\mathrm{j}\Omega = -2} = -1$$

于是有:

$$H(\mathrm{j}\Omega) = \frac{2}{\mathrm{j}\Omega + 1} - \frac{1}{\mathrm{j}\Omega + 2}$$

$$h(t) = 2\mathrm{e}^{-t} u(t) - \mathrm{e}^{-2t} u(t)$$

对于由方框图描述的 LTI 系统,可以根据方框图写出与其对应的微分方程,进而由微分方程写出系统的频率响应,也可以通过对方框图输入端和输出端的加法器分别列方程而求得频率响应。我们用例子来加以说明。

例 3.12　某连续时间 LTI 系统由图 3.28 所示的方框图描述,已知系统是稳定的,求出该系统的频率响应 $H(\mathrm{j}\Omega)$ 。

根据第 2 章讨论过的方框图与微分方程的对应关系可以由方框图写出与其对应的微分方

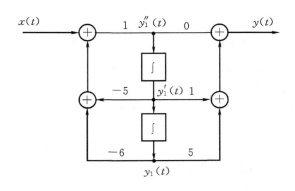

图 3.28　例 3.12 中系统的方框图

程为

$$y''(t) + 5y'(t) + 6y(t) = x'(t) + 5x(t)$$

因此,系统的频率响应为

$$H(\mathrm{j}\Omega) = \frac{\mathrm{j}\Omega + 5}{(\mathrm{j}\Omega)^2 + 5\mathrm{j}\Omega + 6}$$

也可以通过对方框图输入端和输出端的加法器列方程求得系统对应的频率响应。为此,在最后一个积分器的输出端设中间变量 $y_1(t)$,于是在各个积分器处都可以标出相应的中间量 $y_1{}'(t)$,$y''_1(t)$。

对输出端加法器可列出方程　　$y(t) = y'_1(t) + 5y_1(t)$ 　　　　　　　　　　(3.131)

对输入端加法器可列出方程　　$y''(t) = x(t) - 5y'_1(t) - 6y_1(t)$

该方程也可写为　　　　　　　$x(t) = y''(t) + 5y'_1(t) + 6y_1(t)$ 　　　　　(3.132)

对方程(3.131)和方程(3.132)作傅里叶变换,可得

$$Y(\mathrm{j}\Omega) = (\mathrm{j}\Omega + 5)Y_1(\mathrm{j}\Omega)$$

$$X(\mathrm{j}\Omega) = \left[(\mathrm{j}\Omega)^2 + 5(\mathrm{j}\Omega) + 6\right]Y_1(\mathrm{j}\Omega)$$

很容易得出　　　　　　$H(\mathrm{j}\Omega) = \dfrac{Y(\mathrm{j}\Omega)}{X(\mathrm{j}\Omega)} = \dfrac{\mathrm{j}\Omega + 5}{(\mathrm{j}\Omega)^2 + 5(\mathrm{j}\Omega) + 6}$

显然,图 3.28 也可以表示为如图 3.29 的形式。

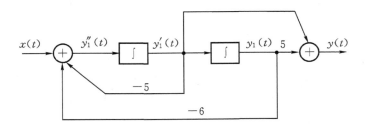

图 3.29　图 3.28 的另一种形式

习　题

3.1　由于复指数函数是 LTI 系统的特征函数,因此傅里叶分析法在连续时间 LTI 系统分析中具有重要价值。在正文中已经指出:尽管某些 LTI 系统可能有另外的特征函数,但复指数信号是唯一能够成为一切 LTI 系统特征函数的信号。在本题中,我们将验证这一结论。

(a)对单位冲激响应 $h(t) = \delta(t)$ 的 LTI 系统,指出其特征函数,并确定相应的特征值。

(b)如果一个 LTI 系统的单位冲激响应为 $h(t) = \delta(t - T)$,找出一个信号,该信号不具有 $e^{\alpha t}$ 的形式,但却是该系统的特征函数,且特征值为 1。再找出另外两个特征函数,它们的特征值分别是 $\frac{1}{2}$ 和 2,但却不是复指数函数。

提示:可以找出满足这些要求的冲激串。

(c)如果一个稳定的 LTI 系统的冲激响应 $h(t)$ 是实、偶函数,证明 $\cos\Omega t$ 和 $\sin\Omega t$ 是该系统的特征函数。

(d)对冲激响应为 $h(t) = u(t)$ 的 LTI 系统,假如 $\phi(t)$ 是它的特征函数,其特征值为 λ,确定 $\phi(t)$ 应满足的微分方程,并解出 $\phi(t)$。

此题各部分的结果就验证了正文中指出的结论。

3.2　求下列信号的傅里叶级数表示式。

(a) $x(t) = \cos 4t + \sin 6t$

(b) $x(t)$ 是以 2 为周期的信号,且 $x(t) = e^{-t}$，$-1 < t < 1$

(c) $x(t)$ 如图 P3.2(a)所示。　　(d) $x(t)$ 如图 P3.2(b)所示。

(e) $x(t)$ 如图 P3.2(c)所示。　　(f) $x(t)$ 如图 P3.2(d)所示。

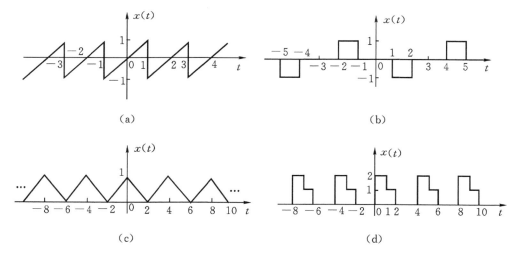

图 P3.2

3.3　一个周期信号 $x(t)$ 由下式给出:

$$x(t) = 3 + \sqrt{3}\cos 2t + \sin 2t + \sin 3t - \frac{1}{2}\cos\left(5t + \frac{\pi}{3}\right)$$

　　　根据傅里叶级数的系数绘出该信号的幅度频谱和相位频谱。

3.4　(a)证明：以 T 为周期的信号 $x(t)$ 如果是偶信号，即 $x(t) = x(-t)$，则其三角函数形式
　　　的傅里叶级数表示式中只含有余弦分量；如果 $x(t)$ 是奇信号，即 $x(t) = -x(-t)$，
　　　则其三角函数形式的傅里叶级数中只含有正弦分量。

　　　(b)如果以 T 为周期的信号 $x(t)$ 同时满足

$$x(t) = x\left(t - \frac{T}{2}\right)$$

　　　则称 $x(t)$ 为**偶谐信号**；如果同时满足

$$x(t) = -x\left(t - \frac{T}{2}\right)$$

　　　则称 $x(t)$ 为**奇谐信号**。证明偶谐信号的傅里叶级数中只包含偶次谐波；奇谐信号
　　　的傅里叶级数中只包含奇次谐波。

　　　(c)如果 $x(t)$ 是周期为 2 的奇谐信号，且 $x(t) = t$，　$0 < t < 1$，画出 $x(t)$ 的波形，并求
　　　出它的傅里叶级数系数。

3.5　假如图 P3.5 所示的信号 $x(t)$ 和 $z(t)$ 有如下三角函数形式的傅里叶级数表示式

$$x(t) = a_0 + 2\sum_{k=1}^{\infty}\left[B_k\cos\left(\frac{2\pi kt}{3}\right) - C_k\sin\left(\frac{2\pi kt}{3}\right)\right]$$

$$z(t) = d_0 + 2\sum_{k=1}^{\infty}\left[E_k\cos\left(\frac{2\pi kt}{3}\right) - F_k\sin\left(\frac{2\pi kt}{3}\right)\right]$$

画出信号

$$y(t) = 4(a_0 + d_0) + 2\sum_{k=1}^{\infty}\left[\left(B_k + \frac{1}{2}E_k\right)\sum_{k=1}^{\infty}\cos\left(\frac{2\pi kt}{3}\right) + F_k\sin\left(\frac{2\pi kt}{3}\right)\right]$$

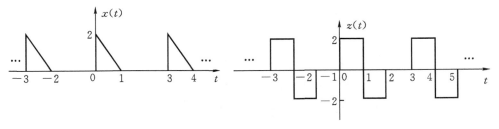

图 P3.5

3.6　设 $x(t)$ 是一个周期信号，其基波周期为 T_0，傅里叶级数的系数为 $\dot{A}_k$，用 $\dot{A}_k$ 表示下列
　　　信号的傅里叶级数系数。此题证明了表 3.1 中所列的傅里叶级数的有关性质。

　　　(a) $x(t - t_0)$　　　　　　　　　　(b) $x(-t)$

　　　(c) $x^*(t)$　　　　　　　　　　　(d) $\int_{-\infty}^{t} x(\tau)\,\mathrm{d}\tau$，(假设 $\dot{A}_0 = 0$)

　　　(e) $\dfrac{\mathrm{d}x(t)}{\mathrm{d}t}$　　　　　　　　　　(f) $x(at)$，$a > 0$，(要先确定该信号的周期)

3.7　已知某周期信号的前四分之一周期的波形如图 P3.7 所示。就下列情况画出一个周期
　　　($0 < t < T$)内完整的波形。

(a) $x(t)$ 是偶函数,只含有偶次谐波。

(b) $x(t)$ 是偶函数,只含有奇次谐波。

(c) $x(t)$ 是偶函数,含有奇次和偶次谐波。

提示:此题的答案不是唯一的。

(d) $x(t)$ 是奇函数,只含有偶次谐波。

(e) $x(t)$ 是奇函数,只含有奇次谐波。

(f) $x(t)$ 是奇函数,含有偶次和奇次谐波。

提示:此题的答案不是唯一的。

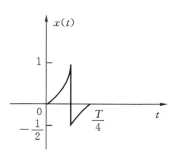

图 P3.7

3.8　计算下列信号的傅里叶变换:

(a) $x(t) = e^{-3t}[u(t+2) - u(t-3)]$

(b) $x(t) = u_1(t) + 2\delta(3-2t)$,其中 $u_1(t) = \dfrac{d\delta(t)}{dt}$

(c) $x(t)$ 如图 P3.8(a)所示。

(d) $x(t)$ 如图 P3.8(b)所示。

(e) $x(t) = \begin{cases} 1 + \cos\pi t, & |t| \leqslant 1 \\ 0, & |t| > 1 \end{cases}$

(f) $x(t)$ 如图 P3.8(c)所示。

(g) $x(t)$ 如图 P3.8(d)所示。

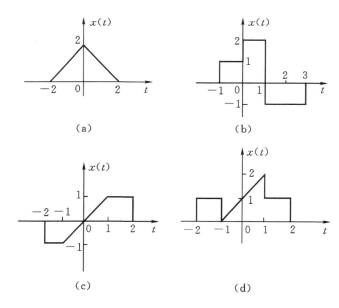

图 P3.8

3.9　已知 $x(t) \leftrightarrow X(j\Omega)$,求 $x(at+b)e^{j\Omega_0 t}$ 的傅里叶变换,其中 a , b 为常数。

3.10　已知连续时间信号 $p(t) = \begin{cases} \cos 8\pi t & 0 \leqslant t \leqslant 1 \\ 0 & \text{其它} \end{cases}$,试求 $p(t)$ 的傅里叶变换 $P(j\Omega)$ 。

3.11　确定下列傅里叶变换所对应的连续时间信号:

(a) $X(j\Omega) = \cos(4\Omega + \pi/3)$

(b)$X(j\Omega) = 2[\delta(\Omega-1)+\delta(\Omega+1)]+3[\delta(\Omega-2\pi)+\delta(\Omega+2\pi)]$

(c)$X(j\Omega) = \dfrac{2\sin[3(\Omega-2\pi)]}{(\Omega-2\pi)}$

(d) $X(j\Omega)$ 如图 P3.11(a)所示。

(e) $X(j\Omega)$ 如图 P3.11(b)所示。

(f) $X(j\Omega)$ 的模和相位分别如图 P3.11(c),(d)所示。

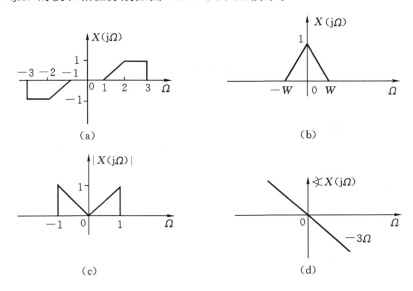

图 P3.11

3.12 先求出图 P3.12 所示信号 $x(t)$ 的频谱 $X(j\Omega)$,再用 $X(j\Omega)$ 表示图中信号 $x_1(t)$,$x_2(t)$,$x_3(t)$,$x_4(t)$,$x_5(t)$,$x_6(t)$ 的频谱。

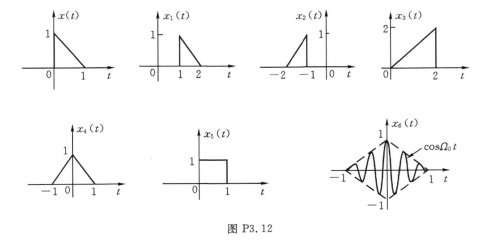

图 P3.12

3.13 设 $X(j\Omega)$ 是图 P3.13 所示信号 $x(t)$ 的频谱,不求出 $X(j\Omega)$ 而完成下列计算:

(a)求 $X(0)$

(b)求 $\int_{-\infty}^{\infty} X(j\Omega)\,d\Omega$

(c)计算 $\int_{-\infty}^{\infty} X(j\Omega)\,\dfrac{2\sin\Omega}{\Omega}e^{j2\Omega}\,d\Omega$

(d)计算 $\int_{-\infty}^{\infty} |X(j\Omega)|^2\,d\Omega$

(e)画出 $\mathrm{Re}\{X(j\Omega)\}$ 对应的信号。

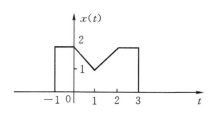

图 P3.13

3.14　一个连续时间实信号 $x(t)$ 的傅里叶变换为 $X(j\Omega)$,且

$$\ln|X(j\Omega)| = -|\Omega|$$

如果已知 $x(t)$ 是

(a)偶时间函数;

(b)奇时间函数。求 $x(t)$。

3.15　如果图 P3.15 所示的实信号 $x(t)$ 存在傅里叶变换 $X(j\Omega)$,试判断哪些信号的傅里叶变换满足下列性质之一。

(a)$\mathrm{Re}\{X(j\Omega)\} = 0$ 　　　　　(b) $\mathrm{Im}\{X(j\Omega)\} = 0$

(c)可以找到一个实数 a,使得 $X(j\Omega)e^{ja\Omega}$ 是实函数。

(d) $\int_{-\infty}^{\infty} X(j\Omega)\,d\Omega = 0$ 　　　　(e) $\int_{-\infty}^{\infty} \Omega X(j\Omega)\,d\Omega = 0$

(f) $X(j\Omega)$ 是周期的。

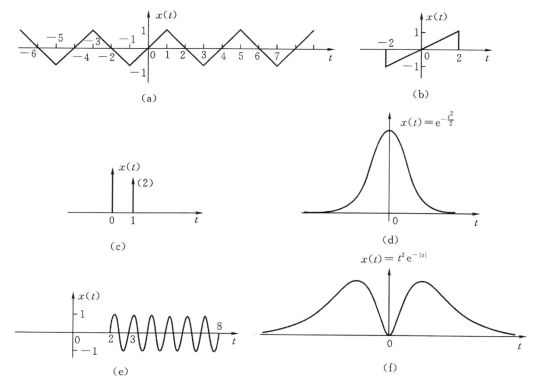

图 P3.15

3.16 求图 P3.16 所示周期信号 $x(t)$ 的傅里叶变换。

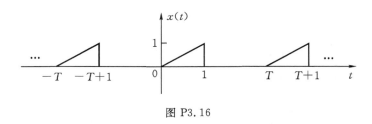

图 P3.16

3.17 某连续时间 LTI 系统的单位冲激响应为 $h(t) = \dfrac{\sin 2\pi t}{\pi t}$，求系统对下列输入信号的响应 $y(t)$。

(1) $x(t) = \cos \pi t + 2\sin \dfrac{3}{2}\pi t$

(2) $x(t) = \cos \pi t \cdot \cos 2\pi t$

(3) $x(t) = \displaystyle\sum_{k=-\infty}^{+\infty} \delta\left(t - \dfrac{10}{3}k\right)$

3.18 假设周期信号 $x(t)$ 是对某个 LTI 系统的输入，$x(t)$ 的傅里叶级数表示式为

$$x(t) = \sum_{k=-\infty}^{\infty} \left(\frac{1}{2}\right)^{|k|} \mathrm{e}^{jk\frac{\pi}{4}t}$$

系统的频率响应为

$$H(j\Omega) = \begin{cases} 1, & |\Omega| < W \\ 0, & |\Omega| > W \end{cases}$$

为了使该系统的输出至少具有 $x(t)$ 在一个周期内平均能量的 90%，W 必须取多大？

3.19 (a)如果信号 $x(t)$ 满足 $x(-t) = x^*(t)$，那么 $x(t)$ 的傅里叶变换具有什么性质？

(b)如果一个系统的输入为 $x(t)$，输出为 $y(t)$，且 $y(t) = \mathrm{Re}\{x(t)\}$，试用 $x(t)$ 的傅里叶变换表示 $y(t)$ 的傅里叶变换。

(c)如果 $x(t)$ 和 $y(t)$ 是两个任意信号，其傅里叶变换分别为 $X(j\Omega)$ 和 $Y(j\Omega)$，证明帕斯瓦尔定理的一般形式

$$\int_{-\infty}^{\infty} x(t)y^*(t)\mathrm{d}t = \frac{1}{2\pi}\int_{-\infty}^{\infty} X(j\Omega)Y^*(j\Omega)\mathrm{d}\Omega$$

3.20 在第 2 章我们指出 LTI 系统可以由它的单位冲激响应完全表征。在本章中我们又指出 LTI 系统可以由它的频率响应 $H(j\Omega)$ 完全表征。但这并不意味着单位冲激响应或频率响应不同的 LTI 系统，对任何同样的输入信号所产生的响应都一定不同。

(a)为了说明这一点，证明以下 3 个 LTI 系统对 $x(t) = \cos t$ 具有完全相同的输出响应，这 3 个系统的单位冲激响应分别为：

$h(t) = u(t)$; $\qquad h_2(t) = -2\delta(t) + 5\mathrm{e}^{-2t}u(t)$; $\qquad h_3(t) = 2t\mathrm{e}^{-t}u(t)$

(b)找出对 $\cos t$ 也会产生同样响应的另一个 LTI 系统的单位冲激响应。

3.21 已知某 LTI 系统的单位冲激响应为

$$h(t) = \mathrm{e}^{-4t}u(t)$$

对下列输入信号，求输出响应 $y(t)$ 的傅里叶级数表示式。

（a）$x(t) = \cos 2\pi t$

（b）$x(t) = \displaystyle\sum_{n=-\infty}^{\infty} \delta(t-n)$

（c）$x(t) = \displaystyle\sum_{n=-\infty}^{\infty} (-1)^n \delta(t-n)$

（d）$x(t)$ 如图 P3.21 所示

3.22　（1）假定信号

$$x(t) = \cos 2\pi t + \sin 6\pi t$$

是对具有如下单位冲激响应的 LTI
系统的输入，试确定每种情况下的
输出。

（a）$h(t) = \dfrac{\sin 4\pi t}{\pi t}$

（b）$h(t) = \dfrac{(\sin 4\pi t)(\sin 8\pi t)}{\pi t^2}$

（c）$h(t) = \dfrac{(\sin 4\pi t)(\cos 8\pi t)}{\pi t}$

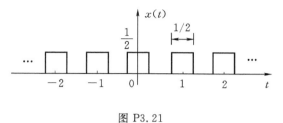

图 P3.21

（2）某 LTI 系统的冲激响应为

$$h(t) = \frac{\sin 2\pi t}{\pi t}$$

对下列输入信号 $x_i(t)$，分别求系统的输出 $y_i(t)$。

（a）$x_1(t)$ 是图 P3.22(a)所示的周期性方波信号。

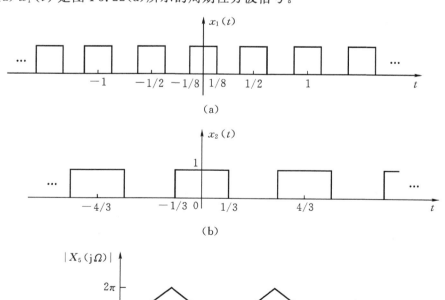

图 P3.22

(b) $x_2(t)$ 是图 P3.22(b)所示的周期性方波信号。

(c) $x_3(t) = x_1(t)\cos5\pi t$

(d) $x_5(t)$ 是实信号，$X_5(j\Omega)$ 的模对 $\Omega > 0$ 如图 P3.22(c)所示，$\measuredangle X_5(j\Omega)$ 对 $\Omega > 0$ 有恒定相位 $\pi/2$。

3.23　图 P3.23 所示 4 个 LTI 系统互联，其中：

$$h_1(t) = \frac{\mathrm{d}}{\mathrm{d}t}\left[\frac{\sin\Omega_c t}{2\pi t}\right], \qquad\qquad H_2(j\Omega) = \mathrm{e}^{-j2\pi\Omega/\Omega_c}$$

$$h_3(t) = \frac{\sin3\Omega_c t}{\pi t}, \qquad\qquad h_4(t) = u(t)$$

(a)确定 $H_1(j\Omega)$，并粗略画出其图形。

(b)求整个系统的单位冲激响应 $h(t)$

(c)当输入为

$$x(t) = \sin2\Omega_c t + \cos\frac{1}{2}\Omega_c t$$

时，求系统输出 $y(t)$ 。

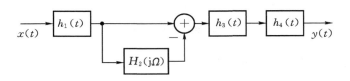

图 P3.23

3.24　对图 P3.24 所示电路，求出系统的频率响应 $H(j\Omega) = U(j\Omega)/I(j\Omega)$，欲使该系统的频率响应是个常数，试确定 R_1 和 R_2 。

3.25　(1)已知 $x(t)$ 的频谱为 $X(j\Omega)$，$p(t)$ 是一个周期信号，其傅里叶级数表示式为

$$p(t) = \sum_{k=-\infty}^{\infty} \dot{A}_k \mathrm{e}^{jk\Omega_0 t}$$

其中，Ω_0 为基波频率。如果 $y(t) = x(t)p(t)$，试问 $y(t)$ 的傅里叶变换是什么？

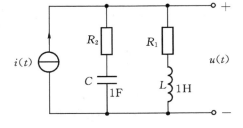

图 P3.24

(2)如果 $X(j\Omega)$ 如图 P3.25(a)所示，对下列 $p(t)$ 画出 $y(t) = x(t)p(t)$ 频谱。

(a) $p(t) = \cos t$

(b) $p(t) = \cos\dfrac{t}{2}$

(c) $p(t) = \cos2t$

(d) $p(t) = \displaystyle\sum_{n=-\infty}^{\infty}\delta(t-\pi n)$

(e) $p(t) = \sum\limits_{n=-\infty}^{\infty} \delta(t - 4\pi n)$

(f) $p(t)$ 如图 P3.25(b)所示。

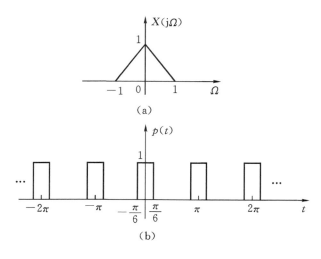

图 P3.25

3.26 （a)某连续时间 LTI 系统的频率响应为

$$H(j\Omega) = \frac{a - j\Omega}{a + j\Omega}$$

其中，$a > 0$，求出 $|H(j\Omega)|$ 和相位 $\angle H(j\Omega)$，并求出系统的单位冲激响应 $h(t)$。这样的系统被称为**全通系统**。

（b)如果对(a)中所给的系统，输入信号为

$$x(t) = e^{-bt}u(t), \quad b > 0$$

当 $b \neq a$ 时，输出 $y(t)$ 是什么? $b = a$ 时，$y(t)$ 又是什么?

比较 $y(t)$ 与 $x(t)$，即可看出尽管系统对输入信号的各个频率分量在幅度上一视同仁，但由于系统相位特性的非线性，致使不同频率的分量产生不同的时延，从而导致输出信号发生了失真。这种失真即是所谓的**相位失真**。

3.27 某 LTI 系统对输入信号

$$x(t) = (e^{-t} + e^{-3t})u(t)$$

的响应为 $$y(t) = (2e^{-t} - 2e^{-4t})u(t)$$

（a)求该系统的频率响应。

（b)求该系统的单位冲激响应。

（c)写出描述该系统的微分方程，并用直接 II 型结构实现该系统。

3.28 某因果 LTI 系统由下列微分方程描述。

$$y'(t) + 2y(t) = x(t)$$

（a)确定该系统的频率响应 $H(j\Omega)$ 和单位冲激响应 $h(t)$。

（b)如果 $x(t) = e^{-t}u(t)$，求系统的输出响应 $y(t)$。

（c)如果输入 $x(t)$ 的傅里叶变换分别为：

$$X(\mathrm{j}\Omega) = \frac{1+\mathrm{j}\Omega}{2+\mathrm{j}\Omega}; \qquad X(\mathrm{j}\Omega) = \frac{3+\mathrm{j}\Omega}{1+\mathrm{j}\Omega}; \qquad X(\mathrm{j}\Omega) = \frac{1}{(1+\mathrm{j}\Omega)(2+\mathrm{j}\Omega)}$$

重新求系统的输出响应 $y(t)$。

3.29　已知某连续时间 LTI 稳定系统分别由图 P3.29 所示的方框图描述,对下列情况,求出:

(1)该系统的频率响应 $H(\mathrm{j}\Omega)$;

(2)系统的单位冲激响应 $h(t)$;

(3)写出描述该系统的微分方程;

(4)如果系统的输入为 $x(t) = \mathrm{e}^{-t}u(t)$,求系统的输出响应 $y(t)$。

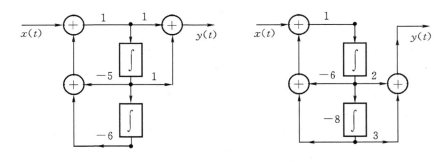

图 P3.29

第4章 离散时间信号与系统的频域分析

4.0 引　言

在第 3 章我们讨论了连续时间信号与系统的傅里叶分析方法,并且看到了这种方法对分析和研究连续时间信号与系统的诸多特性所起的重要作用。本章我们将采用与前一章并行的方式来讨论离散时间信号与系统的傅里叶分析。我们同样会看到,离散时间的傅里叶分析也是分析离散时间信号与系统的重要工具,所得到的许多结论与连续时间的情况是相同的。但由于离散时间信号与系统毕竟和连续时间信号与系统有着许多本质的区别,因而在它们的傅里叶分析中也存在着若干明显的差异。

对离散时间信号与系统进行研究的历史并不比对连续时间信号与系统研究的历史短,早在 17 世纪已经奠定了经典数值分析技术的数学基础。但由于模拟器件的研究与制造技术捷足先登,因而在较长的一段时间内,对离散时间信号与系统的研究不如对连续时间信号与系统的研究那样热烈并富有成果。它的重点仍然放在数值分析问题和范围广泛的时间序列分析的应用上,其中包括经济预测、人口统计的数据分析,以及利用观测数据对某些特殊的物理现象作出推断等。20 世纪 40 年代以来,由于数字电路技术的发展和数字计算机的出现,刺激了离散时间信号与系统研究的发展。随着计算机的使用日益普遍,功能日益增强而且具有极大的灵活性,使得连续时间技术与离散时间技术的应用领域互为重叠的现象日益增多,一些用模拟装置实现过的系统得以用更为高级的离散时间系统设计方法进行尝试。这标志着离散时间信号与系统的研究进入了新的阶段。但由于很多离散时间系统的研究和设计要求进行大量的傅里叶变换运算,这种运算量是十分庞大的,严重地阻碍了离散时间技术的发展。到 20 世纪 60 年代中期,库利(J. W. Cooley)和图基(J. W. Tukey)提出了快速傅里叶变换(FFT)算法,使运算量减少了几个数量级,极大地推动了数字信号处理软件与硬件技术的发展。很多过去认为是不切实际的想法变得现实起来,原来由于对处理速度要求高而只能用模拟方法实现的系统,也可以用离散处理方式实现了。人们开始普遍地以离散时间的观点、数字技术的观点来认识和分析工程问题,这就推动离散时间信号与系统的分析技术有了突飞猛进的发展。使得离散时间信号与系统的理论体系已经形成,并正在日趋完善,它的应用领域也在迅速扩大。

本章与第 3 章一样,基于离散时间复指数信号是一切离散时间 LTI 系统的特征函数,我们首先对离散时间周期信号和非周期信号建立频域的表示方法,这就是离散时间傅里叶级数与离散时间傅里叶变换。然后讨论离散时间系统的频域分析方法。学习本章时,应该把它与前一章的内容相对照,注意找出它们之间的相似之处和存在的若干重要区别,这对深入理解和掌握离散时间信号与系统的基本概念与分析方法将会有很大的帮助。

4.1　离散时间 LTI 系统的特征函数

与连续时间的情况一样,离散时间复指数信号,即复指数序列,也是一切离散时间 LTI 系统的特征函数。以此为基础,我们可以将一个任意的序列分解成复指数序列的线性组合。

如果一个离散时间 LTI 系统的单位脉冲响应为 $h(n)$,系统的输入信号为 $x(n)=z^n$,其中 z 可以是一个复数,则根据时域分析的方法,即卷积和,可以得到该系统的输出响应为

$$y(n)=x(n)*h(n)=\sum_{k=-\infty}^{\infty}h(k)z^{n-k}=z^n\sum_{k=-\infty}^{\infty}h(k)z^{-k} \tag{4.1}$$

上式中的和式是一个由 $h(n)$ 和复数 z 决定的常数,与自变量 n 无关。可以将其表示为

$$H(z)=\sum_{n=-\infty}^{\infty}h(n)z^{-n} \tag{4.2}$$

于是,式(4.1)可以改写为

$$y(n)=z^nH(z) \tag{4.3}$$

这表明:离散时间 LTI 系统当输入信号为复指数序列时,系统的输出响应也是同样的复指数序列,系统的作用仅仅是改变了该复指数序列的“幅度”。这就意味着复指数序列是离散时间 LTI 系统的**特征函数**。由式(4.2)确定的 $H(z)$ 称为该系统与特征函数相对应的**特征值**。

如果离散时间信号 $x(n)$ 能够表示成一组复指数序列的线性组合,即

$$x(n)=\sum_k a_k z_k^n \tag{4.4}$$

则离散时间 LTI 系统对 $x(n)$ 的响应,根据系统的线性特性,应有

$$y(n)=\sum_k a_k H(z_k)z_k^n \tag{4.5}$$

也就是说,系统的输出响应也能够表示成复指数序列的线性组合。

与第 3 章相对应,我们也先讨论形式为 $e^{j\omega n}$ 的复指数序列,在第 9 章再讨论更一般的情况。

4.2　离散时间周期信号的傅里叶级数(DFS)

在第 1 章我们已经知道,如果离散时间信号 $x(n)$ 满足

$$x(n)=x(n+N) \tag{4.6}$$

其中,N 为正整数,则称 $x(n)$ 是周期的,其周期为 N。复指数信号 $e^{j\frac{2\pi}{N}n}$ 就是一个以 N 为周期的信号。如果我们把以 N 为周期的所有离散时间周期性复指数信号组合起来,可以构成一个信号集

$$\phi_k(n)=\{e^{j\frac{2\pi}{N}kn}\}\quad k=0,1,2,\cdots,N-1 \tag{4.7}$$

N 是这个信号集的基波周期。由于该信号集中的每一个信号的频率都是基波频率 $2\pi/N$ 的整数倍,因此称它们是成谐波关系的。然而与连续时间成谐波关系的复指数信号集不同的是,信号集 $\phi_k(n)$ 中只有 N 个信号是独立的。这是因为任何在频率上相差 2π 整数倍的复指数序列都是相同的,也就是说,在 $\phi_k(n)$ 中,总有

$$\phi_{k+rN}(n) = \left\{ e^{j\frac{2\pi}{N}(k+rN)n} \right\} = \left\{ e^{j\frac{2\pi}{N}kn} e^{j\frac{2\pi}{N}rNn} \right\} = \left\{ e^{j\frac{2\pi}{N}kn} e^{j2\pi rn} \right\}$$

$$= \left\{ e^{j\frac{2\pi}{N}kn} \right\} = \phi_k(n) \tag{4.8}$$

其中，r 是一个整数。这表明在 $\phi_k(n)$ 中当 k 改变 N 的整数倍时，所得到的信号与原来的信号完全相同。因此，该信号集中只有当 k 取 N 个相连的整数时，所对应的 N 个信号才是独立的。

很明显，如果将信号集 $\phi_k(n)$ 中所有独立的 N 个信号线性组合起来，它们的组合一定也是以 N 为周期的离散时间信号。这就告诉我们，有可能用成谐波关系的复指数信号的线性组合来表示离散时间周期信号。这种表示就是离散时间傅里叶级数（DFS）。

4.2.1　离散时间傅里叶级数（DFS）

假定 $x(n)$ 是一个以 N 为周期的离散时间信号，将其表示为成谐波关系的复指数信号的线性组合，即

$$x(n) = \sum_{k=\langle N \rangle} \dot{A}_k e^{j(2\pi/N)kn} \tag{4.9}$$

式（4.9）就称为 $x(n)$ 的离散时间傅里叶级数表达式。由于信号 $e^{j(2\pi/N)kn}$ 只在 k 取相继的 N 个整数值时，对应的信号才是独立的，因而离散时间傅里叶级数是一个有限项的级数。这与连续时间傅里叶级数有根本的不同。在式（4.9）的和式中，k 只要从某一个整数开始，取足 N 个相继的整数值即可。例如 k 可以从 0 取到 $N-1$，也可以从 1 取到 N，等等。因此，式（4.9）不再规定求和的上下限。与连续时间傅里叶级数的情况一样，$\dot{A}_k$ 是傅里叶级数的系数，也称为 $x(n)$ 的频谱系数。通常 $\dot{A}_k$ 是一个关于 k 的复函数。离散时间傅里叶级数的表达式告诉我们，以 N 为周期的离散时间周期信号可以分解成 N 个独立的复指数谐波分量。

采用与连续时间傅里叶级数中同样的方法，可以证明当 $x(n)$ 是实周期信号时，傅里叶级数的系数满足

$$\dot{A}_k^* = \dot{A}_{-k} \tag{4.10}$$

由此也可以推得 $\dot{A}_k$ 的实部是关于 k 的偶函数，虚部是关于 k 的奇函数；$\dot{A}_k$ 的模是偶函数，$\dot{A}_k$ 的相角是奇函数。这些结论及其证明方法均与连续时间傅里叶级数的情况完全相同。

4.2.2　傅里叶级数的系数

为了确定式（4.9）给出的离散时间傅里叶级数的系数，我们给式（4.9）两边同乘以 $e^{-j(2\pi/N)rn}$，并将相继的 N 项对 n 求和得到

$$\sum_{n=\langle N \rangle} x(n) e^{-j(2\pi/N)rn} = \sum_{n=\langle N \rangle} \sum_{k=\langle N \rangle} \dot{A}_k e^{j(2\pi/N)(k-r)n} \tag{4.11}$$

交换上式右边的求和次序，有

$$\sum_{n=\langle N \rangle} x(n) e^{-j(2\pi/N)rn} = \sum_{k=\langle N \rangle} \dot{A}_k \sum_{n=\langle N \rangle} e^{j(2\pi/N)(k-r)n} \tag{4.12}$$

由于

$$\sum_{n=0}^{N-1} e^{j(2\pi/N)kn} = \begin{cases} N, & k = 0, \pm N, \pm 2N, \cdots \\ \dfrac{1-e^{j2\pi k}}{1-e^{j(2\pi/N)k}} = 0, & \text{其它 } k \text{ 值} \end{cases} \tag{4.13}$$

因此式（4.12）的右边只有当（$k-r$）等于零或是 N 的整数倍时，才不为零。如果将 r 的取值范围选为与 k 的取值范围相同，则当 $k=r$ 时，式（4.12）的右边内层和式等于 N；当 $k\neq r$ 时，该和式等于零。于是式（4.12）可改写为

$$\dot{A}_r = \frac{1}{N}\sum_{n=\langle N\rangle} x(n)\mathrm{e}^{-\mathrm{j}(2\pi/N)rn} \tag{4.14}$$

根据式（4.14）就可以确定离散时间傅里叶级数的系数。至此我们得到了定义离散时间傅里叶级数的两个关系式：

$$x(n) = \sum_{k=\langle N\rangle} \dot{A}_k \mathrm{e}^{\mathrm{j}(2\pi/N)kn} \tag{4.15}$$

$$\dot{A}_k = \frac{1}{N}\sum_{n=\langle N\rangle} x(n)\mathrm{e}^{-\mathrm{j}(2\pi/N)kn} \tag{4.16}$$

如果对式（4.16）中 k 的取值范围不加限制，使其可以取任何整数，我们很容易得出

$$\dot{A}_k = \dot{A}_{k+N} \tag{4.17}$$

这意味着，离散时间傅里叶级数的系数是以 N 为周期的。由于 $\dot{A}_k$ 就是周期信号 $x(n)$ 的频谱系数，因此，离散时间周期信号的频谱是以 N 为周期的。这一点与连续时间周期信号的频谱有根本区别。只要我们取够 $\dot{A}_k$ 的一个周期，就可以按式（4.15）叠加成周期信号 $x(n)$。通常我们把 $\dot{A}_k$ 中 k 从 0 到 $N-1$ 取值的这个周期称为 $x(n)$ 频谱的**主值周期**，或简称为**主周期**。

例 4.1　信号 $x(n)=\cos\omega_0 n$，我们知道当 $\frac{\omega_0}{2\pi}$ 是有理数时，$x(n)$ 是周期的。假定

$$\omega_0 = \frac{2\pi}{N}m \tag{4.18}$$

其中：$N=5$，$m=2$。则 $x(n)$ 可根据欧拉公式表示为

$$x(n) = \frac{1}{2}\left[\mathrm{e}^{\mathrm{j}(2\pi/N)mn} + \mathrm{e}^{-\mathrm{j}(2\pi/N)mn}\right]$$

于是可以得到离散时间傅里叶级数的系数，在 $0\leqslant k\leqslant 4$ 区间内有

$\dot{A}_2 = \frac{1}{2}$；$\dot{A}_3 = \dot{A}_{-2} = \frac{1}{2}$；其余 $\dot{A}_k = 0$。

据此并注意到 $\dot{A}_k$ 的周期性可以作出 $x(n)$ 的频谱如图 4.1 所示。一般说来，由于 $\dot{A}_k$ 是复数，在绘制频谱图时，通常要对 $\dot{A}_k$ 的模和相位分别绘制，即所谓幅度频谱与相位频谱。

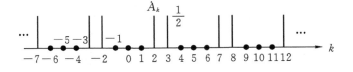

图 4.1　例 4.1 的频谱

4.2.3　周期性矩形脉冲序列的频谱

考查图 4.2 所示的离散时间周期性矩形脉冲序列，它在一个周期内可表示为

$$x(n) = \begin{cases} 1, & |n| \leqslant N_1 \\ 0, & N_1 < |n| < N/2 \end{cases} \qquad (4.19)$$

根据式(4.16)可直接求得 $x(n)$ 的离散时间傅里叶级数系数为

$$\dot{A}_k = \frac{1}{N} \sum_{n=-N_1}^{N_1} e^{-j(2\pi/N)kn} = \frac{1}{N} \frac{e^{j(2\pi/N)kN_1} - e^{-j(2\pi/N)(N_1+1)k}}{1 - e^{-j(2\pi/N)k}}$$

$$= \frac{1}{N} \frac{\sin\left[\frac{2\pi}{N}\left(N_1 + \frac{1}{2}\right)k\right]}{\sin(\pi k/N)} \qquad k \neq 0, \pm N, \pm 2N, \cdots \qquad (4.20)$$

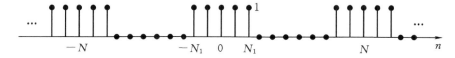

图 4.2　周期性矩形脉冲序列

当 $k = 0, \pm N, \pm 2N, \cdots$ 时,有

$$\dot{A}_k = \frac{2N_1 + 1}{N} \qquad (4.21)$$

为了绘制频谱方便,我们考查 $\dot{A}_k$ 的包络,为此将式(4.20)中的 $(2\pi k/N)$ 更换为连续变量 ω,即可得到

$$\dot{A}_k = \frac{1}{N} \frac{\sin\left[(2N_1 + 1)\omega/2\right]}{\sin(\omega/2)} \Big|_{\omega = \frac{2\pi}{N}k} \qquad (4.22)$$

由式(4.22)可以看出 $\dot{A}_k$ 的包络具有 $\sin\beta x/\sin x$ 的形状,将此包络以 $\frac{2\pi}{N}$ 为间隔取离散样本并乘以 $1/N$ 就可以得到 $\dot{A}_k$。因此在绘制频谱时,首先将 $0 \sim 2\pi$ 的频率范围按 $2N_1 + 1$ 等分,作出包络线,再将包络以 $2\pi/N$ 为间隔取样并乘以 $1/N$ 即可。对图 4.2 所示的信号,如果 $N_1 = 2$,N 分别取为 $10, 20, 40$ 时,可作出频谱图如图 4.3 所示。

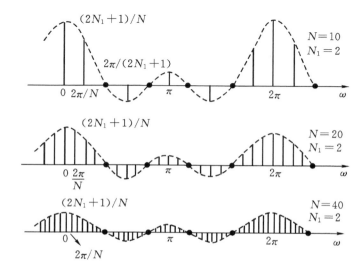

图 4.3　周期性矩形脉冲序列的频谱

从图 4.3 可以看出周期性矩形脉冲序列的频谱是离散的,而且是以 N(或者对 ω 而言是以 2π)为周期的。当脉冲宽度,即 N_1 不变时,频谱包络的形状不变,只是幅度随 N 的增大而降低,谱线的间隔随 N 的增大而减小。如果脉冲宽度 N_1 改变,则频谱包络的形状将发生变化。对图 4.2 的信号,如果 $N = 10,N_1 = 3$,则其频谱将如图 4.4 所示。由图中看出,N_1 越大,则频谱包络的主瓣宽度越窄。由以上分析可以看出,当周期性矩形脉冲序列的周期与脉冲宽度改变时,对频谱带来的影响与连续时间周期性矩形脉冲信号的情况是相似的。但离散时间周期性矩形脉冲信号的频谱具有周期性,则是与连续时间的情况完全不同的。

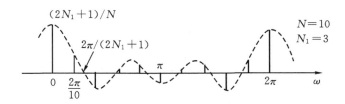

图 4.4　$N_1 = 3$,$N = 10$ 时矩形脉冲序列的频谱

4.2.4　离散时间傅里叶级数的收敛

在讨论连续时间傅里叶级数时,我们曾在 3.4.1 节中指出,由于连续时间傅里叶级数是一个无穷项级数,因而当用级数的有限项之和近似该级数时,在信号的间断点附近会产生吉布斯现象。随着部分和所取项数的增加,在间断点附近出现的起伏和超量逐步向间断点处压缩,但起伏的峰值不会改变。

对离散时间傅里叶级数,情况则完全不同。前面已经指出,用离散时间傅里叶级数表示离散时间周期信号时,意味着周期信号可以而且只能分解为有限个(其个数等于信号的周期 N)周期性复指数序列的线性组合。从另一个角度讲,一个以 N 为周期的离散时间序列,在时域只有 N 个序列值是独立的,这 N 个独立的序列值就组成了信号的一个周期。由于离散时间傅里叶级数的系数也是以 N 为周期的,它也只有 N 个独立的值,因而从本质上说,离散时间傅里叶级数就是将信号在时域的 N 个独立的值变换为在频域的 N 个独立的值。只要我们在频域取够了这 N 个独立的值,也就是将这 N 个值所对应的复指数序列线性组合起来,就一定能恢复成原来的离散时间信号。因此,离散时间傅里叶级数不存在收敛问题。用部分和近似离散时间傅里叶级数时,随着所取项数的增多,部分和越来越接近于原来的信号。一旦取足了相继的 N 项,则级数将完全收敛于原来的信号。

而对连续时间信号,由于在时域的一个周期内信号有无数多个独立的值,因此它经由连续时间傅里叶级数变换到频域时,也有无数多个独立的傅里叶级数系数。所以当用部分和近似级数时,无论部分和取多少有限项,都不可能真正代表原来的信号。随着项数趋于无穷大而考虑极限效应时,收敛问题也就自然而然地产生了。

4.2.5　离散时间傅里叶级数的性质

离散时间傅里叶级数的性质与连续时间傅里叶级数的性质具有很大的相似性。我们把离散时间傅里叶级数的性质列于表 4.1 中。通过将表 4.1 与上一章中的表 3.1 作一对照,即可看出它们之间存在的相似性。

离散时间傅里叶级数的大部分性质,都可以和连续时间傅里叶级数中相对应的性质采用类似的方法加以推证。而且,随着以后的讨论,我们还可以看到离散时间傅里叶级数的大部分性质,也可以从 4.5 节将要讨论的离散时间傅里叶变换相对应的性质导出。

基于此,本节只讨论离散时间傅里叶级数中与连续时间傅里叶级数有重要差别的几个性质。

并通过例子来说明如何利用相关的性质来建立某些概念,以及简化对某些周期序列的傅里叶级数系数的求取。

表 4.1　离散时间傅里叶级数的性质

性　　质	周　期　信　号	傅 里 叶 级 数 的 系 数
	$\left.\begin{array}{l}x(n)\\y(n)\end{array}\right\}$ 周期为 N,基波频 $\omega_0 = 2\pi/N$	$\left.\begin{array}{l}\dot{A}_k\\[4pt]\dot{B}_k\end{array}\right\}$
线性特性	$ax(n)+by(n)$	$a\dot{A}_k+b\dot{B}_k$
时移特性	$x(n-n_0)$	$\dot{A}_k e^{-jk(2\pi/N)n_0}$
移频特性	$x(n)e^{jM\omega_0 n}=x(n)e^{-jM(2\pi/N)n}$	$\dot{A}_{k-M}$
共轭对称性	$x^*(n)$	$\dot{A}_{-k}^*$
时域反转	$x(-n)$	$\dot{A}_{-k}$
时域尺度变换	$x_{(m)}(n)=\begin{cases}x(n/m),&n \text{ 是 } m \text{ 的整倍数}\\0,&\text{其它 } n\end{cases}$	$\dot{A}_k/m$(周期为 mN)
周期卷积	$\displaystyle\sum_{k=\langle N\rangle}x(k)y(n-k)$	$N\dot{A}_k\dot{B}_k$
相乘特性	$x(n)y(n)$	$\dot{A}_k\otimes\dot{B}_k=\displaystyle\sum_{l=\langle N\rangle}\dot{A}_l\dot{B}_{k-l}$
一阶差分	$x(n)-x(n-1)$	$(1-e^{-jk(2\pi/N)})\dot{A}_k$
求和特性	$\displaystyle\sum_{k=-\infty}^{n}x(k)$,(仅当 $A_0=0$ 时才为有限值且是周期的)	$\dfrac{\dot{A}_k}{1-e^{jk(2\pi/N)}}$
实信号的共轭对称性	$x(n)$ 为实信号	$\begin{cases}\dot{A}_k=\dot{A}_{-k}^*\\[4pt]\text{Re}[\dot{A}_k]=\text{Re}[\dot{A}_{-k}]\\[4pt]\text{Im}[\dot{A}_k]=-\text{Im}[\dot{A}_{-k}]\\[4pt]|\dot{A}_k|=|\dot{A}_{-k}|\\[4pt]\sphericalangle\dot{A}_k=-\sphericalangle\dot{A}_{-k}\end{cases}$
实、偶信号 实、奇信号	$x(t)$ 为实、偶信号 $x(t)$ 为实、奇信号	$\dot{A}_k$ 为实、偶函数 $\dot{A}_k$ 为虚、奇函数
实信号的奇、偶分解	$\begin{cases}x_e(n)=\dfrac{1}{2}[x(n)+x(-n)]\\[6pt]x_o(n)=\dfrac{1}{2}[x(n)-x(-n)]\end{cases}$	$\text{Re}[\dot{A}_k]$ $j\text{Im}[\dot{A}_k]$
帕斯瓦尔定理	$\displaystyle\frac{1}{N}\sum_{n=\langle N\rangle}|x(n)|^2=\sum_{k=\langle N\rangle}|\dot{A}_k|^2$	

1. 相乘特性

如果 $x(n)$ 和 $y(n)$ 都是以 N 为周期的离散时间信号,将它们相乘之后,一定还是一个以 N 为周期的离散时间信号。设 $x(n) \leftrightarrow \dot{A}_k$,　$y(n) \leftrightarrow \dot{B}_k$,根据式(4.16),$f(n) = x(n)y(n)$ 的傅里叶级数的系数为

$$\dot{C}_k = \frac{1}{N} \sum_{n=<N>} x(n)y(n) \mathrm{e}^{-jk(2\pi/N)n} = \frac{1}{N} \sum_{n=<N>} \sum_{l=<N>} \dot{A}_l \mathrm{e}^{jl(2\pi/N)n} y(n) \mathrm{e}^{-jk(2\pi/N)n}$$

交换上式中两个求和的次序,有

$$\dot{C}_k = \frac{1}{N} \sum_{l=<N>} \dot{A}_l \sum_{n=<N>} y(n) \mathrm{e}^{-j(k-l)(2\pi/N)n} = \sum_{l=<N>} \dot{A}_l \dot{B}_{k-l} \tag{4.23}$$

由于离散时间傅里叶级数的系数也是以 N 为周期的,因此式(4.23)中的卷积和是在一个周期内进行的,这种卷积运算称为周期卷积。很显然,周期卷积只是对两个周期相同的信号而言的;周期卷积的结果也一定是周期的,而且其周期与参与卷积运算的原信号的周期相同。

2. 一次差分

由于离散时间差分运算与连续时间微分运算是对应的,因此,离散时间傅里叶级数的一次差分性质和连续时间傅里叶级数的一次微分性质也是对应的。

若有 $x(n) \leftrightarrow \dot{A}_k$,　则有

$$x(n) - x(n-1) \leftrightarrow (1 - \mathrm{e}^{-jk(2\pi/N)}) \dot{A}_k \tag{4.24}$$

这个结果很容易利用表 4.1 中的线性特性和时移特性直接得到。

3. 帕斯瓦尔定理

采用和证明连续时间傅里叶级数帕斯瓦尔定理时完全类同的方法,即可证明离散时间傅里叶级数的帕斯瓦尔定理。这里不再赘述。

$$\frac{1}{N} \sum_{n=<N>} |x(n)|^2 = \sum_{k=<N>} |\dot{A}_k|^2 \tag{4.25}$$

和连续时间的情况相同,离散时间傅里叶级数的帕斯瓦尔定理也告诉我们:离散时间周期信号在一个周期内的平均功率,就等于它所有谐波分量的平均功率之和。由于离散时间周期信号在时域和频域都是以 N 为周期的,只包含 N 个独立的谐波分量,因此式(4.25)右边的求和运算只需对 k 在任意相连的 N 个值上进行即可。

例 4.2　已知某离散时间周期信号 $x(n)$ 的周期为 $N=6$,且满足下列条件

1. $\displaystyle\sum_{n=0}^{5} x(n) = 2$;　　2. $\displaystyle\sum_{n=2}^{7} (-1)^n x(n) = 1$

3. 在满足上述条件的所有信号中,$x(n)$ 在一个周期内具有最小的功率。求 $x(n)$。

由式(4.16)有

$$\dot{A}_k = \frac{1}{N} \sum_{n=<N>} x(n) \mathrm{e}^{-j(2\pi/N)kn}$$

显然有

$$\dot{A}_0 = \frac{1}{N} \sum_{n=<N>} x(n) \quad \text{或} \quad N\dot{A}_0 = \sum_{n=<N>} x(n)$$

根据条件 1,可得 $\dot{A}_0 = 1/3$;由于 $(-1)^n = \mathrm{e}^{jn\pi} = \mathrm{e}^{j(2\pi/6)3n}$,因此由条件 2 可确定出 $\dot{A}_3$,

$$\dot{A}_3 = \frac{1}{6} \sum_{n=2}^{7} x(n) e^{-j3(2\pi/6)n} = \frac{1}{6}$$

根据条件 3,要求在满足上述条件的所有信号中,$x(n)$ 在一个周期内具有最小的功率。根据帕斯瓦尔定理,$x(n)$ 在一个周期内的功率可表示为 $P = \sum_{k=0}^{5} |\dot{A}_k|^2$,欲使该功率为最小,在 $\dot{A}_0$ 和 $\dot{A}_3$ 已经确定的情况下,只有使其它所有的 $\dot{A}_k$ 都为零。于是可得

$$\dot{A}_1 = \dot{A}_2 = \dot{A}_4 = \dot{A}_5 = 0$$

从而可将 $x(n)$ 表示为

$$x(n) = \dot{A}_0 + \dot{A}_3 e^{j\pi n} = \frac{1}{3} + \frac{1}{6}(-1)^n$$

$x(n)$ 如图 4.5 所示。

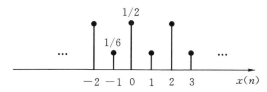

图 4.5　满足例 4.2 要求的序列 $x(n)$

4.3　离散时间非周期信号的傅里叶变换(DTFT)

4.3.1　从傅里叶级数到傅里叶变换

在上一节讨论周期性矩形脉冲序列的频谱时,我们已经看到,当周期 N 增大时,频谱的谱线间隔将随之而减小。随着 N 趋向于无穷大,在时域,周期信号将演变成非周期信号;与此同时,在频域谱线将无限密集,从而过渡为连续频谱。这一过程与连续时间信号的情况是完全类似的。本节我们将采用与连续时间情况下完全相同的步骤,来建立非周期离散时间信号的傅里叶变换表示。这种傅里叶变换就称为离散时间傅里叶变换(DTFT)。

考查图 4.6 所示的离散时间信号。其中 $x(n)$ 是一个有限长的序列,它是非周期的。$\tilde{x}(n)$ 是由 $x(n)$ 周期性延拓而成的周期性序性。因此,$x(n)$ 也可以看成是从 $\tilde{x}(n)$ 中截取的一个周期或看成是当 $N \to \infty$ 时 $\tilde{x}(n)$ 的极限,即

$$\tilde{x}(n) = \sum_{k=-\infty}^{\infty} x(n-kN)$$

$$x(n) = \begin{cases} \tilde{x}(n), & |n| \leqslant N_1 \\ 0, & |n| > N_1 \end{cases}$$

将 $\tilde{x}(n)$ 表示成离散时间傅里叶级数有:

$$\tilde{x}(n) = \sum_{n=\langle N \rangle} \dot{A}_k e^{j(2\pi/N)kn} \tag{4.26}$$

$$\dot{A}_k = \frac{1}{N} \sum_{n=\langle N \rangle} \tilde{x}(n) e^{-j(2\pi/N)kn} \tag{4.27}$$

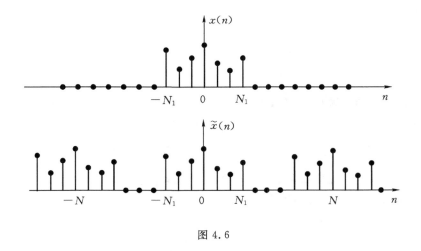

图 4.6

注意到当 $|n| \leqslant N_1$ 时，$\tilde{x}(n) = x(n)$，将式(4.27)的求和区间$\langle N \rangle$取在该周期内，则可将式(4.27)改写为

$$N\dot{A}_k = \sum_{n=-N_1}^{N_1} \tilde{x}(n) e^{-j(2\pi/N)kn} = \sum_{n=-N_1}^{N_1} x(n) e^{-j(2\pi/N)kn} \tag{4.28}$$

如果将 $N \to \infty$ 时，$N\dot{A}_k$ 的极限表示为 $X(e^{j\omega})$，则在 $N \to \infty$ 时，由于 $(2\pi/N)k \to \omega$，再考虑到 $|n| \geqslant N_1$ 时，$x(n) = 0$，可以将求和范围扩大到 $(-\infty, +\infty)$，因此式(4.28)变为

$$X(e^{j\omega}) = \sum_{k=-\infty}^{\infty} x(n) e^{-j\omega n} \tag{4.29}$$

$X(e^{j\omega})$ 就定义为信号 $x(n)$ 的离散时间傅里叶变换。与连续时间的情况一样，我们也称 $X(e^{j\omega})$ 为 $x(n)$ 的频谱密度。将式(4.29)与式(4.27)相比较，可以看出

$$\dot{A}_k = \frac{1}{N} X(e^{jk\omega_0}) \Big|_{\omega_0 = 2\pi/N} \tag{4.30}$$

其中，$\omega_0 = 2\pi/N$。这表明：周期性离散时间信号的傅里叶级数系数就是与其相对应的非周期信号的离散时间傅里叶变换的样本；非周期序列的离散时间傅里叶变换，就是与其相对应的周期信号的傅里叶级数系数的包络。

根据式(4.30)，可将式(4.26)改写为

$$\tilde{x}(n) = \frac{1}{N} \sum_{k=\langle N \rangle} X(e^{jk\omega_0}) e^{jk\omega_0 n} \tag{4.31}$$

由于 $\omega_0 = 2\pi/N$，所以 $1/N = \omega_0/2\pi$，于是式(4.31)又可写为

$$\tilde{x}(n) = \frac{1}{2\pi} \sum_{k=\langle N \rangle} X(e^{jk\omega_0}) e^{jk\omega_0 n} \omega_0 \tag{4.32}$$

当 $N \to \infty$ 时，由于 $\omega_0 \to d\omega, k\omega_0 \to \omega, \tilde{x}(n) \to x(n)$，上式中的求和将转化为积分。另一方面，从式(4.29)可以看出 $X(e^{j\omega})$ 对 ω 是以 2π 为周期的。当式(4.32)中的求和在长度为 N 的区间上进行时，就相应于 ω 在 2π 长度的区间上变化，因此式(4.32)在 $N \to \infty$ 的极限情况下变为

$$x(n) = \frac{1}{2\pi} \int_{2\pi} X(e^{j\omega}) e^{j\omega n} d\omega \tag{4.33}$$

正由于 $X(e^{j\omega})$ 和 $e^{j\omega n}$ 都是以 2π 为周期的，因此式(4.33)的积分区间可以是任何一个长度为

2π 的区间,而不必规定该积分的上下限。至此,我们得到了一对关系式:

$$x(n) = \frac{1}{2\pi} \int_{2\pi} X(e^{j\omega}) e^{j\omega n} \, d\omega \tag{4.34}$$

$$X(e^{j\omega}) = \sum_{n=-\infty}^{\infty} x(n) e^{-j\omega n} \tag{4.35}$$

式(4.34)和式(4.35)被称为离散时间傅里叶变换对。通常将式(4.35)称为傅里叶正变换,式(4.34)称为傅里叶反变换。式(4.34)表明离散时间非周期信号可以分解成无数多个频率从 $0 \sim 2\pi$ 连续分布的复指数序列的线性组合,每个复指数分量的幅度为 $\frac{1}{2\pi} X(e^{j\omega}) d\omega$。

由于式(4.35)是一个无穷级数,因此存在着收敛问题。也就是说,对无限长的非周期信号,并不一定能保证它的离散时间傅里叶变换都存在。与连续时间傅里叶变换的收敛条件相对应,如果 $x(n)$ 绝对可和,即

$$\sum_{n=-\infty}^{\infty} |x(n)| < \infty \tag{4.36}$$

则式(4.35)一定收敛,并且一致收敛于关于 ω 的一个连续函数 $X(e^{j\omega})$。此外,如果一个序列的能量有限,即

$$\sum_{n=-\infty}^{\infty} |x(n)|^2 < \infty \tag{4.37}$$

则式(4.35)也一定收敛。

应当指出,以上所给出的绝对可和与平方可和的条件并不是等价的。由于

$$\sum_{n=-\infty}^{\infty} |x(n)|^2 \leqslant \left[\sum_{n=-\infty}^{\infty} |x(n)| \right]^2 \tag{4.38}$$

因而绝对可和的信号一定平方可和;但平方可和的信号并不一定绝对可和,例如序列

$$x(n) = \frac{\sin\omega_0 n}{\pi n}$$

是平方可和的(即信号的能量有限),但它却并不绝对可和。如果信号能量有限,但不绝对可和,则式(4.35)的级数以均方误差等于零的方式收敛于 $X(e^{j\omega})$。此时,在 $X(e^{j\omega})$ 的间断点处将会产生吉布斯现象。

4.3.2　常用离散时间信号的傅里叶变换

1. $x(n) = a^n u(n)$, $|a| < 1$

由式(4.35)可以直接求得 $x(n)$ 的离散时间傅里叶变换为

$$X(e^{j\omega}) = \sum_{n=0}^{\infty} a^n e^{-j\omega n} = \frac{1}{1 - ae^{-j\omega}} \tag{4.39}$$

图 4.7 绘出了 $a > 0$ 和 $a < 0$ 时,$X(e^{j\omega})$ 的模和相位。我们看到一般情况下,$X(e^{j\omega})$ 是一个复函数,它可以表示为

$$X(e^{j\omega}) = |X(e^{j\omega})| e^{j \sphericalangle X(e^{j\omega})} \tag{4.40}$$

其中:$|X(e^{j\omega})|$ 是 $X(e^{j\omega})$ 的模;$\sphericalangle X(e^{j\omega})$ 是它的相位,也把它们分别称为幅度频谱和相位频谱。

从图中我们直观地看到了离散时间傅里叶变换是 ω 的连续函数,而且是以 2π 为周期的。

也就是说离散域中频率的有效范围是 2π 区间,通常我们习惯于将 $0 \sim 2\pi$,或 $-\pi \sim \pi$ 作为离散域的有效频率范围。

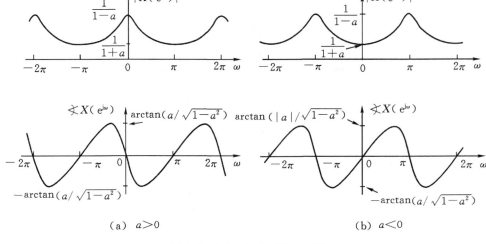

(a) $a > 0$　　　　　　　　　　　　　　(b) $a < 0$

图 4.7　(a) $a > 0$；(b) $a < 0$

2. $x(n) = a^{|n|}$, $|a| < 1$

由式(4.35)可以求得

$$X(e^{j\omega}) = \sum_{n=-\infty}^{\infty} a^{|n|} e^{-j\omega n} = \sum_{n=0}^{\infty} a^n e^{-j\omega n} + \sum_{n=-\infty}^{-1} a^{-n} e^{-j\omega n}$$

$$= \sum_{n=0}^{\infty} (a e^{-j\omega})^n + \sum_{n=1}^{\infty} (a e^{j\omega})^n$$

$$= \frac{1}{1 - a e^{-j\omega}} + \frac{a e^{j\omega}}{1 - a e^{j\omega}} = \frac{1 - a^2}{1 - 2a\cos\omega + a^2} \tag{4.41}$$

我们看到,由于 $x(n)$ 是一个实、偶信号,因此它的离散时间傅里叶变换是一个实、偶函数。当 $0 < a < 1$ 时,$x(n)$ 和 $X(e^{j\omega})$ 分别如图 4.8(a),(b)所示。

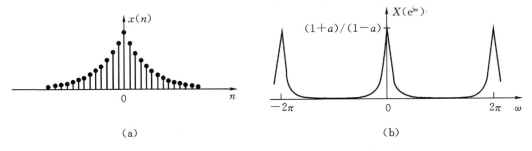

(a)　　　　　　　　　　　　　　　　(b)

图 4.8　$0 < a < 1$

3. 矩形脉冲信号

$$x(n) = \begin{cases} 1, & |n| \leqslant N_1 \\ 0, & |n| > N_1 \end{cases}$$

如图 4.9(a)所示。可以直接求得

$$X(\mathrm{e}^{\mathrm{j}\omega}) = \sum_{n=-N_1}^{N_1} \mathrm{e}^{-\mathrm{j}\omega n} = \frac{\sin\left(N_1 + \dfrac{1}{2}\right)\omega}{\sin(\omega/2)} \tag{4.42}$$

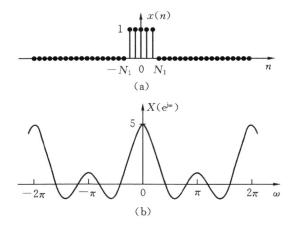

图 4.9　矩形脉冲及其频谱

当 $N_1 = 2$ 时，$X(\mathrm{e}^{\mathrm{j}\omega})$ 如图 4.9(b)所示。由图中可以看到，此时的 $X(\mathrm{e}^{\mathrm{j}\omega})$ 正是图 4.3 所示的周期性矩形脉冲信号频谱的包络。

4. $x(n) = \delta(n)$

由式(4.35)求得

$$X(\mathrm{e}^{\mathrm{j}\omega}) = \sum_{n=-\infty}^{\infty} \delta(n)\mathrm{e}^{-\mathrm{j}\omega n} = 1 \tag{4.43}$$

由于单位脉冲的频谱等于 1，表明单位脉冲信号包含了所有的频率分量，而且这些分量的幅度与相位都相同。因此，将这样的信号输入 LTI 系统时，系统的输出响应就完全反映了系统本身的特性。这就是用单位脉冲响应能够完全表征 LTI 系统的原因。

5. 如果 $X(\mathrm{e}^{\mathrm{j}\omega})$ 是频域以 2π 为周期的均匀冲激串

即

$$X(\mathrm{e}^{\mathrm{j}\omega}) = \sum_{k=-\infty}^{\infty} \delta(\omega - 2\pi k)$$

根据式(4.34)，可求出时域相对应的信号为

$$x(n) = \frac{1}{2\pi} \int_{-\pi}^{\pi} \delta(\omega)\mathrm{e}^{\mathrm{j}\omega n}\,\mathrm{d}\omega = \frac{1}{2\pi}$$

因此，我们可以得到 $x(n) = 1$ 时

$$X(\mathrm{e}^{\mathrm{j}\omega}) = 2\pi \sum_{k=-\infty}^{\infty} \delta(\omega - 2\pi k) \tag{4.44}$$

6. 考查图 4.10 所示的离散时间傅里叶变换

如果它是一个离散时间 LTI 系统的频率特性，则由于在 $-\pi$ 到 π 的频率范围内，该系统只允许频率低于 W 的信号完全通过，而频率高于 W 的信号则完全不能通过，因此这种系统也称

为**离散时间理想低通滤波器**。由式(4.34)可以求出理想低通滤波器的单位脉冲响应 $h(n)$ 为

$$h(n) = \frac{1}{2\pi} \int_{-W}^{W} e^{j\omega n} d\omega = \frac{\sin Wn}{\pi n} \tag{4.45}$$

由此可以看出,离散时间理想低通滤波器是一个非因果的系统。它的单位脉冲响应具有 sinc 函数的形式。这与连续时间理想低通滤波器是完全相似的。

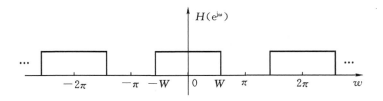

图 4.10　理想低通滤波器的频率特性

7. 考查图 4.11 所示的离散时间符号函数 sgn(n)

定义为

$$\text{sgn}(n) = \begin{cases} 1, & n > 0 \\ 0, & n = 0 \\ -1, & n < 0 \end{cases}$$

该序列可以看成是如下序列

$$a^n u(n) - a^{-n} u(-n), \quad 0 < a < 1 \tag{4.46}$$

在 a 趋于 1 时的极限,因此 sgn(n) 的傅里叶变换也可视为式(4.46)所示信号的傅里叶变换在 $a \to 1$ 时的极限。由于

$$a^n u(n) \leftrightarrow \frac{1}{1 - a e^{-j\omega}}$$

$$a^{-n} u(-n) \leftrightarrow \sum_{n=-\infty}^{0} a^{-n} e^{-j\omega n}$$

$$= \sum_{n=0}^{\infty} a^n e^{j\omega n} = \frac{1}{1 - a e^{j\omega}}$$

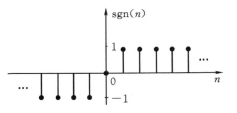

图 4.11　sgn(n) 的图形

因此,式(4.46)的傅里叶变换为

$$\frac{1}{1 - a e^{-j\omega}} - \frac{1}{1 - a e^{j\omega}} = \frac{-2j a \sin\omega}{1 + a^2 - 2a\cos\omega}$$

取 $a \to 1$ 的极限可得

$$\text{sgn}(n) \overset{\mathscr{F}}{\leftrightarrow} \frac{-j\sin\omega}{1 - \cos\omega} \tag{4.47}$$

我们看到,由于 sgn(n) 是一个实、奇信号,因而它的傅里叶变换是一个关于 ω 的虚、奇函数。

8. 单位阶跃的频谱

由于 $u(n)$ 可以表示为

$$u(n) = \frac{1}{2}\left[1 + \mathrm{sgn}(n) + \delta(n)\right] \tag{4.48}$$

根据前面讨论过的信号的傅里叶变换,可以得到

$$1 \overset{\mathscr{F}}{\leftrightarrow} 2\pi \sum_{k=-\infty}^{\infty} \delta(\omega - 2\pi k)$$

$$\delta(n) \overset{\mathscr{F}}{\leftrightarrow} 1$$

$$\mathrm{sgn}(n) \overset{\mathscr{F}}{\leftrightarrow} \frac{-\mathrm{j}\sin\omega}{1-\cos\omega}$$

于是有

$$u(n) \overset{\mathscr{F}}{\leftrightarrow} \frac{1}{2}\left(1 - \frac{\mathrm{j}\sin\omega}{1-\cos\omega}\right) + \pi \sum_{k=-\infty}^{\infty} \delta(\omega - 2\pi k)$$

$$= \frac{1-\mathrm{e}^{\mathrm{j}\omega}}{2(1-\cos\omega)} + \pi \sum_{k=-\infty}^{\infty} \delta(\omega - 2\pi k)$$

$$= \frac{1-\mathrm{e}^{\mathrm{j}\omega}}{(1-\mathrm{e}^{-\mathrm{j}\omega})(1-\mathrm{e}^{\mathrm{j}\omega})} + \pi \sum_{k=-\infty}^{\infty} \delta(\omega - 2\pi k)$$

即

$$u(n) \overset{\mathscr{F}}{\leftrightarrow} \frac{1}{1-\mathrm{e}^{-\mathrm{j}\omega}} + \pi \sum_{k=-\infty}^{\infty} \delta(\omega - 2\pi k) \tag{4.49}$$

与连续时间单位阶跃的情况相比较可以看出:离散时间傅里叶变换中的 $1-\mathrm{e}^{-\mathrm{j}\omega}$ 就相当于连续时间傅里叶变换中的 $\mathrm{j}\Omega$;由于离散时间傅里叶变换是以 2π 为周期的,因而 $\sum_{k=-\infty}^{\infty} \delta(\omega - 2\pi k)$ 就对应于连续时间情况下的 $\delta(\Omega)$。

4.4　离散时间周期信号的傅里叶变换

和连续时间的情况一样,我们也可以用离散时间傅里叶变换把离散时间周期信号与非周期信号的频域表示统一起来。

我们已经知道 $x(n)=1$ 所对应的傅里叶变换是频域内的一个以 2π 为周期的均匀冲激串,现在来考查频域内如下的均匀冲激串在时域对应什么信号。假设有如图 4.12 所示的频谱

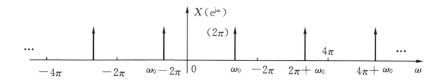

图 4.12　$x(n) = \mathrm{e}^{\mathrm{j}\omega_0 n}$ 的频谱

$$X(\mathrm{e}^{\mathrm{j}\omega}) = 2\pi \sum_{l=-\infty}^{\infty} \delta(\omega - \omega_0 - 2\pi l) \tag{4.50}$$

根据式(4.34)可以求得

$$x(n) = \int_0^{2\pi} \delta(\omega - \omega_0) \mathrm{e}^{\mathrm{j}\omega n} \, \mathrm{d}\omega = \mathrm{e}^{\mathrm{j}\omega_0 n} \tag{4.51}$$

因此,如果一个周期性序列被表示为离散时间傅里叶级数

$$x(n) = \sum_{k=\langle N \rangle} \dot{A}_k \mathrm{e}^{\mathrm{j}k\omega_0 n}, \qquad \omega_0 = 2\pi/N \tag{4.52}$$

则根据式(4.50),式(4.51)的变换对,可以得到

$$X(\mathrm{e}^{\mathrm{j}\omega}) = \sum_{k=\langle N \rangle} 2\pi \dot{A}_k \sum_{l=-\infty}^{\infty} \delta(\omega - k\omega_0 - 2\pi l), \qquad \omega_0 = 2\pi/N \tag{4.53}$$

如果将 k 的取值范围选为 $k = 0 \sim N-1$,则式(4.53)可展开为

$$X(\mathrm{e}^{\mathrm{j}\omega}) = 2\pi \dot{A}_0 \sum_{l=-\infty}^{\infty} \delta(\omega - 2\pi l) + 2\pi \dot{A}_1 \sum_{l=-\infty}^{\infty} \delta(\omega - \omega_0 - 2\pi l) + \cdots$$

$$+ 2\pi \dot{A}_{N-1} \sum_{l=-\infty}^{\infty} \delta[\omega - (N-1)\omega_0 - 2\pi l], \qquad \omega_0 = 2\pi/N \tag{4.54}$$

在式(4.54)中,每一项中的和式只是为了保证这一项所表示的冲激是以 2π 为周期的。如果我们注意到 $\dot{A}_k$ 本身也是以 N 为周期(也就是对 ω 以 2π 为周期)的,当我们将 k 的取值范围扩大到所有整数时,式(4.54)就可以写成更简单的形式

$$X(\mathrm{e}^{\mathrm{j}\omega}) = 2\pi \sum_{k=-\infty}^{\infty} \dot{A}_k \delta(\omega - k\omega_0), \quad \omega_0 = 2\pi/N \tag{4.55}$$

在式(4.55)中,k 取 $0 \sim N-1$ 的各项就对应了式(4.54)中 $l = 0$ 的各项,k 取 $N \sim 2N-1$ 的各项就对应了式(4.54)中 $l = 1$ 的各项……,依此类推。

至此,我们得到了离散时间周期信号的离散时间傅里叶变换表示。即:如果一个以 N 为周期的离散时间信号,其离散时间傅里叶级数的系数为 $\dot{A}_k$,则它的离散时间傅里叶变换为

$$X(\mathrm{e}^{\mathrm{j}\omega}) = 2\pi \sum_{k=-\infty}^{\infty} \dot{A}_k \delta\left(\omega - \frac{2\pi}{N}k\right) \tag{4.56}$$

该式与连续时间周期信号的傅里叶变换表示式是完全对应的。

例 4.3　求 $x(n) = \cos\omega_0 n$ 的离散时间傅里叶变换。

由于　　　　　　　　　$x(n) = \cos\omega_0 n = \dfrac{1}{2}(\mathrm{e}^{\mathrm{j}\omega_0 n} + \mathrm{e}^{-\mathrm{j}\omega_0 n})$

由式(4.50)和式(4.51)的变换对,立即可以得到

$$X(\mathrm{e}^{\mathrm{j}\omega}) = \pi \sum_{l=-\infty}^{\infty} [\delta(\omega - \omega_0 - 2\pi l) + \delta(\omega + \omega_0 - 2\pi l)] \tag{4.57}$$

应当指出,在这里 $\cos\omega_0 n$ 并不一定是周期的。只在 $\omega_0/2\pi$ 是有理数时,才具有周期性。$X(\mathrm{e}^{\mathrm{j}\omega})$ 如图 4.13 所示。

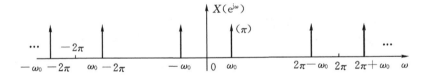

图 4.13　$\cos\omega_0 n$ 的频谱

例 4.4 $x(n) = \sum_{k=-\infty}^{\infty} \delta(n - kN)$

该序列是一个离散时间的周期性均匀脉冲序列,如图 4.14 所示。将其表示为离散时间傅里叶级数,可求得

$$\dot{A}_k = \frac{1}{N} \sum_{n=\langle N \rangle} x(n) e^{-j\langle 2\pi/N \rangle kn} = 1/N$$

因此,据式(4.56)可写出其离散时间傅里叶变换为

$$X(e^{j\omega}) = \frac{2\pi}{N} \sum_{k=-\infty}^{\infty} \delta\left(\omega - \frac{2\pi}{N}k\right) \tag{4.58}$$

这表明,时域均匀脉冲序列的频谱在频域是一个均匀冲激串,如图 4.15 所示。这一点与连续时间的情况也是完全对应的。

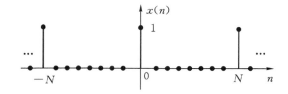

图 4.14   例 4.4 中的信号 $x(n)$

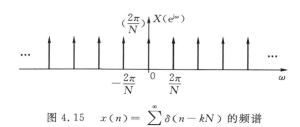

图 4.15 $x(n) = \sum_{k=-\infty}^{\infty} \delta(n - kN)$ 的频谱

从这个例子,我们也可以看到在离散时间的情况下,时域与频域之间也存在着一种相反的关系。在时域,信号的周期 N 越大,则在频域其基波频率 $2\pi/N$ 就越小,反之亦然。

4.5   离散时间傅里叶变换的性质

离散时间傅里叶变换和连续时间傅里叶变换一样,具有很多重要的性质。这些性质不仅深刻地提示了离散时间信号的时域特性与频域特性之间的关系,而且对简化信号的变换和反变换运算往往也是有用的。通过本节的讨论,将会看到离散时间傅里叶变换的许多性质与连续时间傅里叶变换的情况相似,同时它们之间又存在着一些明显的差别。紧紧抓住它们之间的相似与不同之处,对深刻掌握这些性质将大有裨益。由于离散时间傅里叶变换与离散时间傅里叶级数之间有着密切的关系,因此傅里叶变换的许多性质可以直接移植到傅里叶级数中去。

1. 周期性

离散时间傅里叶变换对于 ω 总是以 2π 为周期的。这是与连续时间傅里叶变换的重大

区别。

2. 线性

如果 $x_1(n) \overset{\mathscr{F}}{\leftrightarrow} X_1(e^{j\omega})$，$x_2(n) \overset{\mathscr{F}}{\leftrightarrow} X_2(e^{j\omega})$，则有

$$ax_1(n) + bx_2(n) \overset{\mathscr{F}}{\leftrightarrow} aX_1(e^{j\omega}) + bX_2(e^{j\omega}) \tag{4.59}$$

3. 共轭对称性

如果 $x(n) \overset{\mathscr{F}}{\leftrightarrow} X(e^{j\omega})$，按照式(4.35)，直接对 $x^*(n)$ 作离散时间傅里叶变换可得

$$\sum_{n=-\infty}^{\infty} x^*(n) e^{-j\omega n} = \left[\sum_{n=-\infty}^{\infty} x(n) e^{j\omega n} \right]^* = X^*(e^{-j\omega})$$

即

$$x^*(n) \overset{\mathscr{F}}{\leftrightarrow} X^*(e^{-j\omega}) \tag{4.60}$$

如果 $x(n)$ 是实序列，则 $x(n) = x^*(n)$，从而有

$$X(e^{j\omega}) = X^*(e^{-j\omega})$$

由此式又可进一步得出 $X(e^{j\omega})$ 的实部是 ω 的偶函数，虚部是 ω 的奇函数；$X(e^{j\omega})$ 的模是 ω 的偶函数，相位是 ω 的奇函数。

如果把 $x(n)$ 分解成偶部 $x_e(n)$ 与奇部 $x_o(n)$，则可得到

$$\begin{aligned} x_e(n) &\overset{\mathscr{F}}{\leftrightarrow} \text{Re}[X(e^{j\omega})], \\ x_o(n) &\overset{\mathscr{F}}{\leftrightarrow} j\text{Im}[X(e^{j\omega})] \end{aligned} \tag{4.61}$$

因此，实、偶信号的傅里叶变换是 ω 的实、偶函数；实、奇信号的傅里叶变换是 ω 的虚、奇函数。这些结论以及它们的推证方法都和连续时间傅里叶变换的情况相同。

4. 时移特性

如果 $x(n) \overset{\mathscr{F}}{\leftrightarrow} X(e^{j\omega})$，则有

$$x(n - n_0) \overset{\mathscr{F}}{\leftrightarrow} X(e^{j\omega}) e^{-j\omega n_0} \tag{4.62}$$

这一性质利用式(4.35)，直接对 $x(n - n_0)$ 作傅里叶变换并通过变量代换即可得到。它同样表明信号在时域的平移不会改变其幅频特性，只会给相频特性附加一个线性的相移。

5. 时域差分与求和

与连续时间傅里叶变换的时域微分特性相对应，如果 $x(n) \overset{\mathscr{F}}{\leftrightarrow} X(e^{j\omega})$，则有

$$x(n) - x(n-1) \overset{\mathscr{F}}{\leftrightarrow} (1 - e^{-j\omega}) X(e^{j\omega}) \tag{4.63}$$

很显然，利用线性和时移特性可以直接得到这个结果。

离散时间的时域求和与连续时间的时域积分相对应，我们可以得到

$$\sum_{k=-\infty}^{n} x(k) \overset{\mathscr{F}}{\leftrightarrow} \frac{X(e^{j\omega})}{1 - e^{-j\omega}} + \pi X(e^{j0}) \sum_{k=-\infty}^{\infty} \delta(\omega - 2\pi k) \tag{4.64}$$

该性质的证明稍后加以介绍。在这里我们与连续时间傅里叶变换相比较，又一次看到 $(1 - e^{-j\omega})$ 就对应于连续时间傅里叶变换中的 $j\Omega$。

6. 时域和频域的尺度变换

在第 1 章已经指出离散时间信号由于自变量只能取整数值，因此它不能像连续时间信号

那样进行尺度变换。所谓离散时间信号的尺度变换只是就序列的长度变化而言的,其实质是对信号的抽取或内插。一般来说,由于对信号进行抽取的过程是不可逆的,因此抽取所得信号的傅里叶变换与原信号的傅里叶变换没有必然的联系。这里仅对信号在内插时的情况加以讨论。假定 k 为整数,我们定义信号

$$x_{(k)}(n) = \begin{cases} x(n/k), & n \text{ 是 } k \text{ 的整倍数} \\ 0, & \text{其它 } n \end{cases} \tag{4.65}$$

显然,$x_{(k)}(n)$ 就是在 $x(n)$ 的每相邻两点间插入 $(k-1)$ 个零值而得到的。当然在 k 为负整数时,$x_{(k)}(n)$ 除了上述内插的过程外,还要进行一次反转。根据式(4.65)的定义,显然有

$$x_{(k)}(kn) = x(n) \tag{4.66}$$

也就是说式(4.65)定义的内插过程是可逆的。我们来讨论 $x_{(k)}(n)$ 与 $x(n)$ 的傅里叶变换之间的关系。按照式(4.35)有

$$X_{(k)}(e^{j\omega}) = \sum_{n=-\infty}^{\infty} x_{(k)}(n)e^{-j\omega n} = \sum_{r=-\infty}^{\infty} x_{(k)}(rk)e^{-j\omega rk}$$

$$= \sum_{r=-\infty}^{\infty} x(r)e^{-j\omega rk} = X(e^{jk\omega})$$

也就是

$$x_{(k)}(n) \overset{\mathscr{F}}{\leftrightarrow} X(e^{jk\omega}) \tag{4.67}$$

作为特例,当 $k = -1$ 时,有

$$x(-n) \overset{\mathscr{F}}{\leftrightarrow} X(e^{-j\omega}) \tag{4.68}$$

图 4.16 绘出了 k 分别为 2 和 3 时,$x(n)$ 和 $x_{(2)}(n)$ 及 $x_{(3)}(n)$ 的时域与频域波形。

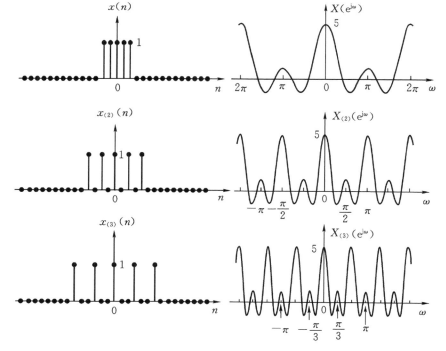

图 4.16　时域与频域的尺度变换特性

从图中可以再一次看到,在时域与频域之间存在的相反关系。信号在时域持续时间越长,其频谱在频域就越被压缩,反之亦然。

7. 频域微分特性

如果 $x(n) \overset{\mathscr{F}}{\leftrightarrow} X(e^{j\omega})$,根据式(4.35),将其两边对 ω 微分,并且在等号右边交换微分与求和的次序可得

$$\frac{\mathrm{d}X(e^{j\omega})}{\mathrm{d}\omega} = -\sum_{n=-\infty}^{\infty} jnx(n)e^{-j\omega n}$$

因此有

$$nx(n) \overset{\mathscr{F}}{\leftrightarrow} j\frac{\mathrm{d}X(e^{j\omega})}{\mathrm{d}\omega} \tag{4.69}$$

8. 卷积特性

如果 $x(n) \overset{\mathscr{F}}{\leftrightarrow} X(e^{j\omega})$,$h(n) \overset{\mathscr{F}}{\leftrightarrow} H(e^{j\omega})$,则有

$$x(n) * h(n) \overset{\mathscr{F}}{\leftrightarrow} X(e^{j\omega})H(e^{j\omega}) \tag{4.70}$$

这一特性的证明过程与连续时间傅里叶变换卷积特性的证明完全相似。卷积特性为我们提供了对离散时间 LTI 系统进行频域分析的理论基础。与连续时间的情况一样,这一特性存在的本质原因是由于复指数信号是 LTI 系统的特征函数。当把信号 $x(n)$ 分解成复指数信号的线性组合时,每个复指数分量的振幅都无限小,但正比于 $X(e^{j\omega})$,这些复指数分量通过系统时,系统的作用就是给它们的振幅加权了一个 $H(e^{j\omega})$。

作为例子,我们说明时域求和特性的证明。由于

$$\sum_{k=-\infty}^{n} x(k) = x(n) * u(n) \tag{4.71}$$

根据卷积特性,在频域有

$$\sum_{k=-\infty}^{n} x(k) \overset{\mathscr{F}}{\leftrightarrow} X(e^{j\omega})U(e^{j\omega}) \tag{4.72}$$

其中,$U(e^{j\omega})$ 是 $u(n)$ 的傅里叶变换。即

$$U(e^{j\omega}) = \frac{1}{1 - e^{-j\omega}} + \pi \sum_{k=-\infty}^{n} \delta(\omega - 2\pi k) \tag{4.73}$$

将其代入式(4.72),即可得到

$$\sum_{k=-\infty}^{n} x(k) \overset{\mathscr{F}}{\leftrightarrow} \frac{X(e^{j\omega})}{1 - e^{-j\omega}} + \pi X(e^{j0}) \sum_{k=-\infty}^{\infty} \delta(\omega - 2\pi k) \tag{4.74}$$

这就是时域求和特性。

9. 调制特性

如果 $x(n) \overset{\mathscr{F}}{\leftrightarrow} X(e^{j\omega})$,$y(n) \overset{\mathscr{F}}{\leftrightarrow} Y(e^{j\omega})$,则

$$x(n)y(n) \overset{\mathscr{F}}{\leftrightarrow} \frac{1}{2\pi}X(e^{j\omega}) \otimes Y(e^{j\omega}) = \frac{1}{2\pi}\int_{2\pi} X(e^{j\theta})Y(e^{j(\omega-\theta)})\mathrm{d}\theta \tag{4.75}$$

由于 $X(e^{j\omega})$ 与 $Y(e^{j\omega})$ 都是以 2π 为周期的,因此式(4.75)中的卷积是周期卷积,它与普通的

非周期卷积的区别,仅在于积分是在一个周期的区间上进行的。由于参与周期卷积的两个函数必须具有相同的周期,因而卷积的结果也一定是周期的,而且和参与卷积的函数具有相同的周期。

作为一个特例,考查 $x(n)\mathrm{e}^{\mathrm{j}\omega_0 n}$ 的离散时间傅里叶变换,由于

$$\mathrm{e}^{\mathrm{j}\omega_0 n} \overset{\mathscr{F}}{\leftrightarrow} 2\pi \sum_{k=-\infty}^{n} \delta(\omega - \omega_0 - 2\pi k) \tag{4.76}$$

因此

$$x(n)\mathrm{e}^{\mathrm{j}\omega_0 n} \overset{\mathscr{F}}{\leftrightarrow} X(\mathrm{e}^{\mathrm{j}\omega}) \otimes \sum_{k=-\infty}^{n} \delta(\omega - \omega_0 - 2\pi k) \tag{4.77}$$

注意到 $X(\mathrm{e}^{\mathrm{j}\omega})$ 本身也是以 2π 为周期的,将积分区间取为 $0 \sim 2\pi$,则上式可写为

$$X(\mathrm{e}^{\mathrm{j}\omega}) \otimes \sum_{k=-\infty}^{n} \delta(\omega - \omega_0 - 2\pi k) = \int_0^{2\pi} X(\mathrm{e}^{\mathrm{j}\theta}) \delta(\omega - \theta - \omega_0) \mathrm{d}\theta$$
$$= X(\mathrm{e}^{\mathrm{j}\omega - \omega_0}) \tag{4.78}$$

即

$$x(n)\mathrm{e}^{\mathrm{j}\omega_0 n} \overset{\mathscr{F}}{\leftrightarrow} X(\mathrm{e}^{\mathrm{j}(\omega - \omega_0)}) \tag{4.79}$$

式(4.79)也称为离散时间傅里叶变换的移频特性,它与连续时间傅里叶变换的移频特性是对应的。

10. 帕斯瓦尔定理

如果 $x(n) \overset{\mathscr{F}}{\leftrightarrow} X(\mathrm{e}^{\mathrm{j}\omega})$,则有

$$\sum_{k=-\infty}^{\infty} |x(n)|^2 = \frac{1}{2\pi} \int_{2\pi} |X(\mathrm{e}^{\mathrm{j}\omega})|^2 \mathrm{d}\omega \tag{4.80}$$

对于周期信号则相应的有

$$\frac{1}{N} \sum_{n=-N} |x(n)|^2 = \sum_{k=\langle N\rangle} |\dot{A}_k|^2 \tag{4.81}$$

可以看出式(4.80)与式(4.81)和连续时间情况的帕斯瓦尔定理是很类似的。其推导过程也完全类似。我们也把 $|X(\mathrm{e}^{\mathrm{j}\omega})|^2$ 称为 $x(n)$ 的能量谱密度,把 $|\dot{A}_k|^2$ 称为周期信号的功率谱。

11. 对偶性

在连续时间傅里叶变换中,我们看到在时域与频域之间存在着一种对偶关系。即如果

$$x(t) \overset{\mathscr{F}}{\leftrightarrow} X(\Omega)$$

则有

$$X(t) \overset{\mathscr{F}}{\leftrightarrow} 2\pi x(-\Omega)$$

与此相类似,在离散时间傅里叶级数中也存在着时域与频域的对偶关系。如果将周期信号 $x(n)$ 的傅里叶级数系数表示为序列 $a(k)$,则有

$$a(k) = \frac{1}{N} \sum_{n=\langle N\rangle} x(n) \mathrm{e}^{-\mathrm{j}(2\pi/N)kn} \tag{4.82}$$

如果将上式中的 k 与 n 对换,则有

$$a(n) = \frac{1}{N} \sum_{k=\langle N\rangle} x(k) \mathrm{e}^{-\mathrm{j}(2\pi/N)kn} \tag{4.83}$$

再把式(4.83)中的 k 换成 $-k$,则得到

$$a(n) = \sum_{k=\langle N \rangle} \frac{1}{N} x(-k) e^{j(2\pi/N)kn} \tag{4.84}$$

式(4.84)表明,$\frac{1}{N} x(-k)$ 正是以 N 为周期的序列 $a(n)$ 的离散时间傅里叶级数的系数,也就是

$$a(n) \overset{\text{DFS}}{\leftrightarrow} \frac{1}{N} x(-k) \tag{4.85}$$

于是我们得到如下对偶关系

如果

$$x(n) \overset{\text{DFS}}{\leftrightarrow} a(k) \tag{4.86}$$

则

$$a(n) \overset{\text{DFS}}{\leftrightarrow} \frac{1}{N} x(-k) \tag{4.87}$$

此外,如果非周期序列 $x(n)$ 的离散时间傅里叶变换为 $X(e^{j\omega})$,则有

$$X(e^{j\omega}) = \sum_{n=-\infty}^{\infty} x(n) e^{-j\omega n} \tag{4.88}$$

由于 $X(e^{j\omega})$ 对于 ω 是以 2π 为周期的连续函数,当我们将其视为一个时域的周期信号时,可以把它展开为连续时间傅里叶级数。因为此时信号的周期为 2π,其基波频率为 1。于是有

$$X(e^{jt}) = \sum_{k=-\infty}^{\infty} a(k) e^{jkt} = \sum_{k=-\infty}^{\infty} a(-k) e^{-jkt} \tag{4.89}$$

其中,$a(k)$ 是傅里叶级数的系数。将式(4.89)与式(4.88)相比较可以得出

$$x(k) = a(-k) \quad \text{或} \quad a(k) = x(-k)$$

也就是说,如果

$$x(n) \overset{\mathscr{F}}{\leftrightarrow} X(e^{j\omega}) \tag{4.90}$$

则有

$$X(e^{jt}) \overset{\text{CFS}}{\leftrightarrow} x(-k) \tag{4.91}$$

式(4.90)和式(4.91)给出了在离散时间傅里叶变换(DTFT)与连续时间傅里叶级数(CFS)之间存在的一种对偶关系。

利用这些对偶关系,可以很方便地从离散时间傅里叶级数的时域性质对偶到频域的相应性质,或者将离散时间傅里叶变换的性质对偶到连续时间傅里叶级数中去。限于篇幅这里不作进一步的讨论,有兴趣的读者可以自己进行练习。

到此为止,我们已经讨论了连续时间和离散时间的周期与非周期信号,以及连续时间和离散时间的傅里叶级数与傅里叶变换。我们发现:一切离散时间信号的频谱都是周期的;一切周期信号的频谱都是离散的。同时,也可以看到:连续时间信号的频谱都是非周期的;非周期信号的频谱都是连续的。这也恰好反映了时域与频域之间存在的对偶关系。

为了便于查用,我们将离散时间傅里叶变换的性质、离散时间傅里叶级数的性质及常用的基本变换对分别汇总于表 4.2 和表 4.3 中。

表 4.2　离散时间傅里叶变换的性质

性　　质	非周期信号	离散时间傅里叶变换
	$x(n)$	$X(e^{j\omega}) = X_R(e^{j\omega}) + jX_I(e^{j\omega}) = \mid X(e^{j\omega}) \mid e^{j \measuredangle X(e^{j\omega})}$
	$y(n)$	$Y(e^{j\omega}) = Y_R(e^{j\omega}) + jY_I(e^{j\omega}) = \mid Y(e^{j\omega}) \mid e^{j \measuredangle Y(e^{j\omega})}$
线性性质	$ax(n) + by(n)$	$aX(e^{j\omega}) + bY(e^{j\omega})$
时移特性	$x(n - n_0)$	$X(e^{j\omega}) e^{-j\omega n_0}$
移频特性	$x(n) e^{j\omega_0 n}$	$X(e^{j(\omega - \omega_0)})$
时域反转	$x(-n)$	$X(e^{-j\omega})$
时域扩展	$x_{(k)}(n) = \begin{cases} x(n/k), & n \text{ 为 } k \text{ 的整倍数} \\ 0, & \text{其它 } n \end{cases}$	$X(e^{jk\omega})$
卷积特性	$x(n) * y(n)$	$X(e^{j\omega}) Y(e^{j\omega})$
相乘特性	$x(n) y(n)$	$\dfrac{1}{2\pi} \int_{2\pi} X(e^{j\theta}) Y(e^{j(\omega - \theta)}) \mathrm{d}\theta$
一次差分	$x(n) - x(n-1)$	$(1 - e^{-j\omega}) X(e^{j\omega})$
累加特性	$\displaystyle\sum_{k=-\infty}^{n} x(k)$	$\dfrac{1}{1 - e^{-j\omega}} + \pi X(e^{j0}) \displaystyle\sum_{k=-\infty}^{\infty} \delta(\omega - 2\pi k)$
频域微分	$nx(n)$	$\mathrm{j}\mathrm{d} X(e^{j\omega}) / \mathrm{d}\omega$
实信号的共轭对称性	$x(n)$ 为实信号	$\begin{cases} X(e^{j\omega}) = X^*(e^{-j\omega}) \\ X_R(e^{j\omega}) = X_R(e^{-j\omega}) \\ \mid X(e^{j\omega}) \mid = \mid X(e^{-j\omega}) \mid \\ \measuredangle X(e^{j\omega}) = -\measuredangle X(e^{-j\omega}) \end{cases}$
实偶信号	$x(n)$ 为实、偶信号	$X(e^{j\omega})$ 为实、偶函数
实奇信号	$x(n)$ 为实、奇信号	$X(e^{j\omega})$ 为虚、奇函数
实信号的奇、偶分解	$x_e(n) = \dfrac{1}{2}[x(n) + x(-n)]$	$\mathrm{Re}[X(e^{j\omega})]$
	$x_o(n) = \dfrac{1}{2}[x(n) - x(-n)]$	$\mathrm{jIm}[X(e^{j\omega})]$
帕斯瓦尔定理	$\displaystyle\sum_{n=-\infty}^{\infty} \mid x(n) \mid^2 = \dfrac{1}{2\pi} \int_{2\pi} \mid X(e^{j\omega}) \mid^2 \mathrm{d}\omega$	

表 4.3　常用的离散时间傅里叶变换对

信号	傅里叶变换	傅里叶级数
$\displaystyle\sum_{k=\langle N\rangle}\dot{A}_k\mathrm{e}^{\mathrm{j}(2\pi/N)kn}$	$\displaystyle 2\pi\sum_{k=-\infty}^{\infty}\dot{A}_k\delta\left(\omega-\frac{2\pi}{N}k\right)$	$\dot{A}_k$
$\mathrm{e}^{\mathrm{j}\omega_0 n}$	$\displaystyle 2\pi\sum_{k=-\infty}^{\infty}\delta(\omega-\omega_0-2\pi k)$	当 $\omega_0=2\pi m/N$ 时， $\dot{A}_k=\begin{cases}1,&k=m,m\pm N,m\pm 2N\cdots\\0,&\text{其它 }k\end{cases}$
$\cos\omega_0 n$	$\displaystyle \pi\sum_{k=-\infty}^{\infty}\big[\delta(\omega-\omega_0-2\pi k)\big]\\+\delta(\omega+\omega_0-2\pi k)$	当 $\omega_0=2\pi m/N$ 时， $\dot{A}_k=\begin{cases}1/2,&k=\pm m+rN,\ r\text{ 为整数}\\0,&\text{其它 }k\end{cases}$
$\sin\omega_0 n$	$\displaystyle \frac{\pi}{\mathrm{j}}\sum_{k=-\infty}^{\infty}\big[\delta(\omega-\omega_0-2\pi k)\big]\\-\delta(\omega+\omega_0-2\pi k)$	当 $\omega_0=2\pi m/N$ 时， $\dot{A}_k=\begin{cases}\dfrac{1}{2\mathrm{j}},&k=m+rN,\ r\text{ 为整数}\\-\dfrac{1}{2\mathrm{j}},&k=-m+rN\\0,&\text{其它 }k\end{cases}$
$x(n)=1$	$\displaystyle 2\pi\sum_{k=-\infty}^{\infty}\delta(\omega-2\pi k)$	$\dot{A}_k=\begin{cases}1,&k=rN,\ r\text{ 为整数}\\0,&\text{其它 }k\end{cases}$
周期性方波 $x(n)=\begin{cases}1,&\|n\|\leqslant N_1\\0,&N_1<\|n\|\leqslant N/2\end{cases}$ $x(n+N)=x(n)$	$\displaystyle 2\pi\sum_{k=-\infty}^{\infty}\dot{A}_k\delta\left(\omega-\frac{2\pi}{N}k\right)$	$\dot{A}_k=\dfrac{\sin\big[(2\pi k/N)(N_1+1/2)\big]}{N\sin(\pi k/N)}$ $k\neq rN,\ r\text{ 为整数}$ $\dot{A}_k=\dfrac{2N_1+1}{N},\quad k=rN$
$\displaystyle\sum_{k=-\infty}^{\infty}\delta(n-kN)$	$\displaystyle \frac{2\pi}{N}\sum_{k=-\infty}^{\infty}\delta\left(\omega-\frac{2\pi}{N}k\right)$	$\dot{A}_k=\dfrac{1}{N}$
$a^n u(n),\quad \|a\|<1$	$\dfrac{1}{1-a\mathrm{e}^{-\mathrm{j}\omega}}$	
$a^{\|n\|},\quad \|a\|<1$	$\dfrac{1-a^2}{1-2a\cos\omega+a^2}$	
$x(n)=\begin{cases}1,&\|n\|\leqslant N_1\\0,&\|n\|>N_1\end{cases}$	$\dfrac{\sin\left(N_1+\dfrac{1}{2}\right)\omega}{\sin(\omega/2)}$	
$x(n)=\delta(n)$	1	
$\dfrac{\sin Wn}{\pi n},\quad 0<W<\pi$	$X(\mathrm{e}^{\mathrm{j}\omega})=\begin{cases}1,&0\leqslant\|\omega\|\leqslant W\\0,&W<\|\omega\|\leqslant\pi\end{cases}$ $X(\mathrm{e}^{\mathrm{j}\omega})$ 以 2π 为周期	
$u(n)$	$\dfrac{1}{1-\mathrm{e}^{-\mathrm{j}\omega}}+\pi\displaystyle\sum_{k=-\infty}^{\infty}\delta(\omega-2\pi k)$	
$\mathrm{sgn}(n)$	$\dfrac{-\mathrm{j}\sin\omega}{1-\cos\omega}$	
$\delta(n-n_0)$	$\mathrm{e}^{-\mathrm{j}\omega n_0}$	

信号	傅里叶变换	傅里叶级数
$(n+1)a^n u(n)$, $\quad |a|<1$	$\dfrac{1}{(1-ae^{-j\omega})^2}$	
$\dfrac{n+(r-1)!}{n!(r-1)!}a^n u(n)$, $|a|<1$	$\dfrac{1}{(1-ae^{-j\omega})^r}$	

4.6　离散时间 LTI 系统的频域分析

　　与连续时间的情况相同,由于复指数信号是一切 LTI 系统的特征函数,因此以离散时间傅里叶变换的卷积特性为基础,我们可以对离散时间 LTI 系统建立频域的分析方法。

4.6.1　离散时间 LTI 系统的频域分析

　　如果一个离散时间 LTI 系统的单位脉冲响应为 $h(n)$,输入信号为 $x(n)$,则根据时域的分析方法有

$$y(n)=x(n)*h(n) \tag{4.92}$$

其中,$y(n)$ 是系统的输出响应。式(4.92)在频域的对应关系为

$$Y(e^{j\omega})=X(e^{j\omega})H(e^{j\omega}) \tag{4.93}$$

其中,$Y(e^{j\omega})$,$X(e^{j\omega})$ 和 $H(e^{j\omega})$ 分别是 $y(n)$,$x(n)$ 和 $h(n)$ 的离散时间傅里叶变换。$H(e^{j\omega})$ 也称为系统的频率响应。由于 $H(e^{j\omega})$ 与 $h(n)$ 是一一对应的,因此它可以完全表征离散时间 LTI 系统。式(4.93)告诉我们,只要知道了 LTI 系统的频率响应 $H(e^{j\omega})$,就可以通过对 $x(n)$ 作离散时间傅里叶变换得到 $X(e^{j\omega})$,再根据式(4.93)求得 $Y(e^{j\omega})$ 并对其作反变换而得到系统的输出响应。这就是对离散时间 LTI 系统进行频域分析的基本方法。

　　归纳起来,对离散时间 LTI 系统在频域进行分析也有 4 个基本步骤,即

　　(1)对已知的输入信号 $x(n)$ 作离散时间傅里叶变换得到 $X(e^{j\omega})$;

　　(2)根据系统的描述,求得系统的频率响应 $H(e^{j\omega})$;

　　(3)根据 $Y(e^{j\omega})=X(e^{j\omega})H(e^{j\omega})$,得到 $Y(e^{j\omega})$;

　　(4)对 $Y(e^{j\omega})$ 进行反变换求得系统的响应 $y(n)$。

这些步骤与连续时间 LTI 系统的频域分析也是完全对应的。

　　如果 $x(n)$ 是以 N 为周期的信号,将其表示为离散时间傅里叶级数为

$$x(n)=\sum_{k=\langle N\rangle}\dot{A}_k e^{j(2\pi/N)kn} \tag{4.94}$$

则系统的响应 $y(n)$ 也一定是以 N 为周期的,且有

$$Y(n)=\sum_{k=\langle N\rangle}\dot{A}_k H(e^{j(2\pi/N)k})e^{j(2\pi/N)kn} \tag{4.95}$$

其中,$\dot{A}_k H(e^{j(2\pi/N)k})$ 就是 $y(n)$ 的傅里叶级数系数。$H(e^{j(2\pi/N)k})$ 是系统与各谐波分量相对应的特征值。

4.6.2　LTI 系统的频率响应

由于系统的频率响应 $H(e^{j\omega})$ 与系统的单位脉冲响应 $h(n)$ 是一对傅里叶变换,因而 $H(e^{j\omega})$ 可以由 $h(n)$ 求得。在很多情况下,离散时间 LTI 系统可以由一个线性常系数差分方程描述。线性常系数差分方程的一般形式为

$$\sum_{k=0}^{N} a_k y(n-k) = \sum_{k=0}^{M} b_k x(n-k) \tag{4.96}$$

其中,a_k 和 b_k 都是常数。对式(4.96)两边进行离散时间傅里叶变换,并注意应用傅里叶变换的时移特性,可以得到

$$\sum_{k=0}^{N} a_k e^{-j\omega k} Y(e^{j\omega}) = \sum_{k=0}^{M} b_k e^{-j\omega k} X(e^{j\omega}) \tag{4.97}$$

由式(4.97)可以求得系统的频率响应

$$H(e^{j\omega}) = \frac{Y(e^{j\omega})}{X(e^{j\omega})} = \frac{\sum_{k=0}^{M} b_k e^{-j\omega k}}{\sum_{k=0}^{N} a_k e^{-j\omega k}} \tag{4.98}$$

这表明,由线性常系数差分方程描述的离散时间 LTI 系统的频率响应是一个关于 $e^{-j\omega}$ 的有理函数。将式(4.98)与式(4.96)比较可以看出,$H(e^{j\omega})$ 分母多项式的系数对应于差分方程左边各项的系数;分子多项式的系数对应于差分方程右边各项的系数。注意到这一规律,就可以直接由差分方程写出系统的频率响应。

与连续时间的情况一样,当我们用频率响应表征 LTI 系统时,首先必须保证该系统的单位脉冲响应绝对可和,这样它的频率响应才存在。这也就意味着用频率响应表征 LTI 系统只是对稳定系统而言的。我们同样可以得到如下结论:如果两个 LTI 系统级联,则总的频率响应等于这两个子系统的频率响应相乘;如果系统并联,则总系统的频率响应等于并联的两个子系统的频率响应相加。

例 4.5　某离散时间 LTI 系统由下列差分方程描述且系统最初是松弛的

$$y(n) - \frac{5}{6} y(n-1) + \frac{1}{6} y(n-2) = x(n) \tag{4.99}$$

由式(4.99),我们可以直接写出该系统的频率响应为

$$X(e^{j\omega}) = \frac{1}{1 - \frac{5}{6} e^{-j\omega} + \frac{1}{6} e^{-j2\omega}} \tag{4.100}$$

对 $H(e^{j\omega})$ 作反变换即可得到相应的单位脉冲响应,为此将 $H(e^{j\omega})$ 展开成部分分式有

$$X(e^{j\omega}) = \frac{1}{\left(1 - \frac{1}{2} e^{-j\omega}\right)\left(1 - \frac{1}{3} e^{-j\omega}\right)} = \frac{A}{1 - \frac{1}{2} e^{-j\omega}} + \frac{B}{1 - \frac{1}{3} e^{-j\omega}} \tag{4.101}$$

其中

$$A = X(e^{j\omega})\left(1 - \frac{1}{2} e^{-j\omega}\right) \Big|_{e^{-j\omega}=2} = 3$$

$$B = X(e^{j\omega})\left(1 - \frac{1}{3} e^{-j\omega}\right) \Big|_{e^{-j\omega}=3} = -2$$

于是有

$$X(\mathrm{e}^{\mathrm{j}\omega}) = \frac{3}{1 - \frac{1}{2}\mathrm{e}^{-\mathrm{j}\omega}} - \frac{2}{1 - \frac{1}{3}\mathrm{e}^{-\mathrm{j}\omega}}$$

根据常用的变换对可写出

$$h(n) = \left[3\left(\frac{1}{2}\right)^n - 2\left(\frac{1}{3}\right)^n \right] u(n) \tag{4.102}$$

如果给该系统施加输入信号 $x(n) = \left(\frac{1}{4}\right)^n u(n)$，则由于

$$X(\mathrm{e}^{\mathrm{j}\omega}) = \frac{1}{1 - \frac{1}{4}\mathrm{e}^{-\mathrm{j}\omega}} \tag{4.103}$$

因而可根据式(4.93)得到

$$Y(\mathrm{e}^{\mathrm{j}\omega}) = X(\mathrm{e}^{\mathrm{j}\omega})H(\mathrm{e}^{\mathrm{j}\omega}) = \frac{1}{\left(1 - \frac{1}{2}\mathrm{e}^{-\mathrm{j}\omega}\right)\left(1 - \frac{1}{3}\mathrm{e}^{-\mathrm{j}\omega}\right)\left(1 - \frac{1}{4}\mathrm{e}^{-\mathrm{j}\omega}\right)}$$

将 $Y(\mathrm{e}^{\mathrm{j}\omega})$ 展开成部分分式有

$$Y(\mathrm{e}^{\mathrm{j}\omega}) = \frac{6}{\left(1 - \frac{1}{2}\mathrm{e}^{-\mathrm{j}\omega}\right)} - \frac{8}{\left(1 - \frac{1}{3}\mathrm{e}^{-\mathrm{j}\omega}\right)} + \frac{3}{\left(1 - \frac{1}{4}\mathrm{e}^{-\mathrm{j}\omega}\right)} \tag{4.104}$$

利用常用的变换对可由式(4.104)写出

$$y(n) = \left[6\left(\frac{1}{2}\right)^n - 8\left(\frac{1}{3}\right)^n + 3\left(\frac{1}{4}\right)^n \right] u(n) \tag{4.105}$$

例 4.6　对例 4.5 的系统如果输入信号为 $x(n) = \left(\frac{1}{2}\right)^n u(n)$，则由于

$$X(\mathrm{e}^{\mathrm{j}\omega}) = \frac{1}{1 - \frac{1}{2}\mathrm{e}^{-\mathrm{j}\omega}}$$

因此可得到

$$Y(\mathrm{e}^{\mathrm{j}\omega}) = X(\mathrm{e}^{\mathrm{j}\omega})H(\mathrm{e}^{\mathrm{j}\omega}) = \frac{1}{\left(1 - \frac{1}{2}\mathrm{e}^{-\mathrm{j}\omega}\right)^2\left(1 - \frac{1}{3}\mathrm{e}^{-\mathrm{j}\omega}\right)} \tag{4.106}$$

将 $Y(\mathrm{e}^{\mathrm{j}\omega})$ 展开成部分分式为

$$Y(\mathrm{e}^{\mathrm{j}\omega}) = \frac{-6}{1 - \frac{1}{2}\mathrm{e}^{-\mathrm{j}\omega}} + \frac{3}{\left(1 - \frac{1}{2}\mathrm{e}^{-\mathrm{j}\omega}\right)^2} + \frac{4}{1 - \frac{1}{3}\mathrm{e}^{-\mathrm{j}\omega}} \tag{4.107}$$

于是有

$$y(n) = \left[-6\left(\frac{1}{2}\right)^n + 3(n+1)\left(\frac{1}{2}\right)^n + 4\left(\frac{1}{3}\right)^n \right] u(n) \tag{4.108}$$

有关部分分式展开的方法见附录 A 。

　　由以上两个例子可以看出，由于差分方程描述的 LTI 系统的频率响应是关于 $\mathrm{e}^{-\mathrm{j}\omega}$ 的有理函数，因此在对系统进行频域分析时，正确地进行部分分式展开并熟练掌握一些常用的变换对和傅里叶变换的性质是至关重要的。

　　如果系统是由方框图描述的，则根据第 2 章所介绍的差分方程与方框图的对应关系，可以由方框图写出其对应的差分方程，进而从差分方程得到系统的频率响应。当然，也可以通过直

接对方框图输入端和输出端的加法器列方程而求得系统的频率响应。这些也与连续时间的情况相类似。

例 **4.7**　某离散时间 LTI 系统由图 4.17 所示的方框图描述,已知系统是稳定的。求系统的频率响应 $H(e^{j\omega})$。

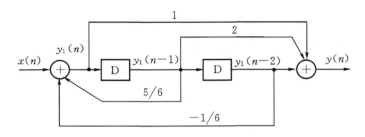

图 4.17

根据方框图可以写出该系统对应的差分方程为

$$y(n) - \frac{5}{6}y(n-1) + \frac{1}{6}y(n-2) = x(n) + 2x(n-1) + x(n-2)$$

对差分方程作傅里叶变换即可求得系统的频率响应。

在方框图的各移位单元两端设中间变量 $y_1(n)$, $y_1(n-1)$, $y_1(n-2)$,如图 4.17 所示。

对输入端加法器可列出方程

$$y_1(n) = x(n) + \frac{5}{6}y_1(n-1) - \frac{1}{6}y_1(n-2)$$

该式可改写为

$$x(n) = y_1(n) - \frac{5}{6}y_1(n-1) + \frac{1}{6}y_1(n-2) \tag{4.109}$$

对输出端加法器可列出方程

$$y(n) = y_1(n) + 2y_1(n-1) + y_1(n-2) \tag{4.110}$$

对(4.109)和式(4.110)分别作傅里叶变换可得

$$X(e^{j\omega}) = \left(1 - \frac{5}{6}e^{-j\omega} + \frac{1}{6}e^{-j2\omega}\right)Y_1(e^{j\omega})$$

$$Y(e^{j\omega}) = \left(1 + 2e^{-j\omega} + e^{-j2\omega}\right)Y_1(e^{j\omega})$$

据此即可求得系统的频率响应为

$$H(e^{j\omega}) = \frac{Y(e^{j\omega})}{X(e^{j\omega})} = \frac{1 + 2e^{-j\omega} + e^{-j2\omega}}{1 - \frac{5}{6}e^{-j\omega} + \frac{1}{6}e^{-j2\omega}}$$

4.6.3　IIR 系统与 FIR 系统

前面已经指出,由线性常系数差分方程描述的 LTI 系统的频率响应可表示为

$$H(e^{j\omega}) = \frac{\displaystyle\sum_{k=0}^{M} b_k e^{-j\omega k}}{\displaystyle\sum_{k=0}^{N} a_k e^{-j\omega k}} \tag{4.111}$$

其中,a_k 和 b_k 分别是差分方程左边和右边各项的系数。

如果在式(4.111)中,除 a_0 外,其余的 a_k 均为零,则上式变为

$$H(e^{j\omega}) = \frac{1}{a_0} \sum_{k=0}^{M} b_k e^{-j\omega k} \tag{4.112}$$

此时,$H(e^{j\omega})$ 是一个关于 $e^{-j\omega}$ 的多项式,对其进行傅里叶反变换可得到

$$h(n) = \frac{1}{a_0} \sum_{k=0}^{M} b_k \delta(n-k) \tag{4.113}$$

可见 $h(n)$ 是一个长度为 $M+1$ 的有限长序列。因此将此时的系统称为**有限长单位脉冲响应系统**,简称为 FIR(Finite Impulse Response)系统。此时描述系统的差分方程变为

$$y(n) = \frac{1}{a_0} \sum_{k=0}^{M} b_k x(n-k) \tag{4.114}$$

这表明:在任何时刻,系统的输出响应只与该时刻及其以前的输入有关,而与以前的输出无关。在由差分方程确定输出时,不需要进行迭代运算。因而通常将这种差分方程称为**非递归方程**。这种方程所描述的系统也称为**非递归系统**。

如果在式(4.111)中,除 a_0 外还有其它的 a_k 不为零,则相应的 $h(n)$ 将是无限长序列。因此称这种系统为**无限长单位脉冲响应系统**,简称为 IIR(Infinite Impulse Response)系统。此时差分方程表示为

$$y(n) = \frac{1}{a_0} \left[\sum_{k=0}^{M} b_k x(n-k) - \sum_{k=1}^{N} a_k y(n-k) \right] \tag{4.115}$$

这表明:在任何时刻,系统的输出响应不仅与该时刻及其以前的输入有关,而且与以前的输出有关。由差分方程确定 $y(n)$ 时需要进行迭代运算。因而称这种差分方程为**递归方程**,它所描述的系统也称为**递归系统**。

IIR 系统和 FIR 系统是非常重要的两大类离散时间 LTI 系统,它们的特性、结构以及实现它们的设计方法都有很大的区别。

习　题

4.1　对下列离散时间周期信号,确定其离散时间傅里叶级数的系数 $\dot{A}_k$。

(a) $x(n) = \cos(2\pi n/3) + \sin(2\pi n/7)$

(b) $x(n) = \left(\frac{1}{2}\right)^n$,$-2 \leqslant n \leqslant 3$,且 $x(n)$ 以 6 为周期。

(c) $x(n) = 1 - \sin(\pi n/4)$,$0 \leqslant n \leqslant 3$,且 $x(n)$ 以 4 为周期。

(d) $x(n) = 1 - \sin(\pi n/4)$,$0 \leqslant n \leqslant 11$,且 $x(n)$ 以 12 为周期。

(e) $x(n)$ 如图 P4.1(a)所示。　　　　(f) $x(n)$ 如图 P4.1(b)所示。

(g) $x(n)$ 如图 P4.1(c)所示。　　　　(h) $x(n)$ 如图 P4.1(d)所示。

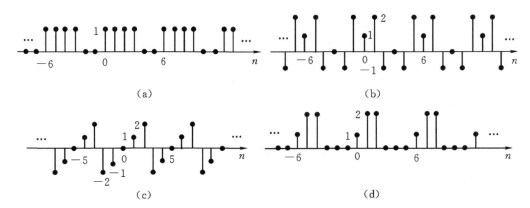

图 P4.1

4.2　已知周期为 8 的离散时间信号具有如下傅里叶级数系数,试确定信号 $x(n)$。

(a) $\dot{A}_k = \cos(\pi k/4) + \sin(3\pi k/4)$　　　(b) $\dot{A}_k$ 如图 P4.2(a) 所示。

(c) $\dot{A}_k = \begin{cases} \sin(\pi k/3), & 0 \leqslant k \leqslant 6 \\ 0, & k = 7 \end{cases}$　　　(d) $\dot{A}_k$ 如图 P4.2(b) 所示。

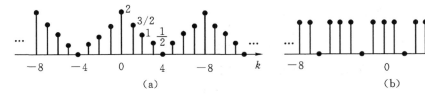

图 P4.2

4.3　如图 P4.3 所示,$x(n)$ 是以 N 为周期的实信号,其傅里叶级数系数为

$$\dot{A}_k = a_k + \mathrm{j}b_k$$

其中,a_k 和 b_k 均为实数。

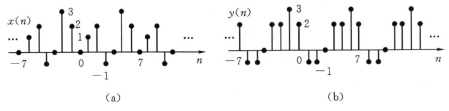

图 P4.3

(a)证明 $\dot{A}_k^* = \dot{A}_{-k}$。进而推出 a_k 与 a_{-k},b_k 与 b_{-k} 之间的关系。

(b)证明当 N 为偶数时,$\dot{A}_{N/2}$ 是实数,$\dot{A}_{N/2} = a_{N/2}$。

(c)证明 $x(n)$ 能够表示为三角函数形式的傅里叶级数,即

N 为奇数时

$$x(n) = a_0 + 2\sum_{k=1}^{(N-1)/2} \left[a_k\cos(2\pi kn/N) - b_k\sin(2\pi kn/N) \right]$$

N 为偶数时

$$x(n) = \left[a_0 + (-1)^n a_{N/2}\right] + 2\sum_{k=1}^{\frac{N}{2}-1}\left[a_k\cos(2\pi kn/N) - b_k\sin(2\pi kn/N)\right]$$

(d)若 $\dot{A}_k = A_k \mathrm{e}^{\mathrm{j}\theta_k}$,其中 $A_k = |\dot{A}_k|$,θ_k 是 $\dot{A}_k$ 的相角,证明三角函数形式的傅里叶级数也可以表示成如下形式:

N 为奇数时

$$x(n) = a_0 + 2\sum_{k=1}^{(N-1)/2} A_k\cos\left(\frac{2\pi k}{N}n + \theta_k\right)$$

N 为偶数时

$$x(n) = \left[a_0 + (-1)^n a_{N/2}\right] + 2\sum_{k=1}^{\frac{N}{2}-1} A_k\cos\left(\frac{2\pi k}{N}n + \theta_k\right)$$

(e)如果图 P4.3 所示信号 $x(n)$ 和 $y(n)$ 的三角函数形式傅里叶级数为

$$x(n) = a_0 + 2\sum_{k=1}^{8}\left[a_k\cos\left(\frac{2\pi k}{7}n\right) - b_k\sin\left(\frac{2\pi k}{7}n\right)\right]$$

$$y(n) = d_0 + 2\sum_{k=1}^{8}\left[d_k\cos\left(\frac{2\pi k}{7}n\right) - f_k\sin\left(\frac{2\pi k}{7}n\right)\right]$$

试画出信号 $z(n)$ 的图形

$$z(n) = (a_0 - d_0) + 2\sum_{k=1}^{8}\left[d_k\cos\left(\frac{2\pi k}{7}n\right) + (f_k - b_k)\sin\left(\frac{2\pi k}{7}n\right)\right]$$

4.4 已知 $x(n)$ 是以 N 为周期的序列,其傅里叶级数表示式为

$$x(n) = \sum_{k=\langle N\rangle}\dot{A}_k \mathrm{e}^{\mathrm{j}(2\pi kn/N)}$$

试用 $\dot{A}_k$ 表示下列信号的傅里叶级数系数:

(a) $x(n - n_0)$ (b) $x(n) - x(n-1)$

(c) $x^*(-n)$ (d) $(-1)^n x(n)$,假定 N 为偶数。

(e) $(-1)^n x(n)$,(假定 N 为奇数,此时该信号的周期为 $2N$)。

(f) $x_{(m)}(n) = \begin{cases} x(n/m), & n \text{ 为 } m \text{ 的倍数} \\ 0, & \text{其它 } n \end{cases}$

4.5 (a)如果 $x(n)$ 和 $y(n)$ 都是以 N 为周期的,它们的傅立叶级数系数分别为 $\dot{A}_k$ 和 $\dot{B}_k$,试推导离散时间傅里叶级数的调制特性。即证明 $x(n)y(n) = \sum_{k=\langle N\rangle}\dot{C}_k \mathrm{e}^{\mathrm{j}(2\pi/N)kn}$

其中

$$\dot{C} = \sum_{k=\langle N\rangle}\dot{A}_{k-l}\dot{B}_l = \sum_{k=\langle N\rangle}\dot{A}_l\dot{B}_{k-l}$$

(b)利用调制特性求下列信号的傅里叶级数表示式,其中,$x(n)$ 的傅里叶级数系数为 $\dot{A}_k$。

① $x(n)\cos(6\pi n/N)$ ② $x(n)\sum_{k=-\infty}^{\infty}\delta(n - kN)$

(c)如果 $x(n) = \cos(\pi n/3)$,$y(n)$ 的周期为 12,且

$$y(n) = \begin{cases} 1, & |n| \leqslant 3 \\ 0, & 4 \leqslant n \leqslant 8 \end{cases}$$

求 $x(n)y(n)$ 的傅里叶级数表示式。

4.6 求下列信号的离散时间傅里叶变换：

(a) $\left(\dfrac{1}{4}\right)^n u(n-2)$

(b) $2^n u(-n)$

(c) $(a^n \cos\omega_0 n)u(n)$, $|a|<1$

(d) $(a^{|n|}\sin\omega_0 n)$, $|a|<1$

(e) $\delta(6-3n)$

(f) $n\left(\dfrac{1}{2}\right)^{|n|}$

(g) $\displaystyle\sum_{k=0}^{\infty}\left(\dfrac{1}{4}\right)^n \delta(n-3k)$

(h) $\cos(18\pi n/7) + \sin(2n)$

(i) $\left[\dfrac{\sin(\pi n/3)}{\pi n}\right]\left[\dfrac{\sin(\pi n/4)}{\pi n}\right]$

(j) $x(n) = \begin{cases} \cos(\pi n/3), & -4 \leqslant n \leqslant 4 \\ 0, & 其它 \ n \end{cases}$

(k) $x(n)$ 如图 P4.6(a)所示。

(l) $x(n)$ 如图 P4.6(b)所示。

(m) $x(n)$ 如图 P4.6(c)所示。

(n) $x(n)$ 如图 P4.6(d)所示。

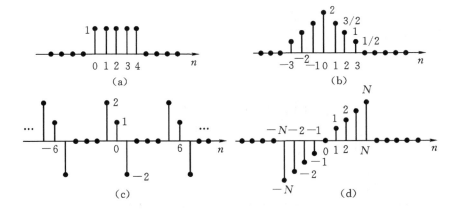

图 P4.6

4.7 已知离散时间信号的傅里叶变换为 $X(e^{j\omega})$,求信号 $x(n)$。

(a) $X(e^{j\omega}) = 1 - 3e^{-j\omega} + 2e^{j2\omega} + 4e^{-j4\omega}$

(b) $X(e^{j\omega}) = \begin{cases} 1, & 0 \leqslant |\omega| \leqslant W \\ 0, & W < |\omega| \leqslant \pi \end{cases}$

(c) $X(e^{j\omega}) = \displaystyle\sum_{k=-\infty}^{\infty}(-1)^k \delta\left(\omega - \dfrac{\pi}{2}k\right)$

(d) $X(e^{j\omega}) = \cos(\omega/2) + j\sin\omega$

(e) $X(e^{j\omega}) = \dfrac{e^{-j\omega}}{1 + \dfrac{1}{6}e^{-j\omega} - \dfrac{1}{6}e^{-j2\omega}}$

(f) $X(e^{j\omega}) = \begin{cases} 0, & 0 \leqslant |\omega| \leqslant \pi/3 \\ 1, & \pi/3 < |\omega| \leqslant 2\pi/3 \\ 0, & 2\pi/3 < |\omega| \leqslant \pi \end{cases}$

(g) $X(\mathrm{e}^{\mathrm{j}\omega})$ 如图 P4.7(a)所示。

(h) $X(\mathrm{e}^{\mathrm{j}\omega})$ 如图 P4.7(b)所示。

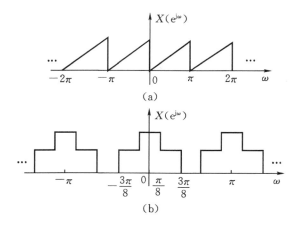

图 P4.7

4.8 已知 $\tilde{x}(n)$ 是图 P4.8(a)所示的周期信号，$x_1(n)$ 和 $x_2(n)$ 分别是从 $\tilde{x}(n)$ 中截取一个周期所得到的非周期信号，如图 P4.8(b),(c)所示。

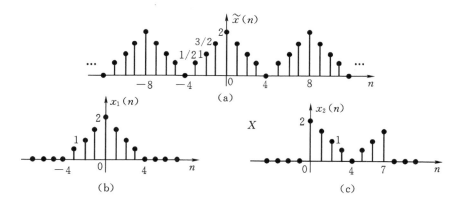

图 P4.8

(a)求出 $\tilde{x}(n)$ 的离散时间傅里叶级数的系数 $\dot{A}_k$。

(b)分别求出 $X_1(\mathrm{e}^{\mathrm{j}\omega})$ 和 $X_2(\mathrm{e}^{\mathrm{j}\omega})$。在这里可以看到,由于截取一个周期时,截取的方式不同,因而所得到的非周期信号具有不同的傅里叶变换。

(c)证明无论怎样截取,下列关系总是成立的:

$$\dot{A}_k = \frac{1}{N}X(\mathrm{e}^{\mathrm{j}\omega})\big|_{\omega=\frac{2\pi}{N}k}$$

4.9 如果 $X(\mathrm{e}^{\mathrm{j}\omega})$ 是图 P4.9 所示信号 $x(n)$ 的傅里叶变换,不求出 $X(\mathrm{e}^{\mathrm{j}\omega})$ 而完成下列计算。

(a)求 $X(\mathrm{e}^{\mathrm{j}0})$ 的值。

(b)求 $X(\mathrm{e}^{\mathrm{j}\omega})$ 的相位 $\theta(\omega)$。

(c)求 $X(\mathrm{e}^{\mathrm{j}\pi})$ 的值。

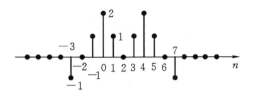

图 P4.9

(d)计算 $\int_{-\pi}^{\pi} X(\mathrm{e}^{\mathrm{j}\omega})\,\mathrm{d}\omega$

(e)计算 $\int_{-\pi}^{\pi} |X(\mathrm{e}^{\mathrm{j}\omega})|^2\,\mathrm{d}\omega$ 和 $\int_{-\pi}^{\pi} \left| \mathrm{d}X(\mathrm{e}^{\mathrm{j}\omega}) \middle/ \mathrm{d}\omega \right|^2\,\mathrm{d}\omega$

4.10　确定图 P4.10 所示信号中哪些信号的傅里叶变换满足下列条件之一：

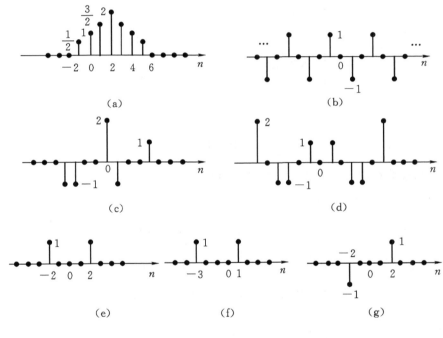

图 P4.10

(a) $\mathrm{Re}[X(\mathrm{e}^{\mathrm{j}\omega})] = 0$　　　　　　　　　　(b) $\mathrm{Im}[X(\mathrm{e}^{\mathrm{j}\omega})] = 0$

(c)存在一个实数 α，使得 $X(\mathrm{e}^{\mathrm{j}\omega})\mathrm{e}^{\mathrm{j}\alpha\omega}$ 是实函数。

(d) $\int_{-\pi}^{\pi} X(\mathrm{e}^{\mathrm{j}\omega})\,\mathrm{d}\omega = 0$

(e) $X(\mathrm{e}^{\mathrm{j}0}) = 0$

4.11　如果图 P4.11(a)所示的 $X(\mathrm{e}^{\mathrm{j}\omega})$ 是信号 $x(n)$ 的离散时间傅里叶变换，试用 $x(n)$ 表示图 P4.11 中其它傅里叶变换所对应的信号。

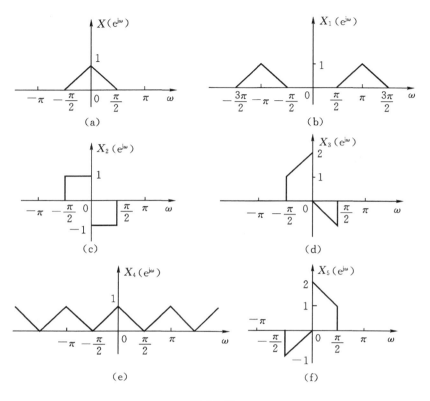

图 P4.11

4.12 如果离散时间信号 $x(n)$ 的傅里叶变换如图 P4.12 所示,请粗略画出下列连续时间周期信号的波形,并加以标注。

(a) $x_1(t) = \sum_{k=-\infty}^{\infty} x(n) e^{j\langle \pi/5 \rangle kt}$ (b) $x_2(t) = \sum_{k=-\infty}^{\infty} x(-n) e^{j\langle \pi/5 \rangle kt}$

(c) $x_3(t) = \sum_{k=-\infty}^{\infty} O_d[x(n)] e^{j\langle \pi/4 \rangle kt}$ (d) $x_4(t) = \sum_{k=-\infty}^{\infty} E_V[x(n)] e^{j\langle \pi/3 \rangle kt}$

提示:利用连续时间傅里叶级数与离散时间傅里叶变换之间的对偶性。

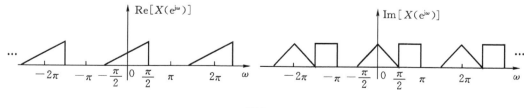

图 P4.12

4.13 如果一个 LTI 系统的单位脉冲响应为

$$h(n) = \left(\frac{1}{2}\right)^{|n|}$$

对下列每个输入信号,求该系统输出响应 $y(n)$ 的傅里叶级数表示式。

(a) $x(n) = \sin(3\pi n/4)$

(b) $x(n) = \sum\limits_{k=-\infty}^{\infty} \delta(n - 4k)$

(c) $x(n)$ 是周期为 6 的信号，且

$$x(n) = \begin{cases} 1, & n = 0, \pm 1 \\ 0, & n = \pm 2, \pm 3 \end{cases}$$

(d) $x(n) = (-1)^n + j^n$

4.14　已知某离散时间 LTI 系统的单位脉冲响应为

$$h(n) = \left(\frac{1}{2}\right)^n u(n)$$

对下列每一个输入信号，求该系统的输出响应 $y(n)$。

(a) $x(n) = \left(\frac{3}{4}\right)^n u(n)$　　　　　　　　(b) $x(n) = (-1)^n$

(c) $x(n) = (n+1)\left(\frac{1}{4}\right)^n u(n)$　　　　　(d) $x(n) = \cos(\pi n/2)$

4.15　某离散时间 LTI 系统的单位脉冲响应为

$$h(n) = \frac{\sin(\pi n/3)}{\pi n}$$

对下列每一个输入，求该系统的输出。

(a) $x(n) = \sum\limits_{k=-\infty}^{\infty} \delta(n - 8k)$　　　　　　(b) $x(n) = \delta(n+1) + \delta(n-1)$

(c) $x(n)$ 为图 P4.15 所示的方波信号。

(d) $x(n)$ 等于 $(-1)^n$ 乘以图 P4.15 所示的信号。

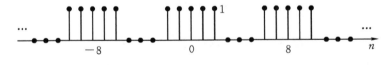

图 P4.15

4.16　对由下列差分方程所描述的因果 LTI 系统，确定其逆系统的频率响应、单位脉冲响应及描述逆系统的差分方程。

(a) $y(n) = x(n) - \dfrac{1}{4}x(n-1)$

(b)　$y(n) + \dfrac{1}{2}y(n-1) = x(n)$

(c) $y(n) + \dfrac{1}{2}y(n-1) = x(n) - \dfrac{1}{4}x(n-1)$

(d) $y(n) + \dfrac{5}{4}y(n-1) - \dfrac{1}{8}y(n-2) = x(n) - \dfrac{1}{4}x(n-1) - \dfrac{1}{8}x(n-2)$

(e)　$y(n) + \dfrac{5}{4}y(n-1) - \dfrac{1}{8}y(n-2) = x(n)$

(f)　$y(n) + \dfrac{5}{4}y(n-1) - \dfrac{1}{8}y(n-2) = x(n) - \dfrac{1}{2}x(n-1)$

4.17 某离散时间 LTI 系统如图 P4.17(a)所示。其中

$$h_1(n) = \delta(n) - \frac{\sin(\pi n/2)}{\pi n}$$

$H_2(e^{j\omega})$ 和 $H_3(e^{j\omega})$ 分别如图 P4.17(b)(c)所示,如果该系统的输入具有图 P4.17(d) 所示的傅里叶变换,求该系统的输出响应 $y(n)$。

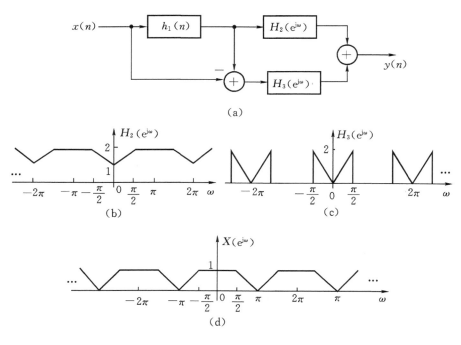

图 P4.17

4.18 (1)某离散时间系统的输入为 $x(n)$,输出为 $y(n)$,它们的傅里叶变换满足以下关系

$$Y(e^{j\omega}) = 2X(e^{j\omega}) + e^{j\omega}X(e^{j\omega}) - \frac{\mathrm{d}X(e^{j\omega})}{\mathrm{d}\omega}$$

(a)该系统是线性的吗? 为什么?

(b)该系统是时不变的吗? 为什么?

(c)如果 $x(n) = \delta(n)$,求 $y(n)$。

(2)如果一个离散时间系统的输入和输出的傅里叶变换满足以下关系

$$Y(e^{j\omega}) = \int_{\omega-\pi/4}^{\omega+\pi/4} X(e^{j\omega}) \mathrm{d}\omega$$

求出用 $x(n)$ 表示 $y(n)$ 的表达式。

4.19 (a)如果一个离散时间 LTI 系统对输入信号

$$x(n) = \left(\frac{1}{2}\right)^n u(n) - \frac{1}{4}\left(\frac{1}{2}\right)^{n-1} u(n-1)$$

所产生的输出响应为

$$y(n) = \left(\frac{1}{3}\right)^n u(n)$$

求该系统的频率响应、单位脉冲响应及描述该系统的差分方程。

(b)如果某离散时间 LTI 系统对输入 $(n+2)(1/2)^n u(n)$ 所产生的响应为 $(1/4)^n u(n)$，为使该系统产生的输出为 $\delta(n)-(-1/2)^n u(n)$，应该给系统输入什么信号？

4.20　某因果 LTI 离散时间系统由下列差分方程描述

$$y(n)-ay(n-1)=bx(n)+x(n-1)$$

其中 a 是实数，且 $|a|<1$。

(a)求 b 的值，使该系统的频率响应对任何 ω 满足

$$|H(e^{j\omega})|=1$$

这样的系统称为**全通系统**。

(b)当 $a=\dfrac{1}{2}$，b 取(a)中所求得的值时，概略画出 $0\leqslant\omega\leqslant\pi$ 区间内 $H(e^{j\omega})$ 的相位曲线。

(c)当 $a=-\dfrac{1}{2}$，b 取(a)中所求得的值时，概略画出 $0\leqslant\omega\leqslant\pi$ 区间内 $H(e^{j\omega})$ 的相位曲线。

(d)如果输入为 $x(n)=(1/2)^n u(n)$，$a=-\dfrac{1}{2}$，b 取(a)中所求得的值时，求该系统的输出，并绘出输出的图形。从这里可以看出，非线性相位对信号的影响。

4.21　两个离散时间 LTI 系统的频率响应分别为：

$$H_1(e^{j\omega})=\frac{1+(1/2)e^{-j\omega}}{1+(1/4)e^{-j\omega}}$$

$$H_2(e^{j\omega})=\frac{(1/2)+e^{-j\omega}}{1+(1/4)e^{-j\omega}}$$

(a)证明这两个系统的频率响应具有相同的模。即 $|H_1(e^{j\omega})|=|H_2(e^{j\omega})|$，但 $H_2(e^{j\omega})$ 的相位的绝对值大于 $H_1(e^{j\omega})$ 的相位的绝对值。

(b)求出这两个系统的单位脉冲响应和单位阶跃响应，并加以图示。

(c)证明 $H_2(e^{j\omega})$ 可表示为

$$H_2(e^{j\omega})=G(e^{j\omega})H_1(e^{j\omega})$$

其中 $G(e^{j\omega})$ 是一个全通系统，频率响应具有 $H_1(e^{j\omega})$ 这种形式的系统——其频率响应的全部零点和极点都在单位圆内——通常被称为**最小相移系统**。这表明：非最小相移系统总可以分解成最小相移系统与全通系统的级联。

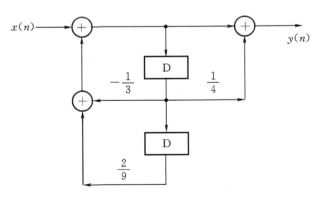

图 P4.22

4.22　已知某离散时间 LTI 系统由如图 P4.22 所示的方框图描述，系统最初是松弛的。

(1)求出该系统的频率响应和单位脉冲响应。

(2)如果系统的输入 $x_1(n)=(-1)^n u(n)$，求系统响应 $y_1(n)$。

(3)当系统的输入为 $x_2(n)=(-1)^n$ 时，求系统响应 $y_2(n)$。

(4)若系统的输出响应为 $y(n) = \left[\left(\frac{1}{3}\right)^n + \left(-\frac{2}{3}\right)^n\right]u(n)$，求输入信号 $x(n)$。

4.23 对于由图 P4.23 所示方框图描述的离散时间 LTI 系统，

(1)求出系统的频率响应和单位脉冲响应。

(2)当系统的输入为 $x(n) = \left(\frac{1}{2}\right)^n u(n)$ 时，求系统的输出响应 $y(n)$。

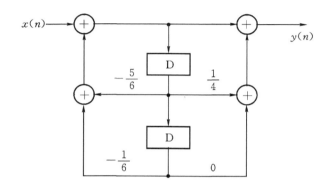

图 P4.23

4.24 对图 P4.24 所示方框图描述的离散时间 LTI 系统，分别求出各个系统的频率响应和单位脉冲响应。

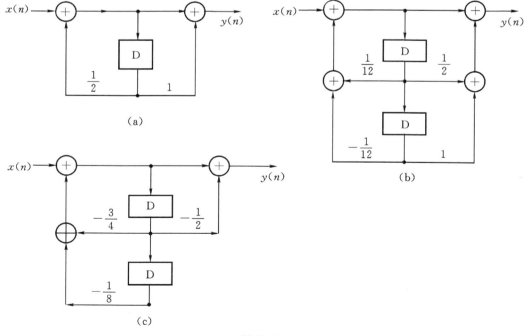

(a)

(b)

(c)

图 P4.24

第 5 章 傅里叶分析的应用——滤波与调制

5.0 引 言

通过前面几章的学习,我们知道对任何一个 LTI 系统,在时域,系统的特性可由单位冲激响应 $h(t)$ 或单位脉冲响应 $h(n)$ 完全描述,而在频域,系统的特性可由频率响应 $H(j\Omega)$ 或 $H(e^{j\omega})$ 描述。在考量一个 LTI 系统特性时,需要分别从时域响应、频域响应入手来分析。从傅里叶变换的性质我们看到,信号的时域、频域特性是相互依存的,因此在进行系统的分析与设计时,要综合考虑系统的时域特性与频域特性。

另外,在 LTI 系统分析中,由于时域中的微分(差分)方程和卷积运算通过傅里叶变换在频域都变成了代数运算,因此利用傅里叶变换先在频域展开分析往往比较方便。本章将对傅里叶分析最基本的应用——滤波与调制以及 LTI 系统特性的分析作初步讨论。

5.1 傅里叶变换的模和相位表示

无论连续时间傅里叶变换还是离散时间傅里叶变换,一般情况下都可表示为一个复函数,可以用它的实部和虚部,或它的模和相位来表示。连续时间傅里叶变换 $X(j\Omega)$ 的模-相表示为

$$X(j\Omega) = | X(j\Omega) | e^{j \angle X(j\Omega)} \tag{5.1}$$

类似地,离散时间傅里叶变换 $X(e^{j\omega})$ 的模-相表示为

$$X(e^{j\omega}) = | X(e^{j\omega}) | e^{j \angle X(e^{j\omega})} \tag{5.2}$$

式(5.1)和式(5.2)表明一个信号所包含的全部信息都隐含在其傅里叶变换的模和相位中,模和相位的任何变化都会引起信号的改变。下面通过一个例子来说明相位对信号的影响。

$$x(t) = 1 + 2\cos(2\pi t + \phi_1) + \frac{1}{3}\cos(4\pi t + \phi_2) \tag{5.3}$$

式(5.3)中信号 $x(t)$ 由直流分量、基波和二次谐波三个频率分量构成,改变频率分量的相位让 ϕ_1,ϕ_2 取不同的值,所得到的信号波形如图 5.1 所示。

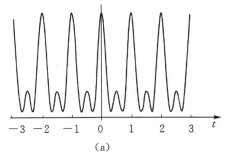
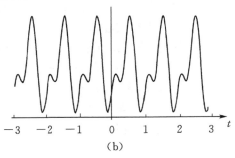

图 5.1

(a) $\phi_1 = \phi_2 = 0$; (b) $\phi_1 = 3$ rad, $\phi_2 = 5$ rad

从图 5.1 中可以看到,当信号的相位发生变化时所得到的信号波形是很不同的。这是因为信号相位的改变,引起信号中各个频率分量在时间轴上发生了不一样的时移,从而产生了不一样的信号。

根据连续时间傅里叶变换的卷积性质,一个连续时间 LTI 系统其输入和输出的傅里叶变换 $X(j\Omega)$ 和 $Y(j\Omega)$ 之间的关系可以由下式给出:

$$Y(j\Omega) = X(j\Omega)H(j\Omega) \tag{5.4}$$

其中 $H(j\Omega)$ 是 LTI 系统的频率响应,也即系统单位冲激响应 $h(t)$ 的傅里叶变换。因此一个 LTI 系统对输入信号所起的作用就是改变输入信号的各个频率分量的复振幅,写成模-相表示为

$$|Y(j\Omega)| = |X(j\Omega)||H(j\Omega)|$$
$$\measuredangle Y(j\Omega) = \measuredangle X(j\Omega) + \measuredangle H(j\Omega) \tag{5.5}$$

从式(5.5)可以看出,输入信号经过系统的处理会改变其幅频特性与相频特性,输入信号的幅值上有 $|H(j\Omega)|$ 的加权,而相位上有 $\measuredangle H(j\Omega)$ 的延迟。通过信号的模-相表示更清晰地说明了系统对输入信号的作用。

类似地,在离散时间情况下,一个频率响应为 $H(e^{j\omega})$ 的 LTI 系统,其输入和输出的傅里叶变换 $X(e^{j\omega})$ 和 $Y(e^{j\omega})$ 的关系是

$$Y(e^{j\omega}) = X(e^{j\omega})H(e^{j\omega}) \tag{5.6}$$

写成模-相表示为

$$|Y(e^{j\omega})| = |X(e^{j\omega})||H(e^{j\omega})|$$
$$\measuredangle Y(e^{j\omega}) = \measuredangle X(e^{j\omega}) + \measuredangle H(e^{j\omega}) \tag{5.7}$$

据此,可以总结为:一个 LTI 系统对输入信号的傅里叶变换在模特性上所起的作用就是将其乘以系统频率响应的模,为此,$|H(j\Omega)|$ 或 $|H(e^{j\omega})|$ 也称为系统的增益;同时系统对输入信号的傅里叶变换在相位特性上所起的作用就是将其附加上系统频率响应的相位,相应地,$\measuredangle H(j\Omega)$ 或 $\measuredangle H(e^{j\omega})$ 就称为系统的相移。系统的相移会改变输入信号中各频率分量之间的相对相位关系,这样即使系统的增益对所有频率分量都为常数情况下,也有可能在输入信号的时域特性上产生很大的变化。图 5.1 已说明了这一问题。通常,如果系统对输入信号的改变是以一种有意义的方式进行的,这种在模和相位上的改变就是所希望的,否则就是不希望的。系统对输入信号所发生的不希望的影响即称为系统对输入信号所带来的失真。线性时不变系统所带来的信号失真可分为两种,一种是由于系统对输入信号各频率分量的幅度产生不同程度的改变,致使输出信号各频率分量的相对幅度产生变化而引起的失真,这种失真被称为**幅度失真**;另一种是由于系统对输入信号各频率分量产生不一样的相移,使输出信号各频率分量在时间轴上的相对时移不一致而引起的失真,这种失真被称为**相位失真**。

不过在实际应用中,不同的场合对幅度失真和相位失真的要求是不尽相同的。由于人耳对相位失真的敏感度较差,因而在语音处理的场合,人们主要关注的是幅度失真,它会明显地影响语音传输的音质、音调和保真度。而相位失真在很大程度上不会影响语音的可懂性。当然,如果相位失真过大,也是不允许的。例如把录在磁带上的一句话表示为 $x(t)$,将这段磁带倒着放时,则放音信号为 $x(-t)$,它与 $x(t)$ 的差别仅在于相位相差 180°,这时放出的话音我们就听不懂了。而对于图像传输的情况,由于人眼的视觉特性对相位失真十分敏感,它会严重影响图像的轮廓和对比度,因而人们主要关注的是相位失真。

必须指出,线性时不变系统不会产生新的频率分量,仅是对输入信号各频率分量的幅度和相位带来改变,因此线性时不变系统所引起的幅度失真和相位失真也称为**线性失真**,而非线性系统由于其非线性特性则会对输入信号产生新的频率分量,带来**非线性失真**。

5.1.1　无失真传输

在实际应用中,信号总是要通过系统传输的。在信号传输的过程中,系统的频率特性影响着输入信号各个频率分量的复振幅,不论是幅值还是相位发生任何改变都可以造成信号的改变,从而带来信号的失真。

从时域角度看,如果一个连续时间 LTI 系统其输入与输出之间满足下列条件

$$y(t) = kx(t - t_0) \tag{5.8}$$

其中,$k > 0$ 和 t_0 均为常数。即信号经过系统处理后只发生幅度上的比例变化和波形在时间轴上的位置变化,而无波形形状上的变化,则认为信号在传输中没有发生失真。

要实现无失真传输,对系统特性应提出怎样的要求? 现对式(5.8)作傅里叶变换有

$$Y(j\Omega) = kX(j\Omega)e^{-j\Omega t_0} \tag{5.9}$$

因此,为了使信号的传输不发生失真,系统的频率特性应该为

$$H(j\Omega) = \frac{Y(j\Omega)}{X(j\Omega)} = ke^{-j\Omega t_0} = |H(j\Omega)|e^{j\angle H(j\Omega)} \tag{5.10}$$

即

$$|H(j\Omega)| = k, \qquad \angle H(j\Omega) = -\Omega t_0 \tag{5.11}$$

这表明,该系统的幅频特性应该是一个常数,相位特性应该是经过原点的一条直线,即相位是线性的。如图 5.2 所示。式(5.11)就称为信号的**无失真传输条件**。

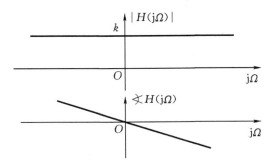

图 5.2　无失真传输系统的频率特性

无失真传输的要求可以从物理概念上得到直观的解释。由于系统的幅频特性为一常数,使得输入信号各频率分量的相对幅度大小没有发生变化,不存在幅度失真;而系统的相频特性是一条通过原点的直线,使得输入信号各频率分量在时间轴上所发生的时移是相同的,从而也不存在相位失真。下面让我们仍以图 5.1 中的信号为例,来说明这一解释。

输入信号 $x(t) = 1 + 2\cos(2\pi t) + \dfrac{1}{3}\cos(4\pi t)$,信号波形如图 5.3(a)所示。

若输出信号表现为输入信号各频率分量的相对幅度大小没有发生变化,而仅是相位上的改变,即

$$y(t) = 1 + 2\cos(2\pi t - 3\pi) + \frac{1}{3}\cos(4\pi t - 6\pi)$$

$$= 1 + 2\cos\left[2\pi\left(t - \frac{3}{2}\right)\right] + \frac{1}{3}\cos\left[4\pi\left(t - \frac{3}{2}\right)\right]$$

信号波形如图 5.3(b)所示。由于输出信号各频率分量在时间轴上所发生的时移是相同的,信号仅发生了平移而没有波形上的变化,即 $y(t) = x(t - t_0)$,其中 $t_0 = \frac{3}{2}$。

考察这一连续时间 LTI 传输系统,则其频率响应为 $H(j\Omega) = e^{-j\Omega t_0}$,它有单位增益与线性相位,即

$$|H(j\Omega)| = 1, \qquad \sphericalangle H(j\Omega) = -\Omega t_0$$

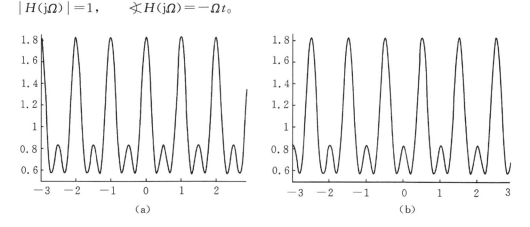

图 5.3 无失真传输系统的输入、输出波形

(a) 输入信号；(b) 输出信号

于是可以得出结论:为使信号传输时不产生相位失真,系统的相位特性应该是一条经过原点的直线,即线性相位,写作

$$\sphericalangle H(j\Omega) = -\Omega t_0$$

信号通过系统的延迟时间 t_0 即为相位特性的斜率

$$-\frac{\mathrm{d}\sphericalangle H(j\Omega)}{\mathrm{d}\Omega} = t_0 \tag{5.12}$$

如果系统的相位特性是非线性的,不同频率分量受相位特性影响所产生的时移不同,则输出信号的波形一定会变成一个与原信号很不相同的信号波形。图 5.1 就说明了这一现象。

为满足无失真传输条件,从频域方面要求系统的幅频特性在整个频域为一个常数,相频特性在整个频域保持线性。如果用时域特性表示,则对式(5.10)做傅里叶反变换,要求单位冲激响应为 $h(t) = k\delta(t - t_0)$。

这表明,当信号通过线性时不变系统时,为了不发生失真,系统的单位冲激响应该是一个冲激函数。这在工程实际中往往是难以实现的。再考虑到信号传输过程中各种干扰的实际存在,因而严格地说,失真是不可避免的。我们只能在设计系统时,力求在信号带宽范围内使系统特性满足上述要求。通常,系统若在待传输信号的带宽范围内满足不失真条件,则认为该系统对这一信号是无失真传输系统。

如果一个系统的幅频特性是一个常数,则称这类系统为**全通系统**。显而易见,一个无失真

传输系统一定是一个全通系统,但全通系统不一定是一个无失真传输系统。

5.1.2 群时延

对连续时间 LTI 系统而言,若相位特性是线性的,即 $\angle H(\mathrm{j}\Omega) = -\Omega t_0$,那么系统对输入信号所给出的时延就是 t_0。类似地,对离散时间 LTI 系统,若 $\angle H(\mathrm{e}^{\mathrm{j}\omega}) = -\omega n_0$,就对应于一个 n_0 的时延。

时延的概念也能很自然地推广到非线性相位特性的情况。下面让我们考察一个非线性相位特性的连续时间 LTI 系统对于一个窄带输入信号所产生的效果。所谓窄带输入信号是指信号的傅里叶变换在 $\Omega = \Omega_0$ 为中心的一个很小的频带范围以外都是零或非常小。系统的非线性相位在这一窄带范围内近似为线性相位,从而对窄带内的各个频率分量在通过系统时产生了线性时延。将非线性相位系统在中心频率附近的窄带范围内所发生的线性时延称为群时延,定义为

$$\tau(\Omega) = -\frac{\mathrm{d}\angle H(\mathrm{j}\Omega)}{\mathrm{d}\Omega}$$

5.1.3 对数模与波特图

工程实际应用中,往往采用对数模特性(或称 Bode 图)来描述系统的频率特性。这是因为在对数坐标下,采用对数模,可以对频率特性的分析带来一些方便:

(1)采用对数模表示可以在频域将系统频率特性的相乘关系变为相加关系;

(2)利用对数频率坐标的非线性性,可以展示更宽范围的频率特性,并使低频端展示得更详细而高频端相对粗略;

(3)对连续时间系统,可以方便地建立模特性、相位特性的直线型渐近线。

由式(5.4)可知,一个连续时间 LTI 系统输出响应的模等于输入信号的模与系统频率响应的模相乘,如果采用对数模表示的话则有

$$\lg|Y(\mathrm{j}\Omega)| = \lg|X(\mathrm{j}\Omega)| + \lg|H(\mathrm{j}\Omega)| \tag{5.13}$$

一般所采用的对数标尺是以 20lg 为单位的,称之为分贝(decibels,缩写为 dB)。我们将在对数频率坐标下所绘制的 $20\lg|H(\mathrm{j}\Omega)|$ 和 $\angle H(\mathrm{j}\Omega)$ 曲线称为波特(Bode)图。

在离散时间情况下,频率响应的模也常常用 dB 来表示,但由于其频率的有效范围只有 2π,而且即使在对数频率坐标下也不存在直线型的渐近线,因而并不采用对数频率坐标,只对频率响应的模取对数,即在线性频率坐标下所绘制的 $20\lg|H(\mathrm{e}^{\mathrm{j}\omega})|$ 和 $\angle H(\mathrm{e}^{\mathrm{j}\omega})$ 曲线就构成其波特图。

应该注意:采用对数模(或 Bode 图)表示频率特性,对于幅频特性有零点或在某些频段上为零的系统,是不适用的。

对于多个级联系统的频率响应,采用波特图更可以简便地分析总系统的频率响应。

5.2 理想滤波器

在许多工程应用中,往往要求对信号的处理只是改变一个信号中某些频率分量的相对大小或全部消除某些频率分量,这一过程称为滤波。通常,用于改变频谱形状的系统称之为**频率**

成形滤波器,而允许某些频率分量无失真地通过而完全去掉另一些频率分量的系统则称为**频率选择性滤波器**。下面主要以频率选择性理想滤波器为例来说明滤波器的功能及其时域、频域特性。

5.2.1 理想滤波器的频域特性

理想滤波器的频率特性是指在某一个(或几个)频段内为常数,而在其它频段内为零。根据频率特性的特征,理想滤波器可分为低通、高通、带通、带阻四种基本类型。滤波器允许信号完全通过的频段称为滤波器的**通带**(pass band),完全不允许信号通过的频段称为阻带(stop band)。

连续时间理想滤波器的频率特性如图 5.4 所示。

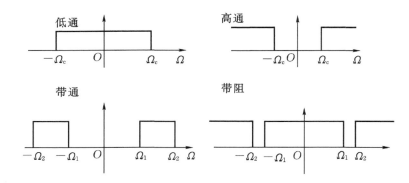

图 5.4　连续时间理想滤波器的频率响应

离散时间理想滤波器如图 5.5 所示。

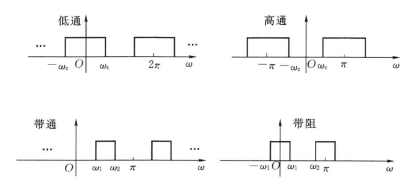

图 5.5　离散时间理想滤波器的频率响应

比较连续时间理想滤波器与离散时间理想滤波器的频率特性,可以看出,如果只在 $(-\pi,\pi)$ 这个频率范围考察离散时间理想滤波器,我们会发现它们的频率特性和对应的连续时间理想滤波器是完全相似的,只不过离散时间理想滤波器的频率特性是以 2π 为周期。

由于各种滤波器的特性都可以从理想低通特性转变而来。下面仅对低通滤波器展开时域特性的分析。

5.2.2　理想低通滤波器的时域特性

连续时间理想低通滤波器的频率响应为

$$H(\mathrm{j}\Omega) = \begin{cases} 1, & |\Omega| < \Omega_c \\ 0, & |\Omega| > \Omega_c \end{cases} \tag{5.14}$$

其单位冲激响应为

$$h(t) = \frac{1}{2\pi} \int_{-\Omega_c}^{\Omega_c} \mathrm{e}^{\mathrm{j}\Omega t} \mathrm{d}\Omega = \frac{\sin\Omega_c t}{\pi t} = \frac{\Omega_c}{\pi} \mathrm{Sa}(\Omega_c t) \tag{5.15}$$

对离散时间理想低通滤波器,其频率响应为

$$H(\mathrm{e}^{\mathrm{j}\omega}) = \begin{cases} 1, & |\omega| < \omega_c \\ 0, & \omega_c < |\omega| < \pi \end{cases} \tag{5.16}$$

其单位脉冲响应为

$$h(n) = \frac{\omega_c}{\pi} \mathrm{Sa}(\omega_c n) \tag{5.17}$$

其时域分布如图 5.6 所示。

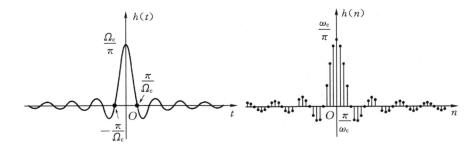

图 5.6　理想低通滤波器的时域特性

从理想低通滤波器的时域特性可以看出:理想低通滤波器是非因果系统,因此是物理不可实现的。

假设连续时间理想低通滤波器具有线性相位特性,此时其频率响应为

$$H(\mathrm{j}\Omega) = \begin{cases} \mathrm{e}^{-\mathrm{j}\Omega t_0}, & |\Omega| < \Omega_c \\ 0, & |\Omega| > \Omega_c \end{cases}, \text{则 } h(t) = \frac{\Omega_c}{\pi} \mathrm{Sa}[\Omega_c(t - t_0)]$$

相应地时域响应发生了一个时移 t_0。当然此时系统仍是非因果的,也是物理不可实现的。

在工程实际中有必要寻找一种物理可实现且性能接近理想滤波特性的途径。另外,在实际工程应用中,有用信号与杂波并不是截然分开的,二者之间还会存在一定的交叉。因此,在滤波器的设计中需要权衡考虑系统时域和频域特性的折衷问题。

5.2.3　物理可实现滤波器的逼近方式

非理想滤波器就是要确定一个物理可实现的频率特性去逼近所期望的理想特性。当然,对理想特性逼近得越精确,实现时付出的代价就越高,复杂程度也越大。

为了用物理可实现的系统逼近理想滤波器的特性,通常对理想特性作表 5.1 所示的修正,

使之形成某种容限。图 5.7 给出了理想低通滤波器的容限示意图。

表 5.1　理想与非理想滤波器特性对比

理想滤波器特性	非理想滤波器特性
通带绝对平坦,衰减为零	通带内允许有起伏,有一定衰减范围
阻带绝对平坦,衰减为无穷大	阻带内允许有起伏,有一定衰减范围
无过渡带	有一定的过渡带宽度

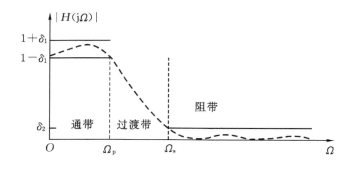

图 5.7　低通滤波器的容限

通常将偏离单位增益的 $\pm\delta_1$ 称为通带起伏(或波纹),δ_2 称为阻带起伏(或波纹),Ω_p 称为通带边缘频率,Ω_s 为阻带边缘频率,$\Omega_s-\Omega_p$ 为过渡带。

工程实际中常用的逼近方式有:Butterworth 滤波器、Chebyshev 滤波器及 Cauer(椭圆函数)滤波器等。具体的实现过程可以参考滤波器设计工程手册。

5.2.4　简单滤波器的举例

本节通过一些具体的电路模型来说明系统的频率响应特性。

1. *RC* 低通滤波器

电路常常被广泛用作实现连续时间滤波功能,其中最简单的就是图 5.8 所示的一阶 *RC* 回路。图中 $v_s(t)$ 为系统的输入,$v_o(t)$ 为系统的输出,系统的输入与输出之间可以由下面的线性常系数微分方程来描述:

$$RC\frac{\mathrm{d}v_o(t)}{\mathrm{d}t}+v_o(t)=v_s(t)$$

对方程两边做傅里叶变换可得

$$RCj\Omega V_o(j\Omega)+V_o(j\Omega)=V_s(j\Omega)$$

系统的频率响应为

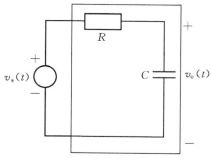

图 5.8　一阶 *RC* 回路

$$H(j\Omega)=\frac{V_o(j\Omega)}{V_s(j\Omega)}=\frac{1}{1+j\Omega RC} \tag{5.18}$$

该系统的幅频特性与相频特性如图 5.9 所示。

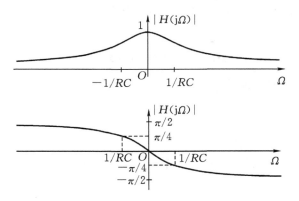

图 5.9　一阶低通系统的频率特性

　　由图可见,该系统的频率特性的幅值随着 $|\Omega|$ 的增加而平缓地下降,因此系统为低通滤波器。

　　若对该系统以电阻上的电压作为输出,则这时关联输入和输出的微分方程为

$$RC\,\frac{\mathrm{d}v_{\mathrm{o}}(t)}{\mathrm{d}t} + v_{0}(t) = RC\,\frac{\mathrm{d}v_{\mathrm{s}}(t)}{\mathrm{d}t}$$

系统的频率响应为

$$H(\mathrm{j}\Omega) = \frac{\mathrm{j}\Omega RC}{1+\mathrm{j}\Omega RC} = 1 - \frac{1}{1+\mathrm{j}\Omega RC} \qquad (5.19)$$

这时系统的幅频特性与相频特性如图 5.10 所示。

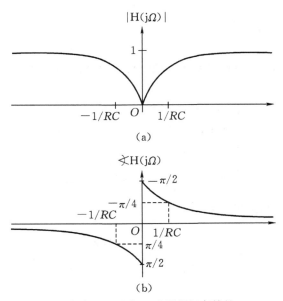

图 5.10　一阶高通系统的频率特性

　　由图 5.10 可见,该系统频率特性的幅值随着 $|\Omega|$ 的增加而趋近于 1,而对低频分量进行抑制,因此系统为高通滤波器。

2. 滑动平均滤波器

　　在离散时间系统中一种常用的滤波器是**滑动平均滤波器**。它的基本思想就是局部平均,

从而将输入中快速变化的高频分量平均掉，而低频部分得到保留。一个离散时间三点滑动平均的系统其差分方程可以写成

$$y(n) = \frac{1}{3}\big[x(n-1) + x(n) + x(n+1)\big] \tag{5.20}$$

每一个输出都是三个连续输入值的平均。这时系统的单位脉冲响应为

$$h(n) = \frac{1}{3}\big[\delta(n-1) + \delta(n) + \delta(n+1)\big] \tag{5.21}$$

相应地频率响应为

$$H(\mathrm{e}^{\mathrm{j}\omega}) = \frac{1}{3}(\mathrm{e}^{-\mathrm{j}\omega} + 1 + \mathrm{e}^{\mathrm{j}\omega}) = \frac{1}{3}(1 + 2\cos\omega) \tag{5.22}$$

其幅频特性如图 5.11 所示。

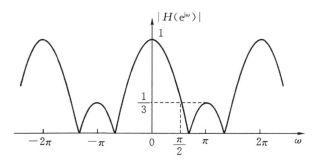

图 5.11　三点滑动平均滤波器的幅频特性

该系统呈现低通滤波特性。

5.3　连续时间一阶与二阶系统的特性

本节和下一节将通过一些具体例子来说明系统时域、频域特性的分析思路与分析过程。

我们知道，一个线性常系数微分方程（LCCDE）连同一组零初始条件可以完全表征一个连续时间 LTI 系统，其微分方程为

$$\sum_{k=0}^{N} a_k \frac{\mathrm{d}^k y(t)}{\mathrm{d}t^k} = \sum_{k=0}^{N} b_k \frac{\mathrm{d}^k x(t)}{\mathrm{d}t^k}$$

两边取傅里叶变换，系统的频率响应 $H(\mathrm{j}\Omega)$ 可以表示为

$$H(\mathrm{j}\Omega) = \frac{Y(\mathrm{j}\Omega)}{X(\mathrm{j}\Omega)} = \frac{\displaystyle\sum_{k=0}^{N} b_k \ (\mathrm{j}\Omega)^k}{\displaystyle\sum_{k=0}^{N} a_k \ (\mathrm{j}\Omega)^k} = \frac{N(\mathrm{j}\Omega)}{D(\mathrm{j}\Omega)} \tag{5.23}$$

其中 a_k, b_k 均为实常数，$X(\mathrm{j}\Omega), Y(\mathrm{j}\Omega)$ 分别为输入、输出信号的傅里叶变换，$N(\mathrm{j}\Omega), D(\mathrm{j}\Omega)$ 分别为分子与分母多项式。

通过对 $N(\mathrm{j}\Omega), D(\mathrm{j}\Omega)$ 因式分解可将 $H(\mathrm{j}\Omega)$ 表示成若干个一阶或二阶有理函数的连乘，或者通过部分分式展开，表示成若干个一阶或二阶有理函数项相加。这表明 LCCDE 描述的 LTI 系统可以看成是若干个一阶或二阶系统通过级联或并联来构成。因此，一阶和二阶系统是构成任何系统的基本单元。掌握一阶和二阶系统的分析方法就尤为重要。

5.3.1　一阶连续时间系统

对于一个一阶系统,其微分方程往往可以表示成下列形式:

$$\tau \frac{\mathrm{d}y(t)}{\mathrm{d}t} + y(t) = x(t) \tag{5.24}$$

其中 τ 为一个系数,其意义在下面予以分析。相应的一阶系统的频率响应为

$$H(\mathrm{j}\Omega) = \frac{1}{\mathrm{j}\Omega\tau + 1}, \tag{5.25}$$

$$|H(\mathrm{j}\Omega)| = \frac{1}{\sqrt{(\Omega\tau)^2 + 1}}, \qquad \measuredangle H(\mathrm{j}\Omega) = -\arctan(\Omega\tau)$$

其单位冲激响应为

$$h(t) = \frac{1}{\tau}\mathrm{e}^{-\frac{t}{\tau}}u(t) \tag{5.26}$$

系统的单位阶跃响应为

$$s(t) = h(t) * u(t) = (1 - \mathrm{e}^{-\frac{t}{\tau}})u(t) \tag{5.27}$$

其时域波形如图 5.12 所示。

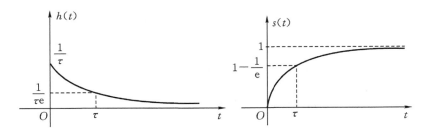

图 5.12　一阶连续时间系统时域特性

参数 τ 为系统的时间常数,它控制着一阶系统响应的快慢。可以看出:τ 越小,冲激响应下降得越快,而阶跃响应上升得越快。

下面采用 Bode 图来分析一阶系统的频率响应。对系统幅频特性取对数得

$$20\lg|H(\mathrm{j}\Omega)| = -10\lg[1 + (\Omega\tau)^2] \tag{5.28}$$

从该式可知,当 $\Omega\tau \ll 1$ 时,对数模近似为零,而当 $\Omega\tau \gg 1$ 时,对数模近似为 $\lg(\Omega)$ 的线性函数。即

$$20\lg|H(\mathrm{j}\Omega)| \approx 0\ \mathrm{dB}, \qquad \Omega \ll \frac{1}{\tau} \tag{5.29}$$

和

$$20\lg|H(\mathrm{j}\Omega)| \approx -20\lg(\Omega\tau) = -20\lg(\Omega) - 20\lg(\tau), \qquad \Omega \gg \frac{1}{\tau} \tag{5.30}$$

可见一阶系统的对数模特性在低频和高频段的渐进线都是直线。低频段渐进线就是一条 0 dB 线,而高频段渐进线的斜率为每 10 倍频程有 20 dB 的衰减,有时就称为"每 10 倍频程 −20 dB"渐进线。

注意到,这两条直线型渐近线在 $\lg(\Omega) = -\lg(\tau)$ 这一点,也即 $\Omega = \frac{1}{\tau}$ 处相交,因此这一点

称为折断频率。而在这一点,对数模的实际值为

$$20\lg \left| H(\mathrm{j}\frac{1}{\tau}) \right| = -10\lg(2) \approx -3\ \mathrm{dB}$$

由于这一原因,折断频率点有时又称为 3 dB 点。图 5.13 给出了一阶连续时间系统频率响应模的波特图。从图 5.13 可以看出,直线近似的波特图仅在折断频率附近有明显的误差。因此,如果希望得到更为准确一些的波特图,仅仅需要在折断频率附近做一些修正即可。

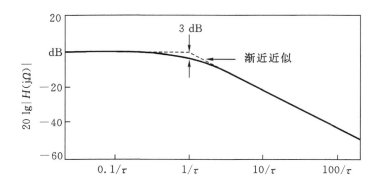

图 5.13　一阶连续时间系统频率响应模的波特图

对 $\sphericalangle H(\mathrm{j}\Omega)$ 也能求得一个有用的直线近似式:

$$\sphericalangle H(\mathrm{j}\Omega) = -\arctan(\Omega\tau) = \begin{cases} 0, & \Omega \leqslant \dfrac{0.1}{\tau} \\[2mm] -\dfrac{\pi}{4}\big[\lg\Omega\tau + 1\big], & \dfrac{0.1}{\tau} \leqslant \Omega \leqslant \dfrac{10}{\tau} \\[2mm] -\dfrac{\pi}{2}, & \Omega \geqslant \dfrac{10}{\tau} \end{cases} \tag{5.31}$$

当 $\Omega\tau \ll 1$ 时,其相位近似为零;而当 $\Omega\tau \gg 1$ 时,其相位的近似值为 $-\dfrac{\pi}{2}$;在 $\dfrac{0.1}{\tau} \leqslant \Omega \leqslant \dfrac{10}{\tau}$ 范围内相位是线性下降的。其波特图如图 5.14 所示。

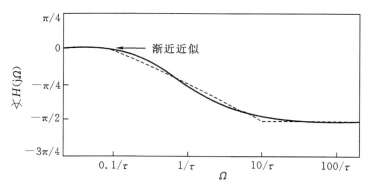

图 5.14　一阶连续时间系统频率响应相位的波特图

从一阶系统的特性我们再一次看到时域和频域之间的对应变化关系。当 τ 减小时,就加速了系统的时域响应;与此同时,系统的折断频率升高,系统的带宽变宽。因此改变 τ 本质上

就等效于在时间和频率坐标上给予一个尺度的变化。时域与频域的尺度变化是相反的,即时域波形的压缩会带来频域带宽的展宽,反之亦然。

5.3.2　二阶连续时间系统

二阶系统的线性常系数微分方程,其一般形式可表示为

$$\frac{\mathrm{d}^2 y(t)}{\mathrm{d}t^2} + 2\zeta\Omega_\mathrm{n}\frac{\mathrm{d}y(t)}{\mathrm{d}t} + \Omega_\mathrm{n}^2 y(t) = \Omega_\mathrm{n}^2 x(t) \tag{5.32}$$

其中参数 ζ 称为阻尼系数,Ω_n 称为无阻尼自然频率。这种形式的方程可以在很多物理系统中见到,比如由电阻、电感、电容串联所构成的谐振回路,如图 5.15 所示。其输入输出之间的微分方程为

$$y''(t) + \frac{R}{L}y'(t) + \frac{1}{LC}y(t) = \frac{1}{LC}x(t)$$

与式(5.32)相对照,可以看出这相当于在该式中有:

$$\Omega_\mathrm{n}^2 = 1/LC, \qquad \zeta = \frac{R}{2}\sqrt{\frac{C}{L}}$$

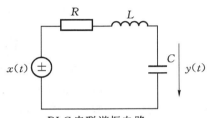

RLC 串联谐振电路

图 5.15　$R < C$ 串联回路

再比如,考察由弹簧、阻尼器、质量 m 组成的减震系统,如图 5.16 所示。输入是外力 $x(t)$,输出是物体从某一平衡位置发生的位移 $y(t)$。该系统的运动方程可写为

$$m\frac{\mathrm{d}^2 y(t)}{\mathrm{d}t^2} + b\frac{\mathrm{d}y(t)}{\mathrm{d}t} + ky(t) = k\hat{x}(t)$$

其中,$\hat{x}(t) = \frac{1}{k}x(t)$,$\Omega_\mathrm{n} = \sqrt{\frac{k}{m}}$,$2\zeta\Omega_\mathrm{n} = \frac{b}{m}$。

$$m\frac{\mathrm{d}^2 y(t)}{\mathrm{d}t^2} = x(t) - ky(t) - b\frac{\mathrm{d}y(t)}{\mathrm{d}t}$$

现在就以式(5.32)所描述的系统为例来分析系统的时域和频域特性。

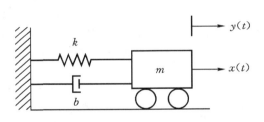

图 5.16　减震系统

由二阶系统的微分方程所得到的系统频率响应为

$$H(\mathrm{j}\Omega) = \frac{\Omega_\mathrm{n}^2}{(\mathrm{j}\Omega)^2 + 2\zeta\Omega_\mathrm{n}(\mathrm{j}\Omega) + \Omega_\mathrm{n}^2} = \frac{1}{\left(\mathrm{j}\frac{\Omega}{\Omega_\mathrm{n}}\right)^2 + 2\zeta\left(\mathrm{j}\frac{\Omega}{\Omega_\mathrm{n}}\right) + 1} \tag{5.33}$$

让我们先分析二阶系统的时域特性,然后分析其频域特性。

1. 时域特性

当 $\zeta = 1$ 时

$$H(\mathrm{j}\Omega) = \frac{\Omega_\mathrm{n}^2}{(\mathrm{j}\Omega)^2 + 2\Omega_\mathrm{n}(\mathrm{j}\Omega) + \Omega_\mathrm{n}^2} = \frac{\Omega_\mathrm{n}^2}{(\mathrm{j}\Omega + \Omega_\mathrm{n})^2} \tag{5.34}$$

则 $h(t) = \Omega_\mathrm{n}^2 t e^{-\Omega_\mathrm{n} t} u(t)$,其时域波形如图 5.17 所示,此时系统处于临界阻尼状态。

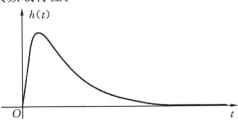

图 5.17　单位冲激响应

若 $\zeta \neq 1$，则有

$$H(j\Omega) = \frac{\Omega_n^2}{(j\Omega)^2 + 2\zeta\Omega_n(j\Omega) + \Omega_n^2} = \frac{\Omega_n^2}{(j\Omega - c_1)(j\Omega - c_2)} = \frac{A}{(j\Omega - c_1)} - \frac{A}{(j\Omega - c_2)}$$

其中：$A = \dfrac{\Omega_n}{2\sqrt{\zeta^2 - 1}}$，$c_{1,2} = -\zeta\Omega_n \pm \Omega_n\sqrt{\zeta^2 - 1}$。

下面根据阻尼系数 ζ 的取值分别展开讨论。

当 $0 < \zeta < 1$ 时，c_1，c_2 为共轭复根，$c_{1,2} = -\zeta\Omega_n \pm j\Omega_n\sqrt{1 - \zeta^2}$，则

$$h(t) = \frac{\Omega_n}{\sqrt{1 - \zeta^2}} e^{-\zeta\Omega_n t} \sin(\Omega_n\sqrt{1 - \zeta^2}\, t) u(t) \tag{5.35}$$

此时系统的单位冲激响应是一个衰减的振荡过程，称系统处于**欠阻尼**状态，系统的振荡频率为 $\Omega_n\sqrt{1 - \zeta^2}$，它随着 Ω_n 的增加而增加；ζ 越小，系统的振荡频率越接近于 Ω_n，在 $\zeta = 0$ 的无阻尼情况下，才等于 Ω_n。因此就把参数 Ω_n 称为无阻尼自然频率。对于减震系统来说，当阻尼器不存在时，该系统的振荡频率就等于 Ω_n；而当加入阻尼器后，系统的振荡频率就会降低。

当 $\zeta > 1$ 时，c_1，c_2 均为实数且为负值，则

$$h(t) = A[e^{c_1 t} - e^{c_2 t}] u(t) \tag{5.36}$$

系统的单位冲激响应为两个单调指数衰减之差，称系统处于过阻尼状态；

当 $\zeta = 0$ 时，$c_1 = c_2^* = j\Omega_n$，则

$$h(t) = \Omega_n \sin(\Omega_n t) u(t) \tag{5.37}$$

此时 $h(t)$ 为一个等值振荡过程，称系统处于无阻尼状态。

二阶系统的时域波形如图 5.18 所示。

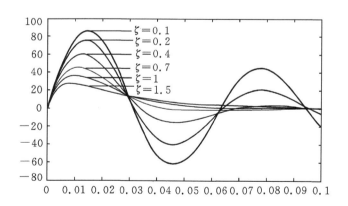

图 5.18　二阶连续时间系统在不同阻尼系数下的时域特性

从图 5.18 可以看出：在欠阻尼情况下，系统的单位冲激响应呈现出衰减的振荡；当 $\zeta = 1$ 时，二阶系统的时域特性为最佳，此时系统的单位冲激响应在不出现振荡的前提下具有最短的上升时间；随着 ζ 的增大，时域响应的建立过程越来越缓慢。而 Ω_n 从本质上来看控制着时域响应的时间尺度。比如在欠阻尼情况下，Ω_n 越大，系统的单位冲激响应在时间上更为压缩，振荡频率就越高。

2. 频率特性

我们首先来分析系统的幅频特性

$$| H(\mathrm{j}\Omega) | = \frac{1}{\sqrt{1 - 2\left(\dfrac{\Omega}{\Omega_{\mathrm{n}}}\right)^2 + \left(\dfrac{\Omega}{\Omega_{\mathrm{n}}}\right)^4 + 4\zeta^2\left(\dfrac{\Omega}{\Omega_{\mathrm{n}}}\right)^2}} \tag{5.38}$$

先对上式取对数得

$$20\lg| H(\mathrm{j}\Omega) | = -10\lg\left\{\left[1 - \left(\dfrac{\Omega}{\Omega_{\mathrm{n}}}\right)^2\right]^2 + 4\zeta^2\left(\dfrac{\Omega}{\Omega_{\mathrm{n}}}\right)^2\right\} \tag{5.39}$$

再对波特图进行渐近线分析

当 $\Omega \ll \Omega_{\mathrm{n}}$ 时,$20\lg| H(\mathrm{j}\Omega) | \approx 0$ dB;

当 $\Omega \gg \Omega_{\mathrm{n}}$ 时,$20\lg| H(\mathrm{j}\Omega) | \approx -10\lg\left(\dfrac{\Omega}{\Omega_{\mathrm{n}}}\right)^4 = -40\lg\left(\dfrac{\Omega}{\Omega_{\mathrm{n}}}\right) = -40\lg(\Omega) + 40\lg(\Omega_{\mathrm{n}})$;

可见在对数坐标中,波特图可用两条直线近似表示。一条是低频段的 0 dB 线,一条是高频段的斜率为 -40 dB/dec 的直线。

当 $\Omega = \Omega_{\mathrm{n}}$ 时,准确的对数模为 $20\lg| H(\mathrm{j}\Omega) | = -20\lg 2\zeta$,因此需要在这一折断频率点附近对幅值进行修正。

当 $\zeta = 0.707$ 时,$20\lg| H(\mathrm{j}\Omega) | = -20\lg 2\zeta = -20\lg\sqrt{2} = -3$ dB,此时系统具有最平坦的低通特性。

当 $\zeta < 0.707$ 时,幅频特性将在 $\Omega_{\mathrm{n}}\sqrt{1-2\zeta^2}$ 处(随着 ζ 越小越靠近 Ω_{n})出现峰值,其值为 $\dfrac{1}{2\zeta\sqrt{1-\zeta^2}}$。随 ζ 的不断减小,幅值逐步增大,系统特性逐步过渡为带通特性。

当 $\zeta > 0.707$ 时,系统类似于一阶系统,具有低通特性。

二阶系统的波特图如图 5.19 所示。

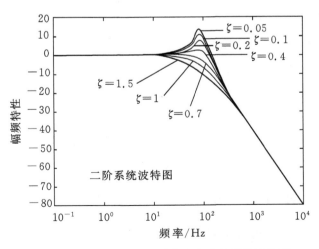

图 5.19　二阶连续时间系统频率响应模的波特图

从图 5.19 可见,当 $\zeta < 0.707$ 时,幅频特性将在 $\Omega_{\mathrm{n}}\sqrt{1-2\zeta^2}$ 处出现较大的峰值,ζ 越小,其幅值越明显,这一点在设计频率选择性滤波器或选频放大器时非常重要。这种电路常用回路

中的品质因数 Q 来衡量峰值的尖锐程度。对于二阶系统，Q 通常取为

$$Q = \frac{1}{2\zeta}$$

阻尼系数越小，幅频特性中的峰值越明显，系统的选频性越好。

3. 相位特性

$$\measuredangle H(\mathrm{j}\Omega) = -\arctan \frac{2\zeta\dfrac{\Omega}{\Omega_\mathrm{n}}}{1-\left(\dfrac{\Omega}{\Omega_\mathrm{n}}\right)^2} \tag{5.40}$$

当 $\Omega \ll \Omega_\mathrm{n}$ 时，$\Omega \to 0$，$\measuredangle H(\mathrm{j}\Omega) \to 0$；

当 $\Omega = \Omega_\mathrm{n}$ 时，$\measuredangle H(\mathrm{j}\Omega) = -\dfrac{\pi}{2}$；

当 $\Omega \gg \Omega_\mathrm{n}$ 时，$\Omega \to \infty$，$\measuredangle H(\mathrm{j}\Omega) \to -\pi$。

可将其用折线近似为：

$$\measuredangle H(\mathrm{j}\Omega) = \begin{cases} 0, & \Omega \leqslant 0.1\Omega_\mathrm{n} \\ -\dfrac{\pi}{2}\left[\lg\dfrac{\Omega}{\Omega_\mathrm{n}}+1\right], & 0.1\Omega_\mathrm{n} \leqslant \Omega \leqslant 10\Omega_\mathrm{n} \\ -\pi, & \Omega \geqslant 10\Omega_\mathrm{n} \end{cases} \tag{5.41}$$

据此可作出不同 ζ 下的相位特性，如图 5.20 所示。

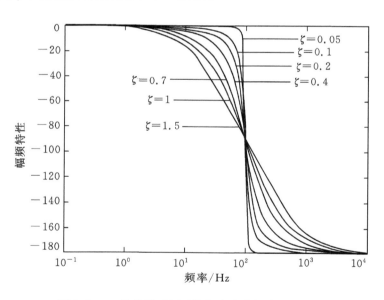

图 5.20　二阶连续时间系统频率响应相位的波特图

从图 5.20 可见，ζ 越小，相位的非线性性就越严重。

5.3.3　汽车减震系统的分析

汽车减震器的作用主要是缓冲汽车受到路面、障碍物造成的颠簸带给车身的冲击，它不仅可以保护车内人员的安全舒适，还可以提高汽车的操控性。减震器如果失效或损坏，将直接影

响到汽车的行驶平稳性和乘坐舒适性,同时也会影响汽车零部件的使用寿命。一般的汽车减震器由一个弹簧和一个汽车阻尼器所组成,弹簧的作用主要是弹性缓冲,支撑车身重量,而阻尼器则是起到减少震动的作用。如果没有阻尼器,车轮压到一块小石头或者一个小坑时,车身会跳起来,令人感觉很不舒服。有了阻尼器,弹簧的压缩和伸展就会变得缓慢,瞬间的多次弹跳合并为一次比较平缓的弹跳,一次大的弹跳减弱为一次小的弹跳,从而起到减震的作用。图5.21 给出了一个简单的减震装置的原理图。路面可以看作两部分叠加的结果,一个代表路面不平度,因而在高度上有一些快速的小幅度的变化,这相当于输入信号中的高频分量;另一部分是由于整个地形的变化,因而在高度上有一个缓慢的变化,对应于输入信号中的低频分量。

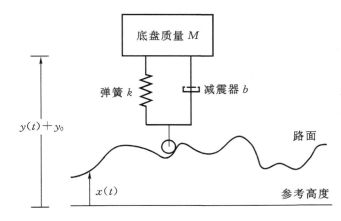

汽车减震系统原理图：y_0 代表当汽车静止时汽车底盘和路面间的距离,$y(t)+y_0$ 是底盘在参考高度上的位置,$x(t)$ 是高于参考高度的路面高度。

图 5.21　一个简单的减震装置原理图

　　一般说来,汽车减震器就是要滤掉由于路面不平而引起的快速波动,因此减震器是作为低通滤波器来用的。要提供一个平稳的驾驶,就要求该滤波器从通带到阻带具有渐渐的过渡特性;并且对这个系统的时域特性也有相应的要求,即时域响应要求不出现振荡。如果该减震系统的单位冲激响应或阶跃响应呈现振荡,那么在路面上有一个大的颠簸(相当于一个冲激输入)时,都会带来一个很不舒服的响应。

　　图 5.21 中汽车减震系统可以由一个微分方程来描述:

$$M\frac{\mathrm{d}^2 y(t)}{\mathrm{d}t^2} + b\frac{\mathrm{d}y(t)}{\mathrm{d}t} + ky(t) = kx(t) + b\frac{\mathrm{d}x(t)}{\mathrm{d}t} \tag{5.42}$$

其中 M 是底盘的质量,k 和 b 是分别与弹簧和阻尼器有关的系数。类似于前面讨论过的二阶系统,这里:$\Omega_n = \sqrt{\dfrac{k}{M}}$,$2\zeta\Omega_n = \dfrac{b}{M}$。

　　该滤波器的截止频率基本上是通过 Ω_n 来控制的,即通过改变底盘质量与弹簧系数 k 来控制。Ω_n 越小,越有利于滤除路面不平所造成的影响,从而提供一个平缓的驾驶。但 Ω_n 越小,时域特性变化越慢。从时域角度,希望响应时间尽可能快,Ω_n 越大越好。因此从时频域的特性要求来看,二者是互为矛盾的,这就说明需要在时域和频域特性之间取得某种折衷。

　　一般来说,减振器应该有一个快速的上升时间但又要避免过冲和振荡现象出现。为此应该要求 $\zeta = 1$,但 $\zeta = 1$ 时,系统的频率特性又不是最佳的。因此在系统设计时应该在时域和频域特性之间考虑适当折衷。

5.4 离散时间一阶与二阶系统的特性

与连续时间的情况一样，一个离散时间 LTI 系统可以由线性常系数差分方程（LCCDE）来描述，该系统的频率响应 $H(e^{j\omega})$ 一般可以表示为

$$H(e^{j\omega}) = \frac{\sum_{k=0}^{N} b_k e^{-jk\omega}}{\sum_{k=0}^{N} a_k e^{-jk\omega}} \tag{5.43}$$

其中 a_k, b_k 均为实常数。

5.4.1 一阶离散时间系统

考虑由如下的差分方程所描述的一阶因果 LTI 系统

$$y(n) - ay(n-1) = x(n)$$

其中 $|a| < 1$。该系统的频率响应为

$$H(e^{j\omega}) = \frac{1}{1 - ae^{-j\omega}}$$

其单位脉冲响应为

$$h(n) = a^n u(n) \tag{5.44}$$

同时系统的单位阶跃响应为

$$s(n) = \sum_{k=-\infty}^{n} h(k) = \sum_{k=0}^{n} a^k = \frac{1 - a^{n+1}}{1 - a} u(n) \tag{5.45}$$

据此可做出不同参数情况下系统的单位脉冲响应和单位阶跃响应，如图 5.22 所示。

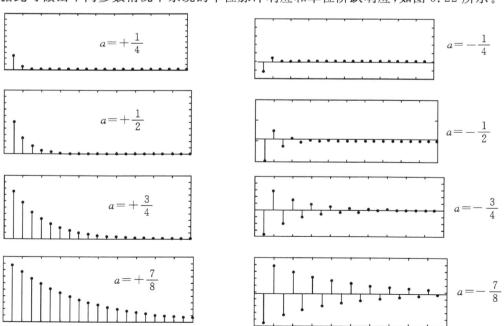

一阶系统单位脉冲响应

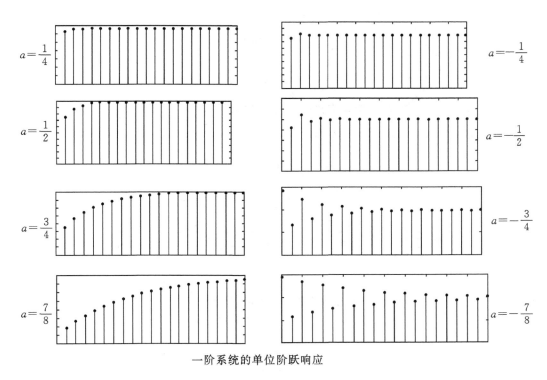

一阶系统的单位阶跃响应

图 5.22　一阶系统的单位脉冲响应与阶跃响应

从图 5.22 可见,这里参数 a 的模 $|a|$ 决定了一阶系统响应的快慢,其作用类似于连续时间一阶系统中时间常数 τ 的作用。$|a|$ 越小,时域响应建立得越快;当 $0<a<1$ 时,时域响应是单调缓慢变化的,而当 $-1<a<0$ 时,时域响应呈现出振荡特性。

由系统的频率响应可以得出系统的幅频特性与相频特性

$$|H(\mathrm{e}^{\mathrm{j}\omega})| = \frac{1}{\sqrt{1+a^2-2a\cos\omega}}, \tag{5.46}$$

$$\measuredangle H(\mathrm{e}^{\mathrm{j}\omega}) = -\arctan\frac{a\sin\omega}{1-a\cos\omega}, \tag{5.47}$$

据此可以做出不同参数情况下一阶系统的幅频特性和相频特性,如图 5.23 所示。

从图 5.23 可以看到,在 $0<a<1$ 时系统呈现出低通特性,而 $-1<a<0$ 时系统呈现出高通特性。同时,$|a|$ 越小,系统的幅频特性变化越平坦,而当 $|a|$ 越大,越接近于 1 时,幅频特性呈现出更为陡峭的峰值,具有更好的频率选择特性。另一方面,从对时域响应的快速建立出发,希望 $|a|$ 越小越好,而从频率的选择特性出发,要求 $|a|$ 越大越好,因此在系统设计时应该在时域和频域特性之间考虑适当折衷。

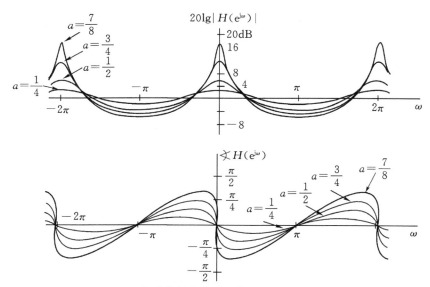

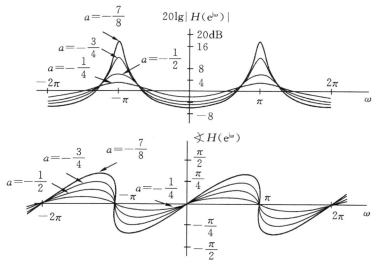

一阶系统频率响应的模和相位特性

(b) $-1<a<0$ 时几个不同 a 值的图

图 5.23　一阶系统的频率响应特性

5.4.2　二阶离散时间系统

考虑一个离散时间二阶因果 LTI 系统,其差分方程为

$$y(n) - 2r\cos\theta y(n-1) + r^2 y(n-2) = x(n) \tag{5.48}$$

其中 $0<r<1$,$0\leqslant\theta\leqslant\pi$。该系统的频率响应为

$$H(\mathrm{e}^{\mathrm{j}\omega}) = \frac{1}{1 - 2r\cos\theta\mathrm{e}^{-\mathrm{j}\omega} + r^2\mathrm{e}^{-\mathrm{j}2\omega}} = \frac{1}{(1 - r\mathrm{e}^{\mathrm{j}\theta}\mathrm{e}^{-\mathrm{j}\omega})(1 - r\mathrm{e}^{-\mathrm{j}\theta}\mathrm{e}^{-\mathrm{j}\omega})} \tag{5.49}$$

当 $\theta \neq 0$ 或 π 时，$H(e^{j\omega})$ 有两个不同的极点：$re^{-j\theta}$ 和 $re^{-j\theta}$，利用部分分式展开可得

$$H(e^{j\omega}) = \frac{A}{1 - re^{j\theta}e^{-j\omega}} + \frac{B}{1 - re^{-j\theta}e^{-j\omega}} \tag{5.50}$$

其中：$A = \dfrac{e^{j\theta}}{2j\sin\theta}$，$B = \dfrac{-e^{-j\theta}}{2j\sin\theta}$。

这时系统的单位脉冲响应为

$$h(n) = [A(re^{j\theta})^n + B(re^{-j\theta})^n]u(n) = r^n\frac{\sin(n+1)\theta}{\sin\theta}u(n) \tag{5.51}$$

此时系统的时域特性为指数衰减的振荡过程。

当 $\theta = 0$ 时

$$H(e^{j\omega}) = \frac{1}{(1 - re^{-j\omega})^2} \tag{5.52}$$

$$h(n) = (n+1)r^n u(n) \tag{5.53}$$

此时单位脉冲响应单调变化无振荡。

当 $\theta = \pi$ 时

$$H(e^{j\omega}) = \frac{1}{(1 + re^{-j\omega})^2} \tag{5.54}$$

$$h(n) = (n+1)(-r)^n u(n) \tag{5.55}$$

此时单位脉冲响应为交替振荡变化。二阶系统的时域特性如图 5.24 所示。

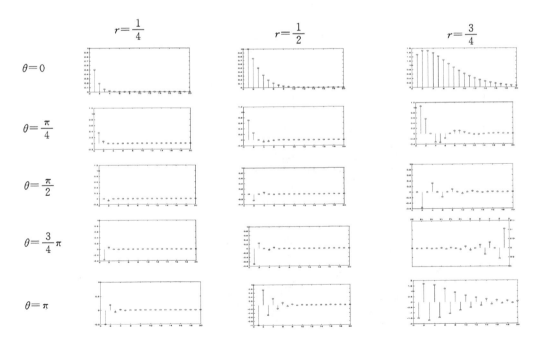

图 5.24　二阶系统的单位脉冲响应

　　从图 5.24 可以看到,脉冲响应的衰减速率受 r 的控制,即 r 愈接近于 1,时域响应速度越慢;而 θ 值决定了时域响应的振荡频率,当 $\theta = 0$ 时,单位脉冲响应单调变化无振荡,而当 $\theta = \pi$ 时,单位脉冲响应为交替振荡变化,且变化频率最高。

　　该系统的频率响应相当于两个一阶系统的级联,因此可以从一阶系统的研究中得到二阶系统的幅频特性与相频特性,如图 5.25 所示。

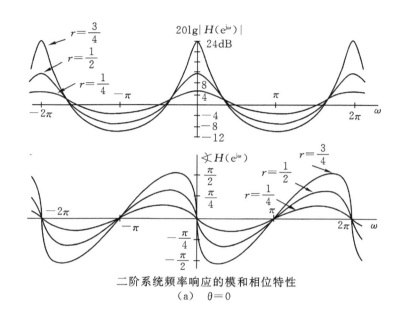

二阶系统频率响应的模和相位特性

（a）　$\theta = 0$

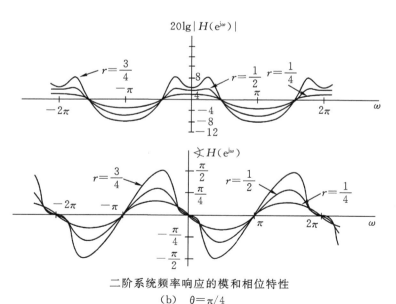

二阶系统频率响应的模和相位特性

（b）　$\theta = \pi/4$

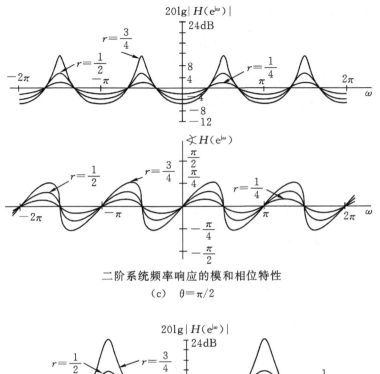

二阶系统频率响应的模和相位特性

（c）　$\theta=\pi/2$

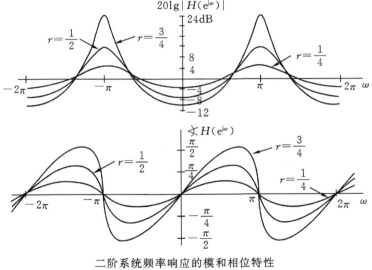

二阶系统频率响应的模和相位特性

（d）　$\theta=\pi$

图 5.25　二阶系统的幅频特性的模和相频特性

　　从图 5.25 可以看到，系统的频率特性也受衰减速率 r 的控制，即 r 愈接近于 1，幅频特性呈现出更为陡峭的峰值，系统具有更好的频率选择特性；θ 值决定了系统通带的位置，当 $\theta=0$ 时系统呈现低通特性，当 $\theta=\pi$ 时系统呈现高通特性，而在 $0<\theta<\pi$ 时系统呈现带通特性。另一方面，从对时域响应的快速建立出发，希望 r 越小越好，而从频率选择特性出发，要求 r 越大越好，因此在系统设计时，应该在时域和频域特性之间考虑适当折衷。

5.4.3　离散时间非递归滤波器的分析

由线性常系数差分方程所描述的离散时间 LTI 系统可以分为 IIR 和 FIR 两大类,即递归或无限长脉冲响应(IIR)滤波器和非递归或有限长脉冲响应(FIR)滤波器。本节以非递归的 FIR 滤波器为例来分析系统的时域和频域特性。

最基本的非递归滤波器之一就是滑动平均滤波器。对于这类滤波器,输出是输入在一个有限窗口内的平均

$$y(n) = \frac{1}{N+M+1} \sum_{k=-N}^{M} x(n-k) \tag{5.56}$$

其单位脉冲响应为

$$h(n) = \frac{1}{N+M+1} \sum_{k=-N}^{M} \delta(n-k) \tag{5.57}$$

它是一个有限长的序列,其频率响应为

$$H(e^{j\omega}) = \frac{1}{N+M+1} \sum_{k=-N}^{M} e^{-j\omega k} = \frac{1}{N+M+1} \frac{\sin\frac{N+M+1}{2}\omega}{\sin\frac{\omega}{2}} e^{j\frac{N-M}{2}\omega} \tag{5.58}$$

图 5.26 给出了 $N+M+1=33$ 和 $N+M+1=65$ 时的对数模特性。这些频率响应的主瓣就对应于该滤波器的有效带宽。

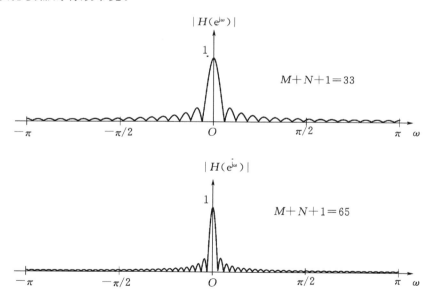

图 5.26　滑动平均滤波器的幅频特性

从图 5.26 可以看到,当单位脉冲响应的长度增加时,系统频率响应模特性的主瓣宽度随之减小,具有更好的低通滤波特性。但单位脉冲响应的长度直接决定着滤波器实现时的复杂度,因此在设计滤波器时需要在频率选择性与滤波器的复杂性之间进行折衷。

离散时间非递归滤波器的更一般形式为

$$y(n) = \sum_{k=-N}^{M} b_k x(n-k) \tag{5.59}$$

这种滤波器的输出可以认为是在 $N+M+1$ 个相邻点上进行的加权平均，b_k 为加权系数。选择不同的加权系数，就能得到不同的滤波器特性，从而具有更大的灵活性。

5.5　幅度调制

通过前面对信号的频谱分析我们知道，信号通常都具有从零频开始的频谱分布，并且低频分量占据着较大的信号能量，一般称这样的信号为**基带信号**。在信号传输中，源信号首先都要被某一个发射装置或调制器处理，以便将它变化到传输信道最适宜的传输形式，因此调制是通信和信号传输中广泛应用的技术。

5.5.1　调制与解调

在通信系统中广泛采用调制技术是因为：①任何信道都有它自己合适的频率传输特性，需要将待传信号变换到与信道相匹配的传输频段；②几乎所有要传送的信号都只占据有限的频带，且都位于低频或较低的频带上，而信道的带宽往往比一路信号的带宽要大得多，需要将传输信道进行复用，借以提高信道频率资源的利用率。

所谓调制就是用一个信号去控制另一个信号的某一参量的过程，其中控制信号称为调制信号（modulation signal），被控信号称为载波（carrier wave）。对信号进行调制的方式有很多种，本节作为傅里叶分析在通信领域的应用，我们只讨论最简单也是最基本的幅度调制。

幅度调制的模型可以表示为图 5.27。其中 $x(t)$ 称为**调制信号**，$c(t)$ 称为**载波**，$x_c(t) = x(t) \times c(t)$ 称为已调制信号。

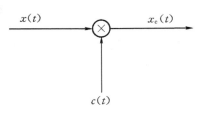

图 5.27　幅度调制的模型

对于幅度调制，载波 $c(t)$ 可以是正弦信号，也可以是脉冲信号。由于已调制信号 $x_c(t)$ 与载波相比较，其幅度是随调制信号 $x(t)$ 而变化的，因此这种调制方式称为幅度调制。当载波 $c(t)$ 是正弦波时，称为**正弦幅度调制**；当 $c(t)$ 是脉冲信号时，称为**脉冲幅度调制**。

5.5.2　正弦幅度调制与频分复用

1. 双边带正弦幅度调制（DSB）

双边带正弦幅度调制（double side band amplitude modulation）也称为抑制载波的正弦幅度调制。此时载波 $c(t)$ 是等幅的正弦波，即

$$c(t) = \cos(\Omega_0 t + \theta) \tag{5.60}$$

其中，Ω_0 为载波频率；θ 为初相位。已调制信号 $x_c(t)$ 为

$$x_c(t) = x(t)\cos(\Omega_0 t + \theta) \tag{5.61}$$

如果调制信号 $x(t)$ 如图 5.28(a)所示，则已调制信号 $x_c(t)$ 如图 5.28(b)所示。

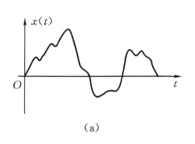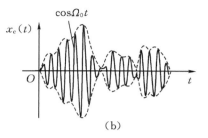

图 5.28

（a）调制信号；（b）已调制信号

从已调制信号恢复调制信号的过程称为**解调**，为了更直观、更深刻地了解调制与解调的过程，我们来分析调制过程中信号频谱的变化。如果调制信号 $x(t)$ 的频谱为 $X(\mathrm{j}\Omega)$，已调制信号的频谱为 $X_c(\mathrm{j}\Omega)$，则由傅里叶变换的调制特性，我们有

$$X_c(\mathrm{j}\Omega) = \frac{1}{2\pi} X(\mathrm{j}\Omega) * C(\mathrm{j}\Omega) \tag{5.62}$$

其中，$C(\mathrm{j}\Omega)$ 是载波信号的频谱。当 $c(t)=\cos(\Omega_0 t)$ 时，有

$$C(\mathrm{j}\Omega) = \pi[\delta(\Omega - \Omega_0) + \delta(\Omega + \Omega_0)]$$

于是可得到

$$X_c(\mathrm{j}\Omega) = \frac{1}{2}\{X[\mathrm{j}(\Omega - \Omega_0)] + X[\mathrm{j}(\Omega + \Omega_0)]\} \tag{5.63}$$

这表明：在时域用 $x(t)$ 进行正弦幅度调制的过程，就等同于在频域将 $x(t)$ 的频谱分别搬移到载频 Ω_0 和 $-\Omega_0$ 处，同时幅度减小一半。如果 $X(\mathrm{j}\Omega)$ 如图 5.29（a）所示，则 $X_c(\mathrm{j}\Omega)$ 如图 5.29（c）所示。

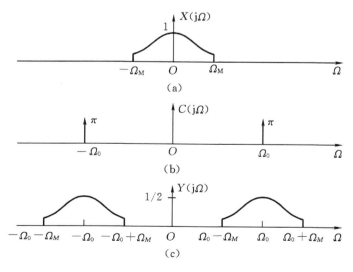

图 5.29　正弦幅度调制的频谱

$X(\mathrm{j}\Omega)$ 中频率大于零的部分称为上边带，频率小于零的部分称为下边带。由于在已调制信号的频谱中，同时保留了 $X(\mathrm{j}\Omega)$ 的上、下边带，因此这种调制称为双边带正弦幅度调制。

从图 5.29 可以看到,在时域将一个调制信号与正弦信号相乘,即对基带信号进行正弦幅度调制,就相当于在频域将基带信号的频谱搬移到载频的位置上,也就是将基带信号的频率分量从低频端搬移到了高频端。

为了从已调制信号 $x_c(t)$ 恢复出调制信号 $x(t)$,就要求在频谱搬移的过程中不发生频谱重叠。为此,应要求:

(1) $x(t)$ 必须带限于 Ω_M;

(2) $\Omega_0 > \Omega_M$。

在上述条件下,我们将 $x_c(t)$ 再次与 $c(t)$ 相乘,并通过适当的理想低通滤波器即可实现对信号的解调。解调系统的构成如图 5.30 所示。

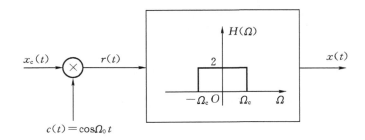

图 5.30　正弦幅度调制的同步解调

如果解调时所用载波与调制时所用载波完全是同频、同相的,则有

$$r(t) = x_c(t)\cos\Omega_0 t = x(t)\cos^2\Omega_0 t$$
$$= \frac{1}{2}x(t) + \frac{1}{2}x(t)\cos 2\Omega_0 t \tag{5.64}$$

可见在 $r(t)$ 中包含了 $x(t)$,只要设法将 $x(t)\cos 2\Omega_0 t$ 的部分滤除,就能恢复出调制信号 $x(t)$ 来。为了更清楚地看到这一点,我们在频域作进一步分析。

$r(t)$ 的频谱 $R(j\Omega)$ 为

$$R(j\Omega) = \frac{1}{2}\left[X_c(j\Omega - j\Omega_0) + X_c(j\Omega + j\Omega_0)\right]$$
$$= \frac{1}{2}X(j\Omega) + \frac{1}{4}\left[X(j\Omega - 2j\Omega_0) + X(j\Omega + 2j\Omega_0)\right] \tag{5.65}$$

$R(j\Omega)$ 如图 5.31 所示。

此时只要让 $r(t)$ 通过一个适当的理想低通滤波器,滤除位于 $\pm 2\Omega_0$ 处的频谱,即可实现对已调制信号 $x_c(t)$ 的解调。

从图 5.31 可知,此时理想低通滤波器的截止频率 Ω_c 应满足

$$\Omega_M < \Omega_c < 2\Omega_0 - \Omega_M \tag{5.66}$$

滤波器通带的增益应等于 2。

如果调制时所用载波与解调时所用载波不同频,则由以上分析可知,此时从 $r(t)$ 中将不可能直接分离出只反映 $x(t)$ 的单独一项;从频域分析也可看出,由于调制时频谱的搬移量与解调时频谱的搬移量不同,将不可能在 $\Omega = 0$ 附近不失真地重现 $x(t)$ 的频谱,因而也不可能通过理想低通滤波器不失真地解调出 $x(t)$ 来。

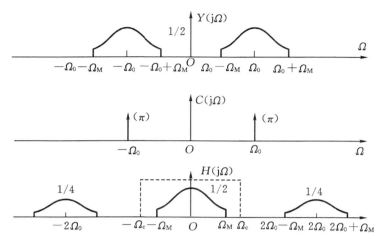

图 5.31　$r(t)$ 的频谱

如果调制时所用载波与解调时所用载波同频率但不同相位,假定它们的频率均为 Ω_0,相位分别为 θ_c 和 φ_c,则:

$$r(t) = x(t)\cos(\Omega_0 t + \theta_c) \cdot \cos(\Omega_0 t + \varphi_c)$$
$$= \frac{1}{2}x(t)\cos(\theta_c - \varphi_c) + \frac{1}{2}x(t)\cos(2\Omega_0 t + \theta_c + \varphi_c) \tag{5.67}$$

由式(5.67)可以看出,此时只要 $\theta_c - \varphi_c$ 是一个不随时间变化的常量,而且 $|\theta_c - \varphi_c| \neq \dfrac{\pi}{2}$,仍可通过理想低通滤波器滤除式(5.67)中第二项,从而实现对 $x_c(t)$ 的解调。

由于双边带正弦幅度调制,要求调制时所用载波与解调时所用载波的频率必须严格相同,它们的相位变化必须完全同步,因此这种解调方式称为**同步解调**。在工程实际中,为了达到这一要求,必须采用频率合成技术以保证调制端与解调端载频相同,采用锁相技术保证它们的相位同步。由于采用这些技术必然使设备复杂、成本升高,因此这种调制方式主要应用于点对点的通信场合。

2. 带载波的正弦幅度调制(AM)与包络解调

在诸如无线电广播和电视传输系统中,由于一个电台或电视台的信号要供成千上万个用户接收,为了最大限度地降低接收机的成本,通常采用带载波的正弦幅度调制方式。此时调制器的模型如图 5.32 所示。

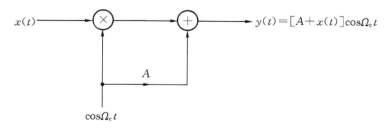

图 5.32　AM 调制的模型

由图中可以看出,此时已调制信号 $y(t)$ 为

$$y(t) = [A + x(t)]\cos\Omega_0 t \qquad\qquad (5.68)$$

其中,A 是一个正值常数。当 $A \geqslant |x(t)|_{max}$ 时,即可保证 $A + x(t) \geqslant 0$,已调制信号的包络就会如图 5.33 所示,波形的包络将会保留 $x(t)$ 的形状。只需通过简单的**包络检波器**即可实现从已调制信号中解调出 $x(t)$。这种调制方式被称为**标准的 AM 调制**。

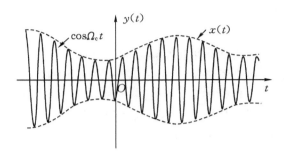

图 5.33　AM 调制的时域波形

如果 $|x(t)|_{max} = K$,定义 K/A 为**调制指数** m,显然 $0 < m \leqslant 1$。

在调制指数 $m \leqslant 1$ 时,只要调制信号 $x(t)$ 的变化速率比载波频率低得多,就可以利用图 5-34所示的简单解调器对已调波进行包络解调,此时只要满足

$$RC \gg \frac{2\pi}{\Omega_0} \qquad\qquad (5.69)$$

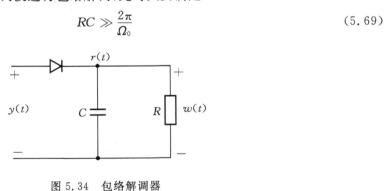

图 5.34　包络解调器

即可。包络解调的过程如图 5.35 所示。

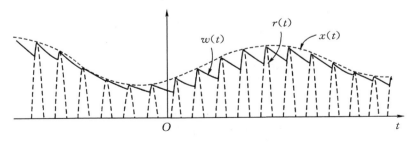

图 5.35　包络解调的过程

电路中的二极管决定了回路充电、放电的过程。适当地选择回路参数 R,C 使其满足式(5.69),即可使电容两端的电压随着输入信号包络的变化而变化。

因为 AM 调制时,保留了足够大的载波分量,因此要求调幅发射机具有较大的功率容量。但从传输信号的角度看,载波并不包含有用的信息,因而发射机的功率利用率并不高。这种调制方式正是以牺牲功率利用率为代价换取了解调的简单。因而它广泛地应用于诸如广播、电视这类一点对多点的广播式通信场合。

3. 频分复用(FDM)

在通信和信息传输系统中广泛利用正弦幅度调制有两个基本的理由。首先,用于信号传输的各种不同媒介或信道一般来说都是对某一特定频率范围的信号才具有最佳传输效果,而这个特定的频率范围可能与要传输的信号的频率范围并不匹配。例如语音信号在 200 Hz～4 kHz 的频率范围内,当我们需要用微波中继通信系统长距离传输话音信号时,由于微波中继要求信号在 300 MHz～300 GHz 的频率范围内,因此我们必须把话音信号调制到这样高的载波频率上去。

另一方面,用于传输信号的许多系统或信道可以提供比一个信号本身所要求的频带宽得多的带宽。例如一个中波广播电台最多只需占用 9 kHz 带宽,而中波波段的带宽在 300 kHz～3 MHz 之间。如果在整个中波波段只传输一路广播信号,则对信道资源是一种极大的浪费。利用正弦幅度调制将多路语音信号分别调制到不同的载频上,只要这些载频的间距足够大,使得各路语音信号的频谱搬移到载频的位置时不发生频谱的重叠,就可以在同一个信道上同时传输多路语音信号。这就是**频分复用**(frequency division multiplexing)的概念。频分复用可以大大提高信道频率资源的利用率。

利用正弦幅度调制实现频分复用的系统如图 5.36 所示。图 5.37 绘出了该频分复用系统中相对应的频谱结构。

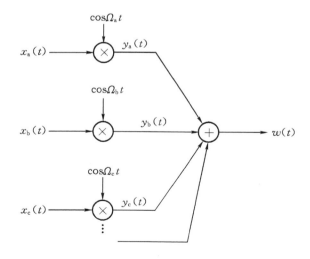

图 5.36 频分复用系统的原理图

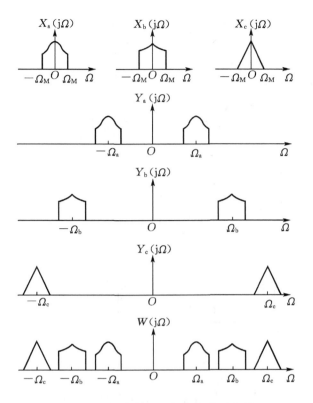

图 5.37 频分复用系统的频谱示意图

从频分复用信号中分离出各路信号的过程称为**解复用**。对频分多路复用信号解调时,首先要解复用。从图 5.37 可以看出,如果让 $w(t)$ 通过一个中心频率为 Ω_a 的理想带通滤波器,就可以分离出第一路已调制信号,然后再对该路信号进行解调。解复用与解调系统如图 5.38 所示。

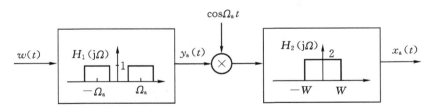

图 5.38 频分复用信号的解复用和解调

5.5.3 脉冲幅度调制与时分复用

1. 脉冲幅度调制(PAM)

当幅度调制所采用的载波不是正弦信号而是一个矩形窄脉冲串时,我们称这种幅度调制为脉冲幅度调制(pulse amplitude modulation)。图 5.39 示出了 PAM 调制的模型及相关的波形。

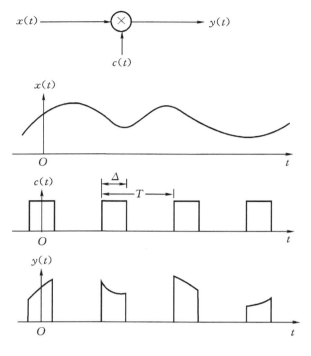

图 5.39 PAM 调制

一般说来，并不是对任何连续时间信号在进行脉冲幅度调制后都能将其解调出来，只有在满足某些约束条件的情况下，才能将 PAM 已调制信号通过低通滤波解调出原始信号。为了说明这些条件，我们来分析 PAM 调制的频谱。

对于图 5.39 所示的载波 $c(t)$，其傅里叶变换为

$$C(\mathrm{j}\Omega) = 2\pi \sum_{k=-\infty}^{\infty} A_k \delta(\Omega - \frac{2\pi}{T}k) \tag{5.70}$$

其中，A_k 是 $c(t)$ 的傅里叶级数系数

$$A_k = \frac{\Delta}{T}\mathrm{sinc}(\frac{\Delta}{T}k) = \frac{\Delta}{T}\frac{\sin\frac{\Delta\pi}{T}k}{\frac{\Delta\pi}{T}k} = \frac{\sin\frac{\Delta\pi}{T}k}{\pi k},$$

$$Y(\mathrm{j}\Omega) = \frac{1}{2\pi}X(\mathrm{j}\Omega) * C(\mathrm{j}\Omega) = \sum_{k=-\infty}^{\infty} A_k X\left[\mathrm{j}(\Omega - \frac{2\pi}{T}k)\right] \tag{5.71}$$

这表明，PAM 已调制信号的频谱就是将调制信号 $x(t)$ 的频谱分别搬移到载波 $c(t)$ 的各个谐波频率处，并分别加权相应的系数后构成。$x(t),c(t),y(t)$ 的频谱如图 5.40 所示。从图 5.40 可以看出，要想从 $Y(\mathrm{j}\Omega)$ 中不失真地分离出 $X(\mathrm{j}\Omega)$，首先要求在 $Y(\mathrm{j}\Omega)$ 中不发生相邻频谱的重叠，这就必须要求调制信号 $x(t)$ 是带限的信号，其频谱的最高频率 Ω_M 满足：

$$2\Omega_\mathrm{M} \leqslant 2\pi/T \tag{5.72}$$

即可保证在 $Y(\mathrm{j}\Omega)$ 中不发生频谱的重叠,从而可以用理想低通滤波器从已调制信号中解调出 $x(t)$。其中低通滤波器的截止频率 Ω_c 要满足:

$$\Omega_\mathrm{M} < \Omega_\mathrm{c} < \frac{2\pi}{T} - \Omega_\mathrm{M} \tag{5.73}$$

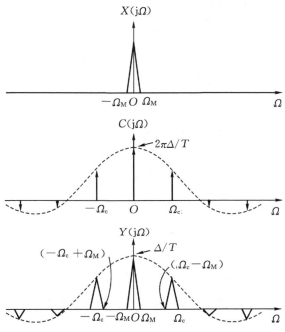

图 5.40　PAM 调制的频谱

在以上分析中,我们看到实现解调应满足的约束条件与载波的脉冲宽度 Δ 无关。从提高时分复用率来看,应当使 Δ 尽可能小,也就是使 $x(t)$ 占有的时隙尽量窄。

2. 时分复用

PAM 调制所用的载波 $c(t)$ 是一个周期为 T,脉冲宽度为 Δ 的矩形脉冲串。在载波的一个周期内,由于已调制信号 $y(t)$ 只在载波 $c(t)$ 非零时才不为零,因此我们完全可以在 $y(t)$ 为零的这些时间间隙中插入其它的 PAM 已调制信号,从而实现在单一信道内传输多路信号,这就是时分复用的概念。

时分复用(time division multiplexing)就是将每一路信号安排在一组持续期为 Δ,周期为 T 的时隙内,这个时隙不能和安排给其它路信号的时隙相重合。这些时隙按顺序在信道内传输,到接收端通过循回检测的方法将各路信号对应的时隙分离开来,实现解复用。显然,作为载波的脉冲串,如果其占空比 Δ/T 越小,则在同一信道内能够复用的信号路数就越多。

频分复用是为每一路信号分配一个不同的频率区间,而时分复用则是给每一路信号安排一个不同的时间间隙。图 5.41 给出了一个时分复用的系统。从图中我们看到每一路信号的载波所占用的时隙是互不重叠的。

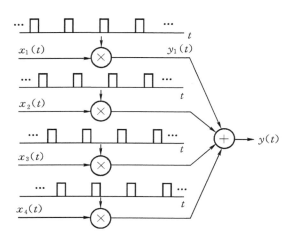

图 5.41　时分复用示意图

习　题

5.1　某因果稳定的连续时间 LTI 系统,其频率响应 $H(\mathrm{j}\Omega)=\dfrac{1}{1+\mathrm{j}\Omega}$,若输入信号为 $x(t)=$ $\sin t+2\cos 3t$,试求系统的输出 $y(t)$,并讨论输入信号经系统处理后是否引起失真。

5.2　一个因果和稳定的连续时间 LTI 系统具有如下频率响应:

$$H(\mathrm{j}\Omega)=\frac{1-\mathrm{j}\Omega}{1+\mathrm{j}\Omega}$$

(a)证明:$|H(\mathrm{j}\Omega)|=A$,并求出 A 的值。幅频特性为常数的系统即称为全通系统。

(b)该系统的群时延 $\tau(\Omega)$ 定义为 $\tau(\Omega)=-\mathrm{d}(\measuredangle H(\mathrm{j}\Omega))/\mathrm{d}\Omega$。试判断下面哪种说法是对的。

　　1. $\tau(\Omega)=0$, $\Omega>0$

　　2. $\tau(\Omega)>0$, $\Omega>0$

　　3. $\tau(\Omega)<0$, $\Omega>0$

5.3　(a) 某连续时间 LTI 系统的频率响应为

$$H(\mathrm{j}\Omega)=\frac{a-\mathrm{j}\Omega}{a+\mathrm{j}\Omega}$$

其中,$a>0$,求出 $|H(\mathrm{j}\Omega)|$ 和相位 $\measuredangle H(\mathrm{j}\Omega)$,并求出系统的单位冲激响应 $h(t)$。

(b) 如果对(a)中所给的系统输入信号为

$$x(t)=\mathrm{e}^{-bt}u(t),\ b>0$$

当 $b\neq a$ 时,输出 $y(t)$ 是什么? 当 $b=a$ 时,$y(t)$ 又是什么?

比较 $y(t)$ 与 $x(t)$,即可看出尽管系统对输入信号的各个频率分量在幅度上一视同仁,但由于系统相位特性的非线性,致使不同频率的分量产生不同的时延,从而导致输出信号发生了失真。这种失真即是所谓的相位失真。

5.4 某连续时间 LTI 系统的单位冲激响应为 $h(t)=\dfrac{\sin 2\pi(t-2)}{\pi(t-2)}$，求系统对下列输入信号的响应 $y(t)$，并说明该系统对输入信号而言是否为不失真传输系统。

(a) $x(t)=\cos\pi t+2\sin\dfrac{3}{2}\pi t$

(b) $x(t)=\displaystyle\sum_{k=-\infty}^{+\infty}\delta(t-\dfrac{10}{3}k)$

注：从频域分析入手，先写出系统的频率响应。

5.5 考虑一个频率响应为 $H(\mathrm{e}^{\mathrm{j}\Omega})$ 和实值单位脉冲响应 $h[n]$ 的离散时间 LTI 系统，该系统的群时延定义为

$$\tau(\Omega)=-\dfrac{\mathrm{d}}{\mathrm{d}\Omega}\measuredangle H(\mathrm{e}^{\mathrm{j}\Omega})$$

假设已知该系统有：$|H(\mathrm{e}^{\mathrm{j}\frac{\pi}{2}})|=2$，$\measuredangle H(\mathrm{e}^{\mathrm{j}0})=0$，群时延 $\tau(\dfrac{\pi}{2})=2$。试求下面两种输入下的系统输出。

(a) $\cos\left(\dfrac{\pi}{2}n\right)$；(b) $\sin(\dfrac{7}{2}\pi n+\dfrac{\pi}{4})$

5.6 考虑一个连续时间理想带通滤波器，其频率响应为

$$H(\mathrm{j}\Omega)=\begin{cases}1, & \Omega_c\leqslant|\Omega|\leqslant 3\Omega_c\\ 0, & \text{其余 }\Omega\end{cases}$$

若 $h(t)$ 是该滤波器的单位冲激响应，确定一函数 $g(t)$，使之有

$$h(t)=\left(\dfrac{\sin\Omega_c t}{\pi t}\right)g(t)。$$

5.7 考虑一离散时间理想高通滤波器，其频率响应是

$$H(\mathrm{e}^{\mathrm{j}\Omega})=\begin{cases}1, & \pi-\omega_c\leqslant|\omega|\leqslant\pi\\ 0, & |\omega|<\pi-\omega_c\end{cases}$$

若 $h[n]$ 是该滤波器的单位脉冲响应，确定一函数 $g[n]$，使之有

$$h[n]=\left(\dfrac{\sin\omega_0 n}{\pi n}\right)g[n]$$

5.8 一个称为微分器的连续时间 LTI 系统的频率响应如图 P5.8 所示，试对以下每个输入信号 $x(t)$，求输出信号 $y(t)$。

(a) $x(t)=\cos(2\pi t+\theta)$

(b) $x(t)=\cos(4\pi t+\theta)$

(c) $x(t)$ 是一个经半波整流后的正弦信号

$$x(t)=\begin{cases}\sin 2\pi t, & m\leqslant t\leqslant(m+\dfrac{1}{2})\\ 0, & (m+\dfrac{1}{2})\leqslant t\leqslant(m+1), m\text{ 为任意整数}\end{cases}$$

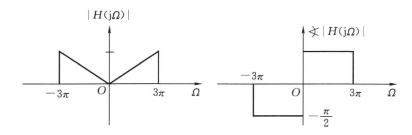

图 P5.8

5.9 图 P5.9 所表示的系统通常用于从一个低通滤波器获得一个高通滤波器,反之亦然。

(a) 如果 $H(\mathrm{j}\Omega)$ 是一个截止频率为 Ω_{lp} 的理想低通滤波器,试证明整个系统相当于一个理想高通滤波器。求它的截止频率并大致画出它的单位冲激响应。

(b) 如果 $H(\mathrm{j}\Omega)$ 是一个截止频率为 Ω_{hp} 的理想高通滤波器,试证明整个系统相当于一个理想低通滤波器,并求它的截止频率。

(c) 如果把一个理想离散时间低通滤波器按照图 P5.9 连接,那么所得到的系统是一个理想的离散时间高通滤波器吗?

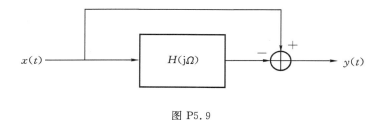

图 P5.9

5.10 因果 LTI 系统的输出 $y(t)$ 与其输入 $x(t)$ 由下面微分方程联系

$$\frac{\mathrm{d}y(t)}{\mathrm{d}t} + 2y(t) = x(t)$$

(a) 求频率响应 $H(\mathrm{j}\Omega) = \dfrac{Y(\mathrm{j}\Omega)}{X(\mathrm{j}\Omega)}$,并粗略画出其幅频特性;

(b) 给出该系统作为频率函数的群时延;

(c) 若 $x(t) = \mathrm{e}^{-t}u(t)$,求系统的输出 $y(t)$。

5.11 称之为加权移动平均的一个三点对称移动平均具有如下形式:

$$y[n] = b\{ax[n-1] + x[n] + ax[n+1]\}$$

(a) 求三点移动平均系统的频率响应 $H(\mathrm{e}^{\mathrm{j}\Omega})$;

(b) 求让 $H(\mathrm{e}^{\mathrm{j}\Omega})$ 在零频率处有单位增益的加权系数 b;

(c) 若式中的加权移动平均系数 a 选为 $1/2$,求出并画出所得滤波器的频率响应。

5.12 某一连续时间 LTI 系统如图 P5.12 所示,系统中 $H_1(\mathrm{j}\Omega)$ 是理想低通滤波器,

$$H_1(\mathrm{j}\Omega) = \begin{cases} \mathrm{e}^{-\mathrm{j}\Omega_0}, & |\Omega| \leqslant 1 \\ 0, & |\Omega| > 1 \end{cases}$$

求:(a) $\mathscr{F}^{-1}\{H_1(\mathrm{j}\Omega)\} = h_1(t)$,求 $h_1(t)$;

（b）若 $x(t)=\dfrac{\sin 2t}{2t}$，求 $y(t)$；

（c）若 $x(t)=\dfrac{\sin 0.5t}{t}$，求 $y(t)$。

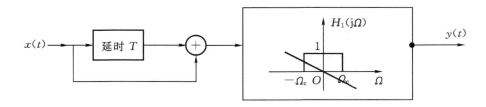

图 P5.12

5.13　考察一非递归滤波器，其单位脉冲响应如图 P5.13 所示。不求系统的频率响应，试判断该滤波器所带来的群时延是什么？

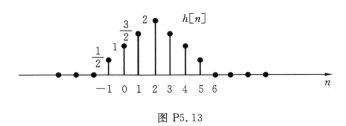

图 P5.13

5.14　对于因果和稳定的 LTI 系统，对下列各二阶微分方程确定其单位冲激响应是欠阻尼、过阻尼或临界阻尼的？

（a）$\dfrac{\mathrm{d}^2 y(t)}{\mathrm{d}t^2}+4\dfrac{\mathrm{d}y(t)}{\mathrm{d}t}+4y(t)=x(t)$

（b）$5\dfrac{\mathrm{d}^2 y(t)}{\mathrm{d}t^2}+4\dfrac{\mathrm{d}y(t)}{\mathrm{d}t}+5y(t)=7x(t)$

（c）$\dfrac{\mathrm{d}^2 y(t)}{\mathrm{d}t^2}+20\dfrac{\mathrm{d}y(t)}{\mathrm{d}t}+y(t)=x(t)$

（d）$5\dfrac{\mathrm{d}^2 y(t)}{\mathrm{d}t^2}+4\dfrac{\mathrm{d}y(t)}{\mathrm{d}t}+5y(t)=7x(t)+\dfrac{1}{3}\dfrac{\mathrm{d}x(t)}{\mathrm{d}t}$

5.15　对下列因果稳定的 LTI 系统的每一个二阶差分方程，确定这个系统的阶跃响应是否是振荡型的。

（a）$y[n]+y[n-1]+\dfrac{1}{4}y[n-2]=x[n]$

（b）$y[n]-y[n-1]+\dfrac{1}{4}y[n-2]=x[n]$

5.16　（a）考虑两个具有下面频率响应的离散时间 LTI 系统：

$$H_1(\mathrm{e}^{\mathrm{j}\Omega})=\dfrac{1+\dfrac{1}{2}\mathrm{e}^{-\mathrm{j}\Omega}}{1+\dfrac{1}{4}\mathrm{e}^{-\mathrm{j}\Omega}}, \qquad H_2(\mathrm{e}^{\mathrm{j}\Omega})=\dfrac{\dfrac{1}{2}+\mathrm{e}^{-\mathrm{j}\Omega}}{1+\dfrac{1}{4}\mathrm{e}^{-\mathrm{j}\Omega}}$$

证明:这两个频率响应有相同的模函数(即 $|H_1(e^{j\Omega})| = |H_2(e^{j\Omega})|$),但是 $H_2(e^{j\Omega})$ 的群时延对 $\Omega > 0$ 是大于 $H_1(e^{j\Omega})$ 的群时延;

(b)求出这两个系统的单位冲激响应和阶跃响应;

(c)证明:

$$H_2(e^{j\Omega}) = G(e^{j\Omega})H_1(e^{j\Omega})$$

式中 $G(e^{j\Omega})$ 是一个全通系统即 $|G(e^{j\Omega})| = 1$,对一切 Ω。

5.17 假设 $x(t) = \sin 200\pi t + 2\sin 400\pi t$ 和 $g(t) = x(t)\sin 400\pi t$。若乘积 $g(t)\sin 400\pi t$ 通过一个截止频率为 500π、通带增益为 2 的理想低通滤波器,试确定该低通滤波器输出端所得到的信号。

5.18 求图 P5.18 所示已调制信号的频谱。

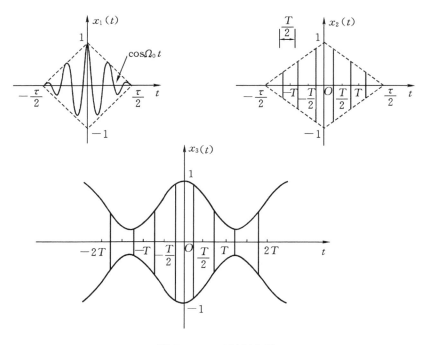

图 P5.18 已调制信号

5.19 图 P5.19 所示系统中,已知输入信号的频谱为 $X(j\Omega)$,试确定并粗略画出 $y(t)$ 的频谱 $Y(j\Omega)$。

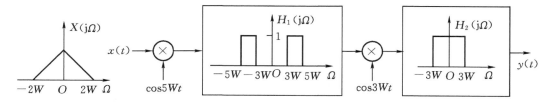

图 P5.19

5.20　在 DSB 调制中,已调制信号的带宽是原始信号带宽的两倍,我们把高于载频的部分称为上边带,低于载频的部分称为下边带。由于上下边带是以载频对称的,这在频带利用上是不经济的。为了更充分地利用频带,在通信中还采用单边带调制(SSB)技术。图 P5.20 给出了利用移相法产生单边带信号的系统。

(a) 绘出图 P5.20 中 $x_p(t)$,$y_1(t)$,$y_2(t)$ 的频谱示意图。

(b) 绘出 $y(t) = y_1(t) + y_2(t)$ 的频谱,说明此时 $y(t)$ 是只保留了下边带的信号;如果 $y(t) = y_1(t) - y_2(t)$,则 $y(t)$ 只保留了上边带。

(c) 从频域分析单边带信号如何同步解调,绘出解调系统及相关的频谱图。

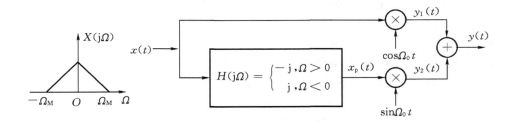

图 P5.20

第6章 采 样

6.0 引 言

在一定条件下，一个连续时间信号完全可以用该信号在等时间间隔点上的值或样本来表示，并且可以用这些样本值把该信号全部恢复出来。这一现象在实际生活中随处可见，比如，报纸上的新闻照片是由许多细小的点组成的，它是一个二维的离散时间信号，但我们看起来仍感到它是一幅连续的图像。又如电影胶片是由一帧帧画面组成的，每一帧画面都只是连续变化景象的一个瞬时样本，但当电影胶片以每秒 24 帧的速度放映时，我们在银幕上看到的景象仍是连续变化的。

在一定条件下，连续时间信号可以用它的等时间间隔点上的离散时间样本完全恢复出来，这提供了用一个离散时间信号处理过程来代替连续时间信号处理过程的可能性。随着数字技术和计算机技术的发展，离散时间信号的处理更加灵活、方便。比如网络电话（VOIP）就是将连续的语音信号转换成离散信号后，以数据包的形式在 IP 数据网络上实时传输到接收端，再把这些语音数据包串接起来后转换成接收端听到的连续的语音信号。由于可以在离散信号处理域中采用灵活的语音处理技术（比如语音压缩），相比于传统的电话而言，采用 VOIP 可以大幅度降低语音通信的带宽需求。

在采用离散时间信号处理过程代替连续时间信号处理的过程中，由于需要先把连续时间信号转变成离散时间信号，利用离散时间系统对其处理后，再把它变换成连续时间信号。因此很有必要研究在什么条件下连续时间信号可以用它的离散时间样本来表示；如何从离散时间样本恢复成原来的连续时间信号。这就是本章我们要讨论的问题。

6.1 连续时间信号的时域采样

6.1.1 时域冲激串采样——采样定理

如果没有任何约束条件，一个连续时间信号的一组离散时间样本是不能唯一地表征这个连续时间信号的。我们很容易找出许多不同的连续时间信号，它们都具有相同的离散时间样本，如图 6.1 所示。这就意味着信号必须满足一定的条件，才能唯一地用它的等间隔离散时间

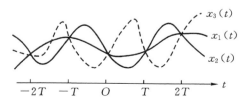

图 6.1 具有相同样本的几个不同连续时间信号

样本来表征。

虽然存在其它类型的采样过程,本书中所研究的采样是指从连续时间信号中提取其离散时间等间隔样本点的过程。采样的数学模型与通信中的幅度调制的数学模型一样,如图 6.2(a)所示。当 $p(t)$ 是周期性窄脉冲时,称为窄脉冲采样。很显然,这就是脉冲幅度调制的情况。当 $p(t)$ 是均匀冲激串时,称为冲激串采样(也称为理想采样)。这种情况可以看成是脉冲幅度调制在 $\Delta \to 0$,$p(t)$ 幅度无限增大时的极限。冲激串采样的过程如图 6.2(d)所示。图中均匀冲激串 $p(t)$ 称为采样函数,T 为采样周期,$p(t)$ 的基波频率 $\Omega_s = 2\pi/T$ 称为采样频率。

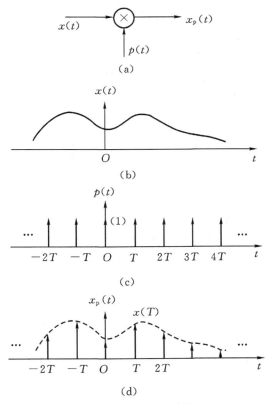

图 6.2 冲激串采样

冲激串采样在时域中描述为

$$x_p(t) = x(t)p(t) \tag{6.1}$$

其中

$$p(t) = \sum_{n=-\infty}^{+\infty} \delta(t - nT) \tag{6.2}$$

因此已采样信号 $x_p(t)$ 是时域的一串冲激,每个冲激的强度等于 $x(t)$ 在 $t = nT$ 时刻的样本,即

$$x_p(t) = \sum_{n=-\infty}^{+\infty} x(nT)\delta(t - nT) \tag{6.3}$$

为了便于获得采样恢复的条件,对上述冲激串采样进行频域分析,据式(6.1)应有

$$X_p(j\Omega) = \frac{1}{2\pi} X(j\Omega) * P(j\Omega) \tag{6.4}$$

当 $p(t)$ 是均匀冲激串时,我们有

$$P(\mathrm{j}\Omega) = \frac{2\pi}{T} \sum_{k=-\infty}^{+\infty} \delta(\Omega - k\Omega_s) \tag{6.5}$$

其中 $\Omega_s = \dfrac{2\pi}{T}$。将式(6.5)代入式(6.4)可以得到:

$$X_p(\mathrm{j}\Omega) = \frac{1}{T} \sum_{k=-\infty}^{+\infty} X(\mathrm{j}\Omega - k\Omega_s)) \tag{6.6}$$

这表明:对连续时间信号 $x(t)$ 在时域进行冲激串采样,就相当于在频域将 $x(t)$ 的频谱以采样频率 Ω_s 为周期进行延拓,同时频谱的幅度乘以系数 $1/T$,如图 6.3 所示。

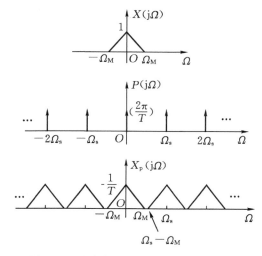

图 6.3　时域冲激串采样在频域中的效果

从图 6.3 可以看出,要想从 $x_p(t)$ 中不失真地恢复 $x(t)$,如果在 $X_p(\mathrm{j}\Omega)$ 中不发生频谱重叠(混叠),就能够很方便地从 $X_p(\mathrm{j}\Omega)$ 中不失真地分离出 $X(\mathrm{j}\Omega)$。具体来说,如果

(1) $x(t)$ 是一个带限信号,带限于最高频率 Ω_M,即在 $|\Omega| > \Omega_M$ 时,$X(\mathrm{j}\Omega) = 0$。

(2) 采样频率 $\Omega_s > 2\Omega_M$。

则我们可以通过理想低通滤波器从 $X_p(\mathrm{j}\Omega)$ 中不失真地分离出 $X(\mathrm{j}\Omega)$,等效地在时域实现从 $x_p(t)$ 完全恢复原来的连续时间信号 $x(t)$。对连续时间信号冲激串采样并从样本信号恢复成原始信号的系统如图 6.4 所示。其中理想低通滤波器的通带增益为 T,截止频率 Ω_c 应满足

$$\Omega_M < \Omega_c < \Omega_s - \Omega_M$$

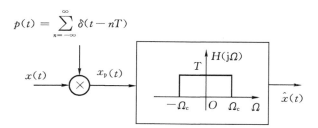

图 6.4　采样后信号的恢复

将以上讨论的结果归纳起来就是奈奎斯特(Nyquist)采样定理,可以叙述如下:

如果 $x(t)$ 是一个带限信号,即在 $|\Omega| > \Omega_M$ 时,$X(j\Omega) = 0$;$\Omega_s = \dfrac{2\pi}{T}$ 且 $\Omega_s > 2\Omega_M$,则 $x(t)$ 可以唯一地由其等间隔采样的样本 $x(nT)$,$n = 0, \pm 1, \pm 2, \cdots$ 所确定。

通常把采样频率 Ω_s 也称为奈奎斯特频率。$2\Omega_M$ 也称为奈奎斯特率。

在实际工作中,对非带限信号进行采样时,为避免采样中发生频谱混叠,常需要在采样前对其进行抗混叠滤波(比如低通滤波),将其变成带限信号后再进行采样。

6.1.2 零阶保持采样

通过前面的冲激串采样,我们给出了奈奎斯特采样定理。然而,由于实际中产生窄而幅度大的脉冲(近似于冲激)十分困难,冲激串采样在实际中是不可能实现的。实际工程中常常用零阶保持采样的方式来产生采样信号。如图 6.5 所示。零阶保持采样的输出是阶梯状的信号 $x_o(t)$。

图 6.5 零阶保持采样

在实际中,如果采样周期 T 很短,则 $x_o(t)$ 就可以认为是原始信号 $x(t)$ 的一个充分好的近似。如果对该近似不满意,则仍然可以通过低通滤波的办法来从 $x_o(t)$ 精确重建 $x(t)$。然而,在此时要求的滤波器特性不再在通带内具有恒定增益。为了求得所要求的滤波器特性,我们将零阶保持采样过程看成是冲激串采样后紧接着一个具有矩形单位脉冲响应的 LTI 系统的过程,如图 6.6 所示。

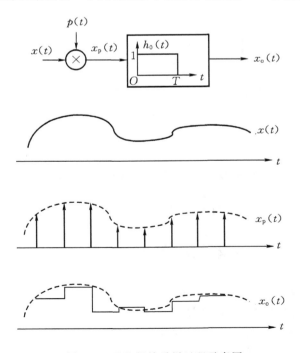

图 6.6 零阶保持采样过程示意图

为了由 $x_0(t)$ 重建 $x(t)$，可以考虑用一个单位冲激响应为 $h_r(t)$，频率响应为 $H_r(j\Omega)$ 的 LTI 系统来处理 $x_0(t)$，该系统与图 6.6 所示的系统级联后如图 6.7 所示。

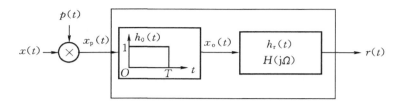

图 6.7　零阶保持采样系统与重建滤波器的级联

根据图 6.4，如果 $h_0(t)$ 与 $h_r(t)$ 级联后的特性是一个图 6.4 中的理想低通滤波器的话，则 $r(t) = x(t)$。由于 $H_0(j\Omega) = \left[\dfrac{2\sin(\Omega \frac{T}{2})}{\Omega} \right] e^{-j\Omega\frac{T}{2}}$，这就要求

$$H_r(j\Omega) = \frac{e^{j\Omega\frac{T}{2}}}{\dfrac{2\sin\left(\Omega \dfrac{T}{2}\right)}{\Omega}} H(j\Omega) \tag{6.7}$$

例如，若 $H(j\Omega)$ 的截止频率等于 $\dfrac{\Omega_s}{2}$，则紧跟在一个零阶保持系统后的重建滤波器的模特性和相位特性如图 6.8 所示。

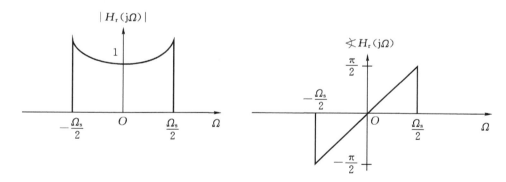

图 6.8　与零阶保持采样系统级联的重建滤波器的幅频特性和相频特性

值得注意的是，式(6.7)的频率响应是不可能真正实现的，在实际中也往往需要近似。

6.2　信号的内插恢复

从前面的讨论中，我们已经看到一个带限信号在满足采样定理要求的情况下，可以通过理想低通滤波器从采样所得到的冲激串恢复成原来的连续时间信号。这一恢复的过程是从频域考查采样信号的频谱直观地得到的。为了对从样本重建信号的过程有更直观的了解，我们再从时域的角度研究这一恢复过程。

根据图 6.4,理想低通滤波器的输出为

$$\hat{x}(t) = x_p(t) * h(t) \tag{6.8}$$

其中,$h(t)$是理想低通滤波器的单位冲激响应。由于

$$x_p(t) = \sum_{n=-\infty}^{+\infty} x(nT)\delta(t-nT)$$

因而有

$$\hat{x}(t) = \sum_{n=-\infty}^{+\infty} x(nT)h(t-nT) \tag{6.9}$$

式(6.9)称为内插公式,它指出了 $x(t)$ 是如何由样本 $x(nT)$ 在时域重建的。理想低通滤波器的单位冲激响应 $h(t)$ 称为内插函数。对图 6.4 中的理想低通滤波器,其单位冲激响应为

$$h(t) = \frac{\Omega_c T}{\pi} \frac{\sin\Omega_c t}{\Omega_c t} \tag{6.10}$$

因此可得出

$$\hat{x}(t) = \sum_{n=-\infty}^{+\infty} x(nT) \frac{\Omega_c T}{\pi} \frac{\sin(\Omega_c(t-nT))}{\Omega_c(t-nT)} \tag{6.11}$$

当取 $\Omega_c = \frac{\Omega_s}{2} = \frac{\pi}{T}$ 时(此时满足对理想低通滤波器截止频率的要求 $\Omega_M \leqslant \Omega_c \leqslant \Omega_s - \Omega_M$),$\hat{x}(t)$ 可写为

$$\hat{x}(t) = \sum_{n=-\infty}^{+\infty} x(nT) \frac{\sin[\pi(t-nT)/T]}{[\pi(t-nT)/T]} \tag{6.12}$$

此时,从样本重建信号的过程如图 6.9 所示。如果 $\Omega_c \neq \frac{\Omega_s}{2}$,只是在由内插函数叠加成 $\hat{x}(t)$ 时,各内插函数曲线的过零点不恰好落在 $t=nT$ 时刻,而且各内插函数的最大值也不恰好

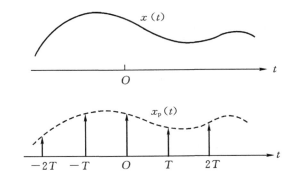

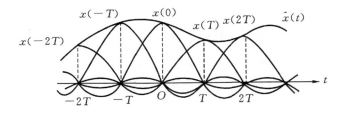

图 6.9 信号的内插恢复

等于样本值 $x(nT)$。但 $\hat{x}(t)$ 仍是由这些内插函数叠加而成的。

由于这种内插是对带限信号在时域进行的内插，因此通常称为时域的带限内插。

6.3　欠采样及其应用

6.3.1　欠采样与频谱混叠

以上我们讨论的都是满足采样定理要求的情况。如果对带限信号采样时，采样频率不够高或采样间隔不够小，以致于 $\Omega_s < 2\Omega_M$，从图 6.3 可直观地看到，此时 $X(j\Omega)$ 在以 Ω_s 为周期延拓时，将不可避免地会发生频谱重叠，这种现象称为欠采样。此时将无法从 $X_p(j\Omega)$ 中通过理想低通滤波器不失真地分离出 $X(j\Omega)$，因而也不可能从样本信号 $x_p(t)$ 恢复成原来的 $x(t)$。但是可以证明，如果带限内插低通滤波器的截止频率为 $\Omega_c = \dfrac{\Omega_s}{2}$，经过带限内插后所恢复的 $\hat{x}$ (t) 尽管不等于 $x(t)$，但在所有采样时刻它们是相等的。即对任意的 Ω_s，总有

$$\hat{x}(nT) = x(nT), n = 0, \pm 1, \pm 2, \cdots \tag{6.13}$$

为了更直观地看出欠采样导致频谱混叠对信号恢复造成的影响，我们以正弦信号作为例子，令 $x(t) = \cos\Omega_0 t$。

图 6.10 分别绘出了 $x(t)$ 的频谱 $X(j\Omega)$，以及 Ω_s 分别等于 $3\Omega_0$ 和 $\dfrac{3}{2}\Omega_0$ 时 $x_p(t)$ 的频谱 $X_p(j\Omega)$。从图中可以看到，当 $\Omega_s = 3\Omega_0$ 时，由于满足采样定理的要求，因而不发生频谱混叠，

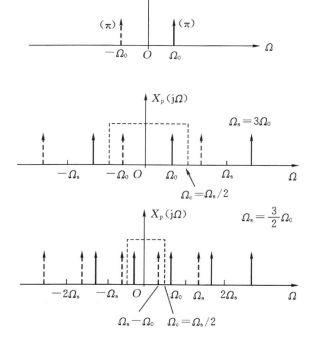

图 6.10　欠采样与频谱混叠

经带限内插后恢复的信号 $\hat{x}(t) = x(t) = \cos\Omega_0 t$。当 $\Omega_s = \dfrac{3}{2}\Omega_0$ 时,由于不满足采样定理的要求,在 $X_p(j\Omega)$ 中出现了频谱混叠。经理想低通滤波器带限内插后,恢复的信号 $\hat{x}(t) = \cos(\Omega_s - \Omega_0)t \neq x(t)$ 是一个比原信号频率低的信号。Ω_s 越小,$\hat{x}(t)$ 的频率就越低;当 $\Omega_s = \Omega_0$ 时,恢复的信号变成直流信号。这是很自然的,因为 $\Omega_s = \Omega_0$ 时,意味着对 $x(t)$ 在一个周期内采样一次,由于采样间隔与信号周期相同,因而每次采样的样本值都一样,这和对一个直流信号采样所得到的结果是一样的。

6.3.2 欠采样的应用

从连续时间信号经过采样转变为离散时间信号,并且不丢失原信号所拥有的信息的角度出发,欠采样的现象是不希望出现的。但在某些场合又可以利用欠采样的效果解决实际问题,例如利用频闪器测定转速就是应用欠采样的例子。考虑图 6.11 的系统。该系统中有一个恒定转速的圆盘,在该圆盘上标一根径向线段,一闪一闪的闪光灯可以当成一个采样系统。当闪光灯的闪烁频率比圆盘的旋转速度高很多时,这时圆盘的旋转速度就会被正确地觉察到。当闪烁频率变得小于圆盘旋转速度的两倍时,这时圆盘的旋转速度看起来就比它真正的速度低。有时,甚至会觉察到圆盘在相反的方向上旋转。如果闪光灯只在圆盘旋转一周时闪烁一次,这时这根径线看起来就好像静止不动,从而可以利用这种现象来测定圆盘的旋转速度。

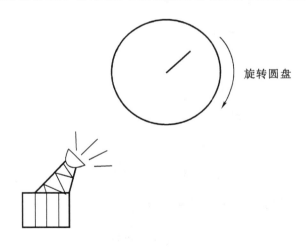

旋转圆盘

图 6.11 频闪测速

取样示波器也是应用欠采样的例子。当我们需要测量频率很高的波形时,由于示波器的余辉时间和响应时间远比信号的周期要大,因而这种波形无法直接显示。在取样示波器中正是利用了欠采样的效果使信号频谱发生混叠,从而得到一个频率比较低的,等于在时间上展宽了的波形,以便在示波器上得到显示。这一部分可通过课后习题来验证。

6.4　频域采样

通过前面的讨论我们可以看出,采样的本质是将一个连续变量的函数离散化的过程。因此不仅可以对时域的连续时间信号进行采样,也可以在频域对一个连续的频谱进行采样。通过采样将信号在时域或频域离散化,对于采用数字技术分析和处理信号具有重要的意义。本节我们将采取与时域采样对偶的讨论方法,分析频域采样的情况。我们将会看到所有的结论与讨论时域采样时的结论也是对偶的。这正是连续时间信号时域与频域存在对偶性的体现。图 6.12 是频域采样的模型,很显然它就是时域采样模型的对偶形式。

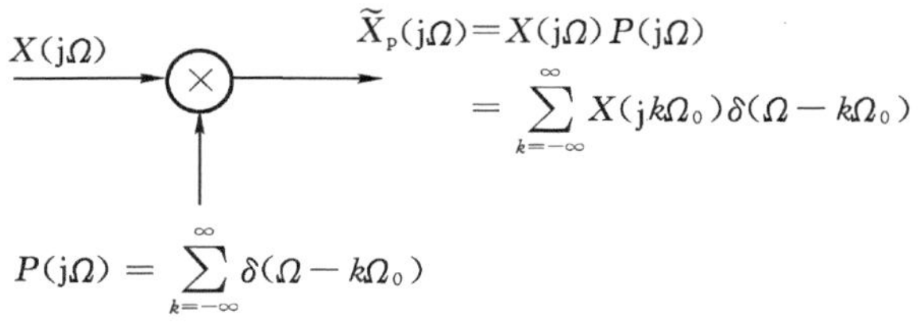

$$X(\mathrm{j}\Omega) \quad\quad \widetilde{X}_{\mathrm{p}}(\mathrm{j}\Omega) = X(\mathrm{j}\Omega)P(\mathrm{j}\Omega)$$
$$= \sum_{k=-\infty}^{\infty} X(\mathrm{j}k\Omega_0)\delta(\Omega - k\Omega_0)$$

$$P(\mathrm{j}\Omega) = \sum_{k=-\infty}^{\infty} \delta(\Omega - k\Omega_0)$$

图 6.12　频域采样模型

由图 6.12 有

$$\widetilde{X}_{\mathrm{p}}(\mathrm{j}\Omega) = X(\mathrm{j}\Omega)P(\mathrm{j}\Omega) \tag{6.14}$$

因此,在时域相应有

$$\widetilde{x}_{\mathrm{p}}(t) = x(t) * p(t) \tag{6.15}$$

由于

$$P(\mathrm{j}\Omega) = \sum_{k=-\infty}^{+\infty} \delta(\Omega - k\Omega_0)$$

所以

$$p(t) = \frac{1}{\Omega_0} \sum_{k=-\infty}^{+\infty} \delta\left(t - k\frac{2\pi}{\Omega_0}\right) \tag{6.16}$$

在式(6.15)中代入式(6.16)可得到

$$\widetilde{x}_{\mathrm{p}}(t) = \frac{1}{\Omega_0} \sum_{k=-\infty}^{+\infty} x\left(t - k\frac{2\pi}{\Omega_0}\right) \tag{6.17}$$

该式就是时域采样中式式(6.6)的对偶形式。它表明在频域对 $x(t)$ 的频谱等间隔采样,就相当于在时域将 $x(t)$ 周期性延拓。延拓的周期等于 $\frac{2\pi}{\Omega_0}$,其中 Ω_0 是频域采样的间隔。此外信号的幅度还要乘上 $\frac{1}{\Omega_0}$ 的因子。图 6.13 绘出了频域采样时,频域和时域的相关波形。

由图 6.13 可以看出,如果 $x(t)$ 是一个时限信号,即当 $|t| > T_{\mathrm{M}}$ 时,$x(t) = 0$,只要在频域采样时,采样间隔 Ω_0 的选择能满足

$$T_{\mathrm{M}} \leqslant \left(\frac{2\pi}{\Omega_0}\right) - T_{\mathrm{M}} \tag{6.18}$$

就可以保证在 $x(t)$ 周期性延拓时不会发生信号的混叠,从而可以从 $\widetilde{x}_{\mathrm{p}}(t)$ 中不失真地截取出原来的信号 $x(t)$。与此同时在频域就相当于从采样所得到的冲激串 $\widetilde{X}_{\mathrm{p}}(\mathrm{j}\Omega)$ 恢复成原来信号的频谱 $X(\mathrm{j}\Omega)$。式(6.18)也可以表示为

$$\frac{2\pi}{\Omega_0} \geqslant 2T_{\mathrm{M}} \tag{6.19}$$

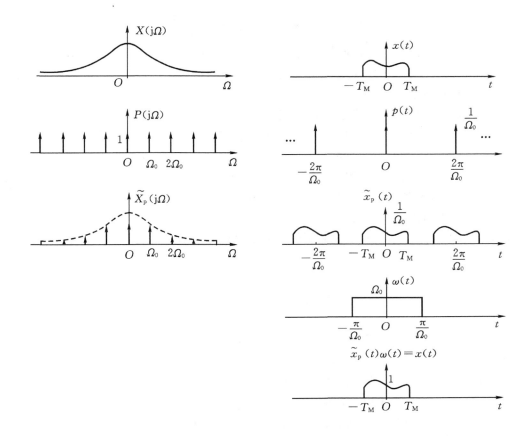

图 6.13　频域采样时频域和时域的波形

从 $\widetilde{x}_{\mathrm{p}}(t)$ 中截取出 $x(t)$ 的过程可以看成 $\widetilde{x}_{\mathrm{p}}(t)$ 与一个矩形窗口函数 $w(t)$ 相乘,即:

$$x(t) = \widetilde{x}_{\mathrm{p}}(t)w(t) \tag{6.20}$$

其中,$w(t)$ 定义为

$$w(t) = \begin{cases} \Omega_0, & |t| \leqslant \dfrac{\pi}{\Omega_0} \\ 0, & |t| > \dfrac{\pi}{\Omega_0} \end{cases} \tag{6.21}$$

如果在频域考察信号频谱的恢复过程,则由式(6.20)有

$$X(\mathrm{j}\Omega) = \frac{1}{2\pi}\widetilde{X}_{\mathrm{p}}(\mathrm{j}\Omega) * W(\mathrm{j}\Omega) \tag{6.22}$$

其中,$W(\mathrm{j}\Omega)$ 是窗口函数 $w(t)$ 的傅里叶变换。由于

$$\widetilde{X}_{\mathrm{p}}(\mathrm{j}\Omega) = X(\mathrm{j}\Omega)P(\mathrm{j}\Omega) = \sum_{k=-\infty}^{+\infty} X(\mathrm{j}k\Omega_0)\delta(\Omega - k\Omega_0)$$

将此式代入式(6.22),并注意到式(6.21)定义的窗口函数的傅里叶变换为

$$W(\mathrm{j}\Omega) = 2\pi\frac{\sin(\Omega\pi/\Omega_0)}{\Omega\pi/\Omega_0} \tag{6.23}$$

则有

$$X(\mathrm{j}\Omega) = \sum_{k=-\infty}^{+\infty} X(\mathrm{j}k\Omega_0) \frac{\sin[(\Omega-k\Omega_0)\pi/\Omega_0]}{(\Omega-k\Omega_0)\pi/\Omega_0} \tag{6.24}$$

这就是频域的内插公式。它表明,连续频谱 $X(\mathrm{j}\Omega)$ 是以矩形窗口函数的频谱为内插函数,由样本值 $X(\mathrm{j}k\Omega_0)$ 内插恢复而成的。式(6.24)是时域采样中的内插公式式(6.12)的对偶形式。由于式(6.24)的内插是对时限信号在频域进行的内插,因而通常称其为频域的时限内插。

在讨论时域采样时,要求信号必须是带限的;讨论频域采样时,要求信号必须是时限的。一切带限信号都可以看成是任意信号经过理想低通滤波器后所产生的;一切时限信号都可以看成是任意信号与矩形窗相乘而产生的。因此,带限信号在时域可以表示为任意信号与理想低通滤波器单位冲激响应的卷积积分;时限信号在频域可以表示为任意信号的频谱与矩形窗频谱的卷积积分。由于理想低通滤波器的单位冲激响应和矩形窗的频谱的定义区间都是无限的,因此我们可以得出以下重要的结论:一切带限信号在时域都是非时限的;一切时限信号在频域都是非带限的。这一结论对于我们利用数字信号处理技术处理连续时间信号具有重要的意义。

习　题

6.1　某一连续时间信号 $x(t)$ 是从一个截止频率为 $\omega_c = 2\pi \times 4000$ 的理想低通滤波器的输出得到,如果对 $x(t)$ 进行冲激串采样,下列采样周期中的哪一些可以保证 $x(t)$ 在利用一个合适的低通滤波器后能从它的样本中得到恢复?

(a) $T = 6.25 \times 10^{-5}$　(b) $T = 2.5 \times 10^{-4}$　(c) $T = 1.25 \times 10^{-5}$

6.2　在采样定理中,采样频率必须要超过的那个频率称为奈奎斯特率。试确定下列各信号的奈奎斯特率:

(a) $x(t) = 1 + \cos(100\pi t) + \sin(200\pi t)$

(b) $x(t) = \dfrac{\sin(4000\pi t)}{\pi t}$

(c) $x(t) = \left(\dfrac{\sin(4000\pi t)}{\pi t}\right)^2$

6.3　已知信号 $x_1(t)$ 带限于 Ω_1,$x_2(t)$ 带限于 Ω_2,$x_1(t)$ 与 $x_2(t)$ 相乘之后被理想抽样。试确定允许的最大抽样间隔 T,使抽样后的信号能够通过理想低通滤波器不失真地恢复成原始信号。

6.4　如果信号 $x_1(t)$ 的最高频率为 500 Hz,$x_2(t)$ 的最高频率为 1500 Hz,下列信号是由 $x_1(t)$ 和 $x_2(t)$ 构成的,试确定对每一个信号进行理想抽样时,所允许的最大抽样间隔 T。

(a) $f_1(t) = x_1(t) + x_2(t)$　　　　(b) $f_2(t) = x_1(t) * x_2(t)$

(b) $f_3(t) = x_1(t/2)$　　　　　　　(d) $f_4(t) = x_2(3t)$

(e) $f_5(t) = x_1(t-5)$　　　　　　　(f) $f_6(t) = x_1(t) \, x_2(t/3)$

6.5　有一实值且为奇的周期信号 $x(t)$,它的傅里叶级数表示为 $x(t) = \displaystyle\sum_{k=0}^{5} \left(\frac{1}{2}\right)^k \sin(k\pi t)$。令 $x_p(t)$ 代表用采样周期 $T = 0.2$ 的均匀冲激串对 $x(t)$ 进行采样的结果。试问:

(a) 混叠会发生吗?

（b）若 $x_p(t)$ 通过一个截止频率为 $\dfrac{\pi}{T}$ 和通带增益为 T 的理想低通滤波器，求输出信号

$x_r(t)$ 的傅里叶级数表示。

6.6 判断下列每一种说法是对还是错：

（a）只要采样周期 $T<2T_0$，信号 $x(t)=u(t+T_0)-u(t-T_0)$ 的冲激串采样不会有混叠。

（b）只要采样周期 $T<\dfrac{\pi}{\Omega_0}$，傅里叶变换为 $X(\mathrm{j}\Omega)=u(\Omega+\Omega_0)-u(\Omega-\Omega_0)$ 的信号 $x(t)$ 的

冲激串采样不会有混叠。

（c）只要采样周期 $T<\dfrac{2\pi}{\Omega_0}$，傅里叶变换为 $X(\mathrm{j}\Omega)=u(\Omega)-u(\Omega-\Omega_0)$ 的信号 $x(t)$ 的冲激

串采样不会有混叠。

6.7 在实际工程中，常常采用零阶保持抽样。它可以等价为图 P6.7 所示的系统，在理想抽样之后经过一个零阶保持系统。

（a）求出零阶保持系统的单位冲激响应。

（b）绘出 $x(t)$ 和 $r(t)$ 的波形示意图。

（c）如果 $x(t)$ 是带限于 Ω_M 的信号，抽样间隔 T 满足抽样定理的要求，为了能从 $r(t)$ 恢复成 $x(t)$，应该让 $r(t)$ 通过一个什么样的系统，确定该系统的频率响应并绘出其幅频特性和相频特性的略图。

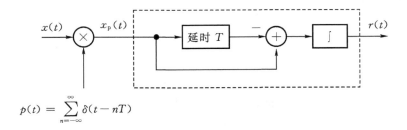

$$p(t)=\sum_{n=-\infty}^{\infty}\delta(t-nT)$$

图 P6.7 零阶保持抽样

6.8 已知连续时间信号 $x(t)$ 被图 P6.8 所示的窄脉冲串抽样，$x(t)$ 的频谱为 $X(\mathrm{j}\Omega)$，$p(t)$ 的频谱为 $P(\mathrm{j}\Omega)$。

（a）证明抽样后信号 $x_p(t)$ 的频谱为

$$X_p(\Omega)=\frac{1}{T}\sum_{k=-\infty}^{\infty}X(\mathrm{j}(\Omega-\frac{2\pi}{T}k))\,P(\frac{2\pi}{T}k)$$

（b）为了能够从 $x_p(t)$ 恢复原信号 $x(t)$，需要满足哪些条件？

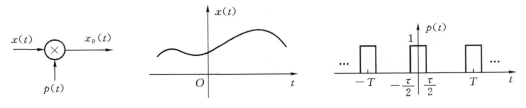

图 P6.8 零阶保持抽样

6.9 根据抽样定理,如果 $x(t)$ 带限于 Ω_M,抽样频率 $\Omega_s = 2\pi/T$,且大于 $2\Omega_M$,理想低通滤波器截止频率 $\Omega_c = \dfrac{\Omega_s}{2} = \pi/T$,通带增益为 T。那么经过理想低通重建的信号 $x_r(t)$ 将完全等于 $x(t)$。如果 Ω_s 不满足上述要求,即欠抽样的情况下,则 $x_r(t)$ 将不等于 $x(t)$。但只要有 $\Omega_c = \Omega_s/2$,无论抽样间隔 T 等于多少,$x_r(t)$ 和 $x(t)$ 在抽样时刻总是相等的。即 $x_r(kT) = x(kT)$,$k = 0, \pm 1, \pm 2, \cdots$。试证明这一结论。

6.10 在正文中我们提到取样示波器利用了欠抽样的效果,本题对这一问题作进一步讨论。假定 $x(t)$ 是一个频率很高的带限信号。我们对 $x(t)$ 抽样时,抽样间隔为 $T + \Delta$,其中 T 是信号 $x(t)$ 的周期,Δ 是根据 $x(t)$ 的带宽适当选择的间隔增量。如图 P6.10 所示。只要将抽样所得到的冲激串通过一个适当的低通内插滤波器,那么恢复的信号 $y(t)$ 将正比于 $x(at)$,其中 $a < 1$。若 $x(t) = A + B\cos[(2\pi/T)t + \theta]$,求 Δ 的取值范围,使图 P6.10 中的 $y(t)$ 正比于 $x(at)$,其中 $a < 1$,并用 T 和 Δ 确定 a 的值。

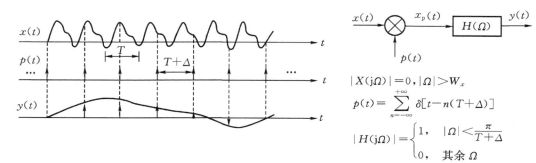

图 P6.10

6.11 图 P6.11 所示的 $X(j\Omega)$ 由于能量集中在某一频带内,因而这种信号通常称为带通信号。如果对 $x(t)$ 进行抽样,按照抽样定理就应该使抽样频率 $\Omega_s \geqslant 2\Omega_2$。但实际上,对带通信号可以用低于两倍最高频率的速率抽样,这就是所谓带通抽样。假定图示系统中,$\Omega_1 > \Omega_2 - \Omega_1$,求出 T 的最大值和常数 A,Ω_a,Ω_b 的值,使得 $\hat{x}(t) = x(t)$。

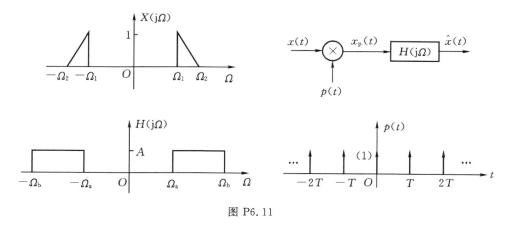

图 P6.11

6.12 图 P6.12 所示的信号 $x(t)$ 是一个时限信号,其时域持续区间为 $(T_0, T_0 + 2T_m)$,$X(j\Omega)$

代表它的频谱。如果对 $X(j\Omega)$ 进行频域抽样,在频域有

$$\widetilde{X}_p(j\Omega) = X(j\Omega)P(j\Omega)$$

其中

$$P(j\Omega) = \sum_{k=-\infty}^{\infty} \delta(\Omega - k\Omega_0)$$

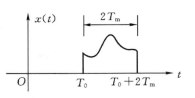

图 P6.12 零阶保持抽样

(a) 如果 $\dfrac{2\pi}{\Omega_0} > 2T_m$,粗略画出 $\widetilde{X}_p(j\Omega)$ 的傅里叶反变换 $\widetilde{x}_p(t)$。

(b) 在 $\dfrac{2\pi}{\Omega_0} > 2T_m$ 的情况下,可以通过对 $\widetilde{x}_p(t)$ 加窗口函数恢复出 $x(t)$,即 $x(t) = \widetilde{x}_p(t)w(t)$。试确定并画出 $w(t)$。

第 7 章　离散傅里叶变换(DFT)

7.0　引　言

在第 4 章我们讨论了离散时间序列的离散时间傅里叶变换(DTFT),其频域分布是连续频率变量 ω 的函数,并以 2π 为周期。为了在频域利用计算机和数字处理技术来分析信号的频谱,就需要将其频谱离散化。由前一章我们又知道,频域的离散化对应着时域的周期化,为了保证时间序列的可恢复性,就必须要求时域序列为有限长序列。为此,我们希望寻找一种时域有限长离散序列与频域有限长离散序列之间所对应的分析工具,这就是离散傅里叶变换,简称 DFT(discrete fourier transform)。

通常工程实际应用中所得到的采集信号总是有限长的,例如图像信号、语音信号,因此对有限长序列进行频谱分析的讨论具有广泛的应用价值。我们知道以 N 为周期的离散时间信号其时域、频域都是离散、周期分布的,都可以由它主值周期内的 N 个独立值唯一确定。因此从本质上讲,离散时间傅里叶级数(DFS)很好地体现了将时域 N 个独立值变换为频域 N 个独立值之间的对应关系。根据这一观点,若我们把有限长序列视为周期序列的一个周期,并借助于离散时间傅里叶级数的形式,就可以把它的频谱离散化,从而得到时域有限长序列与频域有限长序列之间一一对应的关系。这样就可以方便地利用计算机和数字技术来进行信号的数字处理。

7.1　离散傅里叶变换

为了定义有限长序列的离散傅里叶变换(DFT),我们借助于离散时间周期信号的离散时间傅里叶级数表示 DFS。为此,我们将有限长序列周期延拓成一个周期序列,然后,对该时域的周期序列进行其 DFS,获得了一个频域的周期序列。我们知道,周期序列可以由其一个主值周期内的值唯一确定。因此,我们可以将 DFS 中时域的主值区间和频域的主值区间之间的对应关系定义为有限长序列的 DFT。

7.1.1　从 DFS 到 DFT

假定 $x(n)$ 是一个长度为 N 的有限长序列,即在区间 $n=0\sim N-1$ 以外,$x(n)=0$。将 $x(n)$ 以 N 为周期延拓而成的周期序列为 $\widetilde{x}(n)$,则有

$$\widetilde{x}(n) = \sum_{k=-\infty}^{\infty} x(n-kN) \tag{7.1}$$

或表示为 $\widetilde{x}(n)=x((n))_N$。符号 $((n))_N$ 表示以 N 为周期延拓。而对长度为 N 的有限长序列 $x(n)$,可以表示成这一周期序列的一个主值周期,即

$$x(n) = \begin{cases} \widetilde{x}(n), & 0 \leqslant n \leqslant N-1 \\ 0, & \text{其它 } n \end{cases} \tag{7.2}$$

式(7.2)也可以表示为

$$x(n) = \tilde{x}(n)R_N(n) \tag{7.3}$$

其中 $R_N(n)$ 为矩形窗函数,定义为

$$R_N(n) = \begin{cases} 1, & 0 \leqslant n \leqslant N-1 \\ 0, & \text{其它 } n \end{cases} \tag{7.4}$$

周期序列与其主值周期所对应的有限长序列的关系如图 7.1 所示。

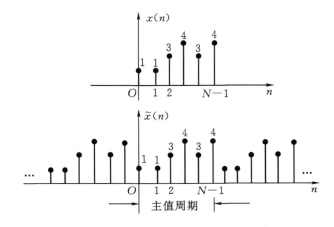

图 7.1　周期序列与有限长序列的关系

由图 7.1 可知,将一个有限长序列 $x(n)$ 以 N 为周期延拓可以得到周期序列 $\tilde{x}(n)$;对构造出的这个周期序列 $\tilde{x}(n)$,用一个矩形窗函数进行截断,就可以得到长度为 N 的有限长序列 $x(n)$。因此周期序列和有限长序列之间的对应关系可以表示为

$$\begin{cases} x(n) = \tilde{x}(n)R_N(n) \\ \tilde{x}(n) = x((n))_N \end{cases} \tag{7.5}$$

我们知道,周期序列 $\tilde{x}(n)$ 的离散时间傅里叶级数可以表达为 N 个复指数序列之和的形式,即

$$\tilde{x}(n) = \sum_{k=<N>} A_k \mathrm{e}^{\mathrm{j}\frac{2\pi}{N}kn} = \sum_{k=0}^{N-1} A_k \mathrm{e}^{\mathrm{j}\frac{2\pi}{N}kn} \tag{7.6}$$

其中 A_k 为第 k 次谐波系数,表示为

$$A_k = \frac{1}{N} \sum_{n=<N>} \tilde{x}(n)\mathrm{e}^{-\mathrm{j}\frac{2\pi}{N}kn} = \frac{1}{N} \sum_{n=0}^{N-1} \tilde{x}(n)\mathrm{e}^{-\mathrm{j}\frac{2\pi}{N}kn} \tag{7.7}$$

如果将 NA_k 表示为 $\tilde{X}(k)$,并令 $W_N = \mathrm{e}^{-\mathrm{j}\frac{2\pi}{N}}$,则周期序列的 DFS 可表示为

$$\tilde{x}(n) = \frac{1}{N} \sum_{k=0}^{N-1} \tilde{X}(k)W_N^{-kn} \tag{7.8}$$

$$\tilde{X}(k) = \sum_{k=0}^{N-1} \tilde{x}(n)W_N^{kn} \tag{7.9}$$

其中 W_N 称为旋转因子或 W 因子。

周期序列 DFS 表明:$\tilde{x}(n)$ 尽管是无限长序列,但只要知道了一个周期内各点的值,就等于知道了整个序列各点的值。因此,周期序列实际上只有 N 个序列值是独立的,同理,它在频域

的表示(即 DFS)也只有 N 个值是独立的。

若将周期序列及其 DFS 分别取出一个主值周期(称其为主值序列),则有

$$x(n) = \tilde{x}(n)R_N(n),时域有限长序列可看作周期序列的主值序列$$

$$X(k) = \tilde{X}(k)R_N(k),频域有限长序列可看作 DFS 的主值序列$$

则式(7.8)、式(7.9)可改写为

$$x(n) = \frac{1}{N}\sum_{k=0}^{N-1}X(k)W_N^{-kn} = \text{IDFT}[X(k)],0 \leqslant n \leqslant N-1 \tag{7.10}$$

$$X(k) = \sum_{k=0}^{N-1}x(n)W_N^{kn} = \text{DFT}[x(n)],0 \leqslant k \leqslant N-1 \tag{7.11}$$

式(7.10)与式(7.11)所定义的这一变换关系就称为有限长序列的离散傅里叶变换(DFT)。它表明了时域的 N 点有限长序列 $x(n)$ 与频域的 N 点有限长序列 $X(k)$ 之间的变换关系。

DFS 与 DFT 之间的对应关系如图 7.2 所示。

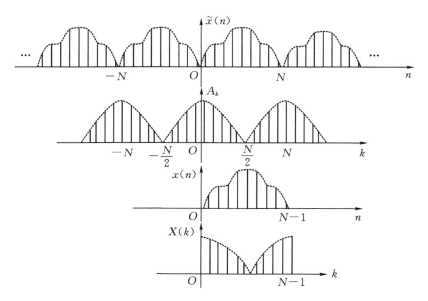

图 7.2　DFS 与 DFT 的比较

由图 7.2 可知,长度为 N 的有限长序列 $x(n)$ 是周期为 N 的周期序列 $\tilde{x}(n)$ 的一个主值周期($\tilde{x}(n)$ 的主值序列),而其 DFT 就是周期序列 $\tilde{x}(n)$ 的 DFS 的主值序列。换句话说,有限长序列 $x(n)$ 的 DFT 就是人为地把 $x(n)$ 周期延拓成 $\tilde{x}(n)$,构造出一个新的周期信号,然后对这一周期序列进行 DFS 变换,取 DFS 的主值序列即可。由于 DFT 在时域、频域的表征都是离散的、有限长的,因此可以很方便地利用计算机及数字处理技术来完成变换,这正是 DFT 的最大优点之一。

7.1.2　DFT 与 DTFT 的关系

一个长度为 N 的有限长序列 $x(n)$ 的频谱是由离散时间傅里叶变换(DTFT)来描述的,即

$$X(e^{j\omega}) = \sum_{n=0}^{N-1}x(n)e^{-j\omega n} \tag{7.12}$$

$X(e^{j\omega})$ 是连续的、以 2π 为周期的。将此式与式(7.11)相比较,可以看出

$$X(k) = X(e^{j\omega})\mid_{\omega = \frac{2\pi}{N}k}, \qquad k = 0, 1, \cdots, N-1 \tag{7.13}$$

这表明,有限长序列的 DFT 正是对该序列的 DTFT 在 $0\sim2\pi$ 这个周期内等间隔采 N 个样点所得到的样本。需要注意,有限长序列的 DFT 并不等同于该序列的频谱,而只是对该有限长序列的频谱(DTFT)在一个周期内的采样。一般说来,它仅在一定程度上反映了该序列的频谱分布。

由前一章所讨论的频域采样我们知道,对信号的连续频谱采样,必然伴随着信号在时域的周期性延拓。为了使频域的样本能完全对应时域的信号,则必须要求信号是时限的,而且在周期性延拓时不发生混叠。这是在应用 DFT 分析信号频谱时必须注意的问题。如果信号 $x(n)$ 是一个长度为 N 的有限长序列,当我们对它的频谱在 $0\sim2\pi$ 周期内等间隔采样 M 点时,则在时域 $x(n)$ 将以 M 为周期进行周期性延拓。为了避免信号的混叠,必须要求 $M\geqslant N$ 才行,也就是说至少要在一个周期内采 N 个点。如果 $x(n)$ 是一个无限长序列(非时限),则无论对其频谱在一个周期内怎样采样,都将不可避免地发生时域内信号的混叠,此时频谱的离散样本已不能表征信号的频谱,也就不可能从周期延拓的信号中提取出原信号来。这也是为什么 DFT 仅适用于有限长序列分析的本质原因。

对有限长序列计算 DFT 时,既可以利用定义式(7.11)直接计算,也可以通过先计算信号的 DTFT,然后再对 DTFT 在 $0\sim2\pi$ 周期内等间隔采 N 个样本。下面通过例题来说明这两种计算方法。

例 7.1　$x(n) = R_N(n), N = 5$,求该序列的 5 点 DFT $X(k)$。

由式(7.11)可求得 $x(n)$ 的 DFT 为

$$
\begin{aligned}
X(k) &= \sum_{n=0}^{4} x(n) W_5^{kn} = \sum_{n=0}^{4} e^{-j\frac{2\pi}{5}kn} \\
&= \frac{1 - e^{-j2\pi k}}{1 - e^{-j\frac{2\pi}{5}k}} \\
&= \begin{cases} 5, & k = 0 \\ 0, & 1 \leqslant k \leqslant 4 \end{cases}
\end{aligned}
$$

或对 $x(n)$ 作 DTFT 有

$$
\begin{aligned}
X(e^{j\omega}) &= \sum_{n=0}^{4} x(n) e^{-j\omega n} = \sum_{n=0}^{4} e^{-j\omega n} = \frac{1 - e^{-j5\omega}}{1 - e^{-j\omega}} \\
&= \frac{e^{-j\frac{5}{2}\omega}(e^{j\frac{5}{2}\omega} - e^{-j\frac{5}{2}\omega})}{e^{-j\frac{1}{2}\omega}(e^{j\frac{1}{2}\omega} - e^{-j\frac{1}{2}\omega})} = \frac{\sin(5\omega/2)}{\sin(\omega/2)} e^{-j2\omega}
\end{aligned}
$$

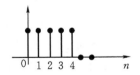

再以 $\frac{2\pi}{5}$ 为间隔对 $X(e^{j\omega})$ 采样得

$$X(k) = X(e^{j\omega})\Big|_{\omega = \frac{2\pi}{5}k} = \begin{cases} 5, & k = 0 \\ 0, & 1 \leqslant k \leqslant 4 \end{cases}$$

图 7.3 绘出了 $x(n)$,DFT 及 $X(e^{j\omega})$。我们可从图中清楚地看到 $x(n)$ 的 DFT 正是对 $X(e^{j\omega})$ 在 $0\sim2\pi$ 周期内等间隔采样后的样本序列。

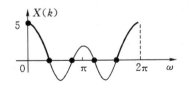

图 7.3　$R_N(n)$ 的频谱及 DFT

例 7.2 $x(n) = \cos\dfrac{\pi}{4}n$, $0 \leqslant n \leqslant 7$, 是一个长度

为 8 的有限长序列, 求其 DFT。

$$X(k) = \sum_{n=0}^{7} \cos\left(\frac{\pi}{4}n\right)W_N^{kn}$$

$$= \frac{1}{2}\sum_{n=0}^{7}(e^{j\frac{\pi}{4}n} + e^{-j\frac{\pi}{4}n})e^{-j\frac{2\pi}{8}kn}$$

$$= \frac{1}{2}\sum_{n=0}^{7}(e^{-j\frac{2\pi}{8}n(k-1)} + e^{-j\frac{2\pi}{8}n(k+1)})$$

$$= \begin{cases} 4, & k = 1,7 \\ 0, & \text{其它 } k \end{cases}$$

8 点有限长序列及其 DFT 如图 7.4 所示。

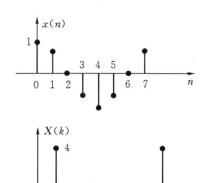

图 7.4   有限长序列及其 DFT

7.2   离散傅里叶变换的性质

本节我们讨论 DFT 的一些主要性质, 由于 DFT 与 DFS 的密切关系, 因此许多性质都与 DFS 的性质有关。假定 $x(n)$ 和 $y(n)$ 都是长度为 N 的有限长序列, 它们的 DFT 分别为 $X(k)$ 和 $Y(k)$, 表示为

$$x(n) \overset{\text{DFT}}{\longleftrightarrow} X(k), \qquad y(n) \overset{\text{DFT}}{\longleftrightarrow} Y(k)$$

存在下面的性质。

1. 线性性质

满足可加性和齐次性

$$ax(n) + by(n) \overset{\text{DFT}}{\longleftrightarrow} aX(k) + bY(k) \tag{7.14}$$

其中: a, b 为任意常数。序列的长度均为 N, 如果某一序列较短, 则需补零至相同长度。

2. 圆周移位

对任何整数 m, 如对有限长序列 $x(n)$ 平移为 $x(n-m)$, 则有限长序列将不在 $0 \sim N-1$ 的范围内。为了区别这一线性移位, 使有限长序列移位后仍在 $0 \sim N-1$ 的范围内, 引入圆周移位的概念。有限长序列 $x(n)$ 的圆周移位定义为 $x((n-n_0))_N R_N(n)$。其含义是先将 $x(n)$ 以 N 为周期延拓成周期序列 $\tilde{x}(n)$, 再将 $\tilde{x}(n)$ 移位 n_0 后取其主值周期。由于这种移位本质上是周期序列的移位, 当我们考查 $0 \sim N-1$ 的区间时, 如果有一个点移出了该区间, 则必有相邻周期的一个点移入该区间, 这就好像将 $x(n)$ 排列在一个 N 等分的圆周上, 随着 n_0 加以旋转。因而这种移位又称圆周移位。图 7.5 给出了圆周移位的过程。

如果将圆周移位后的序列记为 $x_1(n)$, 即

$$x_1(n) = x((n-n_0))_N R_N(n)$$
$$= \tilde{x}(n-n_0)R_N(n) \tag{7.15}$$

则圆周移位后序列的 DFT 为

$$X_1(k) = W_N^{kn_0} X(k) \tag{7.16}$$

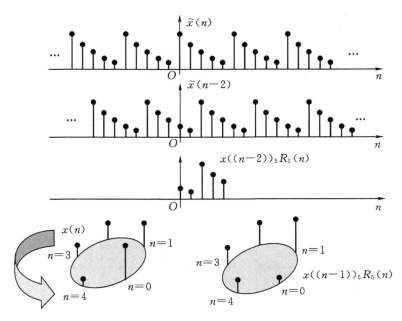

图 7.5　有限长序列的圆周移位

证明:由 DFS 的移位特性,我们有

$$\widetilde{x}(n-n_0) \xleftrightarrow{\text{DFS}} W_N^{kn_0} \widetilde{X}(k)$$

因此

$$X_1(k) = \text{DFT}[x_1(n)] = \text{DFT}[\widetilde{x}(n-n_0)R_N(n)]$$

$$= W_N^{kn_0}\widetilde{X}(k)R_N(k) = W_N^{kn_0}X(k)$$

与时域相对应,同理,如果有限长序列的 DFT 在频域圆周移位,则相应有

$$W_N^{-k_0 n}x(n) \leftrightarrow X((k-k_0))_N R_N(k) \tag{7.17}$$

3. 周期卷积与圆周卷积

我们知道,如果 $\widetilde{x}(n)$ 与 $\widetilde{y}(n)$ 都是以 N 为周期的序列,则 $\widetilde{x}(n)$ 与 $\widetilde{y}(n)$ 的之间的卷积为周期卷积,定义为

$$\widetilde{f}(n) = \widetilde{x}(n) \otimes \widetilde{y}(n) = \sum_{m=<N>} \widetilde{x}(m)\widetilde{y}(n-m) = \sum_{m=<N>} \widetilde{x}(n-m)\widetilde{y}(m) \tag{7.18}$$

此时 $\widetilde{f}(n)$ 也一定是以 N 为周期的。

如果 $x(n)$ 和 $y(n)$ 分别是 $\widetilde{x}(n)$ 与 $\widetilde{y}(n)$ 的主值周期,都是长度为 N 的有限长序列。则式(7.18)可改写为

$$\widetilde{f}(n) = \sum_{m=0}^{N-1} x(m)y((n-m))_N = \sum_{m=0}^{N-1} x((n-m))_N y(m) \tag{7.19}$$

对两个长度均为 N 的有限长序列,圆周卷积定义为

$$f(n) = x(n) \otimes y(n) = \sum_{m=0}^{N-1} x(m)\, y((n-m))_N \cdot R_N(n)$$

$$= \sum_{m=0}^{N-1} x((n-m))_N y(m) \cdot R_N(n) \tag{7.20}$$

对比式(7.19)与式(7.20),可以看出,圆周卷积的实质就是:先将两个有限长序列延拓成周期序列,并作周期卷积,然后对周期卷积的结果取主值周期,即

$$f(n) = \tilde{f}(n) \cdot R_N(n) \tag{7.21}$$

由于这种卷积过程只在主值区间 $0 \sim N-1$ 内进行,$y((n-m))_N$ 实际上是 $y(m)$ 作圆周移位,因此式(7.20)称为圆周卷积。图 7.6 给出了圆周卷积和周期卷积的示意图。

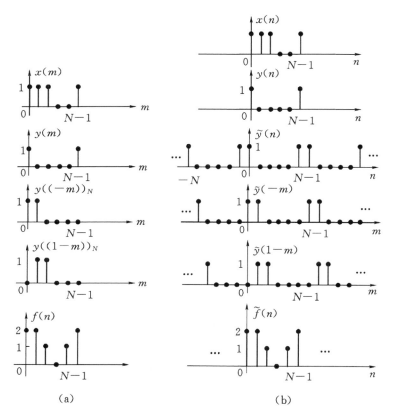

图 7.6 圆周卷积与周期卷积

(a) 圆周卷积;(b) 周期卷积

由图 7.6 我们知道,圆周卷积和周期卷积的过程是一样的,它们的区别仅在于卷积的最后结果。周期卷积的结果仍是一个具有同样周期的周期序列;而圆周卷积的结果仍是一个有限长序列,其长度等于参与圆周卷积的序列长度。

当 $x(n)$ 与 $y(n)$ 作圆周卷积,即 $f(n) = x(n) \bigotimes y(n)$,则其 DFT 具有如下特性:

$$F(k) = X(k) \cdot Y(k) \tag{7.22}$$

即两个有限长序列时域的圆周卷积,所对应的 DFT 作相乘运算。

证明:根据 DFS 的卷积性质,当 $\tilde{f}(n) = \tilde{x}(n) \bigotimes \tilde{y}(n)$ 时,有

$$\tilde{F}(k) = \tilde{X}(k)\tilde{Y}(k)$$

令 $F(k) = \tilde{F}(k)R_N(k)$,有

$$F(k) = \tilde{X}(k)\tilde{Y}(k)R_N(k) = \tilde{X}(k)R_N(k)\tilde{Y}(k)R_N(k)$$

$$= X(k)Y(k)$$

得证。

与时域的情况相对应,我们也可以得到若两个有限长序列时域相乘,则所对应的 DFT 作圆周卷积。

若 $f(n) = x(n)y(n)$,则

$$F(k) = \frac{1}{N}X(k) \otimes Y(k) = \frac{1}{N}\sum_{m=0}^{N-1}X(m)Y((k-m))_N \cdot R_N(n)$$

$$= \frac{1}{N}\sum_{m=0}^{N-1}X((k-m))_N Y(m) \cdot R_N(n) \tag{7.23}$$

4. 圆周共轭对称性

由于一个长度为 N 的有限长序列 $x(n)$ 定义在 $0 \leqslant n \leqslant N-1$ 区间上,不再能以 $n=0$ 为中心来讨论其奇偶对称性,因此对于有限长序列的 DFT,在分析其对称性时,引入圆周共轭对称的概念。

如果 $x(n)$ 是 N 点的有限长序列,其 DFT 为 $X(k)$,$x^*(n)$ 是 $x(n)$ 的共轭复序列,则 $x^*(n)$ 的 DFT 为

$$\sum_{n=0}^{N-1}x^*(n)W_N^{kn} = \Big[\sum_{n=0}^{N-1}x(n)W_N^{-kn}\Big]^* = X^*((-k))_N R_N(k)$$

$$= X^*((N-k))_N R_N(k) = X^*(N-k)$$

于是我们得到

$$x(n) \overset{\text{DFT}}{\longleftrightarrow} X(k)$$

$$x^*(n) \overset{\text{DFT}}{\longleftrightarrow} X^*(N-k) \tag{7.24}$$

其中 $X^*(N) = X^*(0)$。

式(7.24)表明:在时域中,若有限长序列 $x(n)$ 的共轭序列是 $x^*(n)$,则它们的 DFT 存在圆周共轭对称的关系。

如果 $x_r(n)$ 和 $x_i(n)$ 分别表示 $x(n)$ 的实部与虚部,即

$$x(n) = x_r(n) + jx_i(n) \tag{7.25}$$

其中

$$x_r(n) = \frac{1}{2}[x(n) + x^*(n)]$$

$$jx_i(n) = \frac{1}{2}[x(n) - x^*(n)]$$

若 $x_r(n)$ 和 $x_i(n)$ 的 DFT 分别记为 $X_e(k)$ 和 $X_o(k)$,则有

$$X_e(k) = \frac{1}{2}[X(k) + X^*(N-k)] \tag{7.26}$$

$$X_o(k) = \frac{1}{2}[X(k) - X^*(N-k)] \tag{7.27}$$

$$X(k) = X_e(k) + X_o(k) \tag{7.28}$$

由于

$$X_e^*(N-k) = \frac{1}{2}[X(N-k) + X^*(N-N+k)]^*$$

$$= \frac{1}{2} \big[X(N-k) + X^*(k) \big]^*$$
$$= \frac{1}{2} \big[X^*(N-k) + X(k) \big] = X_e(k) \tag{7.29}$$

称 $X_e(k)$ 为圆周共轭偶对称,或称 $X_e(k)$ 是 $X(k)$ 的圆周共轭偶部。可以认为 $X_e(k)$ 是在 N 等分的圆周上以 $k=0$ 为原点左半圆和右半圆上的序列是共轭偶对称的。由此,进一步可得

$$\mathrm{Re}\big[X_e(k) \big] = \mathrm{Re}\big[X_e(N-k) \big]$$
$$\mathrm{Im}\big[X_e(k) \big] = - \mathrm{Im}\big[X_e(N-k) \big]$$

这表明,圆周共轭偶部的实部呈圆周偶对称,虚部呈圆周奇对称。

同理可得

$$X_o(k) = - X_o^*(N-k) \tag{7.30}$$

称其为圆周共轭奇对称,或称 $X_o(k)$ 是 $X(k)$ 的圆周共轭奇部。

$$\mathrm{Re}\big[X_o(k) \big] = - \mathrm{Re}\big[X_o(N-k) \big]$$
$$\mathrm{Im}\big[X_o(k) \big] = \mathrm{Im}\big[X_o(N-k) \big]$$

这表明,圆周共轭奇部的实部呈圆周奇对称,虚部呈圆周偶对称。

结论:有限长序列的实部对应于 $X(k)$ 的圆周共轭偶部,有限长序列的虚部对应于 $X(k)$ 的圆周共轭奇部。

如果 $x(n)$ 是一个实序列,则其 $X(k)$ 将只含有共轭偶部,在这种情况下,只要知道 $X(k)$ 的一半序列值,就可以根据对称性得到 $X(k)$ 的另一半序列值。从而在计算 DFT 时可以提高运算效率。此时共轭偶部的分布如图 7.7 所示。图(a)是将共轭偶部 $X_e(k)$ 表示为圆周上分布的示例,而图(b)则是将 $X_e(k)$ 从圆周分布展开后的示例。

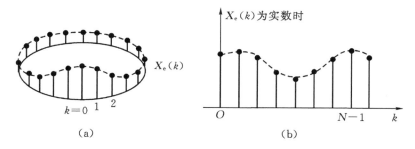

(a)　　　　　　　　　　　　(b)

图 7.7　圆周共轭偶部

如果我们将序列 $x(n)$ 表示为

$$x(n) = x_e(n) + x_o(n)$$

其中,$x_e(n)$ 和 $x_o(n)$ 分别表示 $x(n)$ 的圆周共轭偶部与圆周共轭奇部,即

$$x_e(n) = \frac{1}{2} \big[x(n) + x^*(N-n) \big]$$

$$x_o(n) = \frac{1}{2} \big[x(n) - x^*(N-n) \big]$$

则有

$$x_e(n) \overset{\mathrm{DFT}}{\longleftrightarrow} = \frac{1}{2} \big[X(k) + X^*(k) \big] = \mathrm{Re}\big[X(k) \big]$$

$$x_{\circ}(n) \overset{\text{DFT}}{\longleftrightarrow} = \frac{1}{2}[X(k) - X^*(k)] = j\text{Im}[X(k)]$$

这表明序列的圆周共轭偶部对应于 $X(k)$ 的实部,而序列的圆周共轭奇部对应于 $X(k)$ 的虚部。

通常利用序列 DFT 的共轭对称性,可以简化序列的 DFT 计算。例如,两个 N 点实序列的 DFT 我们可以用一个 N 点复序列的 DFT 运算来完成,从而减少运算量。

我们可以把这两个实序列 $x_1(n)$ 和 $x_2(n)$ 先构成一个复序列,即
$$f(n) = x_1(n) + jx_2(n)$$
然后再利用 $f(n)$ 的 DFT,即 $F(k) = \text{DFT}[f(n)]$。则
$$X_1(k) = F_e(k) = \frac{1}{2}[F(k) + F^*(N-k)]$$
$$X_2(k) = F_{\circ}(k) = \frac{1}{2}[F(k) - F^*(N-k)]$$

5. 帕斯瓦尔定理

我们考查在 DFT 形式下,帕斯瓦尔定理的一般形式。由于
$$x(n) = \frac{1}{N}\sum_{k=0}^{N-1}X(k)W_N^{-kn}$$
将其代入下式有
$$\sum_{n=0}^{N-1}x(n)y^*(n) = \sum_{n=0}^{N-1}\sum_{k=0}^{N-1}\left[\frac{1}{N}X(k)W_N^{-kn}\right]y^*(n) = \frac{1}{N}\sum_{k=0}^{N-1}X(k)\sum_{n=0}^{N-1}y^*(n)W_N^{-kn}$$
$$= \frac{1}{N}\sum_{k=0}^{N-1}X(k)\sum_{n=0}^{N-1}[y(n)W_N^{kn}]^* = \frac{1}{N}\sum_{k=0}^{N-1}X(k)Y^*(k)$$
于是
$$\sum_{n=0}^{N-1}x(n)y(n) = \frac{1}{N}\sum_{k=0}^{N-1}X(k)Y^*(k) \tag{7.31}$$
当 $y(n) = x(n)$ 时,式(7.31)变为
$$\sum_{n=0}^{N-1}|x(n)|^2 = \frac{1}{N}\sum_{k=0}^{N-1}|X(k)|^2 \tag{7.32}$$
这一性质反映了有限长序列在时域的能量等于其 DFT 所对应的平均能量。

7.3　利用 DFT 计算线性卷积

线性卷积是离散信号处理中的重要运算,如我们在分析离散时间 LTI 系统时,系统的输出响应表示为系统输入序列与系统单位脉冲响应的线性卷积,即 $y(n) = x(n) * h(n)$。虽然这一线性卷积可以在计算机上直接地逐点去做相乘、相加运算,但当序列长度太长时,线性卷积的运算速度太慢。我们有必要寻找另外一种途径来加快线性卷积的运算。

我们已经看到,两个有限长序列作圆周卷积时,它们的 DFT 是相乘的关系。由于 DFT 及 ID-FT 的运算都可以采用快速傅里叶变换(FFT)算法,因此通过 DFT 来实现序列的线性卷积,可以极大地提高计算线性卷积的效率。那么在什么条件下线性卷积才能够用圆周卷积完全替代呢?

假定 $x(n)$ 是长度为 N 的有限长序列,$y(n)$ 是长度为 M 的有限长序列。作 $x(n)$ 和 $y(n)$ 的线性卷积,即

$$f(n) = x(n) * y(n) = \sum_{m=-\infty}^{\infty} x(m)y(n-m) \tag{7.33}$$

卷积后序列 $f(n)$ 的长度为 $L = N+M-1$。

我们知道,圆周卷积的两个序列长度必须相等,卷积后序列的长度不变。首先将 $x(n)$ 与 $y(n)$ 通过补零加长到 L 点,从而看成是两个长度为 L 的有限长序列。作 L 点圆周卷积有

$$\overline{f}(n) = x(n) \otimes y(n) = \sum_{m=0}^{L-1} x(m) \, y((n-m))_L \cdot R_L(n) \tag{7.34}$$

其中,$y((n-m))_L = \tilde{y}(n-m) = \sum_{k=-\infty}^{\infty} y(n-m-kL)$。

代入式(7.34)可得

$$\begin{aligned}
\overline{f}(n) &= \sum_{m=0}^{L-1} x(m) \sum_{k=-\infty}^{\infty} y(n-m-kL) \cdot R_L(n) \\
&= \sum_{k=-\infty}^{\infty} \sum_{m=0}^{L-1} x(m)y(n-m-kL) \cdot R_L(n) \\
&= \sum_{k=-\infty}^{\infty} f(n-kL) \cdot R_L(n)
\end{aligned} \tag{7.35}$$

式(7.35)中的 $f(n)$ 正是两个有限长序列的线性卷积。该式表明:有限长序列的圆周卷积正是将其线性卷积以 L 为周期延拓后所取的主值周期。

由于线性卷积的结果 $f(n)$ 是长度为 $N+M-1$ 的有限长序列,如果将 $f(n)$ 周期延拓时,满足周期 $L \geq N+M-1$ 的条件,则在周期延拓的过程中一定不会发生混叠。此时从 $\sum_{k=-\infty}^{\infty} f(n-kL)$ 中截取其主值周期 $\overline{f}(n)$,前 $N+M-1$ 点就正好是 $x(n)$ 与 $y(n)$ 的线性卷积 $f(n)$。也就是说,要通过计算圆周卷积来求得线性卷积的结果,必须满足的条件是

$$L \geq N+M-1 \tag{7.36}$$

图 7.8 绘出了 $x(n)$,$y(n)$ 和线性卷积 $f(n)$ 以及在几个不同的 L 值时圆周卷积的示意图。

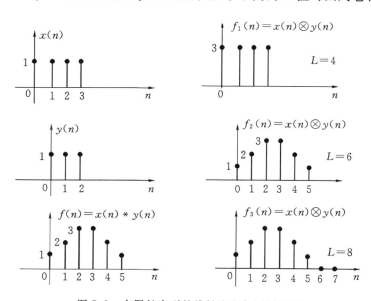

图 7.8　有限长序列的线性卷积与圆周卷积

从图 7.8 可以清楚地看到当 $L < N + M - 1$ 时,由于 $f(n)$ 周期延拓时发生混叠,因而 $f_1(n)$ 不能反映 $f(n)$ 的形状。当 $L = N + M - 1$ 时,由于不发生混叠,有 $f_2(n) = f(n)$,此时的 L 是所允许的最小 L 值。当 $L > N + M - 1$ 时,圆周卷积的结果 $f_3(n)$ 中前 $N + M - 1$ 点完全反映了 $f(n)$。

另一方面,这一条件也可以从频域采样的角度来说明。

线性卷积序列 $f(n)$ 的离散时间傅里叶变换 $F(e^{j\omega})$ 可表示为 $X(e^{j\omega})$ 与 $Y(e^{j\omega})$ 的乘积,即

$$F(e^{j\omega}) = X(e^{j\omega})Y(e^{j\omega})$$

$F(e^{j\omega})$ 是连续的、周期性的频谱,若对其在一个 $0 \sim 2\pi$ 周期内以 $\dfrac{2\pi}{L}$ 为间隔进行频域采样,得到 L 个采样点,根据采样定理,频域的离散化对应着时域的周期化,为了保证序列在以 L 为周期进行延拓时不发生混叠,则必须要求 $L \geqslant N + M - 1$。

由此,长度为 N 的有限长序列 $x(n)$ 与长度为 M 的有限长序列 $y(n)$ 的线性卷积,可以通过 DFT 来实现。具体计算步骤为:

(1)首先将序列 $x(n)$ 与 $y(n)$ 分别补零加长为 L 点有限长序列 $x_L(n)$ 与 $y_L(n)$,其中

$$L \geqslant N + M - 1$$

(2)对序列 $x_L(n)$ 与 $y_L(n)$ 分别作 L 点 DFT,得 $X_L(k)$,$Y_L(k)$,并将之相乘得

$$F(k) = X_L(k)Y_L(k)$$

(3)对 $F(k)$ 进行 L 点 IDFT,就可得到线性卷积的结果 $f(n)$。

7.4　DFT 应用中的几个具体问题

在实际工程应用中,经常遇到的很多信号都是连续时间信号,并且大多数信号并不存在数学解析式,因此信号的频谱无法利用解析运算的方法直接计算,通常都需要采用数值方法进行近似计算。由于有限长序列的 DFT 可以由数值方法计算完成,并且还存在着快速算法,因此在信号分析与处理中具有极其重要的地位。为了使用 DFT 这一有力的工具,可以通过对连续时间信号时域采样等方法,应用 DFT 进行近似谱分析。不过在应用 DFT 解决实际问题时会遇到一些不可回避的问题,如何正确认识和解决这些问题对信号频谱的分析结果有着至关重要的影响。

7.4.1　频谱的混叠现象

在应用数字技术分析和处理连续时间信号时,首先要对被处理的连续时间信号进行采样,生成离散时间序列。我们知道,对连续时间信号在时域采样时,采样定理要求信号是带限的,采样频率应不低于信号最高频率的两倍。如果连续信号不是带限信号或采样频率低于采样定理的要求,在将连续信号离散化时就会出现信号频谱的混叠现象,此时再对采样所得的序列进行 DFT 运算,就等效于在频域对混叠以后的频谱进行采样,其结果将不能反映原来信号的频谱,也将使进一步的数字处理失去依据。

因此在应用 DFT 分析信号频谱时应避免出现频谱的混叠。对于非带限的连续信号,可根据实际情况对其先进行滤波,使之成为带限信号。在工程实际应用中,所要处理的信号一般都不是带限信号,通常在采样前都需要通过一个模拟滤波器(称为抗混叠滤波器)进行滤波,以减少混叠误差,提高频谱分析的准确度。

　　一切带限的信号都是不时限的,一切时限的信号都是不带限的。时域采样定理要求连续信号是带限的,频域采样(即 DFT)要求信号是时限的,这一对矛盾是无法解决的。因此,在利用 DFT 处理信号时,频谱泄露和截断效应都是不可避免的。

7.4.2　信号的截断与频谱泄漏

　　如果连续时间信号在时域无限长,则离散化后的序列也为无限长,无法使用 DFT 直接分析,此时就有一个如何将无限长序列截断的问题。一种序列截断的过程就是给该序列乘上一个矩形窗口函数 $R_N(n)$。如果原先无限长序列的频谱为 $X(e^{j\omega})$,矩形窗函数的频谱为 $W_N(e^{j\omega})$,则序列截断后,有限长序列的频谱为

$$\widetilde{X}(e^{j\omega}) = \frac{1}{2\pi} X(e^{j\omega}) \bigotimes W_N(e^{j\omega}) \tag{7.37}$$

　　由于矩形窗函数频谱的引入就使得 $\widetilde{X}(e^{j\omega})$ 不同于 $X(e^{j\omega})$,致使在进行 DFT 运算(即对 $\widetilde{X}(e^{j\omega})$ 进行采样)时产生出信号本来没有的频率分量,而原信号实际拥有的频率分量却因为并不落在采样点上而完全没有反映出来,这种现象就称为频谱泄漏。为了直观地看到频谱泄漏所造成的影响,我们以 $\widetilde{x}(n) = \cos\frac{\pi}{2}n$ 为例来说明这一问题。显然信号 $\widetilde{x}(n) = \cos\frac{\pi}{2}n$ 是以 $N=4$ 为周期的,它的频谱如图 7.9 (a)所示。如果我们把 $\widetilde{x}(n)$ 恰好截取其一个周期,即

$$x(n) = \widetilde{x}(n)R_4(n)$$

然后对 $x(n)$ 作 4 点的 DFT,则其 $X(k)$ 如图 7.9 (b)所示。

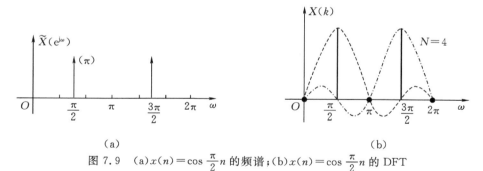

　　　　(a)　　　　　　　　　　　　　　　　　(b)

图 7.9　(a)$x(n)=\cos\frac{\pi}{2}n$ 的频谱;(b)$x(n)=\cos\frac{\pi}{2}n$ 的 DFT

　　图 7.9(b)中虚线表示 $R_4(n)$ 的频谱和 $x(n)$ 频谱中每个冲激分量卷积的结果。它们二者的叠加就是 $x(n)$ 的频谱,$X(k)$ 就是其频谱上的采样点。我们看到,由于截断的长度恰好是信号的一个周期,因而 DFT 完全反映了原信号的频谱,没有发生频谱的泄漏现象。

　　下面我们把 $\widetilde{x}(n)$ 以 $N=6$ 截断,即 $x(n)=\widetilde{x}(n)$ $R_6(n)$,然后对 $x(n)$ 作 6 点的 DFT,则其 $X(k)$ 如图 7.10所示。此时图中虚线和实线分别表示 $R_6(n)$ 的频谱和 $x(n)$ 频谱中每个冲激分量卷积的结果,它们二者的叠加就是 6 点序列 $x(n)$ 的频谱。可以看到,6 点 DFT 是对 $x(n)$ 的频谱以 $\frac{2\pi}{6}=\frac{\pi}{3}$ 为间隔的采样,所得的样本都是原来信号中根本没有的频率分量,而原先

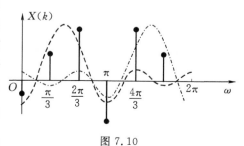

图 7.10

信号实际拥有的频率分量却因为并不落在采样点上而完全没有反映出来。产生这一后果的原因是因为在将信号截断时,发生了频谱泄漏的现象。由此可见,对信号在时域加窗,会导致在信号的频谱中产生频谱泄漏。

　　由这个例子可以看出,当对周期序列截断时,为了避免频谱泄漏所造成的影响,应该将截断的长度取为序列周期的整倍数。但在工程应用中,经常会遇到要对非周期信号(例如实际观测或记录下来的数据序列)进行处理的情况。此时为了减少泄漏误差,一般应适当增加截取的信号长度,也可以采用试探法。先取 DFT 的点数为 N_1,然后再取 $N_2 = 2N_1$,分别进行 DFT 计算,如果两次计算的结果很接近,则以 N_1 为截取长度。否则再取 $N_3 = 2N_2$ 进行计算,若此次计算结果与 N_2 长度的计算结果很接近,则以 N_2 为截取长度,依此类推。

　　频谱泄漏现象产生的根本原因在于矩形窗口函数的频谱具有主瓣和旁瓣,对同一个窗函数,增加长度 N 虽然可以减少主瓣宽度但又增加了旁瓣泄漏。通常为减小旁瓣泄漏,可以考虑采用非矩形窗,从而可减小由矩形窗突然截断而产生的较高的旁瓣分量。在实际工程应用中,可根据实际信号的特性采用合适的窗口函数。在对原先的无限长信号进行截断时,窗口长度的选取直接决定了频谱分析的频率分辨率。

7.4.3　频率分辨率

　　频率分辨率表示分辨信号频谱中相邻频率分量的能力,也即频谱中相邻两频谱采样点之间的最小频率间隔。我们知道 DFT 本身并不是有限长序列的频谱,而只是对频谱等间隔采样后的样本。因此,用 DFT 来分析信号的频谱时,为了使 DFT 能更精细地反映信号的频谱,就有一个频率分辨率的问题。

　　若利用 DFT 分析连续时间信号 $x_a(t)$ 的频谱时,首先要对信号 $x_a(t)$ 离散化。若对信号采样时的采样频率为 Ω_s,则采样间隔为

$$T = 2\pi/\Omega_s = 1/f_s \tag{7.38}$$

若一共采样 N 点,则采样时间窗口的长度 t_p 为

$$t_p = NT = N/f_s \tag{7.39}$$

　　N 点有限长序列的 DFT 正是对其频谱在一个周期 $[0, 2\pi)$ 上等间隔采样 N 点所得到的样本,因此数字域的频率分辨率(即频谱样本与样本之间可分离的最小间距)为

$$\Delta\omega_d = 2\pi/N \tag{7.40}$$

　　我们知道在采样间隔 T 下,连续频率 Ω 与离散频率 ω 之间的对应关系为 $\omega = \Omega T$。因此,连续域的频率分辨率为

$$\Delta f = \frac{1}{2\pi} \cdot \frac{\Delta\omega_d}{T} = \frac{1}{2\pi} \cdot \frac{2\pi}{N} \cdot \frac{1}{T} = \frac{1}{NT} = \frac{f_s}{N} = \frac{1}{t_p} \tag{7.41}$$

　　式(7.41)表明:在 t_p 一定时,连续域频率分辨率 Δf 与采样点数无关,并不能通过增加采样的点数或提高采样频率来改善连续域的频率分辨率。要提高连续域的频率分辨率,只有增大信号采样的时间窗口 t_p 才能奏效。Δf 越小则频率分辨率越高。当然根据式(7.40),采样点数的增大对改善数字域的频率分辨率无疑是有益的。

　　在实际应用中,通常是根据需要达到的频率分辨率 Δf 来确定 t_p,进而根据采样定理的要求选定 f_s,然后确定点数 N 来进行 DFT 运算。

例 7.3 已知某连续时间信号为

$$x(t) = \cos(2\pi f_1 t) + \cos(2\pi f_2 t)$$

其中 $f_1 = 200\,\text{Hz}, f_2 = 210\,\text{Hz}$。若以采样频率 $f_s = 800\,\text{Hz}$ 对该信号进行采样，试求用 DFT 分析其频谱时，能够分辨信号两个频率分量所需的最少样本点数 N。

解　由于采样频率大于信号最高频率的两倍，所以采样并没有带来频谱的混叠。该信号含有两个频率分量，为了有效分辨两个谱峰，则要求频率分辨率要小于 $\Delta f = 210 - 200 = 10$ Hz，根据式(7.41)，有

$$\frac{f_s}{N} < 10\ \text{Hz}, N > \frac{f_s}{\Delta f} = 80$$

即在用 DFT 分析信号频谱时，为能分辨出两个谱峰，则最少要采 80 个点。图 7.11 给出了 $N = 80$ 时由 DFT 所分析出的频谱结果，可以清晰地看出信号中含有两个谱峰。同时图中也给

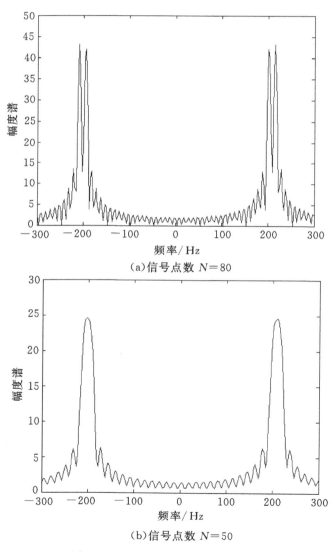

(a)信号点数 $N = 80$

(b)信号点数 $N = 50$

图 7.11　利用 DFT 计算的信号频谱

出了 $N=50$ 时的分析结果,由于不能满足频率分辨率的要求,因此图中看不出两个谱峰的存在。(注明:为了能够显示频谱更多的细节,图中是将截断后的序列补零至 256 点后做 256 点 DFT 的结果)

7.4.4 栅栏效应

由于 DFT 是对有限长序列的频谱等间隔采样所得到的样本,这就相当于透过一个栅栏去观察原信号的频谱分布,因此必然有一些地方被栅栏所遮挡,这些被遮挡的部分就是未被采样到的部分,这种现象就称为栅栏效应。这一现象就如同隔着百叶窗观察窗外的景色,无法看清全部景色的细节。

栅栏效应直观的解释是:用 DFT 观看频谱只能在离散点处看到真实景象,在离散点之间的频谱细节有可能被遮挡住,有可能发生一些频谱的峰点或谷点被栅栏遮挡住而不能被观察到。由于用 DFT 分析原信号频谱时,栅栏效应总是存在的,为了将被遮挡住的频谱分量尽量地检测出来,就必须减小栅栏效应。减小栅栏效应的一种方法,就是在采样得到的序列的末端补零以加长序列,再对加长的序列作 DFT。由于在序列的尾部补零加长,并不改变原有的记录数据,信号的频谱也不会改变,因此按照加长以后序列的点数去做 DFT 只是增加了对原信号频谱采样的点数。这就相当于调整了原来栅栏的间隙,使采样所得到的谱线变得更密,原来看不到的频谱分量就有可能看到了。图 7.12 给出了一个 5 点序列的频谱为 $X_1(e^{j\omega})$,分别用 5 点 DFT 和 8 点 DFT 分析原信号频谱的效果。可以看到 8 点 DFT 明显改善了栅栏效应。

图 7.12(a)是在 $X_1(e^{j\omega})$ 一个周期内采了 5 点,图 7.12(b)是在 $X_1(e^{j\omega})$ 一个周期内采了 8 点。

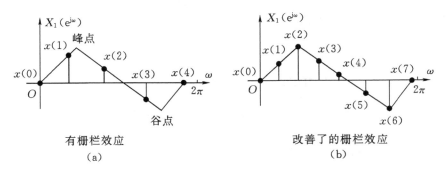

图 7.12 栅栏效应

7.4.5 基于 DFT 谱分析的参数选择

由以上分析可见,在利用 DFT 进行连续时间信号频谱分析时,会涉及到信号的采样、序列的加窗以及 DFT 计算时的点数选择等。对信号采样时,采样频率的选择不当会造成信号的频谱混叠;频谱泄漏与信号在时域的截断长度及窗口函数的选择有关,并且截断长度决定着频谱分辨率;而栅栏效应则与 DFT 计算时的点数有关。因此工程实际中应用 DFT 进行连续时间信号的频谱分析时,通常根据以下的原则来确定参数的选择。

(1)首先根据频谱分析时的频率分辨率 Δf 的要求来确定采样时间长度(即截断长度)t_p,

$$t_p = \frac{1}{\Delta f};$$

（2）进而根据采样定理的要求选定采样频率 f_s；

（3）然后确定 DFT 的点数 N，即 $N \geqslant \dfrac{1}{\Delta f T} = \dfrac{f_s}{\Delta f}$，$N$ 通常取为 2 的整数次幂。

例 7.4　已知一个连续时间信号带限于 $f_m = 1\,\text{kHz}$，若利用 DFT 近似分析其频谱，其中要求频率分辨率为 1 Hz，试确定其采样频率 f_s、采样点数 N 以及采样时间长度 t_p。

解　首先根据频率分辨率 $\Delta f = 1\,\text{Hz}$ 的要求，确定信号的采样时间长度为 $t_p = 1\,\text{s}$。由连续信号的带限频率 f_m 可以确定信号的采样频率 f_s，即 $f_s > 2f_m = 2\,\text{kHz}$，可以考虑取 $f_s = 4\,\text{kHz}$。最后确定信号的采样点数 $N \geqslant \dfrac{f_s}{\Delta f} = 4000$，可以考虑取 $N = 4096$，以满足其为 2 的整数次幂。

7.5　快速傅里叶变换(FFT)

DFT 在数字信号处理中占有重要地位，例如在对信号进行频谱分析或对系统的频率响应进行研究时，都需要进行 DFT 运算。然而在很长一段时间内，由于 DFT 运算量太大，因此它并没有得到广泛的应用。直到 1965 年美国 IBM 公司的库利（Cooley）和图基（Tukey）这两位科学家首次提出 DFT 运算的一种快速算法以后，情况才发生了根本变化。人们开始认识到 DFT 运算的一些内在规律，从而很快地发展和完善了一套高速有效的运算方法——快速傅里叶变换（FFT）算法。FFT 的出现，使 DFT 的运算大大简化，促使数字信号处理技术有了飞速的发展并被日益广泛地应用。针对 FFT 的运算先后出现了很多高效的快速算法，例如：基－2 算法、基－4 算法等快速算法。由于篇幅所限，本节只讨论最基本的基－2 算法，并且基－2 算法充分体现了 DFT 得以快速实现的基本思想。

7.5.1　DFT 的运算特点

N 点有限长序列的 DFT 与 IDFT 分别定义为

$$X(k) = \sum_{n=0}^{N-1} x(n) W_N^{kn}, \; k = 0, 1, \cdots, N-1 \tag{7.42}$$

$$x(n) = \frac{1}{N} \sum_{k=0}^{N-1} X(k) W_N^{-kn}, \; n = 0, 1, \cdots, N-1 \tag{7.43}$$

如果按照定义式直接计算 $X(k)$ 的一个点，需要做 N 次复数乘法和 $N-1$ 次复数加法。因此要计算出 N 个 $X(k)$ 的值，共需 N^2 次复数乘和 $N(N-1)$ 次复数加。同理，IDFT 的直接运算与 DFT 的直接运算具有相同的运算量。显然，随着 N 的增大，DFT 与 IDFT 的运算量将急剧增加（如：$N = 1024$ 点时，运算工作量超过 10^6 数量级）。这就是在快速算法未产生之前，DFT 不能得到广泛应用的原因。

仔细研究 DFT 的运算特点，可以发现有一些内在的对称性，利用这些特性可以减少运算的次数。这些特性包括

（1）W_N^{kn} 无论对 n 或对 k 都具有周期性，即 $W_N^{(k+N)n} = W_N^{(n+N)k} = W_N^{kn}$。

（2）W_N^{kn} 具有对称性，即

$$W_N^{k(N-n)} = W_N^{(N-k)n} = W_N^{-kn}$$

$$W_N^N = 1, \; W_N^{\pm N/2} = -1, \; W_N^{(k \pm N/2)} = -W_N^k, \; W_{N/2}^{kn} = W_N^{2kn}$$

充分利用这些特性可以将 DFT 运算中的某些项加以合并,从而减少运算量。

更重要的是,由于 DFT 的运算量与序列长度的平方成正比,因而如果能把长序列的 DFT 分解成若干个短序列的 DFT 去进行运算,就可以大大减少运算量。例如:将 N 点序列的 DFT 分解成两个 $N/2$ 点序列的 DFT 运算时,运算量就可以大约减少一半。

FFT 算法就是在深入研究以上运算特点后产生的。其基本思想是将长序列的 DFT 逐步分解成短序列的 DFT,并利用 W_N^{kn} 的周期性和对称性进行某些组合,借以减少运算次数。下面给出两种最基本的 FFT 算法。

7.5.2　按时间抽取的 FFT 算法(Cooley-Tukey 算法)

假定序列长度 N 是 2 的整数幂,即

$$N = 2^M$$

其中,M 为正整数。我们先将 $x(n)$ 按奇数位和偶数位分为两组,即

$$\begin{cases} x_1(r) = x(2r) \\ x_2(r) = x(2r+1) \end{cases} \quad r = 0,1,\cdots,N/2-1 \tag{7.44}$$

根据式(7.44),有

$$\begin{aligned} X(k) &= \sum_{n=0}^{N-1} x(n)W_N^{kn} = \sum_{r=0}^{(N/2)-1} x(2r)W_N^{2rk} + \sum_{r=0}^{(N/2)-1} x(2r+1)W_N^{(2r+1)k} \\ &= \sum_{r=0}^{(N/2)-1} x(2r)W_{N/2}^{rk} + \sum_{r=0}^{(N/2)-1} x(2r+1)W_{N/2}^{rk} \cdot W_N^k \\ &= \sum_{r=0}^{(N/2)-1} x_1(r)W_{N/2}^{rk} + W_N^k \sum_{r=0}^{(N/2)-1} x_2(r)W_{N/2}^{rk} \\ &= X_1(k) + W_N^k X_2(k), \ 0 \leqslant k \leqslant \frac{N}{2}-1 \end{aligned} \tag{7.45}$$

其中,$X_1(k)$ 和 $X_2(k)$ 分别是 $x_1(r)$ 和 $x_2(r)$ 的 $N/2$ 点 DFT。

于是我们看到可以将 $X(k)$ 分解成两个 $N/2$ 点 DFT 的组合。但由于 $X_1(k)$ 和 $X_2(k)$ 都只有 $N/2$ 点,因此按式(7.45)组合成的 $X(k)$ 也只是整个 $X(k)$ 的前一半。注意到

$$\begin{aligned} X\left(k+\frac{N}{2}\right) &= \sum_{n=0}^{(N/2)-1} x_1(n)W_{\frac{N}{2}}^{n(k+\frac{N}{2})} + \sum_{n=0}^{(N/2)-1} x_2(n)W_{\frac{N}{2}}^{n(k+\frac{N}{2})} \cdot W_N^{(k+\frac{N}{2})} \\ &= X_1(k) - W_N^k X_2(k) \end{aligned} \tag{7.46}$$

从而可求得 $X(k)$ 的后一半。

式(7.45)与式(7.46)的运算关系可以表示成图 7.13 所示的蝶形运算结。

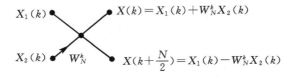

图 7.13　DIT 算法的蝶形运算结

对 $N=2^M$ 的情况,按此方法逐次分解下去,最终经过 M 级分解,可使每一组只有两点。而对一个两点的序列作 DFT 时,是不需要做乘法的。

此时

$$X(k) = \sum_{n=0}^{1} x(n) W_2^{kn}$$

由此可得：

$$X(0) = x(0) + x(1)$$
$$X(1) = x(0) - x(1)$$

　　以 $N=8$ 为例，经过 3 级蝶形运算后，可得到如图 7.14 所示的 DFT 运算流程。由于这种算法每次分组都是在时域按序列的位置是奇数位还是偶数位进行的，因此称为按时间抽取（decimation in time）的 FFT 算法，也简称为 DIT 算法。

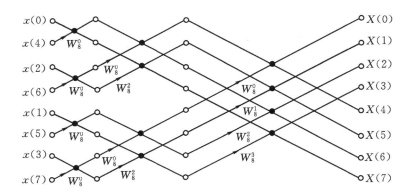

图 7.14　DIT 算法的 FFT 流程

7.5.3　按频率抽取的 FFT 算法（Sand-Tukey 算法）

　　对于 $N=2^M$ 的情况，如果在将序列分为两组时，按序列的前一半和后一半划分，则会得到另一种快速算法。

$$X(k) = \sum_{n=0}^{N-1} x(n) W_N^{kn} = \sum_{n=0}^{(N/2)-1} x(n) W_N^{kn} + \sum_{n=(N/2)}^{N-1} x(n) W_N^{kn}$$

$$= \sum_{n=0}^{(N/2)-1} x(n) W_N^{kn} + \sum_{n=0}^{(N/2)-1} x\left(n + \frac{N}{2}\right) W_N^{k(n+\frac{N}{2})}$$

$$= \sum_{n=0}^{(N/2)-1} \left[x(n) + (-1)^k x\left(n + \frac{N}{2}\right) \right] W_N^{kn}, \ 0 \leqslant k \leqslant N-1$$

当 k 为偶数时有

$$X(2r) = \sum_{n=0}^{(N/2)-1} \left[x(n) + x\left(n + \frac{N}{2}\right) \right] W_{N/2}^{rn}, \ 0 \leqslant r \leqslant \frac{N}{2} - 1 \tag{7.47}$$

k 为奇数时有

$$X(2r+1) = \sum_{n=0}^{(N/2)-1} \left[x(n) - x\left(n + \frac{N}{2}\right) \right] W_N^{n} W_{N/2}^{rn}, \ 0 \leqslant r \leqslant \frac{N}{2} - 1 \tag{7.48}$$

如果令

$$x_1(n) = x(n) + x\left(n + \frac{N}{2}\right) \tag{7.49}$$

$$x_2(n) = \left[x(n) - x(n + \frac{N}{2})\right] \cdot W_N^n \tag{7.50}$$

式(7.49)与式(7.50)的运算也可以用一个蝶形结来表示,如图 7.15 所示。则 $X(2r)$ 和 $X(2r+1)$ 分别是 $x_1(n)$ 和 $x_2(n)$ 的 $N/2$ 点 DFT,即

$$X(2r) = \mathrm{DFT}[x_1(n)]$$

$$X(2r+1) = \mathrm{DFT}[x_2(n)]$$

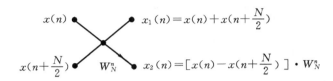

图 7.15　DIF 算法的蝶形运算结

这表明同样可以把一个 N 点序列的 DFT 分解成两个 $N/2$ 点的 DFT 去计算。当 $N=2^M$ 时,也可以经过 M 级分解,最终使每一组序列只有两点。

以 $N=8$ 为例,经 3 级分解可得到如图 7.16 所示的 FFT 运算流程。由这种算法流程图可以看出,此时输入的时域序列是顺序排列的,而频域的 DFT 则是重新排序的,相当于在频域按序列位置的奇偶经 3 级分组而成。因此这种算法称为按频率抽取(decimation in frequncy),也简称为 DIF 算法。

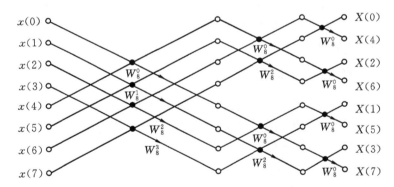

图 7.16　DIF 算法的 FFT 流程

对照 DIT 和 DIF 算法的流程图,我们可以看到,这两种算法的运算工作量是完全相同的。由于每一级都有 $N/2$ 个蝶形结,每个蝶形结需要做一次复数乘法和两次复数加法,因此 M 级运算总共需要的运算量不超过:

复数乘　　　$M \cdot \dfrac{N}{2} = \dfrac{N}{2}\log_2 N$

复数加　　　$N \cdot M = N \log_2 N$

显然运算量是 $N \log_2 N$ 数量级的。这比直接计算的运算量(N^2 数量级)要小得多,而且 N 越大这种算法的优越性越明显。例如 $N=1024$ 点时,快速算法的运算工作量为 10^4 数量级,要比直接计算快 100 倍左右。

此外,这两种快速算法还具有一个共同特点,就是在 DIT 算法中输入序列需要重新排序,而在 DIF 算法中,则需要将算出的 DFT 序列值经重新排序才能输出。这种重新排序的过程有一定的规律,我们称之为码位倒置。即先将序列的序号用二进制码表示,然后将二进制码进行码位倒置。再将倒置后的二进制码还原为十进制数,在该处放置相应序号的序列值。

以 $N=8$ 为例,码位倒置的过程可由表 7.1 表示。

表 7.1 码位倒置

序列值	$x(0)$	$x(1)$	$x(2)$	$x(3)$	$x(4)$	$x(5)$	$x(6)$	$x(7)$
序号码	000	001	010	011	100	101	110	111
倒　置	000	100	010	110	001	101	011	111
重排序列	$x(0)$	$x(4)$	$x(2)$	$x(6)$	$x(1)$	$x(5)$	$x(3)$	$x(7)$

码位倒置的工作可以由程序完成,FFT 运算也有现成的程序,均可在实际应用时从有关的软件工具书中找到。这里不再赘述。

图 7.14 的 DIT 流程中,DFT 的运算是在第一级蝶形结完成的。以后各级只是完成了由 $N/2$ 点 DFT 组合成 N 点 DFT 的工作。而在图 7.16 的 DIF 流程中,DFT 运算是在最后一级完成的,前面各级只是完成了将 N 点序列逐级对半分组的工作。

此外,应该指出,DIT 算法与 DIF 算法的根本区别并不在于输入是码位倒置的还是输出是码位倒置的,而是它们的基本运算蝶形结不同。DIT 算法的流程也可以改画为输入顺序排列,输出码位倒置的形式。DIF 算法的流程也可以改画为输入码位倒置而输出顺序排列的形式。这一点读者可以自己练习。

7.5.4 IDFT 的快速算法(IFFT)

由于 IDFT 的表达式与 DFT 的表达式除了 W_N^{kn} 的指数相差一个负号,并且有一个因子 $1/N$ 外,没有本质的区别。因此完全可以按照前面介绍 FFT 的思路建立相应的 IFFT 算法。但在实际应用时,通常并不这样去做。这是因为

$$x(n) = \frac{1}{N}\sum_{k=0}^{N-1}X(k)W_N^{-kn} = \frac{1}{N}\Big[\sum_{k=0}^{N-1}X^*(k)W_N^{kn}\Big]^*$$

$$= \frac{1}{N}\{\mathrm{DFT}[X^*(k)]\}^* \tag{7.51}$$

由式(7.51)可以看出,在做 IDFT 时,只要先将 $X(k)$ 取共轭得到 $X^*(k)$,再对 $X^*(k)$ 执行 FFT 的程序并将结果再次取共轭同时乘以因子 $1/N$ 就可得到 IDFT。因此完全可以利用 FFT 的程序完成 IFFT 的运算,只需在程序的开头和最后加上取共轭的语句并乘以 $1/N$ 即可。

由于本节所讨论的快速算法是在 $N=2^M$ 的基础上产生的,因此这些快速算法统称为基-2算法。由于实际应用中,序列的长度往往可以人为地取为 2 的整数幂,即使是对于 N 不是 2 的整数幂的情况,我们也可以通过将序列补零加长使其长度为 2 的整数幂。因此基-2算法仍具有相当的普遍性。当然,对某些情况,如果序列的长度不允许补零加长,则需要采用其它快速算法,例如任意基数的 FFT 算法来进行运算。其基本思想仍然是设法将一个长序列

的 DFT 分解成若干个短序列的 DFT 进行计算,再由各个短序列的 DFT 组合成长序列的 DFT。这里不再详细讨论。

7.6　信号频谱分析的 Matlab 实现

在 Matlab 仿真工具环境中,提供了信号处理工具箱,可以直接调用信号处理的函数。此外,Matlab 还提供了 4 个内部函数用于直接计算 DFT 和 IDFT,它们分别是:
$$\text{fft}(x), \text{fft}(x,N), \text{ifft}(x), \text{ifft}(x,N)$$
其中 $\text{fft}(x)$ 对序列 x 进行 M 点 DFT 运算,$M=\text{length}(x)$;

$\text{fft}(x,N)$ 对序列 x 进行 N 点 DFT 运算。若序列长度 $M>N$,则将序列 x 截短为 N 点序列后做 N 点 DFT; 若 $M<N$,则将序列 x 补零至 N 点长度后再做 N 点的 DFT。

$\text{ifft}(x)$, $\text{ifft}(x,N)$ 是完成相对应的逆 DFT 运算。

为了提高 fft 与 ifft 的运算效率,应尽量使序列长度 $M=2^n$,或补零使 $M=2^n$。对序列利用 Matlab 进行频谱分析的应用实例如程序 7.1 所示。

```
% Program 7-1 of DFT using Matlab
clc;clear;
t1 = 0:7;t2 = 0:11;t3 = 0:15;
x1 = [1 1 1 1 1];
x2 = cos(pi/4 * t1);
x3 = cos(pi/4 * t2);
x4 = cos(pi/4 * t3);
x1k = fft(x1,5);
x2k = fft(x2,8);
x3k = fft(x3,12);
x4k = fft(x4,16);
m = 0:4;
subplot(221); stem(m,abs(x1k));
axis([0 4 0 6]); xlabel('(a)'); title(' 5 POINT DFT OF 例 7.1')
subplot(222); stem(t1,abs(x2k));
axis([0 8 0 6]); xlabel('(b)'); title('8 POINT DFT OF 例 7.2')
subplot(223); stem(t2,abs(x3k));
axis([0 11 0 6]); xlabel('(c)');
subplot(224); stem(t3,abs(x4k));
axis([0 16 0 10]); xlabel('(d)');
    %
```

程序运行后输出结果如图 7.17 所示。

图 7.17 中(a),(b)的序列正是前面例 7.1 与例 7.2 中的信号序列。同学们可以对照例 7.1 与例 7.2 的计算结果与程序仿真结果做一比较。

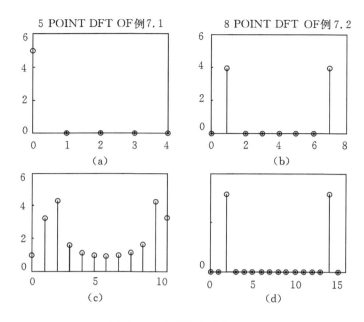

图 7.17　有限长序列的 DFT

图(b)是对 $\widetilde{x}(n)=\cos\dfrac{\pi}{4}n$ 信号做 8 点的 DFT,由于该信号是以 $N=8$ 为周期的,把 $\widetilde{x}(n)$ 恰好截取其一个周期,因而 DFT 完全反映了原信号的频谱,没有发生泄漏现象。图(c)是对图(b)中的序列进行 12 点的 DFT,没有取到周期的整倍数,所得的样本都是原来信号中根本没有的频率分量,而信号实际拥有的频率分量却因为并不落在采样点上而完全没有反映出来,即发生了频谱泄漏的现象。图(d)是对 $\widetilde{x}(n)=\cos\dfrac{\pi}{4}n$ 信号做 16 点的 DFT,由于截取的序列长度刚好为两个周期区间,也没有出现频谱泄漏现象。

实现例 7.3 的程序如下。

```
% Program 7-2realizing example 7.3 using Matlab
f1 = 200;f2 = 210;
fs = 800;
N1 = 80;N2 = 50
T = 1/fs;
t1 = (0:N1 - 1)·* T;
t2 = (0:N2 - 1) * T;
L = 512;
x1 = cos(2 * pi * f1 * t1) + cos(2 * pi * f2 * t1);
x2 = cos(2 * pi * f1 * t2) + cos(2 * pi * f2 * t2);
xf1 = fft(x1,L);
xf2 = fft(x2,L);
xff1 = fftshift(xf1);
```

```
xff2 = fftshift(xf2);
wf = − fs/2 + (0:L − 1)/L * fs;
subplot(211);plot(wf,abs(xff1));
axis([ − 400 400 0 50]);
xlabel('频率(Hz) N = 80');
ylabel('幅度谱');
subplot(212);plot(wf,abs(xff2));
axis([ − 400 400 0 30]);
xlabel('频率(Hz) N = 50');
ylabel('幅度谱');
%
```

例 7.5　已知一长度为 8 点的有限长序列

$$x(n) = \begin{cases} 1, & n = 0 \sim 3 \\ 0, & n = 4 \sim 7 \end{cases}$$

试用 Matlab 计算 $x(n)$ 的 8 点 DFT;对该序列后面补零至 128 点后再做 128 点的 DFT,并对序列的频谱结构进行分析。程序如下。

```
% Program 7-3 analyzing spectrum with zero − padding
clc;
clear
x(1:8) = 0;
x(1:4) = 1;
X = fft(x,8);
X1 = fft(x,128);
m = 0:7; m1 = 0:127;
subplot(411); stem(m,x);
axis([0 7 0 1]); title (8 点时间序列)
subplot(412); plot(m1/128,abs(X1));
axis([0 1 0 5]); xlabel('frequence'); title (频谱图)
subplot(413); stem(m/8,abs(X));
axis([0 1 0 5]); xlabel('frequence'); title (序列的 8 点 DFT)
subplot(414);stem(m1/128,abs(X1));
axis([0 1 0 5]); xlabel('frequence'); title (序列的 128 点 DFT)
holdon;
```

输出结果如图 7.18 所示。

图 7.18 中,第一幅图为时间序列,第二幅图为序列的频谱结构分布,第三与第四幅图分别对序列做 8 点 DFT 与 128 点 DFT 的分析结果。从图 7.18 可知,尽管从信息恢复的角度,对长度为 8 点的序列进行 8 点的 DFT 足以恢复原序列,但对原序列进行 128 点的 DFT 可以获得序列频谱结构的更多细节,从而改善了栅栏效应。对序列后补零,相当于调整了用 DFT 分析频谱时栅栏的间隙,使原来得不到反映的频谱分量得以展示,相当于提高了数字域的频率分辨率。

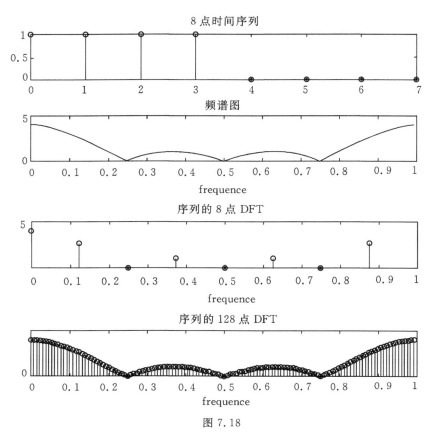

图 7.18

例 7.6 试利用 Matlab 实现基于 DFT 的线性卷积,并与直接计算线性卷积的结果进行比较。

注:在 Matlab 中,两个有限长序列 x,h 的线性卷积可以通过函数 $\mathrm{conv}(x,h)$ 来实现。

```
% Program 7-4 linear Convolution through DFT
x = [1 1 1 -1 -1 1 -1];
h = [-1 1 -1 -1 1 1 1];
L = length(x) + length(h) - 1;
X = fft(x,L);
H = fft(h,L);
Y = X. * H
y1 = ifft(Y,L);
k = 0:L - 1;
subplot(2,1,1);
stem(k,abs(y1));
title('Result of circular convolution 用 DFT 计算的结果');
xlabel('Time index k');ylabel('Amplitude');
y2 = conv(x,h);
subplot(2,1,2);
```

```
    stem(k,abs(y2));
    title (直接卷积的结果);
    xlabel('Time index k');ylabel('Amplitude');
```
程序运行结果如图 7.19 所示。

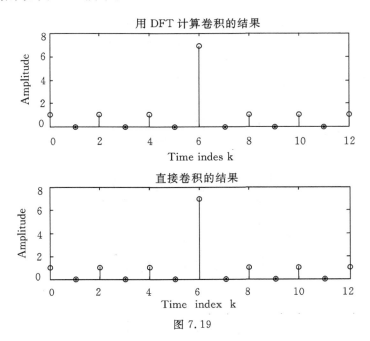

图 7.19

图 7.19 表明线性卷积与圆周卷积的结果是完全一样的。当取 DFT 的长度为参与线性卷积的两个序列长度之和减 1 时，可以完全应用 DFT 实现两个序列的线性卷积，从而提高运算效率。

习　题

7.1 已知序列 $x(n)=2\delta(n)+3\delta(n-2)+\delta(n-4)+4\delta(n-5)$，试画出以下序列的波形。

(a) $x_1(n)=x((-n))_6 R_6(n)$；

(b) $x_2(n)=x((n-3))_6 R_6(n)$；

(c) $x_1(n)=x((2-n))_6 R_6(n)$

7.2 已知序列 $x(n)=\sin(\frac{2\pi n}{7})$，画出序列 $f(n)=x(n)R_7(n)$ 的波形，并求其 7 点 DFT $F(k)$。

7.3 求下列 N 点有限长序列的 DFT，其中 $N=8$。

(a) $x(n)=R_N(n)$；　　　　(b) $x(n)=\sin(\omega_0 n)R_N(n)$；　　(c) $x(n)=e^{j\omega_0 n}R_N(n)$

(d) $x(n)=\cos(\omega_0 n)R_N(n)$；　(e) $x(n)=nR_N(n)$；　　　　(f) $x(n)=a^n R_N(n)$

7.4 已知某 4 点序列 $x(n)=2\delta(n)+3\delta(n-1)+3\delta(n-2)+2\delta(n-3)$。

(a) 计算该序列的 4 点 DFT $X(k)$ 以及该序列的离散时间傅里叶变换 $X(e^{j\omega})$，并比较两者之间的关系；

(b) 若在该序列后面补零，补长为 8 点序列，此时再计算该序列的 8 点 DFT $X_1(k)$ 以及该序列的离散时间傅里叶变换 $X_1(e^{j\omega})$，并比较两者之间的关系，可以得到什么结论？

7.5 已知 $x(n)$ 是一个 8 点的序列,其 8 点 DFT 为 $X(k)$,如图 P7.3(a)所示。$y(n)$ 是一个 16 点的序列,且

$$y(n) = \begin{cases} x(\frac{n}{2}), & n \text{ 为偶数} \\ 0, & n \text{ 为奇数} \end{cases}$$

试从图 P7.3(b)~(d)中选出相当于 $y(n)$ 的 16 点 DFT 的略图;如果

$$y(n) = \begin{cases} x(n), & 0 \leqslant n \leqslant 7 \\ 0, & 8 \leqslant n \leqslant 15 \end{cases}$$

则从图 P7.3(b)~(d)中选出相当于 $y(n)$ 的 16 点 DFT 的略图。

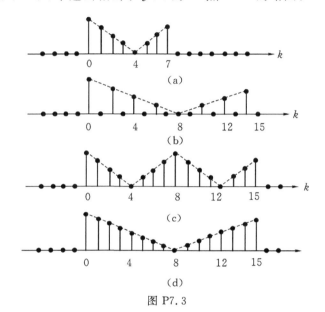

图 P7.3

7.6 设 $x(n)$ 是 10 点的有限长序列,有

$$x(n) = 2\delta(n) + \delta(n-1) + \delta(n-2) + 3\delta(n-3) + \delta(n-5)$$
$$+ 2\delta(n-6) + 4\delta(n-7) + 3\delta(n-9)$$

不计算其 DFT,试确定下列函数值,并利用 Matlab 计算对其予以验证。其中 $X(k)$ 为 $x(n)$ 的 10 点 DFT。

(a) $X(0)$;　　　　　　(b) $X(5)$;　　　　　　(c) $\sum_{k=0}^{9} X(k)$;

(d) $\sum_{k=0}^{9} e^{-j(\frac{4\pi k}{5})} X(k)$;　　(e) $\sum_{k=0}^{9} |X(k)|^2$

7.7 已知 $X(k)$ 是 8 点实序列 $x(n)$ 的 DFT。$X(k)$ 的前 5 个点的值为

$$X(0) = 4, X(1) = 2 - 3i, X(2) = -2 + i, X(3) = 1 + 4i, X(4) = 6$$

1. 求其余三点 $X(5), X(6), X(7)$ 的值;

2. 不计算 IDFT,试确定下列表达式的值,并利用 Matlab 计算对其予以验证。

(a) $x(0)$;　　　　　　(b) $x(4)$;　　　　　　(c) $\sum_{n=0}^{7} x(n)$

(d) $\sum_{n=0}^{7} e^{-j(\frac{4\pi n}{6})} x(n)$;　　(e) $\sum_{n=0}^{7} |x(n)|^2$

7.8 一个 7 点实序列为 $x(n) = 2\delta(n) + 3\delta(n-2) + \delta(n-4) + 4\delta(n-5) - 2\delta(n-6)$。$x(n)$的 DFT 为 $X(k)$,已知 $Y(k) = W_7^{4k} X(k)$,不计算 IDFT,试确定时间序列 $y(n)$。

7.9 证明:$x(n)$ 为 N 点有限长序列,若 $x(n)$实偶圆周对称,即 $x(n) = x(N-n)$,则 $X(k)$ 也实偶圆周对称。

若 $x(n)$ 实奇圆周对称,即 $x(n) = -x(N-n)$,则 $X(k)$ 为纯虚的且呈圆周奇对称。

7.10 如果 $x(n)$ 是 N 点有限长序列,$x_e(n)$ 和 $x_o(n)$ 分别是 $x(n)$ 的圆周共轭偶部和圆周共轭奇部。即

$$x_e(n) = \frac{1}{2}\left[x(n) + x^*(N-n)\right]$$

$$x_o(n) = \frac{1}{2}\left[x(n) - x^*(N-n)\right]$$

证明 $\mathrm{DFT}[x_e(n)] = \mathrm{Re}[X(k)]$;$\mathrm{DFT}[x_o(n)] = \mathrm{jIm}[X(k)]$。

7.11 如果 $x(n)$ 是 N 点的序列,它的 N 点 DFT 为 $X(k)$。

(a)证明:当 $x(n) = -x(N-n-1)$时,$X(0) = 0$;

(b)证明:当 N 为偶数且 $x(n) = x(N-n-1)$时,$X(N/2) = 0$。

7.12 如果 $X(k)$ 是 N 点序列 $x(n)$ 的 N 点 DFT,对 $X(k)$ 再做 N 点 DFT 运算,得到序列 $\tilde{x}(n)$,试用 $x(n)$ 表示 $\tilde{x}(n)$。

7.13 假定 $x(n)$ 是 N 点有限长序列,其中 N 为偶数。由 $x(n)$ 构成 7 个序列 $g_1(n) \sim g_7(n)$:

$g_1(n) = x(N-1-n)$ $\qquad$ $g_2(n) = (-1)^n x(n)$ $\qquad$ $g_3(n) = x(2n)$

$$g_4(n) = \begin{cases} x(n), & 0 \leqslant n \leqslant N-1 \\ x(n-N), & N \leqslant n \leqslant 2N-1 \\ 0, & 其它 \end{cases} \qquad g_5(n) = \begin{cases} x(n), & 0 \leqslant n \leqslant N-1 \\ 0, & N \leqslant n \leqslant 2N-1 \\ 0, & 其它 \end{cases}$$

$$g_6(n) = \begin{cases} x(n) + x(n-N), & 0 \leqslant n \leqslant \frac{N}{2} - 1 \\ 0, & 其它 n \end{cases} \qquad g_7(n) = \begin{cases} x\left(\frac{n}{2}\right), & n\ 为偶数 \\ 0, & n\ 为奇数 \end{cases}$$

表 P7.13 给出了 9 个 DFT 表达式,请对 $g_1(n) \sim g_7(n)$ 在表 P7.13 中找出相对应的 DFT。这里 DFT 的点数不少于每个序列的长度。

表 P7.13

$H_1(k) = X(\mathrm{e}^{\mathrm{j}2\pi k/N})$
$H_2(k) = X(\mathrm{e}^{\mathrm{j}2\pi k/2N})$
$H_3(k) = \begin{cases} 2X(\mathrm{e}^{\mathrm{j}2\pi k/2N}), & k\ 为偶数 \\ 0, & k\ 为奇数 \end{cases}$
$H_4(k) = X(\mathrm{e}^{\mathrm{j}2\pi k/(2N-1)})$
$H_5(k) = \begin{cases} X(\mathrm{e}^{\mathrm{j}2\pi k/N}), & 0 \leqslant k \leqslant N-1 \\ X(\mathrm{e}^{\mathrm{j}2\pi(k-N)/N}), & N \leqslant k \leqslant 2N-1 \end{cases}$
$H_6(k) = X(\mathrm{e}^{\mathrm{j}4\pi k/N})$
$H_7(k) = \mathrm{e}^{\mathrm{j}2\pi k/N} X(\mathrm{e}^{-\mathrm{j}2\pi k/N})$
$H_8(k) = X(\mathrm{e}^{\mathrm{j}2\pi(k+N/2)/N})$
$H_9(k) = X(\mathrm{e}^{-\mathrm{j}2\pi k/N})$

7.14 如果 $x(n)$ 是一个无限长序列,它的离散时间傅里叶变换为 $X(e^{j\omega})$。$x_1(n)$ 是一个 N 点的序列,它的 N 点 DFT 为 $X_1(k)$,且 $X_1(k)=X(e^{j\frac{2\pi k}{N}})$,$k=0,1,\cdots,N-1$。试确定 $x_1(n)$ 与 $x(n)$ 的关系。

7.15 已知 $x(n)=\left(\dfrac{1}{2}\right)^n u(n)$,它的离散时间傅里叶变换为 $X(e^{j\omega})$。$y(n)$ 是一个 10 点的序列,即当 $n<0$ 和 $n\geqslant10$ 时 $y(n)=0$。$Y(k)$ 是 $y(n)$ 的 10 点 DFT,且 $Y(k)$ 就等于 $X(e^{j\omega})$ 的 10 个等间隔样本,即:

$$Y(k) = X(e^{j\frac{2\pi k}{10}}),\ k = 0,1,2,\cdots,9$$

求 $y(n)$。

7.16 已知 $x(n)$ 是 N 点有限长序列,其 N 点 DFT 为 $X(k)$,现用以下方法将 $x(n)$ 的长度扩大 rN,得到 rN 点的序列 $y(n)$。求出 $y(n)$ 的 rN 点 DFT 与 $X(k)$ 的关系。

(a) $y(n)=\begin{cases} x(n), & 0\leqslant n\leqslant N-1 \\ 0, & N\leqslant n\leqslant rN-1 \end{cases}$

(b) $y(n)=\begin{cases} x\left(\dfrac{n}{r}\right), & n=ir,i=0,1,2,\cdots,N-1 \\ 0, & \text{其它 } n \end{cases}$

7.17 已知一个 6 点的有限长序列 $x(n)=R_6(n)$,它的离散时间傅里叶变换为 $X(e^{j\omega})$。如果在 $\omega=\dfrac{2\pi}{4}k$,$k=0,1,2,3$ 处对 $X(e^{j\omega})$ 采样,就可以得到该序列的 4 点 DFT,即

$$X(k) = X(e^{j\omega})\big|_{\omega=\frac{2\pi}{4}k},\ k = 0,1,2,3$$

此时,如果将所得到的 $X(k)$ 做 IDFT,试绘出所对应信号的波形。

7.18 如果 $x(n)$ 是 N 点有限长实序列,$X(k)$ 是 $x(n)$ 的 N 点 DFT。$x(n)$ 的偶部定义为 $x_e(n)=\dfrac{1}{2}[x(n)+x(N-n)]$,试问:

(a) $\mathrm{Re}[X(k)]$ 是否是 $x_e(n)$ 的 DFT?

(b) 利用 $x(n)$ 表示出 $\mathrm{Re}[X(k)]$ 的 IDFT。

7.19 图 P7.19 为一有限长序列 $x(n)$。其 6 点 DFT 为 $X(k)$。

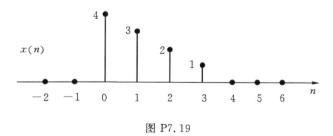

图 P7.19

(a) 画出有限长序列 $y(n)$,使得 $y(n)$ 的 6 点 DFT $Y(k)$ 满足:

$$Y(k) = W_6^{4k} X(k)$$

(b) 画出有限长序列 $f(n)$,使得 $f(n)$ 的 6 点 DFT $F(k)$ 满足:

$$F(k) = \mathrm{Re}[X(k)]$$

7.20 如果 $x(n)$ 和 $y(n)$ 都是 $N=10$ 的有限长序列,且

$$x(n) = \begin{cases} 1, 0 \leqslant n \leqslant 4 \\ 0, \text{其它 } n \end{cases}, \quad y(n) = \begin{cases} 1, & 0 \leqslant n \leqslant 4 \\ -1, & 5 \leqslant n \leqslant 9 \end{cases}$$

求圆周卷积 $f_1(n) = x(n) \bigotimes y(n)$ 和线性卷积 $f_2(n) = x(n) * y(n)$,并利用 Matlab 计算对其予以验证。

7.21　已知两个有限长序列 $x[n] = u[n] - u[n-2]$,$h[n] = u[n+1] - u[n-3]$。

(a)求线性卷积 $y[n] = x[n] * h[n]$,并画出 $y[n]$ 的波形;

(b)利用 DFT 的性质,编写 Matlab 程序计算这一线性卷积。

7.22　已知一个时间序列 $x(n) = \cos(\frac{2\pi n}{15}) + \cos(\frac{2.4\pi n}{15})$。

(a) 求 $x(n)$ 的离散时间傅里叶变换,并画出信号的幅度谱;

(b) 应用 Matlab 计算 $x(n)$,$0 \leqslant n \leqslant 63$ 的 64 点 DFT,画出其幅度谱,并与(a)中的计算结果进行比较;

(c) 对(b)中的 64 点信号经补零后做 1024 点 DFT,画出其幅度谱,并与(b)中结果进行比较,二者有何不同? 为什么?

7.23　已知一个连续时间信号 $x(t) = \mathrm{e}^{-3t} u(t)$,试利用 DFT 近似分析其频谱。要求频率分辨率为 1 Hz,试确定采样频率 f_s、采样点数 N 以及信号长度 t_p。

注:确定 f_s 时以信号的 3 dB 带宽为带限范围。

7.24　若对连续时间信号 $x(t)$ 频谱分析,其最高频率为 4 kHz,采样频率为 10 kHz,计算 1024 个采样点的 DFT,试确定其频率分辨率,以及第 256 根谱线 $X(255)$ 对应连续信号频谱的哪个频率点值?

7.25　用一个 N 点复序列的 FFT 运算可以一次完成两个 N 点实序列或一个 $2N$ 点实序列 DFT 运算。本题来讨论这种算法。

(a)假定 $x(n)$ 和 $y(n)$ 是两个 N 点的实序列,我们构成复序列

$$h(n) = x(n) + \mathrm{j}y(n)$$

试确定 $H(k)$ 和 $X(k)$,$Y(k)$ 的关系。如何从 $H(k)$ 分别求出 $X(k)$ 和 $Y(k)$。

(b)如果 $x(n)$ 是 $2N$ 点的实序列,将其按奇数位、偶数位分组得到两个 N 点是序列,其中:

$$\begin{aligned} x_1(n) &= x(2n) \\ x_2(n) &= x(2n+1) \end{aligned}, \quad 0 \leqslant n \leqslant N-1$$

再组成 N 点复序列 $h(n) = x_1(n) + \mathrm{j}x_2(n)$,试用 $H(k)$ 表示 $X_1(k)$ 和 $X_2(k)$。如何从 $X_1(k)$ 和 $X_2(k)$ 得到全部的 $X(k)$?

7.26　假设 $x_1(n)$,$x_2(n)$,$x_3(n)$,$x_4(n)$ 是 4 个 N 点的实序列,它们的 DFT 分别为 $X_1(k)$,$X_2(k)$,$X_3(k)$,$X_4(k)$。如果 $x_1(n)$ 与 $x_2(n)$ 是圆周偶对称的;$x_3(n)$ 与 $x_4(n)$ 是圆周奇对称的,即:

$$x_1(n) = x_1((N-n))_N R_N(n), \qquad x_2(n) = x_2((N-n))_N R_N(n)$$
$$x_3(n) = -x_3((N-n))_N R_N(n), \qquad x_4(n) = -x_4((N-n))_N R_N(n)$$

我们可以通过一个 N 点复序列的 FFT 运算来计算上述 4 个序列的 DFT。本题就讨论这种算法。

(a) 由 $x_1(n)$ 和 $x_3(n)$ 构成序列 $y_1(n) = x_1(n) + x_3(n)$,如果 $Y_1(k)$ 是 $y_1(n)$ 的 DFT,试

问如何从 $Y_1(k)$ 恢复 $X_1(k)$ 和 $X_3(k)$。

(b) 类似地,可以构成实序列 $y_2(n) = x_2(n) + x_4(n)$,并将 $y_1(n)$ 和 $y_2(n)$ 组成复序列 $y_3(n) = y_1(n) + jy_2(n)$。试问如何由 $Y_3(k)$ 求出 $Y_1(k)$ 和 $Y_2(k)$,再利用(a)的结果,说明如何从 $Y_3(k)$ 分别求得 $X_1(k),X_2(k),X_3(k)$ 和 $X_4(k)$。

(c) 假定 4 个序列都是圆周偶对称的,即:
$$x_i(n) = x_i((N-n))_N R_N(n), \quad i = 1,2,3,4$$
如果将其中 $x_3(n)$ 按下列方法组成 $u_3(n)$:
$$u_3(n) = [x_3((n+1))_N - x_3((n-1))_N] R_N(n)$$
证明 $u_3(n)$ 是圆周奇对称的,即 $u_3(n) = -u_3((N-n))_N R_N(n)$。

(d) 若 $U_3(k)$ 是 $u_3(n)$ 的 DFT,试利用 $X_3(k)$ 求得 $U_3(k)$。

(e) 利用(c)的方法可以组成 N 点的实序列 $y_1(n) = x_1(n) + u_3(n)$,试确定如何从 $Y_1(k)$ 恢复 $X_1(k)$ 和 $X_3(k)$。

(f) 现在构成复序列 $y_3(n) = y_1(n) + jy_2(n)$,其中:
$$y_1(n) = x_1(n) + u_3(n)$$
$$y_2(n) = x_2(n) + u_4(n)$$
$$u_3(n) = [x_3((n+1))_N - x_3((n-1))_N] R_N(n)$$
$$u_4(n) = [x_4((n+1))_N - x_4((n-1))_N] R_N(n)$$
试确定如何从 $Y_3(k)$ 得到 $X_1(k),X_2(k),X_3(k)$ 和 $X_4(k)$。应当指出,此时不能得到 $X_3(0)$ 和 $X_4(0)$。当 N 为偶数时,也不能得到 $X_3(\frac{N}{2})$ 和 $X_4(\frac{N}{2})$。

(g) 证明不需要任何乘法就可以算出 $k=0$ 或 $k=\frac{N}{2}$ 时的 $X_3(k)$ 和 $X_4(k)$。

第8章 拉普拉斯变换

8.0 引　言

傅里叶分析方法在信号与 LTI 系统分析中广泛应用,很大程度上是因为相当广泛的信号都可以表示成复指数信号的线性组合,而复指数函数是一切 LTI 系统的特征函数。

傅里叶变换是以复指数函数中的特例,即以 $e^{j\Omega t}$ 和 $e^{j\omega n}$ 为基底分解信号的。通过连续时间傅里叶变换的分析,为我们揭示了信号与系统的频率特性,建立了信号的频谱概念。应用频谱概念使我们对传输中的信号失真、滤波、调制、采样及系统的处理功能有了更进一步的了解,并为我们提供了一种在频域分析、设计系统的途径。

而对于更一般的复指数函数 $e^{st}(s=\sigma+j\Omega)$ 和 $z^n(z=re^{j\omega})$,也理应能够以此为基底对信号进行分解。将傅里叶变换推广到更一般的情况就是本章及下一章要讨论的中心问题。

通过本章及下一章的讨论,我们会看到拉普拉斯变换和 z 变换具有很多与傅里叶变换相似的重要性质。拉普拉斯变换和 z 变换不仅适用于用傅里叶变换的方法可以解决的信号与系统分析问题,而且也能解决傅里叶分析方法不适用的一些问题。本章以复指数函数 e^{st} 为连续时间 LTI 系统的特征函数,展开对拉普拉斯变换的分析,简称复频域分析。

8.1　双边拉普拉斯变换

复指数信号 e^{st} 是一切连续时间 LTI 系统的特征函数。如果连续时间 LTI 系统的单位冲激响应为 $h(t)$,则系统对 e^{st} 产生的响应是:

$$y(t) = H(s)e^{st} \tag{8.1}$$

其中 $H(s) = \displaystyle\int_{-\infty}^{\infty} h(t)e^{-st}\,dt$,为 LTI 系统与输入信号 e^{st} 相对应的特征值。

对一般的复变量 $s=\sigma+j\Omega$ 来说,$H(s)$ 就称为单位冲激响应 $h(t)$ 的双边拉普拉斯变换。显然,当 s 为纯虚数(即 $s=j\Omega$ 时),$H(s)\big|_{s=j\Omega}$ 就是 $h(t)$ 的傅里叶变换。因此信号的傅里叶变换 $H(j\Omega)$ 是信号拉普拉斯变换 $H(s)$ 的特例。

信号 $x(t)$ 的双边拉普拉斯变换定义为

$$X(s) = \int_{-\infty}^{\infty} x(t)e^{-st}\,dt \tag{8.2}$$

简称拉氏变换,它是关于自变量 s 的函数,通常用算子形式 $\mathscr{L}\{x(t)\}$ 来表示。

自变量 s 通常是复数,是复平面上的一个点,具有 $s=\sigma+j\Omega$ 的形式,其中 σ 和 $j\Omega$ 分别是 s 的实部和虚部。$X(s)$ 可看作是在 s 平面上所进行的一种变换。

当 $\sigma=0$ 时,

$$X(s) = X(j\Omega) = \int_{-\infty}^{\infty} x(t)e^{-j\Omega t}\,dt$$

这表明:连续时间傅里叶变换是双边拉普拉斯变换在 $\sigma=0$ 或是在 $j\Omega$ 轴上的特例,或者说傅里叶变换是双边拉普拉斯变换在 $j\Omega$ 轴上的表现,表示为

$$X(j\Omega) = X(s)\big|_{s=j\Omega} \tag{8.3}$$

拉普拉斯变换与傅里叶变换的基本区别在于:傅氏变换是将时域信号 $x(t)$ 变换为频域函数 $X(j\Omega)$,而拉氏变换是将时域信号 $x(t)$ 变换为复变函数 $X(s)$。这里,时域变量 t,频域变量 Ω 都是实数,而 $X(s)$ 中的变量 s 为复数,与频域变量 Ω 比较,变量 s 又称为"复频率",因此拉氏变换的分析又简称复频域分析。

一般的,对复数 s,式(8.2)可写为

$$X(s) = X(\sigma+j\Omega) = \int_{-\infty}^{\infty} x(t)e^{-\sigma t}e^{-j\Omega t}\,dt = \int_{-\infty}^{\infty} [x(t)e^{-\sigma t}]e^{-j\Omega t}\,dt \tag{8.4}$$

显然,可以把式(8.4)看成是 $x(t)e^{-\sigma t}$ 的傅里叶变换。这意味着 $x(t)$ 的拉氏变换可以看成 $x(t)$ 乘以实指数信号 $e^{-\sigma t}$ 后的傅里叶变换,即

$$\mathcal{L}\{x(t)\} = \mathcal{F}[x(t)e^{-\sigma t}] \tag{8.5}$$

式(8.5)告诉我们,拉氏变换是对傅里叶变换的推广,即将傅里叶变换从纯虚轴推广到复平面上。这样通过适当选取 σ 可以使某些本来不满足狄里赫利条件的信号在乘以 $e^{-\sigma t}$ 后满足该条件,即某些傅里叶变换不存在的信号却存在着拉氏变换,这正是本章要将傅里叶变换推广到拉普拉斯变换的重要原因之一。

利用傅里叶变换的反变换,有

$$x(t)e^{-\sigma t} = \frac{1}{2\pi}\int_{-\infty}^{\infty} X(\sigma+j\Omega)e^{j\Omega t}\,d\Omega$$

于是

$$x(t) = \frac{1}{2\pi}\int_{-\infty}^{\infty} X(\sigma+j\Omega)e^{\sigma t}e^{j\Omega t}\,d\Omega$$

令 $s=\sigma+j\Omega$,则 $d\Omega=\frac{1}{j}ds$,当 $\Omega\to\infty$ 时,$s\to\sigma+j\infty$;$\Omega\to-\infty$ 时,$s\to\sigma-j\infty$。所以有

$$x(t) = \frac{1}{2\pi j}\int_{\sigma-j\infty}^{\sigma+j\infty} X(s)e^{st}\,ds \tag{8.6}$$

式(8.6)即为拉普拉斯反变换,简称拉氏反变换,记为 $\mathcal{L}^{-1}\{X(s)\}$。显然拉氏反变换是把信号 $x(t)$ 分解为无穷多个复振幅为 $\frac{1}{2\pi j}X(s)ds$ 的复指数信号 e^{st} 之和。式(8.2)和式(8.6)构成了一对拉氏变换对,即

$$x(t) = \frac{1}{2\pi j}\int_{\sigma-j\infty}^{\sigma+j\infty} X(s)e^{st}\,ds, \quad X(s) = \int_{-\infty}^{\infty} x(t)e^{-st}\,dt$$

它们之间的关系就记为

$$x(t) \overset{\mathcal{L}}{\longleftrightarrow} X(s)$$

8.2 拉普拉斯变换的收敛域

8.2.1 收敛域的概念

上节已经看到,一个信号的拉氏变换就是该信号乘以 $e^{-\sigma t}$ 后的傅里叶变换,这就要求通过

适当选取 σ 使信号 $x(t)\mathrm{e}^{-\sigma t}$ 的傅里叶变换存在,这表明信号 $x(t)$ 的拉氏变换是否存在与复数 s 的实部 σ 有关。下面通过几个例子来说明这一问题。

例 8.1　$x(t)=\mathrm{e}^{-at}u(t)$

$$X(s) = \int_0^\infty \mathrm{e}^{-at}\,\mathrm{e}^{-st}\,\mathrm{d}t = \int_0^\infty \mathrm{e}^{-(s+a)t}\,\mathrm{d}t$$

要使 $X(s)$ 存在,就要求 $\mathrm{Re}[s]+a>0$,即 $\mathrm{Re}[s]>-a$。

在这一约束条件下,可得到

$$X(s) = \frac{1}{s+a}$$

这一约束条件就称为 $X(s)$ 的收敛域,即使 $X(s)$ 存在 s 的取值范围,也就是能使 $x(t)\mathrm{e}^{-\sigma t}$ 绝对可积的那些 σ 的取值范围。因此拉氏变换存在着收敛域的概念,收敛域与 s 的实部 σ 有关。图 8.1 给出了例 8.1 收敛域的图示,它是 s 平面上实部大于 $-a$ 的区域。

当 $a>0$ 时,我们知道 $x(t)$ 是绝对可积的,其傅里叶变换存在,即

$$X(\mathrm{j}\Omega) = \int_0^\infty \mathrm{e}^{-at}\,\mathrm{e}^{-\mathrm{j}\Omega t}\,\mathrm{d}t = \frac{1}{\mathrm{j}\Omega+a}, a>0$$

此时 $X(s)$ 的收敛域 $\mathrm{Re}[s]>-a$ 包括了 $\mathrm{j}\Omega$ 轴(即 $\sigma=0$ 处)。比较 $X(s)$ 和 $X(\mathrm{j}\Omega)$,显然有

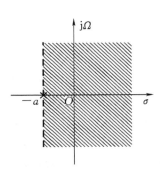

图 8.1　例 8.1 信号的收敛域

$$X(\mathrm{j}\Omega) = X(s)\big|_{s=\mathrm{j}\Omega} \tag{8.7}$$

式(8.7)表明信号的傅里叶变换就是信号在 $\mathrm{j}\Omega$ 轴上的拉氏变换。而当 $a<0$ 时,我们知道 $x(t)$ 是非绝对可积的,其傅里叶变换不存在。此时信号的拉氏变换在 $\mathrm{Re}[s]>-a$ 是存在的,但由于 $\mathrm{j}\Omega$ 轴并不在 $X(s)$ 的收敛域 $\mathrm{Re}[s]>-a$ 内,故其傅里叶变换并不存在。

例 8.2　$x(t)=-\mathrm{e}^{-at}u(-t)$,

$$X(s) = -\int_{-\infty}^0 \mathrm{e}^{-at}\,\mathrm{e}^{-st}\,\mathrm{d}t = -\int_{-\infty}^0 \mathrm{e}^{-(s+a)t}\,\mathrm{d}t = \frac{1}{s+a}$$

要使 $X(s)$ 存在,就要求 $\mathrm{Re}[s]+a<0$,即 $\mathrm{Re}[s]<-a$。

在这一约束条件下,可得到

$$X(s) = \frac{1}{s+a}$$

图 8.2 给出了例 8.2 收敛域的图示,它是 s 平面上实部小于 $-a$ 的区域。

将例 8.1 与例 8.2 进行比较,我们看到两个完全不同的时域信号,其拉氏变换的表达式完全相同,不同的仅是收敛域。因

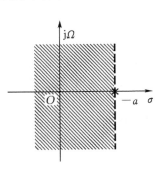

图 8.2　信号的收敛域

此仅有拉氏变换表达式并不能唯一地确定一个时域信号,拉氏变换表达式必须结合其相应的收敛域才能与时域信号建立一一对应的关系,这也体现了收敛域在双边拉氏变换中的重要性。

例 8.3　单位阶跃信号 $x(t)=u(t)$ 的拉氏变换是

$$X(s) = \int_{-\infty}^\infty x(t)\mathrm{e}^{-st}\,\mathrm{d}t = \int_0^\infty \mathrm{e}^{-st}\,\mathrm{d}t = -\frac{\mathrm{e}^{-st}}{s}\bigg|_0^{+\infty} = \frac{1}{s},\ \mathrm{Re}[s]>0$$

$X(s)$ 的收敛域是 s 平面的右半平面。此时收敛域正好是以 $j\Omega$ 轴为界,不能直接通过式(8.7)来求信号的傅里叶变换。我们知道阶跃信号 $u(t)$ 是非绝对可积的,其傅里叶变换是通过引入冲激函数将其表示,即

$$u(t) \leftrightarrow U(j\Omega) = \frac{1}{j\Omega} + \pi\delta(\Omega)$$

通常,若信号 $x(t)$ 的收敛域正好是以 $j\Omega$ 轴为界,则信号 $x(t)$ 的傅里叶变换可以表示为

$$X(j\Omega) = X(s)\big|_{s=j\Omega} + \pi\sum_{k=1}^{n} a_k\delta(\Omega - \Omega_k)$$

其中,Ω_k 为 $X(s)$ 的极点;a_k 为 $j\Omega$ 轴上各个极点所对应的留数。

例 8.4 $x(t) = \delta(t)$

$$X(s) = \int_{-\infty}^{\infty} \delta(t)e^{-st}\,dt = 1, \quad 收敛域为整个 s 平面。$$

由以上的例子,我们可以总结如下:

(1)拉氏变换与傅里叶变换一样存在着收敛问题。并非任何信号的拉氏变换都存在,也不是 s 平面上的任何复数 s 都能使信号的拉氏变换存在;

(2)使拉氏变换存在的那些复数 s 的集合,就构成了拉氏变换的收敛域(ROC, region of convergence),ROC 是拉氏变换中非常重要的概念;

(3)不同的信号可能会有完全相同的拉氏变换表达式,只是它们的收敛域不同;

(4)只有拉氏变换表达式连同相应的收敛域,才能和信号建立一一对应的关系;

(5)如果拉氏变换的 ROC 包含 $j\Omega$ 轴,则有 $X(j\Omega) = X(s)\big|_{s=j\Omega}$。

8.2.2　拉普拉斯变换的几何表示:零极点图

在上述例子中,拉氏变换若存在都可以看成是复变量 s 的两个多项式之比,即

$$X(s) = \frac{N(s)}{D(s)} = M\frac{\prod_i (s - \beta_i)}{\prod_i (s - \alpha_i)} \tag{8.8}$$

式中使 $X(s) = 0$ 的复变量 s,即分子多项式的根称为 $X(s)$ 的零点,使 $X(s) = \infty$ 的复变量 s,即分母多项式的根称为 $X(s)$ 的极点,因为在这些点上 $X(s)$ 为无穷大。在 s 平面上,分别用"○"和"×"表示 $X(s)$ 的零点和极点的位置。将 $X(s)$ 的全部零点和极点表示在 s 平面上,就构成了拉氏变换的零极点图表示。

在 $X(s)$ 的零极点图中,同时标出 $X(s)$ 的收敛域,就构成了拉氏变换的几何表示,它与真实的 $X(s)$ 仅相差一个常数因子 M。

例 8.5 $x(t) = e^{-t}u(t) + e^{-2t}u(t)$

因为　　$e^{-t}u(t) \leftrightarrow \dfrac{1}{s+1}$,　　　　$\text{Re}[s] > -1$

$$e^{-2t}u(t) \leftrightarrow \frac{1}{s+2}, \qquad \text{Re}[s] > -2$$

所以

$$X(s) = \frac{1}{s+1} + \frac{1}{s+2} = \frac{2s+3}{s^2+3s+2}, \qquad \text{Re}[s] > -1$$

$s=-1,-2$ 为 $X(s)$ 的极点，$s=-3/2$ 为 $X(s)$ 的零点，$X(s)$ 的零极点图及收敛域如图 8.3 所示。

由图 8.3 所示的零极点图及收敛域我们可以写出一个拉氏变换的表示式为：

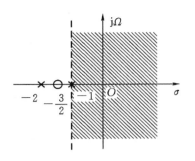

$$\dot{X}(s) = M\,\frac{s+3/2}{(s+1)(s+2)} = \frac{1}{2}\,\frac{2s+3}{s^2+3s+2},$$
$$\mathrm{Re}[s] > -1$$

它与真实的 $X(s)$ 仅相差一个常数因子 $M=1/2$。

零极点图真实地反映了拉氏变换的零点与极点的分布情况，从后面的分析可以看到由零极点图可以方便地分析系统的特性。

图 8.3 例 8.5 信号的收敛域

8.2.3 收敛域的特征

通过前面的讨论我们看到，信号 $x(t)$ 的拉普拉斯变换是由其拉氏变换表达式连同相应的收敛域（ROC）一起来表征的，ROC 边界的位置是由 $X(s)$ 的极点决定的。各种不同分布特征的信号，其拉氏变换的收敛域也具有一些相对应的特征。这些特征可以归纳如下。

特征 1：连续时间信号 $x(t)$ 的拉氏变换 $X(s)$ 的收敛域是在 s 平面上，由平行于 $j\Omega$ 轴的带状区域所给出。

这一性质的存在，是因为 $X(s)$ 的收敛域是由那些能使 $x(t)\mathrm{e}^{-\sigma t}$ 绝对可积的复数 $s=\sigma+j\Omega$ 所组成的。而 $x(t)\mathrm{e}^{-\sigma t}$ 是否绝对可积，仅由 s 的实部决定，而与 s 的虚部无关。因此**收敛域的边界必然是平行于 $j\Omega$ 轴的直线**。

特征 2：在收敛域内无任何极点。

这一性质是很明显的，因为如果在收敛域内有一个极点，则 $X(s)$ 在该点就为无穷大，拉氏变换的积分在该点是不可能收敛的。因此收敛域的边界总是由极点的实部来界定的。

特征 3：如果信号 $x(t)$ 是时限的，其拉氏变换的收敛域是整个 s 平面。

一个时限的信号如图 8.4 所示，它在某一有限区间之外都是零。由于时限信号本身一定是绝对可积的，而 $x(t) \cdot \mathrm{e}^{-\sigma t}$ 无论在 σ 为何值的情况下仍是一个时限信号，它也一定是绝对可积的。这就意味着 $x(t)$ 的拉氏变换在整个 s 平面上处处收敛，即

$$\int_{T_1}^{T_2} |x(t)\mathrm{e}^{-\sigma t}|\,\mathrm{d}t = \int_{T_1}^{T_2} |x(t)|\,\mathrm{e}^{-\sigma t}\,\mathrm{d}t < \mathrm{e}^{-\sigma T_1}\int_{T_1}^{T_2} |x(t)|\,\mathrm{d}t < \infty$$

故其收敛域为整个 s 平面。

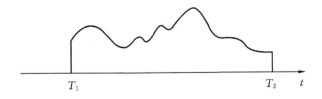

图 8.4 时限持续期信号

特征 4：右边信号的 ROC 是 s 平面内某一条平行于 $j\Omega$ 轴的直线的右边。

下面我们来说明这一特征。若 $x(t)$ 是右边信号,则 $x(t)=0,t<T_1$,如图 8.5 所示。

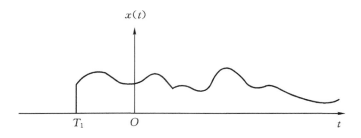

图 8.5　右边信号

在 $T_1 \leqslant t < \infty$,若 σ_0 在 ROC 内,则有 $x(t)\mathrm{e}^{-\sigma_0 t}$ 绝对可积,即:

$$\int_{T_1}^{\infty} |x(t)\mathrm{e}^{-\sigma_0 t}| \, \mathrm{d}t < \infty$$

若 $\sigma_1 > \sigma_0$,让我们来看一下 $x(t)\mathrm{e}^{-\sigma_1 t}$ 是否绝对可积。

$$\int_{T_1}^{\infty} |x(t)\mathrm{e}^{-\sigma_1 t}| \, \mathrm{d}t = \int_{T_1}^{\infty} |x(t)\mathrm{e}^{-\sigma_0 t}\mathrm{e}^{-(\sigma_1-\sigma_0)t}| \, \mathrm{d}t$$

$$\leqslant \mathrm{e}^{-(\sigma_1-\sigma_0)T_1} \int_{T_1}^{\infty} |x(t)\mathrm{e}^{-\sigma_0 t}| \, \mathrm{d}t < \infty$$

所以 σ_1 也在收敛域内。

ROC 为 s 平面内某一条平行于 $\mathrm{j}\Omega$ 轴的直线的右边。

特征 5:左边信号的 ROC 是 s 平面内的一条平行于 $\mathrm{j}\Omega$ 轴的直线的左边。

若 $x(t)$ 是左边信号,定义于 $(-\infty, T_2]$,如图 8.6 所示。

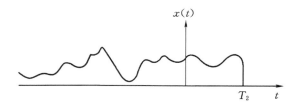

图 8.6　左边信号

若 σ_0 在 ROC 内,假设 $\sigma_1 < \sigma_0$,则

$$\int_{-\infty}^{T_2} |x(t)\mathrm{e}^{-\sigma_1 t}| \, \mathrm{d}t = \int_{-\infty}^{T_2} |x(t)\mathrm{e}^{-\sigma_0 t}\mathrm{e}^{-(\sigma_1-\sigma_0)t}| \, \mathrm{d}t$$

$$\leqslant \mathrm{e}^{-(\sigma_1-\sigma_0)T_2} \int_{-\infty}^{T_2} |x(t)\mathrm{e}^{-\sigma_0 t}| \, \mathrm{d}t < \infty$$

所以 σ_1 也在收敛域内。

ROC 为 s 平面内某一条平行于 $\mathrm{j}\Omega$ 轴的直线的左边。

特征 6:双边信号的 ROC 如果存在,一定是 s 平面内平行于 $\mathrm{j}\Omega$ 轴的带形区域。

一个双边信号 $x(t)$ 就是对 $t>0$ 和 $t<0$ 都具有无限范围的信号,如图 8.7(a)所示。对于这样的信号,可以通过选取任意时间 T_0,将它分成一个左边信号 $x_\mathrm{L}(t)$ 和一个右边信号 $x_\mathrm{R}(t)$

之和,如图 8.7(b)和(c)所示。根据收敛域特征 4 和特征 5,右边信号的 ROC 为某一个边界的右边,而左边信号的 ROC 为某一个边界的左边,则 $X(s)$ 的收敛域一定为 $X_R(s)$ 和 $X_L(s)$ 收敛域的公共部分,必然是一个带形区域。如果 $X_R(s)$ 和 $X_L(s)$ 的收敛域没有公共部分,就意味着双边信号 $x(t)$ 的拉氏变换 $X(s)$ 不存在。

由于拉氏变换的收敛域内不能有极点,因此可以进一步得出:右边信号的 ROC 一定位于 s 平面上最右边极点的右边;左边信号的 ROC 一定位于 s 平面上最左边极点的左边;双边信号的拉氏变换如果存在,其 ROC 是相邻两个极点之间的带形区域。

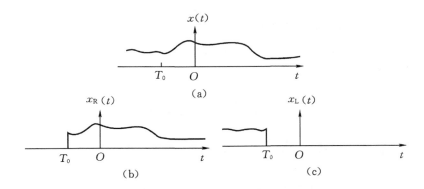

图 8.7 (a)双边信号 $x(t)$;(b)右边信号 $x_R(t)$;(c)左边信号 $x_L(t)$

例 8.6 双边信号 $x(t)=e^{-a|t|}$,$-\infty<t<\infty$
可以写成

$$x(t) = e^{at}u(-t) + e^{-at}u(t)$$

因为

$$e^{-at}u(t) \leftrightarrow \frac{1}{s+a}, \ \mathrm{Re}[s]>-a$$

$$e^{at}u(-t) \leftrightarrow -\frac{1}{s-a}, \quad \mathrm{Re}[s]<a$$

若 $a<0$,由于 ROC 没有公共的交集部分,则 $X(s)$ 不存在;

若 $a\geqslant0$,则 ROC 存在,即 $-a<\mathrm{Re}[s]<a$。

所以

$$X(s) = \frac{1}{s+a} - \frac{1}{s-a}$$

图 8.8 给出了例 8.6 收敛域的图示。

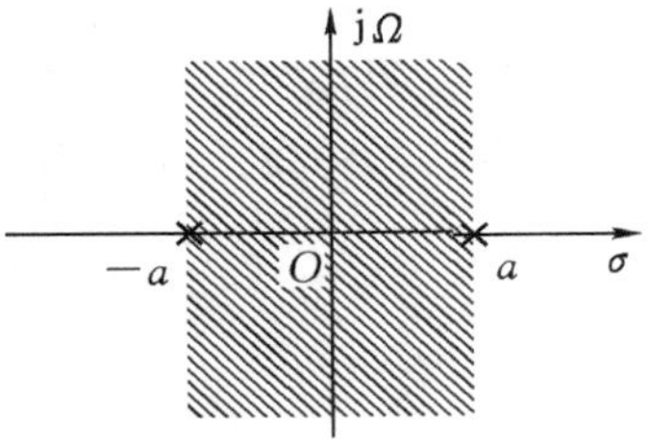

图 8.8 例 8.6 信号的收敛域

例 8.7 $x(t)=\begin{cases} e^{-at}, & 0<t<T \\ 0, & \text{其它 } t \end{cases}$

$$X(s) = \int_0^T e^{-at} e^{-st} \mathrm{d}t$$

$$= \int_0^T e^{-(s+a)t} dt = \frac{1}{s+a}\left[1 - e^{-(s+a)T}\right]$$

考察 $X(s)$，存在一个极点 $s = -a$，而零点应满足 $e^{-(s+a)T} = 1$，即

$$e^{-(\sigma+a)T} \cdot e^{-j\Omega T} = 1, \text{ 可得：} \sigma = -a, j\Omega T = 2k\pi$$

所以，零点为：

$$s = -a + j\frac{2\pi}{T}k, \quad k = 0, \pm 1, \pm 2, \cdots$$

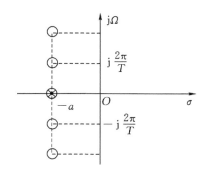

由于 $X(s)$ 在 $s = -a$ 处也有一个零点，因此零极点相抵消，整个 s 平面没有极点，所以 ROC 为整个 s 平面。零极点图如图 8.9 所示。例 8.7 说明时限信号的收敛域为整个 s 平面。

图 8.9 例 8.7 零级点图

8.3 拉普拉斯变换的性质

正如傅里叶变换建立了信号的时域与频域之间的关系一样，拉氏变换建立了信号在时域与复频域之间的联系，其变换的性质进一步说明了信号在不同域上的对应变化关系。此外，在实际应用中，虽然由拉氏变换的定义式可以求得信号的变换式，但利用变换的一些基本性质和一些基本变换对在求信号的变换式时往往更为简便。这一方法在傅氏变换的分析中已被采用。由于傅里叶变换是拉氏变换的特例，拉氏变换的许多性质与傅里叶变换的性质相似，因此，对这些性质将不再作详细推导而只着重于讨论它们收敛域的变化。

1. 线性性质

若
$$x_1(t) \leftrightarrow X_1(s), \text{ ROC:} R_1$$
$$x_2(t) \leftrightarrow X_2(s), \text{ ROC:} R_2$$

则
$$ax_1(t) + bx_2(t) \leftrightarrow aX_1(s) + bX_2(s), \text{ ROC 至少是 } R_1 \cap R_2 \tag{8.9}$$

式(8.9)中的 a, b 均为任意常数，其收敛域在一般情况下是 R_1 和 R_2 的交。如果这个交为空集，则表明信号 $ax_1(t) + bx_2(t)$ 的拉氏变换不存在。当 $aX_1(s)$ 和 $bX_2(s)$ 相加过程中发生零极点相抵消的情况，则 $aX_1(s) + bX_2(s)$ 的收敛域就不仅仅是 R_1 和 R_2 的交，还有可能扩大。

线性性质说明，如果一个信号能分解为若干个基本信号之和，那么该信号的拉氏变换可以通过各个基本信号的拉氏变换相加而获得，反之亦然。

例 8.8 如果 $x_1(t) \leftrightarrow X_1(s) = \dfrac{1}{s+3}, \text{ Re}\{s\} > -3$

$$x_2(t) \leftrightarrow X_2(s) = \frac{1}{s-2}, \text{ Re}\{s\} < 2$$

则 $x(t) = x_1(t) + x_2(t)$ 的拉氏变换 $X(s)$ 为

$$X(s) = X_1(s) + X_2(s) = \frac{1}{s+3} + \frac{1}{s-2}$$

$$= \frac{2s+1}{(s+3)(s-2)}, \quad -3 < \text{Re}\{s\} < 2$$

信号的收敛域如图 8.10 所示。

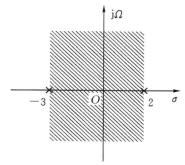

图 8.10 $X(s)$ 的 ROC

2. 时域平移性质

若　　　　　　　　　　$x(t) \leftrightarrow X(s), \mathrm{ROC} = R$

则　　　　　　　　　　$x(t - t_0) \leftrightarrow e^{-st_0} X(s), \mathrm{ROC} = R$　　　　　　　(8.10)

时域平移性质说明信号在时域平移 t_0，相当于在复频域乘以指数因子 e^{-st_0}。由于乘以指数因子 e^{-st_0} 并不改变 $X(s)$ 的极点分布，故信号的收敛域并不变。

　　例 8.9　对于矩形脉冲信号 $x(t) = \begin{cases} 1, & |t| < T \\ 0, & \text{其它 } t \end{cases}$，求其拉氏变换。

因为　　　　　　　　$x(t) = u(t + T) - u(t - T)$

利用时域平移性质，有

$$u(t + T) \leftrightarrow \frac{1}{s} e^{Ts}, \ \mathrm{Re}\{s\} > 0$$

$$u(t - T) \leftrightarrow \frac{1}{s} e^{-Ts}, \ \mathrm{Re}\{s\} > 0$$

再由线性性质可得

$$X(s) = \frac{1}{s}(e^{Ts} - e^{-Ts}), \ \mathrm{ROC} \text{ 为整个 } s \text{ 平面}$$

$X(s)$ 的收敛域扩大为整个 s 平面。这是因为 $X(s)$ 使得第一项 $\frac{1}{s} e^{Ts}$ 和第二项 $\frac{1}{s} e^{-Ts}$ 中的极点在相减过程中被抵消了。实际上，这一结果也可以由收敛域特征 3 获得。因为 $x(t)$ 是一个时限信号，所以其 ROC 是整个 s 平面。

3. 复频域平移性质

若　　　　　　　　　　　$x(t) \leftrightarrow X(s), \mathrm{ROC} = R$

则　　　　　　　　　$e^{s_0 t} x(t) \leftrightarrow X(s - s_0), \mathrm{ROC} = R + \mathrm{Re}\{s_0\}$　　　　(8.11)

式(8.11)说明信号在时域乘以指数因子 $e^{s_0 t}$，对应于复频域而言平移 s_0，收敛域为 $X(s)$ 的收敛域平移一个 $\mathrm{Re}\{s_0\}$。

　　例 8.10　若 $x(t) = e^{-t} u(t)$, $X(s) = \dfrac{1}{s+1}$, $\mathrm{Re}\{s\} > -1$

则　　　　　　$x(t) \cdot e^{-2t} = e^{-3t} u(t) \leftrightarrow X(s+2) = \dfrac{1}{s+3}$, $\mathrm{Re}\{s\} > -1 + s_0 = -3$

图 8.11 给出了例 8.10 收敛域的示意图。

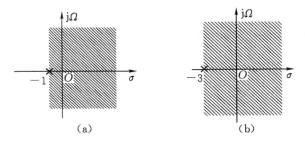

图 8.11　(a)$X(s)$ 的 $\mathrm{ROC} = R$；(b)$X(s - s_0)$ 的 $\mathrm{ROC} = R_1$

4. 尺度变换性质

若 $$x(t)\leftrightarrow X(s), \text{ROC}=R$$

则 $$x(at)\leftrightarrow\frac{1}{|a|}X\left(\frac{s}{a}\right), \text{ROC}: R_1=aR \tag{8.12}$$

式(8.12)中的 a 是一个不为零的常数。该式说明:信号在时域内有一个尺度因子 a 的变换,则在复频域内,除了有幅度因子 $\frac{1}{|a|}$ 的变化外,还存在有一个尺度因子 $\frac{1}{a}$ 的变换,反之亦然。

若 $x(t)$ 的拉氏变换收敛域如图 8.12(a)所示,则 $x(at)$ 的拉氏变换收敛域在 $a>0$ 时如图 8.12(b)所示;若 $a=-1$,则 $x(at)=x(-t)$,此时尺度变换就是信号的反转变换,相应的拉氏变换为 $X(-s)$,收敛域为 $X(s)$ 收敛域的反转,如图 8.12(c)所示;图 8.12(d)绘出了 $a<0$ 时拉氏变换的收敛域。

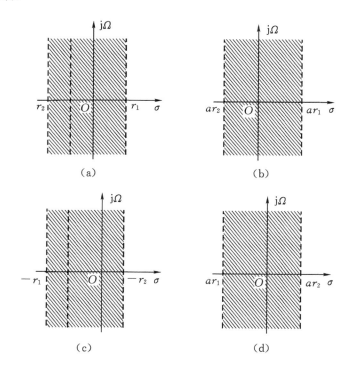

图 8.12　(a)ROC=R;(b)ROC:$R_1=aR$,($a>0$);(c)ROC:$R_1=-R$,($a=-1$);
(d)ROC:$R_1=aR$,($a<0$)

例 8.11　已知 $x(t)\leftrightarrow X(s)$,ROC=R,求 $x(at-b)$ 的拉氏变换。

解　一种方法是把 $x(at-b)$ 看成是对 $x(t)$ 先进行时域平移再进行尺度变换,即
$$x(t)\rightarrow x(t-b)\rightarrow x(at-b)$$
利用时域平移特性有
$$x(t-b)\leftrightarrow X(s)\mathrm{e}^{-bs}, \text{ ROC}=R$$
再由尺度变换特性得

$$x(at-b) \leftrightarrow \frac{1}{|a|} X\left(\frac{s}{a}\right) e^{-\frac{b}{a}s}, \quad \text{ROC：} R_1 = aR$$

另一种方法是将 $x(at-b)$ 看成是先对 $x(t)$ 进行尺度变换再进行时域平移，即

$$x(t) \rightarrow x(at) \rightarrow x(at-b)$$

先由尺度变换性质

$$x(at) \leftrightarrow \frac{1}{|a|} X\left(\frac{s}{a}\right), \quad \text{ROC：} R_1 = aR$$

其次利用时域平移性质，有

$$x(at-b) = x\left[a\left(t-\frac{b}{a}\right)\right] \leftrightarrow \frac{1}{|a|} X\left(\frac{s}{a}\right) e^{-\frac{b}{a}s}, \quad \text{ROC：} R_1 = aR$$

5. 卷积性质

若　　　　　　　　　　$x_1(t) \leftrightarrow X_1(s), \quad \text{ROC} = R_1$

　　　　　　　　　　　$x_2(t) \leftrightarrow X_2(s), \quad \text{ROC} = R_2$

则　　　　　　　　$x_1(t) * x_2(t) \leftrightarrow X_1(s) X_2(s), \quad \text{ROC：} R_1 \bigcap R_2$ 　　　　(8.13)

与傅里叶变换的卷积性质一样，利用拉氏变换的卷积性质，可以将时域的卷积运算变为复频域的代数运算，这在 LTI 系统分析中具有相当重要的作用。

通常 $X_1(s) \cdot X_2(s)$ 的收敛域是 $X_1(s)$ 和 $X_2(s)$ 收敛域的公共部分，但若在 $X_1(s)$ 和 $X_2(s)$ 相乘过程中发生零点和极点相抵消的情况，则 $X_1(s) X_2(s)$ 的收敛域可能会扩大。

例 8.12　若　$x_1(t) \leftrightarrow X_1(s) = \dfrac{s}{s+1}, \quad\quad \text{Re}\{s\} > -1,$

　　　　　　$x_2(t) \leftrightarrow X_2(s) = \dfrac{1}{s(s+1)}, \quad\quad \text{Re}\{s\} > 0$

则　　　$x_1(t) * x_2(t) \leftrightarrow X_1(s) X_2(s) = \dfrac{1}{(s+1)(s+3)}, \quad\quad \text{Re}\{s\} > -1$

6. 时域微分性质

若　$x(t) \leftrightarrow X(s), \quad\quad \text{ROC} = R$

则　　　　　　　　　　$\dfrac{\mathrm{d}x(t)}{\mathrm{d}t} \leftrightarrow sX(s), \quad \text{ROC 包含 } R$ 　　　　(8.14)

应当指出：如果 $X(s)$ 在 $s=0$ 有一阶极点，则该极点将被抵消，$sX(s)$ 的收敛域可能会比 R 扩大。

例 8.13　$x(t) = u(t) \leftrightarrow X(s) = \dfrac{1}{s}, \quad\quad \text{Re}\{s\} > 0,$

则　$\dfrac{\mathrm{d}x(t)}{\mathrm{d}t} = \delta(t) \leftrightarrow s \cdot X(s) = 1, \quad\quad \text{ROC 为整个 } s \text{ 平面}$

7. 时域积分性质

若　$x(t) \leftrightarrow X(s), \quad \text{ROC} = R$

则　　　　　　　$\displaystyle\int_{-\infty}^{t} x(\tau)\mathrm{d}\tau \leftrightarrow \frac{1}{s} X(s), \quad \text{ROC 包含 } R \bigcap (\text{Re}\{s\} > 0)$ 　　　　(8.15)

时域积分性质可以用卷积性质来证明，因为

$$\int_{-\infty}^{t} x(\tau)\mathrm{d}\tau = x(t) * u(t)$$

而 $u(t) \leftrightarrow 1/s$, $\text{Re}\{s\} > 0$

故 $\displaystyle\int_{-\infty}^{t} x(\tau)\mathrm{d}c \leftrightarrow \frac{1}{s}X(s)$,   ROC 包含 $R \cap (\text{Re}\{s\} > 0)$

一般情况下,式(8.15)的收敛域为 $X(s)$ 的收敛域和收敛域 $\text{Re}\{s\} > 0$ 的交。若 $X(s)$ 在 $s = 0$ 处有零点,这时 $s = 0$ 处的零点就与该处极点相抵消,收敛域就会扩大。

时域的微分和积分性质表明:信号在时域所进行的微分或积分运算,相当于在复频域对 $X(s)$ 乘以或除以复变量 s。根据此性质可以将时域的微分或积分运算转变为复频域的代数运算。这在 LTI 系统分析中是十分有用的。

例 8.14   对图 8.13(a)所示信号 $x(t)$,求其拉氏变换 $X(s)$。

首先对 $x(t)$ 微分一次,波形如图 8.13(b)所示,因为

$$\frac{\mathrm{d}}{\mathrm{d}t}x(t) = [u(t+1) - u(t)] - [u(t-1) - u(t-2)]$$

$$\frac{\mathrm{d}}{\mathrm{d}t}x(t) \leftrightarrow \frac{1}{s}(\mathrm{e}^{s} - 1) - \frac{1}{s}(\mathrm{e}^{-s} - \mathrm{e}^{-2s})$$

根据时域积分性质和收敛域特征 3 可得

$$X(s) = \frac{1}{s^2}(\mathrm{e}^{s} - 1 - \mathrm{e}^{-s} + \mathrm{e}^{-2s})$$

$$= \frac{1}{s^2}(\mathrm{e}^{s} - 1)(1 - \mathrm{e}^{-2s}),\ \text{ROC 为整个 } s \text{ 平面。}$$

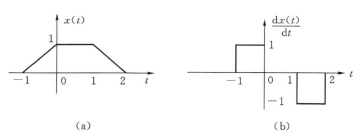

图 8.13   (a)$x(t)$的波形;(b)$\dfrac{\mathrm{d}x(t)}{\mathrm{d}t}$的波形

8. 复频域微分性质

若 $x(t) \leftrightarrow X(s)$,   ROC$=R$

则 $-tx(t) \leftrightarrow \dfrac{\mathrm{d}X(s)}{\mathrm{d}s}$,   ROC$=R$ (8.16)

在时域信号乘以自变量 t,相当于在复频域对 $X(s)$ 微分。由于微分 $\dfrac{\mathrm{d}}{\mathrm{d}s}X(s)$ 的极点位置与 $X(s)$ 相同,所以收敛域不变。这一性质可以直接通过式(8.2)的拉氏变换式两边对 s 微分得到。式(8.2)为

$$X(s) = \int_{-\infty}^{\infty} x(t)\mathrm{e}^{-st}\,\mathrm{d}t$$

两边对 s 微分,可得

$$\frac{\mathrm{d}}{\mathrm{d}s}X(s) = \int_{-\infty}^{\infty} -tx(t)\mathrm{e}^{-st}\,\mathrm{d}t,\quad \text{ROC} = R$$

因此有

$$-tx(t) \leftrightarrow \frac{\mathrm{d}}{\mathrm{d}s}X(s), \quad \mathrm{ROC}=R$$

例 8.15　已知 $X(s)=\dfrac{1}{(s+a)^2}$，ROC：$\mathrm{Re}\{s\}>-a$，求 $x(t)$。

因为　$\dfrac{1}{(s+a)^2}=-\dfrac{\mathrm{d}}{\mathrm{d}s}\left(\dfrac{1}{s+a}\right)$，所以　$x(t)=te^{-at}u(t)$

例 8.16　求 $x(t)=t \cdot [u(t)-u(t-1)]$ 的拉氏变换。

因为 $f(t)=u(t)-u(t-1) \leftrightarrow F(s)=\dfrac{1}{s}(1-e^{-s})$，ROC 为整个 s 平面。

应用复频域微分性质，可得

$$tf(t) \leftrightarrow -\frac{\mathrm{d}F(s)}{\mathrm{d}s}=\frac{1-e^{-s}-se^{-s}}{s^2}，\text{ROC 为整个 } s \text{ 平面}$$

9. 复频域积分性质

若　　　　　　　　　　　　　　$x(t) \leftrightarrow X(s)$，　　　　　ROC$=R$

则　　　　　　　　　　　$t^{-1}x(t) \leftrightarrow \displaystyle\int_s^{+\infty} X(s_1)\mathrm{d}s_1$，ROC $=R$　　　　　　　(8.17)

对复频域积分性质可作如下的证明：

因为　　　　　　　　　　　　　$X(s_1)=\displaystyle\int_{-\infty}^{\infty} x(t)e^{-s_1 t}\mathrm{d}t$

于是　$\displaystyle\int_s^{\infty} X(s_1)\mathrm{d}s_1=\int_s^{\infty}\int_{-\infty}^{\infty} x(t)e^{-s_1 t}\mathrm{d}t\mathrm{d}s_1$

$$=\int_{-\infty}^{\infty} x(t)\int_s^{\infty} e^{-s_1 t}\mathrm{d}s_1\mathrm{d}t=\int_{-\infty}^{\infty}\frac{1}{t}x(t)e^{-st}\mathrm{d}t, \quad \mathrm{ROC}=R$$

所以

$$t^{-1}x(t) \leftrightarrow \int_s^{+\infty} X(s_1)\mathrm{d}s_1, \quad \mathrm{ROC}=R$$

10. 初值定理

若因果信号 $x(t)$ 的拉氏变换为 $X(s)$，而且 $\lim\limits_{s\to\infty} sX(s)$ 存在

则　　　　　　　　　　　　　$x(0^+)=\lim\limits_{s\to\infty} sX(s)$　　　　　　　　　　(8.18)

证明：将 $x(t)$ 在 $t=0^+$ 处展开为泰勒级数

$$x(t)=\left[x(0^+)+x'(0^+)t+x''(0^+)\frac{t^2}{2}+\cdots+x^{(n)}(0^+)\frac{t^n}{n!}+\cdots\right]u(t)$$

两边进行拉氏变换得

$$X(s)=\frac{1}{s}x(0^+)+\frac{1}{s^2}x'(0^+)+\cdots+\frac{1}{s^{n+1}}x^{(n)}(0^+)+\cdots=\sum_{n=0}^{\infty}\frac{1}{s^{n+1}}\frac{\mathrm{d}^n}{\mathrm{d}t^n}x(0^+)$$

两边乘以 s 并取 s 趋于无穷大的极限有

$$\lim_{s\to\infty} sX(s)=x(0^+)+\lim_{s\to\infty}\sum_{n=1}^{\infty}\frac{1}{s^n}\frac{\mathrm{d}^n}{\mathrm{d}t^n}x(0^+)$$

所以

$$x(0^+) = \lim_{s \to \infty} sX(s)$$

初值定理表明:信号 $x(t)$ 在时域中 $t=0$ 时的函数值可通过复频域中的 $X(s)$ 乘以 s 并取 s 趋于无穷大的极限得到,不需要求 $X(s)$ 的反变换再得到。注意条件中要求 $\lim_{s \to \infty} X(s)$ 存在,就要求 $X(s)$ 中不含有常数项、s、s^2 及 s 的各高阶项等,这也就要求 $x(t)$ 在时域 $t=0$ 处不能包含冲激函数及其导数,从而保证了信号 $x(t)$ 在 $t=0$ 时有确定的初值存在。

11. 终值定理

若因果信号 $x(t)$ 的拉氏变换为 $X(s)$,而且 $X(s)$ 除了在 $s=0$ 可以有一阶极点外其余极点均在 s 平面的左半平面,则

$$\lim_{t \to \infty} x(t) = \lim_{s \to 0} sX(s) \tag{8.19}$$

证明:

$$\int_{0^+}^{\infty} \frac{\mathrm{d}x(t)}{\mathrm{d}t} e^{-st} \mathrm{d}t = \int_{0^+}^{\infty} e^{-st} \mathrm{d}x(t) = x(t)e^{-st} \Big|_{0^+}^{\infty} + s \int_{0^+}^{\infty} e^{-st} x(t) \mathrm{d}t$$

如果 $x(t)$ 的终值存在,利用 $x(t)$ 的因果性,上式可写为

$$\int_{0^+}^{\infty} \frac{\mathrm{d}x(t)}{\mathrm{d}t} e^{-st} \mathrm{d}t = -x(0^+) + s \int_{-\infty}^{\infty} x(t) e^{-st} \mathrm{d}(t) = -x(0^+) + sX(s)$$

两边取 s 趋于零的极限,对方程左边积分有

$$\int_{0^+}^{\infty} \frac{\mathrm{d}x(t)}{\mathrm{d}t} e^{-st} \mathrm{d}t = \int_{0^+}^{\infty} \mathrm{d}x(t) = \lim_{t \to \infty} x(t) - x(0^+)$$

方程右边可以表示为

$$\int_{0^+}^{\infty} \frac{\mathrm{d}x(t)}{\mathrm{d}t} \mathrm{d}t = \lim_{s \to 0} sX(s) - x(0^+)$$

所以

$$\lim_{t \to \infty} x(t) = \lim_{s \to 0} sX(s)$$

该定理表明:信号 $x(t)$ 在时域中的终值,可以通过在复频域中将 $X(s)$ 乘以 s 再取 s 趋于零的极限得到。但在应用这个定理时,必须保证 $\lim_{t \to \infty} x(t)$ 即信号的终值存在。这个条件就体现为在复频域中 $X(s)$ 的极点都必须在 s 平面的左半平面,原点处只能有一阶极点。例如,信号 $x(t) = (e^{at} - 1)u(t)$ 的拉氏变换为

$$X(s) = \frac{1}{s-a} - \frac{1}{s} = \frac{a}{s(s-a)}$$

应用终值定理,可得 $x(-\infty) = -1$。当 $a < 0$ 时,信号 $x(t) = (e^{at} - 1)u(t)$ 的终值的确为 -1,与用终值定理所求结果相同;而当 $a > 0$ 时,$x(t)$ 无确定的终值,此时就不能使用终值定理。

图 8.14 给出了部分信号的拉氏变换的极点分布与信号特性的关系。从图 8.14 中我们也可以看到,只有当信号的拉氏变换的极点均在 s 平面的左半平面而原点处最多仅有一阶极点时,信号的终值才存在,此时求信号的终值才有意义。

为了便于应用,将以上讨论的拉氏变换性质及定理,汇集于表 8.1 中。

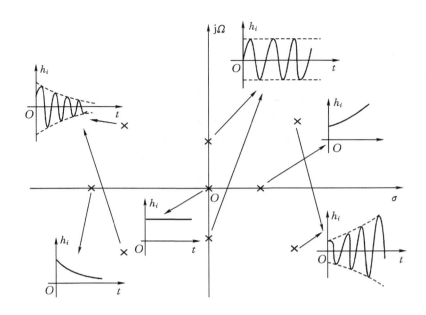

图 8.14　部分因果信号拉氏变换的极点分布与信号特性的关系

表 8.1　拉普拉斯变换的性质及定理

序号	性质	信　号	拉氏变换	收敛域
0	定义	$x(t)=\dfrac{1}{2\pi j}\displaystyle\int_{\sigma-j\infty}^{\sigma+j\infty} X(s)\,\mathrm{e}^{st}\,\mathrm{d}s$	$X(s)=\displaystyle\int_{-\infty}^{+\infty} x(t)\mathrm{e}^{-st}\,\mathrm{d}t$	R
1	线性	$ax_1(t)+bx_2(t)$	$aX_1(s)+bX_2(s)$	至少为 $R_1\bigcap R_2$
2	时域平移	$x(t-t_0)$	$\mathrm{e}^{-st_0}X(s)$	R
3	复频域平移	$\mathrm{e}^{s_0 t}x(t)$	$X(s-s_0)$	$R+\mathrm{Re}\{s_0\}$
4	尺度变换	$x(at)$	$\dfrac{1}{\lvert a\rvert}X(\dfrac{s}{a})$	aR
5	卷积	$x_1(t)*x_2(t)$	$X_1(s)X_2(s)$	至少为 $R_1\bigcap R_2$
6	时域微分	$\dfrac{\mathrm{d}}{\mathrm{d}t}x(t)$	$sX(s)$	至少为 R
7	时域积分	$\displaystyle\int_{-\infty}^{t} x(\tau)\,\mathrm{d}\tau$	$s^{-1}X(s)$	至少为 $R\bigcap(\mathrm{Re}\{s\}>0)$
8	复频域微分	$-tx(t)$	$\dfrac{\mathrm{d}}{\mathrm{d}s}X(s)$	R
9	复频域积分	$t^{-1}x(t)$	$\displaystyle\int_{s}^{+\infty} X(s_1)\,\mathrm{d}s_1$	R
10	初值定理	$x(0^+)=\displaystyle\lim_{s\to+\infty}sX(s)$		
11	终值定理	$\displaystyle\lim_{t\to+\infty}x(t)=\lim_{s\to 0}sX(s)$		

8.4　常用信号的拉普拉斯变换

表 8.2 列出了一些常用信号的拉氏变换。这些拉氏变换既可以通过拉氏变换的定义直接求得,也可以根据信号 $u(t)$ 的拉氏变换再结合一些拉氏变换的性质求得。这一节我们就从拉氏变换的性质着手,研究表 8.2 中部分信号的拉氏变换。

表 8.2　常用信号的拉氏变换

序号	信号	变换	收敛域
1	$\delta(t)$	1	整个 s 平面
2	$u(t)$	$\dfrac{1}{s}$	$\mathrm{Re}\{s\}>0$
3	$-u(-t)$	$\dfrac{1}{s}$	$\mathrm{Re}\{s\}<0$
4	$\dfrac{t^{n-1}}{(n-1)!}u(t)$	$\dfrac{1}{s^n}$	$\mathrm{Re}\{s\}>0$
5	$-\dfrac{t^{n-1}}{(n-1)!}u(-t)$	$\dfrac{1}{s^n}$	$\mathrm{Re}\{s\}<0$
6	$\mathrm{e}^{-at}u(t)$	$\dfrac{1}{s+a}$	$\mathrm{Re}\{s\}>-a$
7	$-\mathrm{e}^{-at}u(-t)$	$\dfrac{1}{s+a}$	$\mathrm{Re}\{s\}<-a$
8	$\dfrac{t^{n-1}}{(n-1)!}\mathrm{e}^{-at}u(t)$	$\dfrac{1}{(s+a)^n}$	$\mathrm{Re}\{s\}>-a$
9	$-\dfrac{t^{n-1}}{(n-1)!}\mathrm{e}^{-at}u(-t)$	$\dfrac{1}{(s+a)^n}$	$\mathrm{Re}\{s\}<-a$
10	$\delta(t-T)$	e^{-sT}	整个 s 平面
11	$[\cos(\Omega_c t)]u(t)$	$\dfrac{s}{s^2+\Omega_c^2}$	$\mathrm{Re}\{s\}>0$
12	$[\sin(\Omega_c t)]u(t)$	$\dfrac{\Omega_c}{s^2+\Omega_c^2}$	$\mathrm{Re}\{s\}>0$
13	$[\mathrm{e}^{-at}\cos(\Omega_c t)]u(t)$	$\dfrac{s+a}{(s+a)^2+\Omega_c^2}$	$\mathrm{Re}\{s\}>-a$
14	$[\mathrm{e}^{-at}\sin(\Omega_c t)]u(t)$	$\dfrac{\Omega_c}{(s+a)^2+\Omega_c^2}$	$\mathrm{Re}\{s\}>-a$

1. 信号 $x(t)=-u(-t)$

由于

$$u(t)\leftrightarrow 1/s,\ \mathrm{Re}\{s\}>0$$

利用尺度变换性质,有

$$-u(-t)\leftrightarrow 1/s,\ \mathrm{Re}\{s\}<0$$

2. 信号 $x(t) = -\mathrm{e}^{-at}u(-t)$

由于
$$-u(-t) \leftrightarrow 1/s, \ \mathrm{Re}\{s\} < 0$$

应用复频域平移性质,可得
$$-\mathrm{e}^{-at}u(-t) \leftrightarrow \frac{1}{s+a}, \ \mathrm{Re}\{s\} < -a$$

对于图 8.15(a)所示信号:$x(t) = \mathrm{e}^{-at}u(t) + \mathrm{e}^{at}u(-t), \ a > 0$

利用前面的结果,可求得其拉氏变换为
$$X(s) = \frac{1}{s+a} - \frac{1}{s-a} = \frac{-2a}{s^2 - a^2}, \ -a < \mathrm{Re}\{s\} < a$$

该时域信号 $x(t)$ 是偶函数,其拉氏变换也是一个偶函数。其收敛域是带状区域。

对图 8.15(b)所示的双边奇函数 $x(t) = \mathrm{e}^{-at}u(t) - \mathrm{e}^{at}u(-t), a > 0$ 进行拉氏变换,有
$$X(s) = \frac{1}{s+a} + \frac{1}{s-a} = \frac{2s}{s^2 - a^2}, \ -a < \mathrm{Re}\{s\} < a$$

显然拉氏换也是一个奇函数,其收敛域也是一个带状区域。这说明:偶函数的拉氏变换仍然是偶函数,奇函数的拉氏变换依然是奇函数,并且它们的收敛域一定是一个带状区域。

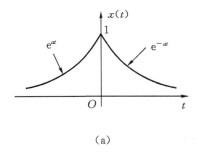 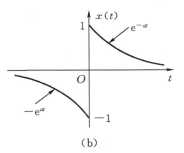

(a)　　　　　　　　　　　　　　　　(b)

图 8.15

3. 信号 $x(t) = \cos\Omega_c t \cdot u(t)$ 的拉氏变换

该信号可以写为
$$x(t) = \frac{1}{2}(\mathrm{e}^{\mathrm{j}\Omega_c t} + \mathrm{e}^{-\mathrm{j}\Omega_c t})u(t)$$

利用复频域平移性质和线性性质,有
$$X(s) = \frac{1}{2}\left(\frac{1}{s - \mathrm{j}\Omega_c} + \frac{1}{s + \mathrm{j}\Omega_c}\right) = \frac{s}{s^2 + \Omega_c^2}, \ \mathrm{Re}\{s\} > 0$$

同理,求 $x(t) = \sin\Omega_c t \cdot u(t)$ 的拉氏变换:

因为
$$x(t) = \frac{1}{2\mathrm{j}}(\mathrm{e}^{\mathrm{j}\Omega_c t} - \mathrm{e}^{-\mathrm{j}\Omega_c t})u(t)$$

所以
$$X(s) = \frac{1}{2\mathrm{j}}\left(\frac{1}{s - \mathrm{j}\Omega_c} - \frac{1}{s + \mathrm{j}\Omega_c}\right) = \frac{\Omega_c}{s^2 + \Omega_c^2}, \ \mathrm{Re}\{s\} > 0$$

4. 信号 $x(t) = \mathrm{e}^{-at}\cos\Omega_c t \cdot u(t)$

由于
$$\cos\Omega_c t \cdot u(t) \leftrightarrow \frac{s}{s^2 + \Omega_c^2}, \ \mathrm{Re}\{s\} > 0$$

应用复频域平移性质可求得

$$X(s) = \frac{s+a}{(s+a)^2 + \Omega_c^2}, \ \text{Re}\{s\} > -a$$

5. 信号 $x(t) = e^{-at}\sin\Omega_c t \cdot u(t)$

由于
$$\sin\Omega_c t \cdot u(t) \leftrightarrow \frac{\Omega_c}{s^2 + \Omega_c^2}, \ \text{Re}\{s\} > 0$$

应用复频域平移性质可求得

$$X(s) = \frac{\Omega_c}{(s+a)^2 + \Omega_c^2}, \ \text{Re}\{s\} > -a$$

6. 信号 $x(t) = te^{-at}u(t)$

因为
$$e^{-at}u(t) \leftrightarrow \frac{1}{s+a}, \ \text{Re}\{s\} > -a$$

应用复频域微分性质,得

$$te^{-at}u(t) \leftrightarrow -\frac{d}{ds}\left(\frac{1}{s+a}\right) = \frac{1}{(s+a)^2}, \ \text{Re}\{s\} > -a$$

用同样的方法可以求出表 8.2 中其它信号的拉氏变换。通常,在计算信号的拉氏变换或反变换时,充分利用表 8.2 中常用信号的拉氏变换和表 8.1 中拉氏变换的性质,可以方便地解决许多问题。

例 8.17 求图 8.16(a)所示信号 $x(t)$ 的拉氏变换

信号 $x(t)$ 可以表示为

$$x(t) = \sum_{n=0}^{\infty} x_0(t - nT)$$

其中,$x_0(t)$ 是如图 8.16(b)所示的非周期信号。它可以表示为

$$x_0(t) = t[u(t) - u(t-T)]$$

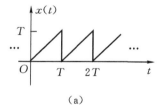 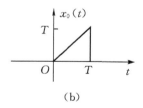

(a)   (b)

图 8.16 (a)信号 $x(t)$ 的波形;(b)信号 $x_0(t)$ 的波形

由于 $x_0(t)$ 为时限信号,见例 8.16,有

$$X_0(s) = \frac{1}{s^2}(1 - e^{-sT}) - \frac{T}{s}e^{-sT}, \ \text{ROC 为整个 } s \text{ 平面}$$

所以
$$X(s) = \sum_{n=0}^{\infty} X_0(s)e^{-nsT} = \frac{X_0(s)}{1 - e^{-sT}}, \ \text{Re}\{s\} > 0$$

8.5 拉普拉斯反变换

求拉氏反变换的问题,即计算式(8.6)的积分,这是一个复变函数积分问题,直接计算一般比较困难。虽然可以通过计算留数的方法进行,但通常对有理函数的拉氏变换更多采用部分分式展开法求其拉氏反变换。这一方法已在计算傅里叶反变换时得以应用。其具体步骤如下:

(1)首先将 $X(s)$ 展开为部分分式。

(2)根据 $X(s)$ 的收敛域,确定各个部分分式项的收敛域,其基本原则是保证每一项收敛域的公共交集即为 $X(s)$ 的 ROC。

(3)利用常用信号的拉氏变换对与拉氏变换的性质对各个部分分式项求其反变换。

这一方法无需求解积分运算,从而大大简化求解过程。

有理拉氏变换 $X(s)$ 的一般形式是

$$X(s) = \frac{B(s)}{A(s)} = \frac{b_m s^m + b_{m-1} s^{m-1} + \cdots + b_0}{a_m s^m + a_{m-1} s^{m-1} + \cdots + a_0} \tag{8.20}$$

其中: a_k, b_k 均为实数; m, n 均为正整数。如果 $m > n$,可用长除法将 $X(s)$ 化成如下形式:

$$X(s) = C_0 + C_1 s + \cdots + C_{m-n} s^{m-n} + \frac{E(s)}{D(s)} \tag{8.21}$$

式(8.21)中 $E(s)$ 的阶数低于 $D(s)$ 的阶数, $\frac{E(s)}{D(s)}$ 称为有理真分式。式(8.21)中除 $\frac{E(s)}{D(s)}$ 项外,其余各项的拉氏反变换对应着冲激函数及其各阶导数。对于有理真分式 $\frac{E(s)}{D(s)}$ 可以采用部分分式展开法,求其拉氏反变换。例如,对于拉氏变换

$$X(s) = \frac{8s - 16}{s^3 + 9s^2 + 23s + 15} = \frac{8(s-2)}{(s+5)(s+3)(s+1)}, \ \mathrm{Re}\{s\} > -1$$

先进行部分分式展开,有

$$X(s) = \frac{A}{s+1} + \frac{B}{s+3} + \frac{C}{s+5}, \ \mathrm{Re}\{s\} > -1$$

$$A = X(s)(s+1)\big|_{s=-1} = \frac{8s - 16}{(s+3)(s+5)}\bigg|_{s=-1} = -3$$

$$B = X(s)(s+3)\big|_{s=-3} = \frac{8s - 16}{(s+1)(s+5)}\bigg|_{s=-3} = 10$$

$$C = X(s)(s+5)\big|_{s=-5} = \frac{8s - 16}{(s+1)(s+3)}\bigg|_{s=-5} = -7$$

所以

$$X(s) = \frac{-3}{s+1} + \frac{10}{s+3} + \frac{-7}{s+5}$$

由于各部分分式的收敛域边界是由该式的极点位置确定的,而 $X(s)$ 的收敛域是各分式收敛域的交,所以根据总的收敛域可知各个部分分式项的收敛域分别为:

$$-\frac{3}{s+1}, \ \mathrm{Re}\{s\} > -1$$

$$\frac{10}{s+3}, \ \mathrm{Re}\{s\} > -3$$

$$-\frac{7}{s+5}, \mathrm{Re}\{s\}>-5$$

再利用常用信号的拉氏变换可得

$$x(t) = (-3\mathrm{e}^{-t}+10\mathrm{e}^{-3t}-7\mathrm{e}^{-5t})u(t)$$

例 8.18 $X(s)=\dfrac{1}{(s+1)(s+2)}$, ROC: $-2<\mathrm{Re}[s]<-1$

先进行部分分式展开,有

$$X(s)=\frac{1}{s+1}-\frac{1}{s+2}$$

其中:

$$\frac{1}{s+1}, \mathrm{Re}[s]<-1 \leftrightarrow -\mathrm{e}^{-t}u(-t)$$

$$\frac{1}{s+2}, \mathrm{Re}[s]>-2 \leftrightarrow \mathrm{e}^{-2t}u(t)$$

所以

$$x(t)=-\mathrm{e}^{-2t}u(t)-\mathrm{e}^{-t}u(-t)$$

例 8.19 $X(s)=\dfrac{s^2+8s+7}{[(s+1)^2+4](s+2)}$, $\mathrm{Re}\{s\}>-1$

先进行部分分式展开,有

$$X(s)=-\frac{1}{s+2}+\frac{1-\mathrm{j}}{(s+1)-\mathrm{j}2}+\frac{1+\mathrm{j}}{(s+1)+\mathrm{j}2}$$

其中: $-\dfrac{1}{s+2}$, $\mathrm{Re}[s]>-2 \leftrightarrow -\mathrm{e}^{-2t}u(t)$

$$\frac{1-\mathrm{j}}{(s+1)-\mathrm{j}2}, \mathrm{Re}[s]>-1 \leftrightarrow (1-\mathrm{j})\mathrm{e}^{-(1-2\mathrm{j})t}u(t)$$

$$\frac{1+\mathrm{j}}{(s+1)+\mathrm{j}2}, \mathrm{Re}[s]>-1 \leftrightarrow (1+\mathrm{j})\mathrm{e}^{-(1+2\mathrm{j})t}u(t)$$

所以

$$x(t)=-\mathrm{e}^{-2t}u(t)+(1-\mathrm{j})\mathrm{e}^{-(1-2\mathrm{j})t}u(t)+(1+\mathrm{j})\mathrm{e}^{-(1+2\mathrm{j})t}u(t)$$
$$=[-\mathrm{e}^{-2t}+2\mathrm{e}^{-t}(\cos2t+\sin2t)]u(t)$$

另一种处理方法是将 $X(s)$ 展开为

$$X(s)=-\frac{1}{s+2}+\frac{A+Bs}{(s+1)^2+4}$$

再用比较系数法确定 A 和 B,此时 $A=6, B=2$,于是

$$X(s)=-\frac{1}{s+2}+\frac{6+2s}{(s+1)^2+4}=-\frac{1}{s+2}+\frac{2(s+1)}{(s+1)^2+4}+\frac{4}{(s+1)^2+4}$$

利用常用拉氏变换对,可得

$$x(t)=[-\mathrm{e}^{-2t}+2\mathrm{e}^{-t}(\cos2t+\sin2t)]u(t)$$

除了部分分式法外,还可以采用留数法。其步骤如下:

(1)求出 $X(s)$ 的全部极点。

(2)求出 $X(s)\mathrm{e}^{st}$ 在 ROC 左边的所有极点处的留数之和,它们构成了 $x(t)$ 的因果部分。

(3)求出 $X(s)\mathrm{e}^{st}$ 在 ROC 右边的所有极点处的留数之和,并加负号,它们构成 $x(t)$ 的反因果部分。

例 8.20 $X(s)=\dfrac{1}{(s+1)(s+2)}$, $\mathrm{Re}[s]<-2$

先求信号的极点:

$s=-1$，$s=-2$ 为 $X(s)$ 的极点，则利用留数法有

$$x(t)=-\sum_{i=1}^{2}\mathrm{Res}[X(s)\mathrm{e}^{st},s_i]=-\left(\frac{1}{s+2}\mathrm{e}^{st}\mid_{s=-1}+\frac{1}{s+1}\mathrm{e}^{st}\mid_{s=-2}\right)$$

$$=-(\mathrm{e}^{-t}-\mathrm{e}^{-2t})u(-t)$$

如果仅给出 $X(s)$ 的表达式，而没有给出收敛域，则需要根据零极点图确定其可能的收敛域及所对应的信号属性。

例 8.21　已知 $X(s)=\dfrac{1}{(s+1)(s+2)}$，求 $x(t)$。

极点为 $s=-1$，$s=-2$，则可能的收敛域及所对应的信号属性如图 8.17 所示。

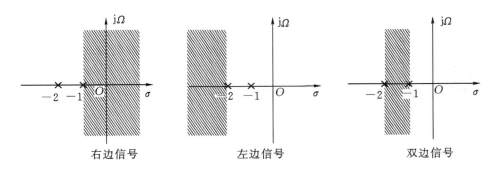

图 8.17　$X(s)$ 可能的 ROC 及信号特征

当 ROC 为 $\mathrm{Re}[s]>-1$ 时，则 $x(t)=(\mathrm{e}^{-t}-\mathrm{e}^{-2t})u(t)$；

当 ROC 为 $-2<\mathrm{Re}[s]<-1$，则 $x(t)=-\mathrm{e}^{-t}u(-t)-\mathrm{e}^{-2t}u(t)$；

当 ROC 为 $\mathrm{Re}[s]<-2$，则 $x(t)=-(\mathrm{e}^{-t}-\mathrm{e}^{-2t})u(-t)$。

8.6　连续时间 LTI 系统的复频域分析

8.6.1　复频域分析法

我们前面已经讨论了连续时间 LTI 系统的时域和频域分析法，这节我们将讨论连续时间 LTI 系统的复频域分析法，也就是变换域分析法。

对图 8.18 所示的连续时间 LTI 系统，若已知系统的输入信号 $x(t)$，要求系统的输出响应 $y(t)$。如果采用时域分析法进行分析，首先要根据系统的描述求出系统的单位冲激响应 $h(t)$，然后通过卷积积分

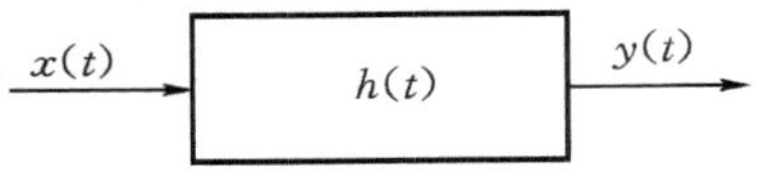

图 8.18　连续时间 LTI 系统

$$y(t)=x(t)*h(t)$$

求得系统响应 $y(t)$。

复频域分析法则是应用拉氏变换的卷积性质，有

$$Y(s)=X(s)H(s) \tag{8.22}$$

据此计算出复频域响应 $Y(s)$，然后通过拉氏反变换求出系统响应 $y(t)$。其中 $H(s)$ 称为系统

函数或转移函数。显然，当 $s=\mathrm{j}\Omega$ 时，式(8.21)就是系统的频域分析，此时 $H(\mathrm{j}\Omega)$ 就是系统的频率响应。

系统函数定义为

$$H(s) \triangleq \mathscr{L}\{h(t)\} \quad \text{或} \quad H(s) \triangleq \frac{Y(s)}{X(s)}$$

与频域分析法一样，复频域分析法也可归纳为下述四个步骤：

(1)对系统的输入信号 $x(t)$ 作拉氏变换得到 $X(s)$ 及其 ROC；

(2)由系统的描述求得系统函数 $H(s)$ 及其 ROC；

(3)计算系统输出的拉氏变换 $Y(s)=X(s)H(s)$，并确定其 ROC；

(4)由系统响应的拉氏变换 $Y(s)$，求其反变换得到系统响应 $y(t)$。

复频域分析法和频域分析法一样，与时域分析法相比具有较大的灵活性，它不仅可以分析 LTI 系统的响应，而且可以由 LTI 系统的输入和输出之间的关系确定系统的描述；并在给定 LTI 系统描述和系统输出时，确定系统的输入。与频域分析法相比，复频域分析法不仅能分析稳定系统，而且还能用于许多不稳定系统的分析。

8.6.2 系统函数

连续时间 LTI 系统都可以用零初始条件的线性常系数微分方程来表示。其一般形式为

$$\sum_{k=0}^{N} a_k \frac{\mathrm{d}^k y(t)}{\mathrm{d}t^k} = \sum_{k=0}^{M} b_k \frac{\mathrm{d}^k x(t)}{\mathrm{d}t^k} \tag{8.23}$$

对该方程两边作拉氏变换，有

$$\sum_{k=0}^{N} a_k s^k Y(s) = \sum_{k=0}^{M} b_k s^k X(s)$$

其中，$x(t) \leftrightarrow X(s)$，$y(t) \leftrightarrow Y(s)$。于是有：

$$H(s) = \frac{Y(s)}{X(s)} = \frac{\displaystyle\sum_{k=0}^{M} b_k s^k}{\displaystyle\sum_{k=0}^{N} a_k s^k} = \frac{E(s)}{D(s)} \tag{8.24}$$

其中 $E(s)$ 和 $D(s)$ 均为 s 的多项式。通常由线性常系数微分方程所描述的 LTI 系统，其系统函数总是有理函数。值得注意的是由线性常系数微分方程连同一组零初始条件所描述的 LTI 系统一定是因果的，故其系统函数的收敛域一定是最右边极点的右边。

例 8.22 求由线性常系数微分方程

$$\frac{\mathrm{d}^3 y(t)}{\mathrm{d}t^3} + 4 \frac{\mathrm{d}^2 y(t)}{\mathrm{d}t^2} + 6 \frac{\mathrm{d}y(t)}{\mathrm{d}t} + 4y(t) = \frac{\mathrm{d}^3 x(t)}{\mathrm{d}t^3} - \frac{\mathrm{d}^2 x(t)}{\mathrm{d}t^2} + \frac{\mathrm{d}x(t)}{\mathrm{d}t} - x(t)$$

所描述的 LTI 因果系统的系统函数，并画出系统函数的零极点图及其收敛域。

由微分方程可知

$$H(s) = \frac{Y(s)}{X(s)} = \frac{\displaystyle\sum_{k=0}^{M} b_k s^k}{\displaystyle\sum_{k=0}^{N} a_k s^k} = \frac{s^3 - s^2 + s - 1}{s^3 + 4s^2 + 6s + 4} = \frac{(s-1)(s^2+1)}{(s+2)\left[(s+1)^2 + 1\right]}$$

由系统的因果性可知 $H(s)$ 的收敛域是最右边极点的右边。即 $\mathrm{Re}\{s\} > -1$。图 8.19 绘出了

系统函数的零极点图及收敛域。

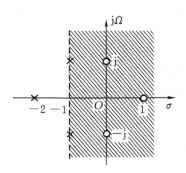

图 8.19 零极点图及收敛域

LTI 系统除了用微分方程表征外,还可以用方框图、零极点图等方式进行描述。图 8.20
(a)给出了一个有理系统函数的零极点图和收敛域。根据系统函数的零极点分布,可知该系统
的系统函数为

$$H(s) = H_0 \frac{s+1}{(s^2+1)(s+2)}$$

其中 H_0 为常数。如果当 $s=0$ 时,$H(s)=1/2$,则可确定 $H_0=1$;此时系统函数及收敛域为

$$H(s) = \frac{s+1}{s^3+2s^2+s+2}, \ \mathrm{Re}\{s\} > 0$$

图 8.20(b)用方框图结构描述了一个二阶因果 LTI 系统。根据此图对加法器的节点列方程有

$$Y(s) = -3Y_1(s) + 2sY_1(s) + s^2Y_1(s)$$

$$s^2Y_1(s) = X(s) - 5sY_1(s) - 6Y_1(s)$$

于是

$$H(s) = \frac{Y(s)}{X(s)} = \frac{s^2+2s-3}{s^2+5s+6} = \frac{s^2+2s-3}{(s+2)(s+3)}$$

已知系统为因果的,其收敛域是最右边极点的右边,所以 ROC 为 $\mathrm{Re}\{s\} > -2$。

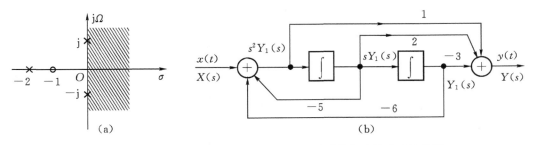

图 8.20 (a)系统函数的零极点图;(b)二阶系统的直接 II 型结构图

我们知道连续时间 LTI 系统稳定的充要条件是系统的单位冲激响应 $h(t)$ 绝对可积,即

$$\int_{-\infty}^{\infty} |h(t)| \, \mathrm{d}t < \infty$$

其频率响应 $H(\mathrm{j}\Omega)$ 一定存在。因此稳定系统的系统函数,其收敛域一定包含 $\mathrm{j}\Omega$ 轴。我们知
道一个因果的连续时间 LTI 系统,其系统函数的收敛域是最右边极点的右边,若该收敛域包
含 $\mathrm{j}\Omega$ 轴,则该系统一定也是稳定的。

综上所述可得出一个重要结论：一个因果且稳定的连续时间 LTI 系统，其系统函数的全部极点一定位于 s 平面的左半平面。

8.6.3 系统的级联与并联结构

通常一个复杂的系统可以看成是由若干个简单系统的级联、并联和/或反馈联结组成的系统。本节就来讨论互联系统的系统函数以及如何由系统函数得到系统的互联结构。

1. 互联系统的系统函数

1）级联

系统的级联结构如图 8.21(a)所示。在时域，我们已经知道 $h(t) = h_1(t) * h_2(t)$，利用卷积性质，则有

$$H(s) = H_1(s) \cdot H_2(s)$$

这表明：级联系统的系统函数等于级联的两个子系统的系统函数相乘，其收敛域是各子系统收敛域的交集。

2）并联

系统的并联结构如图 8.21(b)所示。在时域，有

$$h(t) = h_1(t) + h_2(t)$$

在变换域则有

$$H(s) = H_1(s) + H_2(s)$$

可见，并联系统的系统函数是两个并联子系统的系统函数之和，其收敛域是各子系统收敛域的交集。

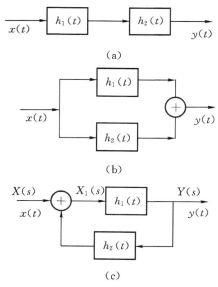

图 8.21　连续时间 LTI 互联系统

(a)级联；(b)并联；(c)反馈联结

3）反馈联结

系统的反馈联结结构如图 8.21(c)所示。对图中加法器在变换域列方程，可得

$$X_1(s) = X(s) + Y(s)H_2(s)$$

$$Y(s) = X_1(s)H_1(s) = [X(s) + Y(s)H_2(s)]H_1(s)$$

所以 $H(s) = \dfrac{Y(s)}{X(s)} = \dfrac{H_1(s)}{1 - H_1(s)H_2(s)}$，其收敛域是各子系统收敛域的交集。

2. LTI 系统的级联和并联型结构

一个连续时间 LTI 系统可以由一个 LCCDE 来描述

$$\sum_{k=0}^{N} a_k \frac{\mathrm{d}^k y(t)}{\mathrm{d}t^k} = \sum_{k=0}^{M} b_k \frac{\mathrm{d}^k x(t)}{\mathrm{d}t^k}$$

对其两边进行拉氏变换有

$$\sum_{k=0}^{N} a_k s^k Y(s) = \sum_{k=0}^{M} b_k s^k X(s)$$

$$H(s) = \frac{Y(s)}{X(s)} = \frac{\sum\limits_{k=0}^{M} b_k s^k}{\sum\limits_{k=0}^{N} a_k s^k} = \frac{b_M}{a_N} \frac{\prod\limits_{k=1}^{M}(s + \lambda_k)}{\prod\limits_{k=1}^{N}(s + \gamma_k)} = \frac{N(s)}{D(s)} \tag{8.25}$$

对 $H(s)$ 进行分解可以得到不同的互联结构。

1)级联结构

由于分子和分母多项式的系数均为实数，因此 $-\lambda_k$，$-\gamma_k$ 中的复数根必定是共轭成对出现的。如果将具有共轭复根的两个因子合并成一个实系数的二次三项式，则式(8.24)可改写为

$$H(s) = \frac{b_M}{a_N} \frac{\prod\limits_{k=1}^{p}(s^2 + \beta_{1k}s + \beta_{0k})}{\prod\limits_{k=1}^{q}(s^2 + \alpha_{1k}s + \alpha_{0k})} \cdot \frac{\prod\limits_{k=1}^{M-2p}(s - \lambda_k)}{\prod\limits_{k=1}^{N-2q}(s + \gamma_k)} \tag{8.26}$$

在式(8.25)中，假设分子多项式有 p 对共轭复根，分母多项式有 q 对共轭复根。式(8.25)表明任何有理的系统函数都可以表示成具有实系数的若干个一阶和二阶因子的乘积之比。这意味着系统能够用一阶和二阶系统的级联来实现。为了讨论方便，我们假设 $M=N$，$p=q$。此时，$H(s)$ 可以表示为

$$H(s) = \frac{b_N}{a_N} \prod_{k=0}^{p} \frac{s^2 + \beta_{1k}s + \beta_{0k}}{s^2 + \alpha_{1k}s + \alpha_{0k}} \cdot \prod_{k=1}^{N-2p} \frac{s + \lambda_k}{s + \gamma_k} \tag{8.27}$$

因此，该系统可以由 p 个二阶系统和 $(N-2p)$ 个一阶系统的级联来实现。其中每一个一阶和二阶子系统的系统函数 $H_{1k}(s)$ 和 $H_{2k}(s)$ 分别为

$$H_{1k}(s) = \frac{s + \lambda_k}{s + \gamma_k} \text{ 和 } H_{2k}(s) = \frac{s^2 + \beta_{1k}s + \beta_{0k}}{s^2 + \alpha_{1k}s + \alpha_{0k}}$$

所对应的微分方程分别是

$$\frac{\mathrm{d}y(t)}{\mathrm{d}t} + \gamma_k y(t) = \frac{\mathrm{d}x(t)}{\mathrm{d}t} + \lambda_k x(t) \quad \text{和}$$

$$\frac{\mathrm{d}^2 y(t)}{\mathrm{d}t^2} + \alpha_{1k} \frac{\mathrm{d}y(t)}{\mathrm{d}t} + \alpha_{0k} y(t) = \frac{\mathrm{d}^2 x(t)}{\mathrm{d}t^2} + \beta_{1k} \frac{\mathrm{d}x(t)}{\mathrm{d}t} + \beta_{0k} x(t)$$

如果利用相加器、积分器和放大器实现上述微分方程所描述的系统，则其方框图结构如图 8.22 所示。

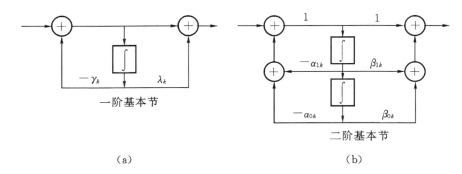

一阶基本节

二阶基本节

（a）　　　　　　　　　　　　　　　　　　（b）

图 8.22　级联情况下连续时间系统的方框图结构

（a）一阶系统；（b）二阶系统

如果我们将式（8.26）中每两个一阶因子合并成一个二阶因子（假设 N 为偶数），则有

$$H(s) = \frac{b_N}{a_N} \prod_{k=1}^{N/2} \frac{s^2 + \beta_{1k}s + \beta_{0k}}{s^2 + \alpha_{1k}s_k + \alpha_{0k}} = \frac{b_N}{a_N} \prod_{k=1}^{N/2} H_{2k}(s) \tag{8.28}$$

显然，该系统可以由 $N/2$ 个二阶系统的级联来实现。图 8.23 给出了一个六阶 LTI 系统的级联结构。

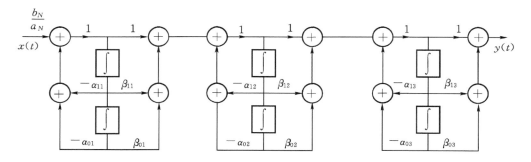

图 8.23　连续时间 LTI 系统的级联结构

如果 N 为奇数，则会有一个一阶系统出现。

2）并联结构

将 $H(s)$ 展开为部分分式（假定 $H(s)$ 的分子阶数不高于分母阶数，所有极点都是单阶的），则有

$$H(s) = \frac{b_N}{a_N} + \sum_{k=1}^{N} \frac{A_k}{s + \gamma_k} \tag{8.29}$$

同样，若将具有共轭复数极点的两项合并，则可得

$$H(s) = \frac{b_N}{a_N} + \sum_{k=1}^{p} \frac{\beta_{1k}s + \beta_{0k}}{s^2 + \alpha_{1k}s_k + \alpha_{0k}} + \sum_{k=1}^{N-2p} \frac{A_k}{s + \gamma_k} \tag{8.30}$$

这说明，一个有理系统函数所表示的连续时间 LTI 系统，通常可以由若干个一阶和二阶系统的并联来实现，其中每一个一阶和二阶子系统的系统函数 $H_{1k}(s)$ 和 $H_{2k}(s)$ 分别为

$$H_{1k}(s) = \frac{A_k}{s + \gamma_k} \text{ 和 } H_{2k}(s) = \frac{\beta_{1k}s + \beta_{0k}}{s^2 + \alpha_{1k}s + \alpha_{0k}}$$

所对应的微分方程分别是

$$\frac{\mathrm{d}y(t)}{\mathrm{d}t} + \gamma_k y(t) = A_k x(t) \ \text{和}$$

$$\frac{\mathrm{d}^2 y(t)}{\mathrm{d}t^2} + \alpha_{1k}\frac{\mathrm{d}y(t)}{\mathrm{d}t} + \alpha_{0k} y(t) = \beta_{1k}\frac{\mathrm{d}x(t)}{\mathrm{d}t} + \beta_{0k} x(t)$$

如果利用相加器、积分器和放大器实现上述微分方程所描述的系统,则其方框图结构如图 8.24 所示。

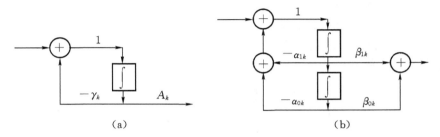

图 8.24　并联情况下连续时间系统的方框图结构

(a)一阶系统;(b)二阶系统

当 N 为偶数时,又可将任意两个一阶项合并为二阶项,即

$$H(s) = \frac{b_N}{a_N} + \sum_{k=1}^{N/2}\frac{\beta_{1k}s + \beta_{0k}}{s^2 + \alpha_{1k}s_k + \alpha_{0k}} = \frac{b_N}{a_N} + \sum_{k=1}^{N/2} H_k(s)$$

由此可得出系统的并联结构如图 8.25 所示。

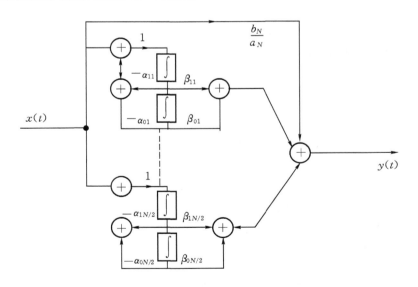

图 8.25 连续时间 LTI 系统的并联结构

8.7　用零极点图分析连续时间 LTI 系统的时域特性

由于连续时间 LTI 系统的系统函数 $H(s)$ 通常可以表示为一个有理函数,即

$$H(s) = \frac{b_M s^M + b_{M-1} s^{M-1} + \cdots + b_0}{a_N s^N + a_{N-1} s^{N-1} + \cdots + a_0} \tag{8.31}$$

其中：a_k，b_k 均为实数；M，N 均为正整数。

如果系统函数 $H(s)$ 的分子多项式的阶数大于等于分母多项式的阶数（即 $M \geq N$）时，用长除法可以将 $H(s)$ 化为如下形式：

$$H(s) = c_0 + c_1 s + \cdots + c_{M-N} s^{M-N} + H_1(s) \tag{8.32}$$

$H_1(s)$ 是一个有理真分式，它的分母多项式与 $H(s)$ 的分母多项式相同。在式(8.32)中，除了 $H_1(s)$ 项外，其余各项的拉氏反变换均为冲激函数及其各阶导数。因此，我们只须考虑 $H_1(s)$ 和系统函数 $H(s)$ 为真分式的情况（即 $M < N$）。

假定 $z_k(k = 1, 2, \cdots, M)$ 和 $p_k(k = 1, 2, \cdots, N)$ 分别是系统函数 $H(s)$ 的零点和极点，则系统函数总能根据其零极点的分布可以表示为

$$H(s) = H_0 \frac{\prod\limits_{k=1}^{M} (s - z_k)}{\prod\limits_{k=1}^{N} (s - p_k)}, \quad H_0 \text{ 为实数} \tag{8.33}$$

将 $H(s)$ 展开成部分分式时，每个极点对应一项。这表明在 $h(t)$ 中一定有一项与 $H(s)$ 的一个极点相对应，而每一项的系数则与零点有关。可见系统函数的零点、极点分布与时域响应 $h(t)$ 有关。

假定 $H(s)$ 的极点均为一阶的，则有：

$$H(s) = \sum_{k=1}^{N} \frac{A_k}{s - p_k} = \sum_{k=1}^{N} H_k(s) \tag{8.34}$$

若 $H(s)$ 中有高阶极点，假设 p_1 为 $r(r > 1)$ 阶极点，则有

$$H(s) = \sum_{k=1}^{r} \frac{B_k}{(s - p_1)^k} + \sum_{k=r+1}^{N} \frac{A_k}{(s - p_k)} \tag{8.35}$$

那么，$H(s)$ 所描述的系统单位冲激响应分别是

$$h(t) = \sum_{k=1}^{N} A_k e^{p_k t} u(t)$$

或

$$h(t) = B_1 e^{p_1 t} u(t) + B_2 t e^{p_1 t} u(t) + \frac{1}{2!} B_3 t^2 e^{p_1 t} u(t) + \cdots$$

$$+ \frac{1}{(r-1)!} B_r t^{r-1} e^{p_1 t} u(t) + \sum_{k=r+1}^{N} A_k e^{p_k t} u(t)$$

显然，$H(s)$ 的部分分式展开式中的每一项确定了 $h(t)$ 中的每一项。$h(t)$ 中各项的波形取决于 $H(s)$ 的极点 p_k 分布的情况，各项的幅值由系数 A_k 决定，而系数 A_k 则与 $H(s)$ 的零点分布有关。例如，某一因果系统的系统函数为

$$H(s) = \frac{s + a}{(s + a)^2 + \Omega_0^2}$$

零极点如图 8.26(a)所示，则单位冲激响应 $h(t)$ 为

$$h(t) = [e^{-at} \cos\Omega_0 t] u(t)$$

其波形如图 8.26(b)所示。我们讨论更为一般的情况，此时 $H(s)$ 为

$$H(s) = \frac{As + b}{(s + a)^2 + \Omega_0^2}$$

将 $H(s)$ 分解为

$$H(s) = \frac{A[s+(b/A)]}{(s+a)^2+\Omega_0^2} = A\left[\frac{s+a}{(s+a)^2+\Omega_0^2} + \frac{(b/A)-a}{(s+a)^2+\Omega_0^2}\right]$$

则单位冲激响应 $h(t)$ 为

$$h(t) = \left[Ae^{-at}\cos\Omega_0 t + \frac{b-Aa}{\Omega_0}e^{-at}\sin\Omega_0 t\right]u(t) = Ke^{-at}\sin(\Omega_0 t+\theta)u(t)$$

其中：$K=\sqrt{A^2+\left(\frac{b-Aa}{\Omega_0}\right)^2}$，$\theta=\arctan\dfrac{A\Omega_0}{b-Aa}$。

其波形如图 8.26(c)所示，它与图 8.26(b)的区别仅是幅度和相位不同。

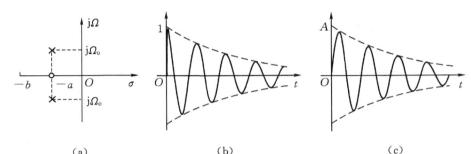

$$\begin{array}{ccc}\text{(a)} & \text{(b)} & \text{(c)}\end{array}$$

图 8.26　(a)系统的零极点图；(b)图(a)所示系统的单位冲激响应；(c)将图(a)所示系统的

零点$(-a)$变为$\left(-\dfrac{b}{A}\right)$后，所得系统的单位冲激响应

下面我们就极点分布的不同，讨论 $H(s)$ 的极点与 $h(t)$ 波形的关系。由于实际物理可实现的系统，其系统函数的极点除在 $j\Omega$ 轴上可以有一阶极点外，均位于 s 平面的左半平面。因此我们将详细讨论 $j\Omega$ 轴上的一阶极点和位于 s 平面的左半平面的极点两种情况。

1. 在左半平面的极点

在左半平面的极点可以分为在负实轴上和不在负实轴上两类。如果极点在负实轴上并且是如图 8.27(a)所示的单阶极点，那么在 $H(s)$ 的展开式中必然包含 $H_k(s)=\dfrac{A}{s+p}$，A 为常数项，则其所对应的单位冲激响应为

$$h_k(t) = Ae^{-pt}u(t)$$

其波形如图 8.27(b)所示。这说明左半平面的一阶实极点对应的时域特性是指数衰减的，而且极点越远离 $j\Omega$ 轴衰减得越快。

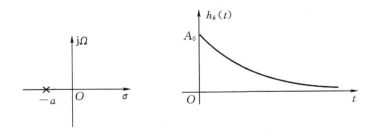

图 8.27　(a)负实轴上的单阶极点；(b)位于负实轴上单阶极点对应的波形

如果系统函数的极点不在实轴上,一定是以共轭成对的形式出现,如图 8.28(a)所示。此时 $H(s)$ 的展开式中必定包含

$$H_k(s) = \frac{As + b}{(s + a)^2 + \Omega_0^2}$$

其拉氏反变换为

$$h_k(t) = ke^{-at}\sin(\Omega_0 t + \theta)u(t)$$

波形如图 8.28(b)所示。它是指数衰减的正弦振荡,当 t 趋于 ∞ 时,$h_k(t)$ 趋于 0。

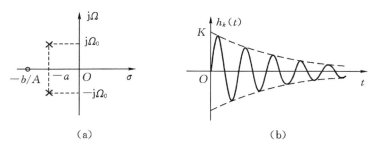

(a)　　　　　　　　　　　　　　　　　(b)

图 8.28　(a)左半平面的一阶共轭极点;(b)(a)中所示极点对应的波形

如果系统函数 $H(s)$ 在左半平面内有 $r(r>1)$ 阶实极点($-a$)或 $r(r>1)$ 阶共轭极点($-a\mp j\Omega_0$),则 $H(s)$ 的反变换中必定含有形如

$$te^{-at}u(t);\quad t^2 e^{-at}u(t);\quad \cdots\ ;\ t^{r-1}e^{-at}u(t)$$

或

$$e^{-at}\sin(\Omega_0 t + \theta)u(t);te^{-at}\sin(\Omega_0 t + \theta)u(t);\ \cdots;\ t^{r-1}e^{-at}\sin(\Omega_0 t + \theta)u(t)$$

的分量,这些分量都随 t 趋于 ∞ 时趋于 0。

2. 在虚轴上的一阶极点

如果系统函数 $H(s)$ 在原点处有单阶极点,那么 $H(s)$ 的部分分式展开式中将含有

$$H_k(s) = \frac{A_0}{s}, \quad A_0 \text{ 为常数}$$

相应的单位冲激响应为 $A_0 u(t)$,其为一个阶跃函数。如果系统函数 $H(s)$ 在虚轴上有如图 8.29(a)所示一阶共轭极点,那么 $H(s)$ 的展开式中必有

$$H_k(s) = \frac{As + B}{s^2 + \Omega_0^2} = \frac{As}{s^2 + \Omega_0^2} + \frac{B}{s^2 + \Omega_0^2}, \quad A, B \text{ 均为常数}$$

其反变换为

$$h_k(t) = \left(A\cos\Omega_0 t + \frac{B}{\Omega_0}\sin\Omega_0 t\right)u(t) = K\sin(\Omega_0 t + \theta)u(t)$$

其中:$K = \sqrt{A^2 + \left(\frac{B}{\Omega_0}\right)^2}$,$\theta = \arctan\frac{A\Omega_0}{B}$。

图 8.29(b)绘出了它的波形,$h_k(t)$ 是角频率为 Ω_0 的等幅振荡。

同理可知,$j\Omega$ 轴上的高阶极点和右半平面的极点对应的单位冲激响应,当 t 趋于 ∞ 时,$h_k(t)$ 趋于 ∞。

上述分析表明:连续时间 LTI 系统的单位冲激响应 $h(t)$ 取决于系统函数 $H(s)$ 的零极点在 s 平面上的分布状况,当系统函数的分子多项式阶数大于等于分母多项式阶数时,$h(t)$ 在 $t=0$ 处将包含有冲激及其导数。

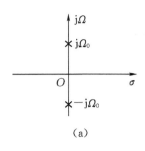
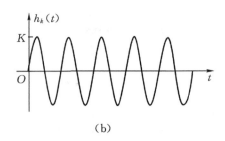

(a)　　　　　　　　　　　　　　　　(b)

图 8.29　(a)虚轴上的一阶共轭极点；(b)(a)中所示极点对应的波形

8.8　用零极点图分析连续时间 LTI 系统的频域特性

我们已看到,零极点图可以完全表征连续时间 LTI 系统的系统函数 $H(s)$。当 ROC 包括 $j\Omega$ 轴时,以 $s = j\Omega$ 代入即可得到 $H(j\Omega)$。以此为基础可以用几何求值的方法从零极点图求得 $H(j\Omega)$ 的特性。这在定性分析系统频率特性时有很大用处。

由前面的讨论我们知道,一个稳定的连续时间 LTI 系统的频率响应 $H(j\Omega)$,就是系统单位冲激响应的拉氏变换在 $j\Omega$ 轴上的反映。

对一般的连续时间 LTI 系统,其系统函数 $H(s)$ 可以表示为

$$H(s) = \frac{N(s)}{D(s)} = H_0 \frac{\prod_{k=1}^{M}(s - z_k)}{\prod_{k=1}^{N}(s - p_k)}$$

其中,z_k, p_k 分别为 $H(s)$ 的零点与极点。

因此对于一个稳定的连续时间 LTI 系统,其频率响应 $H(j\Omega)$ 可以表示为

$$H(j\Omega) = H_0 \frac{\prod_{k=1}^{M}(j\Omega - z_k)}{\prod_{k=1}^{N}(j\Omega - p_k)} \tag{8.36}$$

若用平面向量来表示,则 $(j\Omega - z_k)$,$(j\Omega - p_k)$ 分别是在 s 平面上从零点 z_k 和极点 p_k 指向频率点 $j\Omega$ 的向量,其向量示意图如图 8.30 所示,分别称为零点向量和极点向量。若用极坐标的形式表示,则有

$$\overrightarrow{j\Omega - z_k} = B_k \mathrm{e}^{\mathrm{j}\theta_k}, \quad \overrightarrow{j\Omega - p_k} = A_k \mathrm{e}^{\mathrm{j}\varphi_k}$$

零点向量的模 $B_k = |\overrightarrow{j\Omega - z_k}|$,是从零点 z_k 到频率点 $j\Omega$ 的长度,相位 $\theta_k = \measuredangle(\overrightarrow{j\Omega - z_k})$ 是零点向量与正实轴的夹角；而极点向量的模 $A_k = |\overrightarrow{j\Omega - p_k}|$ 是从极点 p_k 到频率点 $j\Omega$ 的长度,相位 $\varphi_k = \measuredangle(\overrightarrow{j\Omega - p_k})$ 是极点向量与正实轴的夹角。据此有

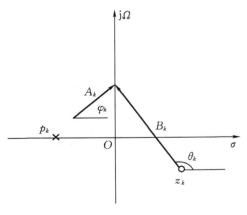

图 8.30　零极点向量示意图

$$|H(\mathrm{j}\Omega)| = H_0 \frac{\prod\limits_{k=1}^{M} |\overrightarrow{\mathrm{j}\Omega - z_k}|}{\prod\limits_{k=1}^{N} |\overrightarrow{\mathrm{j}\Omega - p_k}|} = H_0 \frac{\prod\limits_{k=1}^{M} B_k}{\prod\limits_{k=1}^{N} A_k} = H_0 \frac{B_1 B_2 \cdots B_M}{A_1 A_2 \cdots A_M}$$

$$\measuredangle H(\mathrm{j}\Omega) = \sum_{k=1}^{M} \theta_k - \sum_{k=1}^{N} \varphi_k$$

这表明：系统的频率特性完全取决于系统函数的零极点的位置。如果给定了系统函数 $H(s)$ 在 s 平面零点和极点的分布情况，则所有零点向量模的乘积除以极点向量模的乘积，便可求得系统的幅频特性；所有零点向量的相位之和减去所有极点向量的相位之和，便可得到系统的相频特性。

当频率 Ω 自原点沿虚轴移动至 $\pm\infty$ 时，各零点向量与极点向量的模和相位将随之改变。于是，便可得到系统的幅频特性和相频特性曲线。显然在系统中，若有极点靠近 $\mathrm{j}\Omega$ 轴，则当频率变化经过此点附近时，幅频特性将出现峰值；若有零点靠近 $\mathrm{j}\Omega$ 轴，则当频率变化经过此零点附近时，幅频特性将出现谷值。下面通过一些例子来说明这一方法的分析过程。

例 8.23 对图 8.31(a)所示的系统，可以利用几何求值的方法确定系统零点向量和极点向量的模及相位，如图 8.31(b)所示。系统的频率特性可以表示为：

$$|H(\mathrm{j}\Omega)| = H_0 \frac{B}{A_1 \cdot A_2}, \quad \measuredangle H(\mathrm{j}\Omega) = \frac{\pi}{2} - \varphi_1 - \varphi_2$$

当 $\Omega=0$ 时，$B=0$，此时 $|H(\mathrm{j}0)|=0$；随着 Ω 沿着 $\mathrm{j}\Omega$ 轴从 0 逐渐增大，A_2，B 逐渐增大，A_1 开始减小，且当 $\Omega=\Omega_0$ 时达到最小然后又逐渐增大。于是可以断定幅频特性在 Ω 接近 Ω_0 处必然出现一个峰值；当 Ω 值趋于 ∞ 时，A_1，A_2，B 都将趋于无限大，此时 $|H(\mathrm{j}\infty)|$ 趋于 0。随着 Ω 沿着 $\mathrm{j}\Omega$ 轴从 0 逐渐趋于 $-\infty$ 的情况与上述相同，图 8.31(c)绘出了该系统的幅频特性。同理，可得系统的相频特性如图 8.31(d)所示。显然，幅频特性是偶对称的，相频特性是奇对称的。

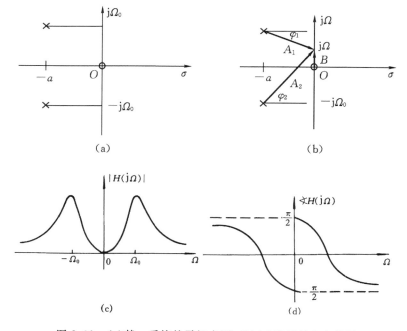

图 8.31　(a)某一系统的零极点图；(b)(a)的零极点向量图

例 8.24　某一系统的系统函数 $H(s)$ 为

$$H(s) = H_0 \frac{s-a}{s+a}, \ a > 0$$

零极点及其向量图如图 8.32(a)所示。由图 8.32(a)不难看出：当 Ω 沿着 $j\Omega$ 轴从 0 逐渐变化至 $\pm\infty$ 时，其幅频特性恒等于 H_0。而相频特性为

$$\angle H(j\Omega) = \theta - \varphi = \pi - 2\varphi$$

当 Ω 趋于 0^+ 时，相位为 π，当 Ω 趋于 0^- 时，为 $-\pi$；Ω 趋于 $\pm\infty$ 时，相位为 0。因此，该系统的幅频特性和相频特性如图 8.32(b)和(c)所示。由于系统的幅频特性是一个常数，因而对所有频率的信号，系统都能按同样的幅度传输，所以称这样的系统为**全通系统**。又因该系统只有一个零极点，故称为一阶全通系统。由此不难推论，全通系统的零、极点必是关于 $j\Omega$ 轴左右对称的。当零、极点是复数时，由于必须共轭成对，因此全通系统的零、极点必是呈四角对称（即关于 $j\Omega$ 轴左右对称，也关于实轴上下对称，当然也以原点对称）分布的。一个三阶全通系统的零、极点图分布如图 8.33 所示。

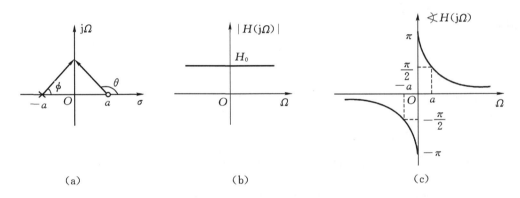

(a) 　　　　　　　　　　(b) 　　　　　　　　　　(c)

图 8.32　(a)全通系统的零极点向量图；(b)全通系统的幅频特性；(c)全通系统的相频特性

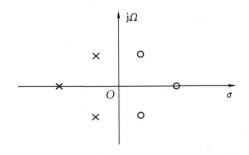

图 8.33　三阶全通系统的零极点图

例 8.25　考查图 8.34(a)和(b)所描述的系统。由图可以看到这两个系统的极点相同，零点以 $j\Omega$ 轴成镜像关系。因而两个系统对应的极点向量是相同的，即

$$A_{a1} e^{j\varphi_{a1}} = A_{b1} e^{j\varphi_{b1}}, \ A_{a2} e^{j\varphi_{a2}} = A_{b2} e^{j\varphi_{b2}}$$

对应的零点向量，其模是相等的，而相位之和是 π，即：

$$B_{a1} = B_{b1}, \ \theta_{a1} + \theta_{b1} = \pi$$
$$B_{a2} = B_{b2}, \ \theta_{a2} + \theta_{b2} = \pi$$

注意到这些规律可得出,两个系统频率响应的模特性完全相同,而相位分布则分别为

$$\sphericalangle H_a(\mathrm{j}\Omega) = (\theta_{a1} + \theta_{a2}) - (\varphi_{a1} + \varphi_{a2})$$

和

$$\sphericalangle H_b(\mathrm{j}\Omega) = (\theta_{b1} + \theta_{b2}) - (\varphi_{b1} + \varphi_{b2})$$

它们之间满足下述关系

$$\sphericalangle H_b(\mathrm{j}\Omega) - \sphericalangle H_a(\mathrm{j}\Omega) = 2\pi - 2(\theta_{a1} + \theta_{a2}) \geqslant 0, \ 0 \leqslant \Omega \leqslant \infty$$

可见系统(a)的相位始终小于系统(b)的相位。这表明:对于具有相同幅频特性的系统,当系统函数的零点也位于 s 平面的左半平面或 jΩ 轴上时,则系统频率响应的相移最小。因此我们称全部零、极点位于左半平面的系统为最小相移系统,否则称为非最小相移系统。

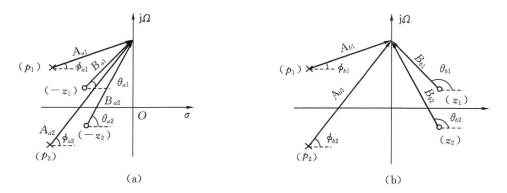

图 8.34　(a)最小相移系统的零极点向量图;(b)非最小相移系统的零极点向量图

对于非最小相移系统,如图 8.34(b)所确定的系统,其系统函数为

$$H_b(s) = H_0 \frac{(s - z_1)(s - z_1^*)}{(s - p_1)(s - p_1^*)}$$

若用 $(s + z_1)(s + z_1^*)$ 乘以上式的分子和分母,可得

$$H_b(s) = H_0 H_b(s) = H_0 \frac{(s + z_1)(s + z_1^*)(s - z_1)(s - z_1^*)}{(s + z_1)(s + z_1^*)(s - p_1)(s - p_1^*)}$$

$$= \frac{(s + z_1)(s + z_1^*)(s - z_1)(s - z_1^*)}{(s - p_1)(s - p_1^*)(s + z_1)(s + z_1^*)}$$

$$= H_a(s) H_c(s)$$

$H_a(s)$ 是最小相移系统的系统函数,也称最小相移函数,而

$$H_c(s) = \frac{(s - z_1)(s - z_1^*)}{(s + z_1)(s + z_1^*)}$$

是一个全通系统的系统函数(称为全通函数)。由此可知,非最小相移系统可以由最小相移系统与全通系统的级联来实现,前者保证系统的幅频特性(但相位特性不能保证),后者则用以实现相位的均衡。

从本质上讲,系统的时域、频域特性是由系统的零、极点分布决定的。对系统进行优化设

计,实质上就是优化其零、极点的位置。下面通过对一阶、二阶系统的时域、频域特性的分析来阐明这一观点。

例 8.26 一阶系统

连续时间一阶系统的系统函数一般可以表示为

$$H(s) = H_0 \frac{s + \lambda}{s + \gamma} \tag{8.37}$$

其中:λ, γ, H_0 均为实数,并且 $H_0 \neq 0$。如果一阶系统的零点位于原点,则系统函数可以表示为

$$H(s) = H_0 \frac{s}{s + \gamma} \tag{8.38}$$

如果系统除 $s = \infty$ 外,在 s 平面没有零点,则系统函数又可以表示为

$$H(s) = H_0 \frac{1}{s + \gamma} \tag{8.39}$$

对式(8.39)确定的系统,为了讨论问题方便,令 $H_0 = \gamma = \dfrac{1}{\tau}$,

此时描述系统的微分方程为

$$\tau \frac{\mathrm{d}y(t)}{\mathrm{d}t} + y(t) = x(t)$$

若 $\tau > 0$,则其零极点分布如图 8.35 所示。

此时系统函数为

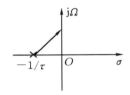

图 8.35　一阶系统的零极点向量图

$$H(s) = \frac{\dfrac{1}{\tau}}{s + \dfrac{1}{\tau}}, \quad \mathrm{Re}[s] > -\frac{1}{\tau}$$

由零极点图的几何作图法可得一阶系统的频率响应如图 8.36 所示。

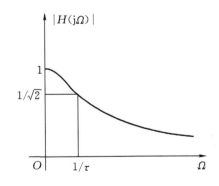
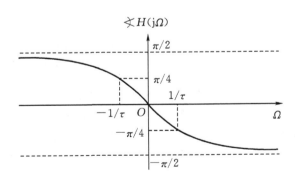

图 8.36　一阶系统的频率响应

我们看到,随着 $\Omega \uparrow$,极点矢量的长度逐渐变大,使 $|H(\mathrm{j}\Omega)|$ 单调下降,最大值在 $\Omega = 0$ 时取得。当 $\Omega = \dfrac{1}{\tau}$ 时,$|H(\mathrm{j}\Omega)|$ 下降到最大值的 $\dfrac{1}{\sqrt{2}}$。而相位特性,当 $\Omega = 0$ 时,$\measuredangle H(\mathrm{j}\Omega) = 0$。随着 $\Omega \uparrow$,$\measuredangle H(\mathrm{j}\Omega)$ 逐步趋向 $-\dfrac{\pi}{2}$。

可见系统呈现出低通特性,该系统的 3 dB 带宽为 $\dfrac{1}{\tau}$,而且极点越靠近 $j\Omega$ 轴,通带越窄。因此在频域,极点的位置控制着系统的带宽。一阶系统的波特图如图 8.37 所示。

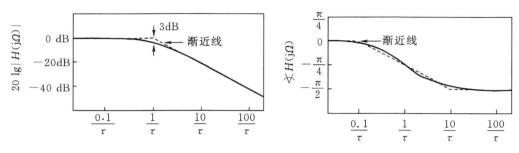

图 8.37　一阶系统的波特图

在时域,系统的单位冲激响应为

$$h(t) = \frac{1}{\tau} \mathrm{e}^{-\frac{t}{\tau}} u(t)$$

单位阶跃响应为

$$s(t) = h(t) * u(t) = (1 - \mathrm{e}^{-\frac{t}{\tau}}) u(t)$$

$h(t), s(t)$ 分别如图 8.38 所示。

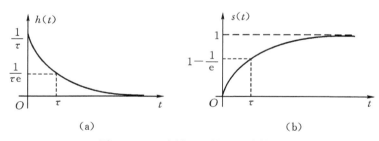

図 8.38　一阶低通系统的时域特性

(a)单位冲激响应;(b)单位阶跃响应

一阶系统的参数 τ 称为时间常数,它决定着系统时域响应的快慢。当 $t = \tau$ 时,冲激响应下降为最大值的 $1/\mathrm{e}$ 倍,而阶跃响应上升到距终值 $1/\mathrm{e}$ 处。时间常数 τ 越小,系统的冲激响应下降得越快,阶跃响应上升得越快。而 τ 越小,幅频特性衰减的越慢,系统的带宽越宽。这里又一次显示了时域与频域的相反关系。

例 8.27　二阶系统

连续时间二阶因果稳定系统的系统函数,其一般形式为

$$H(s) = H_0 \frac{s^2 + \beta_1 s + \beta_0}{s^2 + 2\zeta\Omega_\mathrm{n} s + \Omega_\mathrm{n}^2}, \quad \zeta > 0 \qquad (8.40)$$

如果二阶系统在 s 平面只有一个零点或没有零点(除 $s = \infty$),则二阶系统函数又分别可以表示为

$$H(s) = H_0 \frac{s + \lambda}{s^2 + 2\zeta\Omega_\mathrm{n} s + \Omega_\mathrm{n}^2}, \quad \zeta > 0 \qquad (8.41)$$

或

$$H(s) = H_0 \frac{1}{s^2 + 2\zeta\Omega_n s + \Omega_n^2}, \quad \zeta > 0 \tag{8.42}$$

现在我们来讨论二阶系统在 s 平面没有零点的情况（假设 $H_0 = \Omega_n^2$），此时描述系统的微分方程是

$$\frac{\mathrm{d}^2 y(t)}{\mathrm{d}t^2} + 2\zeta\Omega_n \frac{\mathrm{d}y(t)}{\mathrm{d}t} + \Omega_n^2 y(t) = \Omega_n^2 x(t) \tag{8.43}$$

这种数学模型可以描述很多的物理系统。例如对图 8.39 所示的 RLC 电路，我们可以列出如下微分方程

$$\frac{\mathrm{d}^2 y(t)}{\mathrm{d}t^2} + \frac{R}{L} \frac{\mathrm{d}y(t)}{\mathrm{d}t} + \frac{1}{LC} y(t) = \frac{1}{LC} x(t)$$

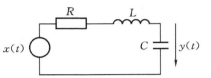

图 8.39 RLC 二阶系统

如果令 $\Omega_n^2 = \frac{1}{LC}, \zeta = \frac{R}{2}\sqrt{\frac{C}{L}}$，则上式即可改写成式 (8.43) 的形式。根据式 (8.43) 可写出二阶系统的系统函数

$$H(s) = \frac{\Omega_n^2}{s^2 + 2\zeta\Omega_n s + \Omega_n^2} = \frac{\Omega_n^2}{(s - c_1)(s - c_2)} \tag{8.44}$$

其中 $c_{1,2} = -\zeta\Omega_n \pm \Omega_n\sqrt{\zeta^2 - 1}$。

系统的频率响应为

$$H(j\Omega) = \frac{\Omega_n^2}{(j\Omega)^2 + 2\zeta\Omega_n(j\Omega) + \Omega_n^2} = \frac{1}{\left(j\frac{\Omega}{\Omega_n}\right)^2 + 2\zeta\left(j\frac{\Omega}{\Omega_n}\right) + 1} \tag{8.45}$$

二阶系统的参数 ζ 称为阻尼系数，不同的 ζ 对应着不同的系统特性。

当 $\zeta \neq 1$ 时，$c_1 \neq c_2$，对式 (8.44) $H(s)$ 求其反变换，可得到二阶系统的单位冲激响应为

$$h(t) = M[e^{c_1 t} - e^{c_2 t}]u(t)。 \tag{8.46}$$

其中，$M = \frac{\Omega_n}{2\sqrt{\zeta^2 - 1}}$。

当 $\zeta = 1$ 时，$c_1 = c_2$，此时 $H(s)$ 变为

$$H(s) = \frac{\Omega_n^2}{s^2 + 2\zeta\Omega_n s + \Omega_n^2} = \frac{\Omega_n^2}{(s - c_1)^2}$$

则系统的单位冲激响应为

$$h(t) = \Omega_n^2 t e^{-\Omega_n t} u(t) \tag{8.47}$$

由式 (8.46)，(8.47) 可以看出，二阶系统的 $h(t)$ 总是关于 $\Omega_n t$ 的函数，因此 Ω_n 的改变本质上就是对 $h(t)$ 时间尺度的改变。另一方面，式 (8.45) 也表明，$H(j\Omega)$ 也是 $\frac{\Omega}{\Omega_n}$ 的函数，因此改变 Ω_n 也就改变了 $H(j\Omega_n)$ 的频率尺度。

当 $\zeta < 1$ 时，c_1, c_2 是共轭复数，此时由式 (8.46) 可将单位冲激响应写为

$$h(t) = \frac{\Omega_n}{\sqrt{1 - \zeta^2}} e^{-\zeta\Omega_n t} \sin(\Omega_n\sqrt{1 - \zeta^2} t) u(t) \tag{8.48}$$

可见此时系统的时域响应是一个指数衰减的振荡，我们称系统处于欠阻尼状态。如果 $\zeta > 1$，则由于 c_1, c_2 都是实数，$h(t)$ 如式 (8.46)，是两个单调指数衰减函数之差，不会出现振荡，因而称系统处于过阻尼状态。当 $\zeta = 1$ 时，$c_1 = c_2$，$h(t)$ 如式 (8.47)，称系统处于临界阻尼状态。当

$\zeta=0$ 时，$c_1 = c_2 * = j\Omega_n$，此时由式(8.46)系统的单位冲激响应为

$$h(t) = \Omega_n \sin(\Omega_n t) u(t) \tag{8.49}$$

系统呈现等值振荡，称系统处于无阻尼状态。图 8.40(a)绘出了二阶系统在不同 ζ 值下单位冲激响应的曲线。

二阶系统的单位阶跃响应 $s(t)$ 可由 $h(t)$ 求得，$\zeta \neq 1$ 时有

$$s(t) = h(t) * u(t) = \left[1 + M\left(\frac{1}{c_1} e^{c_1 t} - \frac{1}{c_2} e^{c_2 t}\right)\right] u(t) \tag{8.50}$$

当 $\zeta = 1$ 时有

$$s(t) = \left(1 - e^{\Omega_n t} - \Omega_n t \frac{1}{c_2} e^{-\Omega_n t}\right) u(t) \tag{8.51}$$

图 8.40(b)绘出了不同 ζ 值下二阶系统的单位阶跃响应。

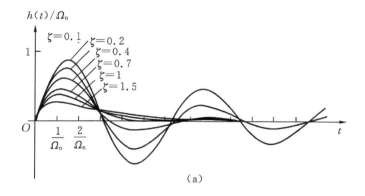

(a)

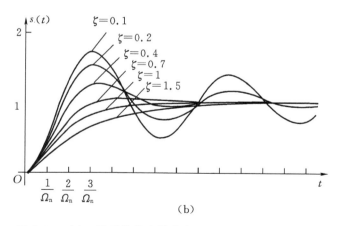

(b)

图 8.40 (a)二阶系统的冲激响应；(b)二阶系统的阶跃响应

从图 8.40 可以看出，在欠阻尼状态下，阶跃响应不仅有超量，而且呈现出振荡。$\zeta=1$ 即临界阻尼时，阶跃响应是在不出现超量和振荡的情况下，上升最快的。在过阻尼状态下，ζ 越大则阶跃响应上升得越慢。前面已经指出，Ω_n 的作用在本质上是改变了 $h(t)$ 和 $s(t)$ 的时间尺度。在欠阻尼时，Ω_n 越大，$h(t)$ 和 $s(t)$ 就越向原点压缩，也就是它们振荡的频率就越高。在式(8.48)与式(8.49)中可以看到，$h(t)$ 和 $s(t)$ 的振荡频率为 $\Omega_n \sqrt{1-\zeta^2}$，确实是随 Ω_n 增大而

升高的。但它还与 ζ 有关,只是在 $\zeta=0$,即系统无阻尼时,振荡频率才等于 Ω_n。正因为如此,我们称 Ω_n 为系统的无阻尼自然频率。

二阶系统函数的极点位置与参数 ζ 和 Ω_n 有关。当阻尼系数 ζ 取值变化时,系统的极点分布也会发生相应的变化。当 $\zeta>1$ 时,$H(s)$ 有两个实极点,此时系统过阻尼;随着 $\zeta\downarrow$,两极点相向移动向 $-\zeta\Omega_n$ 处靠拢;当 $\zeta=1$ 时,两极点重合于 Ω_n 处,成为二重极点,此时系统处于临界阻尼状态;当 ζ 进一步减小,则二阶极点分裂为一对共轭复数极点,且随 ζ 减小而逐步靠近 $j\Omega$ 轴。极点运动的轨迹——根轨迹是一个半径为 Ω_n 的圆周,此时系统处于欠阻尼状态;当 $\zeta=0$ 时,两极点分别位于 $j\Omega$ 轴上的 $\pm j\Omega_n$ 处,系统为无阻尼状态。极点的变化轨迹如图 8.41 所示。

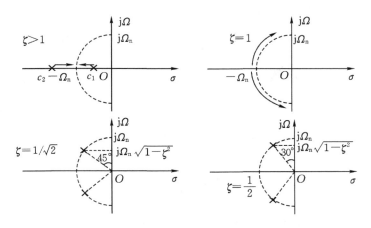

图 8.41　极点随参数 ζ 变化的轨迹

图 8.42(a)绘出了 $0<\zeta<1$ 时的极点向量图。从图中可以看到,随着 Ω 靠近 $\Omega_n\sqrt{1-\zeta^2}$,幅频特性主要由 c_1 极点向量决定,当 $\Omega=\Omega_n\sqrt{1-\zeta^2}$ 时,c_1 极点向量的长度达到最小,因此幅频特性在该频率附近有一个峰值。图 8.42(b)是 $\zeta>1$ 时的零极点向量图。在这种情况下,幅频特性随 Ω 增长而单调下降。在较大的 ζ 值下,靠近 $j\Omega$ 轴的极点向量对频率特性的作用比远离 $j\Omega$ 轴的极点要灵敏,所以在低频区域频率特性主要取决于靠近 $j\Omega$ 轴的极点向量。此时系统的频率特性与一阶系统相类似。

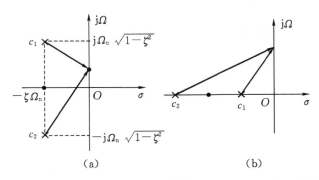

(a)　　　　　　　　　　(b)

图 8.42　(a)$0<\zeta<1$ 时二阶系统的零极点向量图;(b)$\zeta>1$ 时二阶系统的零极点向量图

图 8.43 给出了上述二阶系统的波特图。从波特图可以看出,当 $\zeta < \dfrac{1}{\sqrt{2}}$ 时,$|H(j\Omega)|$ 出现峰值,其峰点位于 $\Omega_n \sqrt{1-2\zeta^2}$ 处,峰值为

$$|H(j\Omega)|_{\max} = \frac{1}{2\zeta\sqrt{1-\zeta^2}}$$

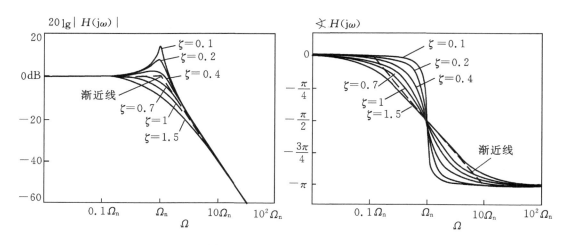

图 8.43　二阶系统的频率特性

而且,系统的阻尼越小,对数模特性的峰值就越尖锐。对于 RLC 电路来说,峰值的出现表明回路发生了谐振。此时系统具有带通特性。

　　根据系统的零极点图分布也可以定性地分析系统的的相位特性。此时,只需考察当动点沿 $j\Omega$ 轴移动时所有极点向量和所有零点向量的幅角变化,用所有零点向量的幅角之和减去所有极点向量的幅角之和,即可得到系统的相位特性。

8.9　单边拉普拉斯变换

8.9.1　单边拉普拉斯变换

　　在许多实际问题中,我们所处理的信号往往是有始信号,通过将信号的起始时刻平移到坐标原点,信号就可变为因果信号,即 $t < 0$ 时,$x(t) = 0$。此时双边拉氏变换的定义式(8.2)就可改写为

$$\mathscr{X}(s) = \int_{0}^{+\infty} x(t) e^{-st} dt \tag{8.52}$$

　　式(8.52)称为信号 $x(t)$ 的单边拉氏变换。为了区别于双边拉氏变换,用 $\mathscr{X}(s)$ 表示。从式(8.52)我们看到,单边拉氏变换是因果信号的双边拉氏变换,它与双边拉氏变换的区别仅是积分时下限选取的不同。

　　进行单边拉氏变换时,积分下限可取 0^+ 或 0^- 两种。当 $x(t)$ 在 $t=0$ 包含冲激函数及其导数时,这两种取法的结果是不同的。例如,单位冲激信号 $x(t) = \delta(t)$ 的单边拉氏变换,积分下限若取为 0^+ 时,$\mathscr{X}(s) = 0$;若取为 0^- 时,则 $\mathscr{X}(s) = 1$。以后遇到信号在 $t = 0$ 处有冲激函数及其

导数的情况时,单边拉氏变换定义为

$$\mathscr{X}(s) = \int_{0^-}^{+\infty} x(t)\mathrm{e}^{-st}\,\mathrm{d}t \tag{8.53}$$

这样选取的好处在于利用单边拉氏变换求系统的响应时,可以直接把 $t=0$ 处的冲激函数及其导数考虑在变换之中。反之,则针对 $t=0$ 处的情况还需要另行考虑。当然两种取法最终计算的总结果是一致的。对于在 $t=0$ 处没有冲激函数及其导数的情况,可不必区分 0^+ 和 0^-。

双边拉氏变换取决于信号在时间域 $(-\infty,\infty)$ 上的整个分布特征,而单边拉氏变换仅取决于信号在时间域 $(0,\infty)$ 上的分布特征。因此,对于因果信号,信号的单边与双边拉氏变换是完全相同的,而对于非因果信号,单边拉氏变换与双边拉氏变换会有所不同。图 8.44 所示的信号就说明了这一问题。

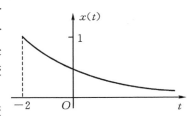

图 8.44　$\mathrm{e}^{-a(t+2)}u(t+2)$ 的波形

图 8.44 所示信号 $x(t) = \mathrm{e}^{-a(t+2)}u(t+2)$ 的单边拉氏变换是

$$
\begin{aligned}
X(s) &= \int_0^{+\infty} \mathrm{e}^{-a(t+2)}u(t+2)\mathrm{e}^{-st}\,\mathrm{d}t \\
&= \int_0^{+\infty} \mathrm{e}^{-2a}\mathrm{e}^{-(s+a)t}\,\mathrm{d}t \\
&= -\frac{\mathrm{e}^{-2a}}{s+a}\mathrm{e}^{-(s+a)t}\Big|_0^{+\infty} \\
&= \frac{\mathrm{e}^{-2a}}{s+a}, \ \mathrm{Re}\{s\} > -a
\end{aligned}
$$

而它的双边拉氏变换是

$$X(s) = \frac{\mathrm{e}^{2s}}{s+a}, \ \mathrm{Re}\{s\} > -a$$

信号 $x(t)$ 的单边拉氏变换可以看作是信号 $x(t)u(t)$ 的双边拉氏变换。因此,对 $\mathscr{X}(s)$ 求其反变换 $\dfrac{1}{2\pi\mathrm{j}}\displaystyle\int_{\sigma-\mathrm{j}\infty}^{\sigma+\mathrm{j}\infty}\mathscr{X}(s)\mathrm{e}^{st}\,\mathrm{d}s$ 后的时域信号对应着 $x(t)u(t)$,即

$$x(t)u(t) = \frac{1}{2\pi\mathrm{j}}\int_{\sigma-\mathrm{j}\infty}^{\sigma+\mathrm{j}\infty}\mathscr{X}(s)\mathrm{e}^{st}\,\mathrm{d}s \tag{8.54}$$

由于信号 $x(t)$ 的单边拉氏变换是因果信号 $x(t)u(t)$ 的双边拉氏变换,由收敛域特征可知单边拉氏变换的收敛域一定是 $\mathscr{X}(s)$ 中最右边极点的右边。因此,在研究信号的单边拉氏变换时,不再强调其收敛域。

单边拉氏变换的大部分性质是与双边拉氏变换相同的,但也有部分性质是不同的。下面,我们来讨论单边拉氏变换的时域微分、积分和时延性质。其中,时域微分和积分性质对分析具有非零初始条件的系统(即增量线性系统)是十分重要的。

1. 时域微分性质

若　　$x(t) \leftrightarrow \mathscr{X}(s)$

则　　　　　　　　　　　　　　$\dfrac{\mathrm{d}x(t)}{\mathrm{d}t} \leftrightarrow s\mathscr{X}(s) - x(0^-)$ 　　　　　　　　　(8.55)

由于　　$\displaystyle\int_{0^-}^{\infty} \frac{\mathrm{d}}{\mathrm{d}t}x(t)\mathrm{e}^{-st}\,\mathrm{d}t = x(t)\mathrm{e}^{-st}\Big|_{0^-}^{\infty} + s\int_{0^-}^{\infty} x(t)\mathrm{e}^{-st}\,\mathrm{d}t = s\mathscr{X}(s) - x(0^-)$

因此
$$\frac{\mathrm{d}x(t)}{\mathrm{d}t} \leftrightarrow s\mathcal{X}(s) - x(0^-)$$

同理可得

$$\frac{\mathrm{d}^2 x(t)}{\mathrm{d}t^2} \leftrightarrow s^2 \mathcal{X}(s) - sx(0^-) - x'(0^-)$$

$$\frac{\mathrm{d}^3 x(t)}{\mathrm{d}t^3} \leftrightarrow s^3 \mathcal{X}(s) - s^2 x(0^-) - sx'(0^-) - x''(0^-)$$

2. 时域积分性质

若　　$x(t) \leftrightarrow \mathcal{X}(s)$

则

$$\int_{-\infty}^{t} x(\tau)\mathrm{d}\tau \leftrightarrow \frac{1}{s}\mathcal{X}(s) + \frac{1}{s}\int_{-\infty}^{0^-} x(\tau)\mathrm{d}\tau \tag{8.56}$$

证明：因为 $\displaystyle\int_{-\infty}^{t} x(\tau)\mathrm{d}\tau = \int_{-\infty}^{0^-} x(\tau)\mathrm{d}\tau + \int_{0^-}^{t} x(\tau)\mathrm{d}\tau$

所以　　$\displaystyle\int_{0^-}^{\infty}\left[\int_{-\infty}^{t} x(\tau)\mathrm{d}\tau\right]\mathrm{e}^{-st}\mathrm{d}t = \int_{-\infty}^{0^-} x(\tau)\mathrm{d}\tau \cdot \int_{0^-}^{\infty}\mathrm{e}^{-st}\mathrm{d}t + \int_{0^-}^{\infty}\left(\int_{0^-}^{t} x(\tau)\mathrm{d}\tau\right)\mathrm{e}^{-st}\mathrm{d}t$

$$= \frac{1}{s}\int_{-\infty}^{0^-} x(\tau)\mathrm{d}\tau - \frac{\mathrm{e}^{-st}}{s}\int_{0^-}^{t} x(\tau)\mathrm{d}\tau\bigg|_{0^-}^{\infty} + \frac{1}{s}\int_{0^-}^{\infty} x(t)\mathrm{e}^{-st}\mathrm{d}t$$

$$= \frac{1}{s}\int_{-\infty}^{0^-} x(\tau)\mathrm{d}\tau + \frac{1}{s}\mathcal{X}(s)$$

3. 时延（时域平移）性质

若　　　　　　　　　　$x(t)u(t) \leftrightarrow \mathcal{X}(s)$

则　　　　　　　　$x(t-t_0)u(t-t_0) \leftrightarrow \mathcal{X}(s)\mathrm{e}^{-st_0}, \ t_0 > 0 \tag{8.57}$

这表明：单边拉氏变换与双边拉氏变换的时域平移性质相同。但是值得注意的是单边拉氏变换的时域平移性质中，信号的时延是指信号 $x(t)u(t)$ 的时延即 $x(t-t_0)u(t-t_0)$。

8.9.2　利用单边拉普拉斯变换分析增量线性系统

我们知道线性系统的数学模型是线性方程。但由线性方程所描述的系统并不都是线性系统。一个线性常系数微分方程连同一组零初始条件所描述的系统才是线性时不变的，如果初始条件不全为零，则是一个增量线性系统。我们前面所讨论的时域分析法、频域分析法和复频域分析法，都是针对线性系统进行的。这些方法只能用来分析增量线性系统中的零状态响应，对于由初始条件引起的零输入响应必须用其它方法进行分析。单边拉普拉斯变换是分析增量线性系统的有力工具。

1. 由微分方程表征的增量线性系统

例如，对由线性常系数微分方程

$$\frac{\mathrm{d}^2 y(t)}{\mathrm{d}t^2} + 3\frac{\mathrm{d}y(t)}{\mathrm{d}t} + 2y(t) = x(t), \ x(t) = 2u(t)$$

所描述的系统，若初始条件为 $y(0^-)=3$，$y'(0^-)=-5$，求系统的输出 $y(t)$。

首先对微分方程两边进行单边拉氏变换，有

$$s^2\mathcal{Y}(s) - sy(0^-) - y'(0^-) + 3(s\mathcal{Y}(s) - y(0^-)) + 2\mathcal{Y}(s) = \frac{2}{s}$$

整理后得

$$\mathscr{Y}(s) = \underbrace{\frac{3s+4}{s^2+3s+2}}_{\text{零输入响应}} + \underbrace{\frac{2}{s(s^2+3s+2)}}_{\text{零状态响应}} \tag{8.58}$$

显然,式(8.58)中右边的第一项仅与初始条件和系统特性有关,对应于系统的零输入响应;而第二项只与输入信号和系统特性有关,对应于系统的零状态响应。

通过对式(8.58)进行部分分式展开,有

$$\mathscr{Y}(s) = \frac{1}{s} - \frac{1}{s+1} + \frac{3}{s+2}$$

通过拉氏反变换,可得

$$y(t) = (1 - e^{-t} + 3e^{-2t})u(t)$$

其中,零输入响应为 $y_0(t) = (e^{-t} + 2e^{-2t})u(t)$;

零状态响应为 $y_p(t) = (1 - 2e^{-t} + e^{-2t})u(t)$

因此,通过单边拉氏变换可以直接求得增量线性系统的全响应。

2. 由电路描述的增量线性系统

对于电路系统,可以根据电路的结构建立电路的输入与输出之间的微分方程,然后通过单边拉氏变换来求电路的响应。下面通过研究例题来说明这一分析过程。

例 8.28 图 8.45 所示的电路,若已知 $E = 5\text{ V}$,$R = 5\text{ }\Omega$,$C = 0.25\text{ F}$,$L = 1\text{ H}$。当 $t < 0$ 时,开关置于"1",电路处于稳定状态;当 $t = 0$ 时,开关从"1"打向"2"。求 $t > 0$ 时,系统的响应 $i_L(t)$。

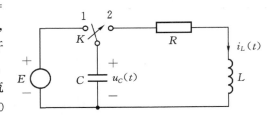

解 由图 8.45 可知:电感的初始电流 $i_L(0^-) = 0$,电容的初始电压 $u_C(0^-) = E$。$t > 0$ 的电路方程为

$$L\frac{\mathrm{d}i_L(t)}{\mathrm{d}t} + Ri_L(t) + \frac{1}{C}\int_{-\infty}^{t} i_L(\tau)\mathrm{d}\tau = 0$$

图 8.45 电路系统

对方程两边进行单边拉氏变换有

$$sL\mathscr{I}_L(s) - Li_L(0^-) + R\mathscr{I}_L(s) + \frac{1}{sC}\mathscr{I}_L(s) + \frac{1}{sC}\int_{-\infty}^{0^-} i_L(\tau)\mathrm{d}\tau = 0$$

整理后有

$$\left(Ls + R + \frac{1}{sC}\right)\mathscr{I}_L(s) = Li_L(0^-) + \frac{1}{s}u_C(0^-)$$

代入初始条件及参数值,可得

$$\mathscr{I}_L(s) = \frac{1}{s + 5 + \dfrac{4}{s}} \cdot \frac{5}{s} = \frac{5}{3}\left(\frac{1}{s+1} - \frac{1}{s+4}\right)$$

所以

$$i_L(t) = \frac{5}{3}(e^{-t} - e^{-4t})u(t)$$

实际上,在分析电路系统时也可以对电路元件先进行复频域的表征,即把电路中每个元件都用它的复频域模型来表示,将信号源用其单边拉氏变换表征,然后直接列出复频域方程。从

中解出系统响应的拉氏变换及系统的时域响应。常用元件的复频域模型如表 8.3 所示。

表 8.3　常用元件的复频域模型

元件名	时域模型	复频域模型
电阻	$u_R(t)=i_R(t)R$	$\mathscr{U}_R(s)=R\mathscr{I}_R(s)$
电感	$u_L(t)=L\dfrac{\mathrm{d}i_L(t)}{\mathrm{d}t}$	$\mathscr{U}_L(s)=Ls\mathscr{I}_L(s)-L\mathscr{I}_L(0_-)$
电容	$i_C(t)=C\dfrac{\mathrm{d}C_c(t)}{\mathrm{d}t}$	$\mathscr{I}_C(s)=C\mathscr{U}_C(s)s-C\mathscr{U}_C(0_-)$

8.10　应用 Matlab 分析系统的时域、频域特性

Matlab 是进行系统分析与设计的较好的辅助工具。本节通过一些例子来说明利用这一工具来分析系统的方法与语句,引导同学学会利用先进的分析工具进行系统特性的分析方法,从而掌握这一分析工具的应用。

练习 1　利用 Matlab 进行系统函数部分分式的展开

设系统函数的有理分式为

$$H(s)=\frac{N(s)}{D(s)}=\frac{\displaystyle\sum_{k=0}^{m}b_ks^k}{\displaystyle\sum_{k=0}^{n}a_ks^k}=\frac{b_ms^m+b_{m-1}s^{m-1}+\cdots+b_0}{a_ms^m+a_{m-1}s^{m-1}+\cdots+a_0}$$

Matlab 中有专用的命令用于求系统函数或 $N(s)/D(s)$ 部分分式展开式,具体过程如下。

$$[r,p,k]=\text{residue}(\text{num},\text{den})$$

其中 num 和 den 分别表示 $H(s)$ 中分子多项式和分母多项式的系数向量,即

$$\text{num}=[b_m,b_{m-1},\cdots,b_0],\ \text{den}=[a_n,a_{n-1},\cdots,a_0]$$

r 为部分分式的系数,p 为极点,k 为余项。若 $H(s)$ 为真分式,则 $k=0$。

例 8.29　$H(s)=\dfrac{8s-16}{s^3+9s^2+23s+15}$,$\mathrm{Re}\{s\}>-1$,求其拉氏反变换 $h(t)$。

Program 1

$$\text{num}=[8\ -16];\ \text{den}=[1\ 9\ 23\ 15];$$

$$[r,p,k]=residue(num,den);$$

运行结果为：$r=-7,10,-3；p=-5,-3,-1，k=[\ ]$。

部分分式展开为

$$H(s) = \frac{-7}{s+5} + \frac{10}{s+3} + \frac{-3}{s+1}$$

所对应的时域单位冲激响应为

$$h(t) = (-7e^{-5t} + 10e^{-3t} - 3e^{-t})u(t)$$

例 8.30 $H(s)=\dfrac{s^2+4s+6}{(s+1)^3}=\dfrac{s^2+4s+6}{s^3+3s^2+3s+1}$，$\mathrm{Re}\{s\}>-1$，求其拉氏反变换 $h(t)$。

Program 2

$$num=[1\ 4\ 6];\ den=[1\ 3\ 3\ 1];$$
$$[r,p,k]=residue(num,den);$$

运行结果为：$r=1,2,3；p=-1,-1,-1，k=[\ ]$。

部分分式展开为

$$H(s) = \frac{1}{s+1} + \frac{2}{(s+1)^2} + \frac{3}{(s+1)^3}$$

所对应的时域单位冲激响应为

$$h(t) = (e^{-t} + 2te^{-t} + 6t^2e^{-t})u(t)$$

练习 2 $H(s)$ 的零极点图与系统特性的 Matlab 分析

$H(s)$ 的零极点图可用 Matlab 中的命令 pzmap 画出；系统的单位冲激响应用 impluse 求出，而系统的频率响应用 freqs 求出。

例 8.31 试画出系统 $H(s)=\dfrac{s-2}{s^2+s+6}$ 的零极点图，单位冲激响应和频率响应。

Program 3

```
num = [1 - 2]; den = [1 1 6];
sys = tf(num,den);
figure(1);
pzmap(sys);
title('零极点图');
xlabel('实轴');ylabel('虚轴')
axis([-1 2.2 -2.7 2.7])
t = 0:0.02:10;
h = impulse(num,den,t);
figure(2);plot(t,h);
title('单位脉冲响应');
[H,w] = freqs(num,den);
figure(3);plot(w,abs(H));
title('幅频特性');
figure(4);plot(w,angle(H));
title('相频特性');
```

运行结果如图 8.46 所示。

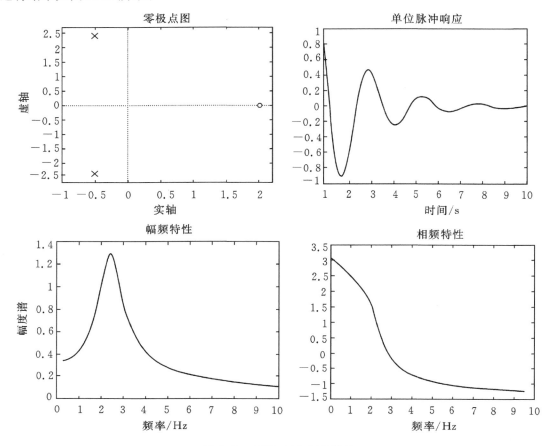

图 8.46　系统时域、频域特性

例 8.32　试画出系统 $H(s) = \dfrac{s-1}{s^3 + 2s^2 + 2.25s + 1.25}$ 的零极点图、系统的单位冲激响应及系统的频率响应。

Program 4

```
num = [1 -1]; den = [1 2 2.25 1.25];
sys = tf(num,den);
figure(1);
pzmap(sys);
title('零极点图');
xlabel('实轴');ylabel('虚轴')
axis([-1.2 1.2 -1.2 1.2])
t = 0:0.02:10;
h = impulse(num,den,t);
figure(2);
plot(t,h);
```

```
title('单位脉冲响应');
xlabel('时间');ylabel('幅值')
axis([0 10 - 0.5 0.3])
w = logspace( - 1,2);
H = freqs(num,den,w);
figure(3);
loglog(w,abs(H));
title('幅频特性');
xlabel('频率');ylabel('幅度谱')
axis([0.1 10 10e - 3 1.4])
figure(4);
semilogx(w,angle(H));
title('相频特性');
xlabel('频率');ylabel('相位谱(pi)')
axis([0.1 10 - 4 4])
```

运行结果如图 8.47 所示。

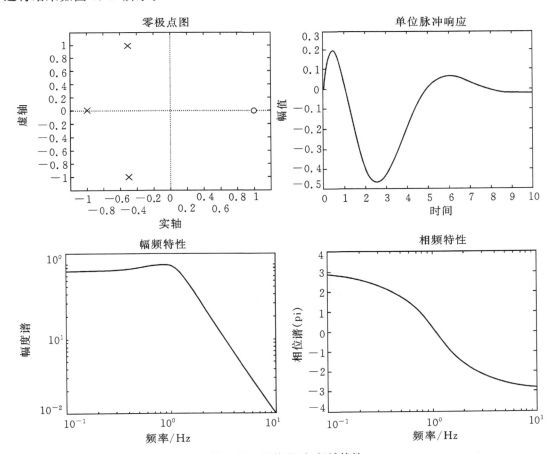

图 8.47　系统的时、频域特性

习　题

8.1　计算下列信号的拉氏变换，并画出零极点图和收敛域。

(a)$e^{-at}u(-t), a>0$　　　　　　　　　　(b)$[\cos(\Omega_c t)]u(t)$

(c)$[e^{-at}\sin(\Omega_c t)]u(t), a>0$　　　　(d)$x(t)=\begin{cases}e^{-2t}, & t>0 \\ e^{3t}, & t<0\end{cases}$

8.2　计算图 P8.2 所示各信号的拉氏变换式。

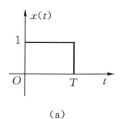 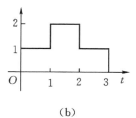 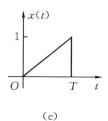

　　　　(a)　　　　　　　　　　　(b)　　　　　　　　　　　(c)

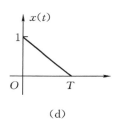 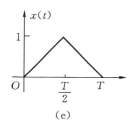 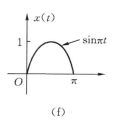

　　　　(d)　　　　　　　　　　　(e)　　　　　　　　　　　(f)

图 P8.2

8.3　对图 P8.3 所示的每一个零极点图，确定满足下述情况的收敛域。

(a)$x(t)$的傅里叶变换存在　　　　　　(b)$x(t)e^{2t}$的傅里叶变换存在

(c)$x(t)=0, t>0$　　　　　　　　　　(d)$x(t)=0, t<5$

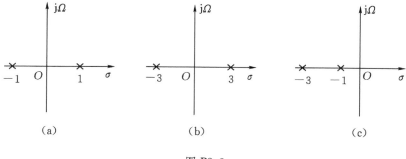

　　　　(a)　　　　　　　　　　　(b)　　　　　　　　　　　(c)

图 P8.3

8.4　针对图 P8.4 所示的每一个信号的有理拉氏变换的零极点图，确定：

(a)拉氏变换式。

（b）可能的收敛域，并指出相应信号的特征。

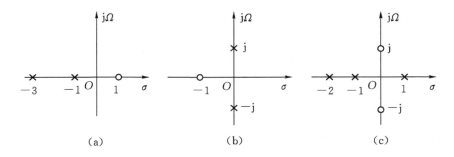

图 P8.4

8.5　求图 P8.5 所示信号的拉氏变换式及收敛域。

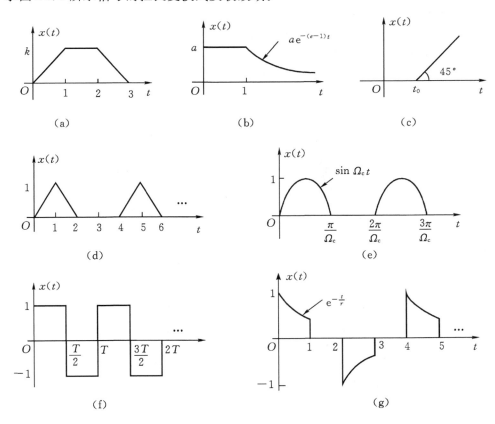

图 P8.5

8.6　计算下列 $X(s)$ 的拉氏反变换：

(a) $\dfrac{3s}{(s^2+1)(s^2+4)}$，$\mathrm{Re}\{s\}>0$　　　　(b) $\dfrac{2s+3}{s^2+4s+3}$，$\mathrm{Re}\{s\}>0$

(c) $\dfrac{s^2}{(2s+1)(s-3)}$，$\dfrac{1}{2}<\mathrm{Re}\{s\}<3$　　　(d) $\dfrac{s+1}{s^2+5s+6}$，$\mathrm{Re}\{s\}<-3$

(e) $\dfrac{s^2 - s + 1}{s^3 - s^2}$, Re$\{s\} > 1$　　　　　　(f) $\dfrac{s+1}{s^2 + 5s + 6}$, Re$\{s\} > -1$

(g) $\dfrac{-s+1}{s^3 + s^2 + 4s + 4}$, $-1 <$ Re$\{s\} < 0$　　(h) $\dfrac{s^3 + s^2 + 1}{s^2 + 3s + 2}$, Re$\{s\} > -1$

8.7　计算下列微分方程描述的因果系统的系统函数 $H(s)$。若系统最初是松弛的,而且
　　　$x(t) = u(t)$,求系统的响应 $y(t)$。

　　　(a) $\dfrac{\mathrm{d}^2 y(t)}{\mathrm{d}t^2} + 4\dfrac{\mathrm{d}y(t)}{\mathrm{d}t} + 3y(t) = \dfrac{\mathrm{d}x(t)}{\mathrm{d}t} + x(t)$

　　　(b) $\dfrac{\mathrm{d}^2 y(t)}{\mathrm{d}t^2} + 4\dfrac{\mathrm{d}y(t)}{\mathrm{d}t} + 5y(t) = \dfrac{\mathrm{d}x(t)}{\mathrm{d}t}$

　　　如果 $x(t)$ 为 $\mathrm{e}^{-t}u(t)$,系统的响应 $y(t)$ 又是什么?

8.8　已知 LTI 因果系统的输入 $x(t) = \mathrm{e}^{-2t}u(t)$,单位冲激响应 $h(t) = \mathrm{e}^{-t}u(t)$。
　　　(a)用时域分析法求系统响应 $y(t)$;
　　　(b)用复频域分析法求系统响应 $y(t)$。

8.9　某 LTI 系统的有理系统函数 $H(s)$ 的零极点及收敛域如图 P8.9 所示,若 $H(0) = 1$,求
　　　(a)系统函数 $H(s)$ 的表达式;
　　　(b)系统在输入 $x(t) = u(t)$ 的输出响应 $y(t)$。

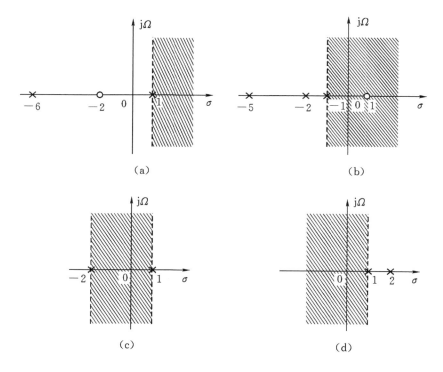

图 P8.9

8.10　某 LTI 系统的零极点如图 P8.10 所示。
　　　(a)指出与该零极点分布有关的所有可能的收敛域。
　　　(b)对(a)中所指出的每一个收敛域,确定相应的系统是否稳定、因果。

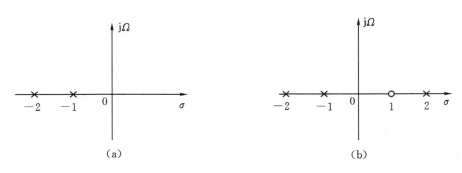

图 P8.10

8.11 对一个 LTI 系统,我们已知如下信息:输入信号 $x(t) = 4e^{2t}u(-t)$;输出响应 $y(t) = e^{2t}u(-t) + e^{-2t}u(t)$

(a)确定系统函数 $H(s)$ 及收敛域;

(b)求系统的单位冲激响应 $h(t)$;

(c)如果输入信号为 $x(t) = e^{-t}, -\infty < t < +\infty$,求输出 $y(t)$;

(d)如果输入信号为 $x(t) = u(t)$,求输出 $y(t)$。

8.12 已知系统函数 $H(s)$ 的零、极点分布如图 P8.12 所示,系统单位冲激响应 $h(t)$ 的初值 $h(0^+) = 2$,系统最初是松弛的。

(a)求系统函数 $H(s)$,并说明该系统是否稳定?

(b)求系统的单位冲激响应 $h(t)$;

(c)系统的输入 $x(t) = 10\cos(\frac{\sqrt{3}}{2}t - \frac{\pi}{3})$ 时,求系统的输出 $y(t)$。

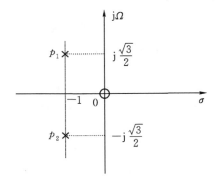

图 P8.12

8.13 已知因果全通系统的系统函数 $H(s) = \frac{s-1}{s+1}$,输出信号 $y(t) = e^{-2t}u(t)$。

(a)求产生此输出的输入信号 $x(t)$;

(b)若已知 $\int_{-\infty}^{+\infty} |x(t)| \, dt < \infty$,确定输入信号 $x(t)$;

(c)已知一稳定系统当输入为 $e^{-2t}u(t)$ 时,输出为上述 $x(t)$ 中的一个。求出这一稳定系

统的单位冲激响应 $h(t)$ 并确定该系统的输出。

8.14 某连续时间 LTI 因果系统由下列微分方程描述：

$$y'(t) + 2y(t) = x(t)$$

(a)确定该系统的系统函数 $H(s)$ 及收敛域；

(b)求出系统的单位冲激响应与单位阶跃响应；

(c)如果系统输入 $x_1(t) = e^{-t}$，求输出响应 $y_1(t)$；

(d)如果系统输入 $x_2(t) = e^{-t}u(t)$，求输出响应 $y_2(t)$。

8.15 对图 P8.15 中所给出的连续时间 LTI 因果系统，求系统的系统函数及收敛域。

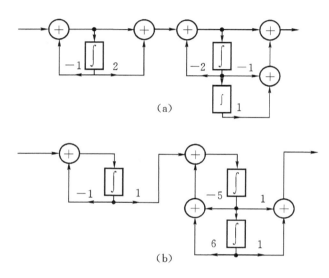

(a)

(b)

图 P8.15

8.16 某连续时间 LTI 系统如图 P8.16 所示，已知系统最初是松弛的。

(a)求该系统的系统函数 $H(s)$，并指出其收敛域；

(b)判断该系统是否稳定，为什么？

(c)绘出该系统的零极点图，并概略画出系统的幅频特性；

(d)若系统的输入信号为 $x(t) = e^{-4t}u(t)$，求系统的输出 $y(t)$。

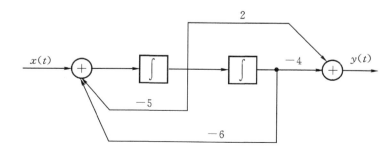

图 P8.16

8.17　一个具有有理系统函数的 LTI 系统由图 P8.17 所示的零极点图确定,该系统在输入信号为 e^{2t} 时,系统的输出为 e^{2t}。

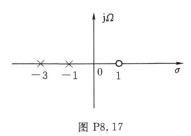

图 P8.17

(a)求该系统的系统函数 $H(s)$;

(b)确定该系统可能的收敛域,并指出每一种收敛域下系统的因果、稳定性;

(c)若系统为因果、稳定的,概略画出该系统的幅频特性;

(d)若已知该系统是因果、稳定的,求出其逆系统的系统函数 $H_1(s)$,并判断该逆系统是因果、稳定的吗? 为什么?

8.18　已知某因果、稳定的 LTI 系统的系统函数是

$$H(s) = \frac{s^2 + 2s - 3}{s^2 + 5s + 6}$$

(a)画出该系统的零极点图,并指出其收敛域;

(b)试根据零极点图,概略画出该系统的幅频特性 $|H(j\Omega)|$,并说明系统的通带特性;

(c)求该系统的单位冲激响应与单位阶跃响应。

8.19　连续时间 LTI 系统如图 P8.19 所示,已知系统最初是松弛的。

(a)求该系统的系统函数 $H(s)$,并指出其收敛域;

(b)试根据零极点图,概略画出该系统的幅频特性 $|H(j\Omega)|$;

(c)求该系统的单位冲激响应与单位阶跃响应;

(d)当系统输入是 $x(t) = e^{-3t}u(t)$ 时,求系统的输出。

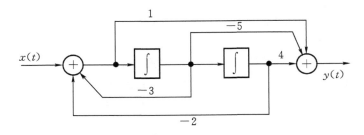

图 P8.19

8.20　某连续时间 LTI 系统如图 P8.20 所示,已知系统最初是松弛的。

(a)求该系统的系统函数 $H(s)$,并指出其收敛域;

(b)该系统是否稳定,为什么?

(c)绘出该系统的零极点图,并概略画出该系统的幅频特性;

(d)若系统的输入信号为 $x(t) = e^{-t}u(t)$,求该系统的输出 $y(t)$。

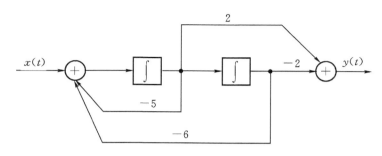

图 P8.20

8.21 连续时间 LTI 系统的零极点分布如图 P8.21 所示,且已知系统最初是松弛的,

(a)求该系统的系统函数 $H(s)$,并指出其收敛域;

(b)该系统是否稳定,为什么?

(c)绘出该系统的零极点图,并概略画出该系统的幅频特性,并判断该系统是低通、高通、带通还是带阻;

(d)若系统的输入信号为 $x(t)=10\cos(\Omega_0 t-\frac{\pi}{3})$,求该系统的输出。

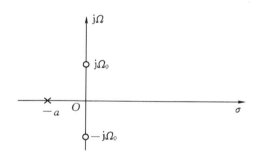

图 P8.21

8.22 某连续时间 LTI 系统如图 P8.22 所示,试求:

(a)该系统的系统函数;

(b)若要求该系统因果、稳定,试确定 K 的取值范围;

(c)若 $K=1$ 时,输入信号 $x(t)=\sin 2t$,求系统的响应;

(d)在 $K=1$ 时,绘出系统的零极点图,并定性画出系统的幅频特性。

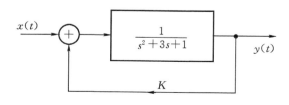

图 P8.22

8.23　一个 LTI 系统的零极点如图 P8.23 所示。

（a）确定该系统逆系统的零极点图；

（b）如果逆系统为稳定系统，求系统的单位冲激响应 $h(t)$；

（c）如果逆系统为因果系统，求系统的单位冲激响应 $h(t)$。

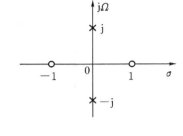

图 P8.23

8.24　求下列由微分方程描述的增量线性系统的响应 $y(t)$。

（a）$\dfrac{d^2 y(t)}{dt^2} + \dfrac{3}{2}\dfrac{dy(t)}{dt} + \dfrac{1}{2}y(t) = u(t)$，$y(0^-) = 0$，

$y'(0^-) = 1$；

（b）$\dfrac{dy(t)}{dt} + 2y(t) = \sin(\Omega_c t)u(t)$，$y(0^-) = 1$；

8.25　图 P8.25 所示电路，在 $t=0$ 以前已处于稳定状态。当 $t=0$ 时，开关 K 由"1"打到"2"，试计算 $t>0$ 时的 $u_C(t)$ 或 $u_L(t)$。

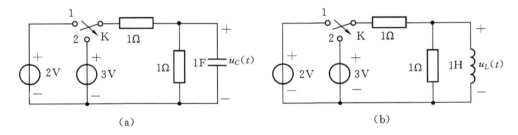

（a）　　　　　　　　　　　　　　　　　（b）

图 P8.25

8.26　对图 P8.26（a）所示电路，其输入为图 P8.26（b）所示，当 $t=0^-$ 时，$u_C(0^-) = 1\ \text{V}$，$i_L(0^-) = 0$，试计算 $t>0$ 时的 $u_C(t)$。

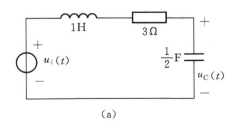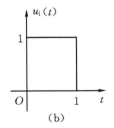

（a）　　　　　　　　　　　　　　（b）

图 P8.26

8.27　图 P8.27 给出了连续时间 LTI 系统的零极点分布。如果系统是稳定的，试用几何求值法概略画出系统的频率特性，并作必要的标注。

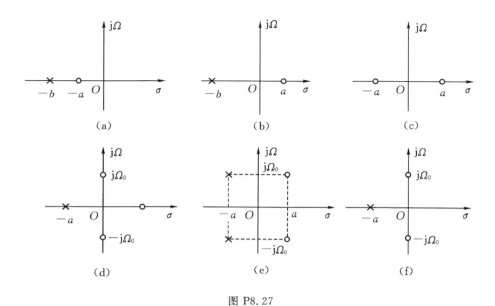

图 P8.27

8.28 连续时间 LTI 系统的零极点分布如图 P8.28 所示,试判断系统的特性是低通、高通、带通还是带阻。

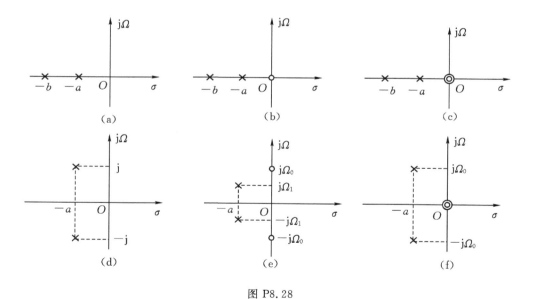

图 P8.28

8.29 利用 Matlab 求由下列系统函数 $H(s)$ 所描述系统的单位冲激响应。

(a) $\dfrac{2s+3}{s^2+4s+3}$,　$\mathrm{Re}\{s\}>-1$　　　　(b) $\dfrac{s^2-s+1}{s^3-s^2}$,　$\mathrm{Re}\{s\}>1$

(c) $\dfrac{s^2}{(2s+1)(s-3)}$,　$\dfrac{1}{2}<\mathrm{Re}\{s\}<3$　(d) $\dfrac{s^3+s^2+1}{s^2+3s+1}$,　$\mathrm{Re}\{s\}>-1$

8.30　利用 Matlab 画出由下列系统函数 $H(s)$ 所描述系统的零极点图、系统的单位冲激响应与频率响应。

(a) $\dfrac{2s+3}{s^2+4s+3}$,　$\text{Re}\{s\}>-1$　　　　　(b) $\dfrac{s^2-s+1}{s^3-s^2}$,　$\text{Re}\{s\}>1$

(c) $\dfrac{s^2}{(2s+1)(s-3)}$,　$\dfrac{1}{2}<\text{Re}\{s\}<3$　(d) $\dfrac{s^3+s^2+1}{s^2+3s+1}$,　$\text{Re}\{s\}>-1$

第9章 z 变换

9.0 引 言

前一章我们讨论了连续时间信号与系统的拉普拉斯变换及复频域的分析,从而将时域中的卷积积分和微分运算转化为复频域中的代数运算,简化了系统分析。这一章我们将针对离散时间信号和系统展开相类似的讨论。

我们知道在离散时间傅里叶分析中,将复指数信号 $e^{j\omega n}$ 作为基本信号单元。若把复指数信号 $e^{j\omega n}$ 扩展为信号 $z^n(z=re^{j\omega})$,以 z^n 作为基本信号单元进行信号与系统的分析就是本章要讨论的 z 变换。如同拉普拉斯变换是连续时间傅里叶变换的推广一样,z 变换是离散时间傅里叶变换的推广。如果把离散时间傅里叶变换看作是在离散时间情况下,与连续时间傅里叶变换相对应的变换,那么 z 变换就是在离散时间情况下,与拉普拉斯变换相对应的变换。在学习本章时要特别需要注意 z 变换与拉普拉斯变换之间的相同点与不同点。

9.1 双边 z 变换

9.1.1 双边 z 变换的定义

单位脉冲响应为 $h(n)$ 的离散时间 LTI 系统,对复指数信号 z^n 的输出响应 $y(n)$ 为

$$y(n) = H(z)z^n$$

其中
$$H(z) = \sum_{n=-\infty}^{\infty} h(n)z^{-n} \tag{9.1}$$

$z=re^{j\omega}$,r 为 z 的模,ω 为 z 的幅角。$H(z)$ 是复变量 z 的函数。式(9.1)就称为单位脉冲响应 $h(n)$ 的双边 z 变换,简称 z 变换。

对离散时间信号 $x(n)$ 的双边 z 变换 $X(z)$ 定义为

$$X(z) = \sum_{n=-\infty}^{+\infty} x(n)z^{-n} \tag{9.2}$$

通常用 $\mathscr{Z}\{x(n)\}$ 表示信号 $x(n)$ 的 z 变换。它们之间的关系也常记为

$$x(n) \xrightarrow{\mathscr{Z}} X(z) \quad \text{或} \quad x(n) \leftrightarrow X(z)$$

9.1.2 z 变换与拉普拉斯变换的关系

如果信号 $x(n)$ 是连续时间信号 $x_c(t)$ 经理想采样后信号 $x_p(t)$ 所对应的序列,那么我们可以推导出 $x(n)$ 的 z 变换 $X(z)$ 与 $x_p(t)$ 的拉氏变换 $X_p(s)$ 之间的对应关系。

由第 6 章我们知道,连续时间信号 $x_c(t)$ 经理想采样后的信号 $x_p(t)$ 为

$$x_{\mathrm{p}}(t) = \sum_{n=-\infty}^{+\infty} x_{\mathrm{c}}(nT)\delta(t-nT)$$

如图 9.1 所示,其中 $x_{\mathrm{c}}(nT)$ 为连续时间函数 $x_{\mathrm{c}}(t)$ 在 $t=nT$ 上的值,它是一个离散时间序列,记为 $x(n)$。

$x_{\mathrm{p}}(t)$ 的拉氏变换为

$$X_{\mathrm{p}}(s) = \sum_{n=-\infty}^{+\infty} x_{\mathrm{c}}(nT)\mathrm{e}^{-snT}$$

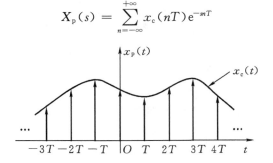

图 9.1　信号 $x_{\mathrm{c}}(t)$ 及其理想抽样信号 x_{p} 的示意图

而信号 $x(n)$ 的 z 变换为

$$X(z) = \sum_{n=-\infty}^{+\infty} x_{\mathrm{c}}(nT)z^{-n}$$

令 $z=\mathrm{e}^{sT}$,即 $s=\dfrac{1}{T}\ln z$,则有

$$X(z)\big|_{z=\mathrm{e}^{sT}} = X_{\mathrm{p}}(s) \tag{9.3}$$

式(9.3)说明,信号 $x(n)$ 的 z 变换与 $x_{\mathrm{p}}(t)$ 的拉氏变换之间存在着一种映射,即 $z=\mathrm{e}^{sT}$。

根据 $s=\sigma+\mathrm{j}\Omega$, $z=r\mathrm{e}^{\mathrm{j}\omega}$,由 $z=\mathrm{e}^{sT}$ 可得 $r=\mathrm{e}^{\sigma T}$, $\omega=\Omega t$,据此可知:

$$\sigma<0,\ r<1;\ \sigma>0,\ r>1;\ \sigma=0,\ r=1$$

即 s 平面的左半平面映射到 z 平面的单位圆内;s 平面的右半平面映射到 z 平面的单位圆外;而 s 平面的纯虚轴映射为 z 平面的单位圆。在 s 平面上连续频率每改变 $\dfrac{2\pi}{T}$,则在 z 平面上离散频率 ω 就改变一个 2π。图 9.2 给出了 s 平面到 z 平面映射的示意图。

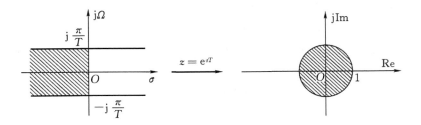

图 9.2　s 平面到 z 平面映射示意图

当然这种映射关系是一种多值映射,即 s 平面上一个宽度为 $\dfrac{2\pi}{T}$ 的水平带形区域映射成整个 z 平面。

9.1.3　z 变换与离散时间傅里叶变换(DTFT)的关系

正如连续时间傅里叶变换与拉氏变换之间的相互关系一样,离散时间傅里叶变换(DT-FT)与 z 变换之间也存在着相应的关系。在式(9.2)中,若将复变量 z 用极坐标 $re^{j\omega}$ 表示,则有

$$X(z) = X(re^{j\omega}) = \sum_{n=-\infty}^{+\infty} x(n)(re^{j\omega})^{-n} = \sum_{n=-\infty}^{+\infty} [x(n)r^{-n}]e^{-j\omega n}$$

可见,信号 $x(n)$ 的 z 变换就是 $x(n)$ 乘以实指数信号 r^{-n} 后的离散时间傅里叶变换,即

$$\mathscr{L}\{x(n)\} = \mathscr{F}[x(n)r^{-n}] \tag{9.4}$$

式(9.4)表明通过适当选取 r 会使许多原来傅里叶变换不收敛的信号具有 z 变换。所以 z 变换要比傅里叶变换的适用性广泛。

如果在式(9.2)中 $X(z)$ 在 $z=e^{j\omega}(r=1)$ 处收敛,则有

$$X(z)\big|_{z=e^{j\omega}} = \sum_{n=-\infty}^{+\infty} x(n)e^{-j\omega n}$$

此时 z 变换就变成离散时间傅里叶变换,所以有

$$\mathscr{F}\{x(n)\} = \mathscr{L}\{x(n)\}\big|_{z=e^{j\omega}} \tag{9.5}$$

由此可见,离散时间傅里叶变换就是在单位圆($r=1$)上的 z 变换。单位圆在 z 变换中所处的地位,类似于 s 平面中 $j\Omega$ 轴在拉氏变换中所处的地位。

9.1.4　z 变换与离散傅里叶变换(DFT)的关系

让我们进一步研究 z 变换与 DFT 之间的对应关系。假设离散时间信号 $x(n)$ 是一个有限长序列,即存在一个整数 N 使得 $x(n)$ 在 $0 \leqslant n \leqslant N-1$ 以外为零,则式(9.2)可写为

$$X(z) = \sum_{n=0}^{N-1} x(n)z^{-n}$$

令 $z=e^{j\frac{k2\pi}{N}}$,上式变为

$$X(z)\big|_{z=e^{j\frac{k2\pi}{N}}} = \sum_{n=0}^{N-1} x(n)e^{-j\frac{2\pi}{N}kn},\ k=0,1,\cdots,N-1 \tag{9.6}$$

式(9.6)即为 $x(n)$ 的 DFT,表示为

$$X(k) = X(z)\big|_{z=e^{j\frac{k2\pi}{N}}},\ k=0,1,\cdots,N-1 \tag{9.7}$$

式(9.7)揭示了有限长序列 $x(n)$ 的离散傅里叶变换 $X(k)$ 与其 z 变换之间的关系,即 $x(n)$ 的 DFT $X(k)$ 就是 $x(n)$ 的 z 变换在单位圆上的采样,$z=e^{j\frac{k2\pi}{N}}$,$k=0,1,\cdots,N-1$,如图 9.3 所示。另一方面 $X(k)$ 也可以看成是对 $x(n)$ 的 DTFT 即其频谱在 $0 \sim 2\pi$ 区间内的均匀采样所得到的

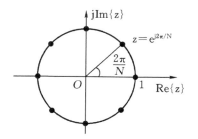

图 9.3　z 变换在单位圆上的均匀抽样就是离散傅里叶变换

样本序列。

9.2　双边 z 变换的收敛域

9.2.1　收敛域的概念

从式(9.2)可以看出,离散时间信号 $x(n)$ 的 z 变换是一个无穷级数,因此必然存在着级数是否收敛的问题。另一方面,我们知道信号 $x(n)$ 的 z 变换可以看成信号 $x(n)$ 乘 r^{-n} 后的傅里叶变换,因此当

$$\sum_{n=-\infty}^{+\infty} |x(n)r^{-n}| < \infty$$

时,信号 $x(n)$ 的 z 变换一定存在。由此可见,信号 $x(n)$ 的 z 变换存在着收敛的概念,其收敛性与 $x(n)$ 和 z 的模 r 有关。与拉氏变换一样,我们把能使信号 $x(n)$ 的 z 变换存在的 z 点取值范围称为 z 变换的收敛域,记为 ROC,通常用 z 平面上的阴影部分来表示。为了说明 z 变换的收敛域,我们先来讨论一些常用信号的 z 变换和它的收敛域。

例 9.1　考查右边信号 $x(n)=a^n u(n)$ 的 z 变换及其收敛域。

根据 z 变换的定义式,有

$$X(z) = \sum_{n=-\infty}^{+\infty} x(n)z^{-n} = \sum_{n=0}^{+\infty} a^n z^{-n}$$

$$= \sum_{n=0}^{+\infty} (az^{-1})^n$$

要使该级数收敛,就要求 $|az^{-1}|<1$,即 $|z|>|a|$,因此有

$$x(n) = a^n u(n) \leftrightarrow X(z) = \frac{1}{1-az^{-1}}, \quad |z| > |a|$$

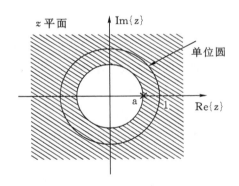

图 9.4　例 9.1 中 $X(z)$ 的 ROC

图 9.4 在 z 平面上画出了 $0<a<1$ 时 $X(z)$ 的收敛域。其中横轴是 $\text{Re}\{z\}$ 轴,纵轴是 $j\text{Im}\{z\}$ 轴,收敛域为图中的阴影部分,即以圆心为原点,$|a|$ 为半径的圆的外部。

例 9.2　考察左边信号 $x(n)=-a^n u(-n-1)$ 的 z 变换

$$X(z) = -\sum_{n=-\infty}^{-1} a^n z^{-n} = -\sum_{n=1}^{+\infty} a^{-n}z^n = 1 - \sum_{n=0}^{+\infty} (a^{-1}z)^n$$

要使该级数收敛,就要求 $|a^{-1}z|<1$,即 $|z|<|a|$,因此有

$$x(n) = -a^n u(-n-1) \leftrightarrow X(z) = 1 - \frac{1}{1-a^{-1}z}$$

$$= \frac{1}{1-az^{-1}}, \quad |z| < |a|$$

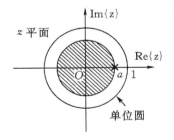

图 9.5　例 9.2 中 $X(z)$ 的 ROC

图 9.5 在 z 平面上画出了 $0<a<1$ 时 $X(z)$ 的收敛域,即以原点为圆心、$|a|$ 为半径的圆的内部。

从上述两个例子我们看到:两个完全不同的信号,它们的 z 变换式是完全相同的,仅仅是

收敛域不同。因此 z 变换同拉氏变换一样,只有在确定了收敛域后,才能与信号之间具有一一对应的关系。

例 9.3　研究双边信号 $x(n) = \left(\dfrac{1}{2}\right)^n u(n) - 2^n u(-n-1)$ 的 z 变换及其收敛域,可以得到

$$X(z) = \sum_{n=0}^{+\infty} \left(\frac{1}{2}\right)^n z^{-n} - \sum_{n=-\infty}^{-1} 2^n z^{-n} = \frac{1}{1 - \frac{1}{2}z^{-1}} + \frac{1}{1 - 2z^{-1}}$$

$$= \frac{2 - \frac{5}{2}z^{-1}}{\left(1 - \frac{1}{2}z^{-1}\right)\left(1 - 2z^{-1}\right)}$$

上式中第一项级数的收敛域是 $|z| > \dfrac{1}{2}$,而第二项级数的收敛域是 $|z| < 2$。双边信号的收敛域应为 $\dfrac{1}{2} < |z| < 2$,它是一个环形区域如图 9.6 所示。

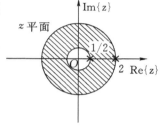

图 9.6　例 9.3 中 $X(z)$ 的 ROC

研究另一个双边信号 $x(n) = \left(\dfrac{1}{2}\right)^n u(n) + \left(\dfrac{1}{3}\right)^n u(-n-1)$,其 z 变换为

$$X(z) = \sum_{n=0}^{+\infty} \left(\frac{1}{2}\right)^n z^{-n} - \sum_{n=-\infty}^{-1} \left(\frac{1}{3}\right)^n z^{-n}$$

第一项级数的收敛域要求为 $|z| > \dfrac{1}{2}$,第二项级数的收敛域要求是 $|z| < \dfrac{1}{3}$,二者之间没有公共的收敛区域,所以这一双边信号的 z 变换是不存在的。这一例子也表明,并不是所有的离散时间信号都有其 z 变换存在。

例 9.4　考查单位阶跃信号 $u(n)$ 的 z 变换及其收敛域,有

$$X(z) = \sum_{n=0}^{+\infty} z^{-n} = \frac{1}{1 - z^{-1}}, \quad |z| > 1$$

例 9.5　求单位脉冲序列 $\delta(n)$ 的 z 变换

$$Z\{\delta(n)\} = \sum_{n=-\infty}^{+\infty} \delta(n) z^{-n} = 1$$

其收敛域为整个 z 平面。

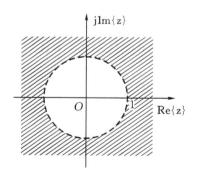

图 9.7　例 9.4 中 $X(z)$ 的 ROC

我们知道信号 $x(n)$ 的离散时间傅里叶变换 $X(e^{j\omega})$ 就是在单位圆上的 z 变换。所以当信号 $x(n)$ 的 z 变换 $X(z)$ 的收敛域包含单位圆时,序列 $x(n)$ 的离散时间傅里叶变换 $X(e^{j\omega})$ 一定存在,并且可以表示为

$$\mathcal{F}\{x(n)\} = X(e^{j\omega}) = X(z)\big|_{z=e^{j\omega}}$$

如例 9.1 中信号 $x(n)$,当 $|a| < 1$ 时,$X(z)$ 的收敛域包含单位圆,则 $x(n)$ 的离散时间傅里叶变换 $X(e^{j\omega})$ 为

$$X(e^{j\omega}) = X(z)\big|_{z=e^{j\omega}} = \frac{1}{1 - a e^{-j\omega}}$$

一般说来,如果序列 $x(n)$ 的 z 变换 $X(z)$ 的收敛域不包含单位圆,说明 $X(z)$ 在单位圆上不收敛,此时 $x(n)$ 的离散时间傅里叶变换 $X(e^{j\omega})$ 通常是不存在的。

9.2.2 z 变换的几何表示:零极点图

从上述例子可以看出,若信号 $x(n)$ 的 z 变换 $X(z)$ 存在,则通常是关于 z^{-1} 的有理函数。与拉氏变换一样,我们可以用 $X(z)$ 的零点和极点来表征 $X(z)$。在 z 平面上用"○"和"×"分别标出 $X(z)$ 的零点和极点的位置就称为 $X(z)$ 的零极点图。用 $X(z)$ 的零极点图及所标出的收敛域也可以完全表示信号的 z 变换,即为 $X(z)$ 的几何表示。通常 $X(z)$ 的零极点图表示与真实的 $X(z)$ 完全对应,仅可能相差一个系数。比如例 9.3 中 $X(z)$ 的几何表示为图 9.8 所示,由此写出的 $X(z)$ 表达式为

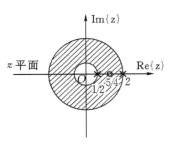

图 9.8 例 9.3 的零极点图及 ROC

$$X(z) = M\frac{z\left(z - \frac{5}{4}\right)}{\left(z - \frac{1}{2}\right)(z - 2)} = M\frac{\left(1 - \frac{5}{4}z^{-1}\right)}{\left(1 - \frac{1}{2}z^{-1}\right)(1 - 2z^{-1})}$$

其中:$M = 2$。

9.2.3 收敛域的特征

与拉氏变换一样,z 变换的收敛域内不能含有极点,即其收敛域的边界是由极点的位置决定的,并且还与信号 $x(n)$ 的特性存在着一一对应的关系。根据上面几个例子的分析,我们可以得出收敛域具有以下的分布特征。

特征 1 z 变换的收敛域是在 z 平面上以原点为中心的圆环区域。这是因为,$x(n)$ 的 z 变换 $X(z)$ 可以表示为

$$X(z) = \sum_{n=-\infty}^{+\infty} x(n)z^{-n} = \sum_{n=-\infty}^{+\infty} \left[x(n)r^{-n}\right]e^{-j\omega n}$$

对给定的 $x(n)$,$X(z)$ 是 $x(n)r^{-n}$ 的傅里叶变换,$X(z)$ 是否存在是与 $z = re^{j\omega}$ 的径向长度 r 的取值有关,而与 ω 无关。所以若有某一特定的 z 值在收敛域内,那么在半径为 r 的同一圆周上的全部 z 值都位于收敛域内。这就说明收敛域是由同心圆环所组成。

特征 2 收敛域内不包含任何极点。

这一特征是明显的。因为收敛域内若包含极点,那么在极点处 $x(n)$ 的 z 变换就为无穷大,根据定义 z 变换在此处不存在。

特征 3 若 $x(n)$ 是有限长序列,则除 $z = 0$ 和/或 $|z| = \infty$ 外,$x(n)$ 的 z 变换 $X(z)$ 的收敛域为整个有限 z 平面。所谓有限 z 平面就是除了 $z = 0$ 和 $z = \infty$ 以外的 z 平面。

对于有限长序列 $x(n)$,其 z 变换是一个有限项级数,即

$$X(z) = \sum_{n=N_1}^{N_2} x(n)z^{-n}, \; N_1 \leqslant n \leqslant N_2$$

当 z 不等于零和无穷大时,和式中的每一项均为有限值,所以 $X(z)$ 一定收敛。若 N_1 为负数,N_2 为正数,则和式中既有 z 的正幂项,又包含 z 的负幂项,此时收敛域不包括 $z = 0$ 和 $|z| = \infty$;如果 N_1 为零或正数,和式中仅有 z 的负幂项,此时收敛域就包括 $|z| = \infty$,但不包括 $z =$

0；如果 N_2 为零或负数，和式中只有 z 的正幂项，这时收敛域包括 $z=0$ 但不包括 $|z|=\infty$。

特征 4 若 $x(n)$ 为右边序列，则 $X(z)$ 的收敛域一定位于最外部极点的外部，但可能不包括 $|z|=\infty$。

一个右边序列是指 $n<N_0$ 时，$x(n)=0$ 的序列。如果右边序列 $x(n)$ 的 z 变换对某一 $z=z_0$ 值收敛，那么应该有

$$\sum_{n=N_0}^{\infty} |x(n)r_0^{-n}| < \infty, \quad r_0 = |z_0|$$

对任意 $|z|=r>r_0$ 的值，则有

$$\sum_{n=N_0}^{\infty} |x(n)r^{-n}| = \sum_{n=N_0}^{\infty} |x(n)r_0^{-n}| \cdot \left(\frac{r}{r_0}\right)^{-n} \leqslant \left|\frac{r}{r_0}\right|^{-N_0} \sum_{n=N_0}^{\infty} |x(n)r_0^{-n}| < \infty$$

是满足绝对可和的条件，此时 $x(n)$ 的 z 变换一定存在。因此 $|z|=r>r_0$ 的 z 值均在收敛域内。

所以右边序列的 z 变换，其收敛域一定在最外部极点的外部，如果序列是因果的，则收敛域一定包含 $|z|=\infty$，否则收敛域不包含 $|z|=\infty$。这是因为因果信号 z 变换的和式中只含有 z 的负幂项，因此 $X(z)$ 在 $|z|=\infty$ 处是存在的。

特征 5 若信号 $x(n)$ 为左边序列，则 $X(z)$ 的收敛域一定位于最内部极点的内部，但可能不包含 $z=0$。

特征 5 的说明与特征 4 类似，不再赘述。值得指出的是，如果左边信号是反因果的，则收敛域一定包括 $z=0$。

由以上的讨论可以看出，如果信号是因果的，其 z 变换的收敛域一定包含 $|z|=\infty$；如果信号是反因果的，则其 z 变换的收敛域一定包含 $z=0$。因此，考察 z 变换的收敛域是否包含 $|z|=\infty$ 和 $z=0$，就成为判定信号因果和反因果的依据。

特征 6 若信号 $x(n)$ 为双边序列，且 $x(n)$ 的 z 变换 $X(z)$ 存在，则 $X(z)$ 的收敛域一定是一个以原点为中心的环形区域。

这是由于双边序列可以表示为一个右边序列和一个左边序列之和，由特征 4 和特征 5 可知，右边序列的收敛域是某个圆的外部；而左边序列的收敛域则限定在某个圆的内部。双边序列的收敛域应该是这两个序列收敛域的交集，因此双边信号的收敛域一定为由两个圆界定着的环形区域。

例 9.6 求信号 $x(n) = \begin{cases} a^n, & 0 \leqslant n \leqslant N-1, \ a>0 \\ 0, & \text{其它 } n \end{cases}$ 的 z 变换及收敛域。

$$X(z) = \sum_{n=0}^{N-1} a^n z^{-n} = \frac{1-a^N z^{-N}}{1-a z^{-1}} = \frac{z^N - a^N}{z^{N-1}(z-a)}$$

其中，极点为一阶极点 $z=a$ 和 $N-1$ 阶极点 $z=0$；零点为 $z=ae^{j\frac{2\pi}{N}k}$，$k=0,1,\cdots,N-1$。其零极点图的分布如图 9.9 所示。由于在 $z=a$ 处零点与极点抵消，收敛域为除 $z=0$ 外的整个有限 z 平面。

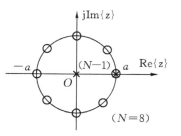

图 9.9 例 9.6 的零级点图

9.3　z 变换的性质

如同离散时间傅里叶变换一样，z 变换也具有许多相对应的性质。这些性质不仅进一步反映了离散时间信号在时域与在 z 域的特性之间的关系，而且在计算信号的 z 变换或反变换中也起着重要的作用。本节将讨论 z 变换的性质，为了减少不必要的重复，对 z 变换性质不再进行详细推导，而着重讨论收敛域的变化。

1. 线性性质

若　　$x_1(n) \leftrightarrow X_1(z)$，ROC：$R_1$

　　　　$x_2(n) \leftrightarrow X_2(z)$，ROC：$R_2$

则　　　　　　　　$ax_1(n) + bx_2(n) \leftrightarrow aX_1(z) + bX_2(z)$，ROC：$R_1 \bigcap R_2$　　　　　(9.8)

这里 a, b 为常数。$ax_1(n) + bx_2(n)$ 的收敛域在一般情况下应是各个信号 z 变换收敛域的公共部分。若在相加过程中出现零极点相抵消的现象，则收敛域可能会有所扩大。

例 9.7　求信号 $x(n) = b^{|n|}$，$b > 0$ 的 z 变换

这一时间序列可以表示为

$$x(n) = b^n u(n) + b^{-n} u(-n-1)$$

$$b^n u(n) \leftrightarrow \frac{1}{1 - bz^{-1}},\ |z| > b$$

$$b^{-n} u(-n-1) \leftrightarrow -\frac{1}{1 - b^{-1} z^{-1}},\ |z| < b^{-1}$$

在 $b > 1$ 时，两个子收敛域无公共部分，表明此时 $X(z)$ 不存在；而当 $0 < b < 1$，收敛域为 $b < |z| < 1/b$，$X(z)$ 是存在的。其收敛域如图 9.10 所示。

2. 时移性质

若　　$x(n) \leftrightarrow X(z)$，ROC：$R$

则　　$x(n - n_0) \leftrightarrow X(z) z^{-n_0}$，ROC：$R$，但在原点和无穷远点可能有增删。　　　　　　　　　　　　　　　　　(9.9)

上述性质表明，信号在时域平移一个 n_0，相当于 z 域乘以

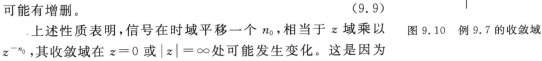

图 9.10　例 9.7 的收敛域

z^{-n_0}，其收敛域在 $z = 0$ 或 $|z| = \infty$ 处可能发生变化。这是因为 n_0 是一个可正可负的整数。当 $n_0 < 0$ 时，如果 $x(n)$ 是一个因果序列，$x(n - n_0)$ 可能不再是因果的，此时收敛域将不包含无穷远处；如果 $x(n)$ 是一个左边序列（但不是反因果的），$x(n - n_0)$ 可能变为反因果的，此时收敛域将会包含原点处。当 $n_0 > 0$ 时，收敛域也将会发生相应的变化。

3. 共轭对称性

若　　$x(n) \leftrightarrow X(z)$，ROC：$R$

则　　　　　　　　　　　　$x^*(n) \leftrightarrow X^*(z^*)$，ROC：$R$　　　　　　　　　(9.10)

若信号 $x(n)$ 为实信号，则有 $x(n) = x^*(n)$，$X(z) = X^*(z^*)$。这表明：如果 z_0 是 $X(z)$ 的极点或零点，那么 z_0^* 也为 $X(z)$ 的极点或零点，即实信号的极点或零点如果是复数，则必共轭成对出现。

4. 频移性质

若　$x(n) \leftrightarrow X(z)$，ROC：$R$

则 $$e^{j\omega_0 n} x(n) \leftrightarrow X(e^{-j\omega_0} z)，\text{ROC}：R \tag{9.11}$$

频移性质指出，信号在时域乘以复指数信号 $e^{j\omega_0 n}$，在 z 域相当于 z 平面作一逆时针旋转，即全部零极点位置逆时针旋转一个角度 ω_0。图 9.11(a) 是 $X(z)$ 的零极点图及收敛域，而图 9.11(b) 为 $X(ze^{-j\omega_0})$ 的零极点图及收敛域。显然，如果 $X(z)$ 的零极点原来是共轭成对的，则经频移后就不再有这种关系。这是由于如果 $x(n)$ 是一个实序列，则其 $X(z)$ 的零极点一定是共轭成对出现的，而 $e^{j\omega_0 n} x(n)$ 不再是一个实序列，$X(ze^{-j\omega_0})$ 的零极点不再呈现共轭成对性。当然，若 ω_0 是 π 的整数倍，如 $e^{j\omega_0 n} = e^{\pm j\pi n}$ 时，$e^{j\omega_0 n} x(n) = (-1)^n x(n)$ 相应的仍为实序列，其零极点位置会旋转 180°，仍保持零极点的共轭成对性，此时 $e^{j\omega_0 n} x(n)$ 的 z 变换为 $X(-z)$，如图 9.11(c) 所示。

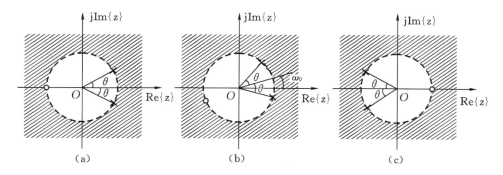

图 9.11 (a) $X(z)$ 的零极点图及 ROC；(b) $X(ze^{j\omega_0})$ 的零极点图及 ROC；(c) $X(-z)$ 的零极点图及 ROC

例 9.8　求信号 $x(n) = [\sin\omega_0 n] u(n)$ 的 z 变换及其收敛域。

由于

$$x(n) = [\sin\omega_0 n] u(n) = \frac{1}{2j} (e^{j\omega_0 n} - e^{-j\omega_0 n}) u(n)$$

应用频移性质，有

$$e^{j\omega_0 n} u(n) \leftrightarrow U(e^{-j\omega_0} z) = \frac{1}{1 - e^{j\omega_0} z^{-1}}，\ |z| > 1$$

$$e^{-j\omega_0 n} u(n) \leftrightarrow U(e^{j\omega_0} z) = \frac{1}{1 - e^{-j\omega_0} z^{-1}}，\ |z| > 1$$

因此 $X(z) = \dfrac{1}{2j} \left(\dfrac{1}{1 - e^{j\omega_0} z^{-1}} - \dfrac{1}{1 - e^{-j\omega_0} z^{-1}} \right) = \dfrac{(\sin\omega_0) z^{-1}}{1 - (2\cos\omega_0) z^{-1} + z^{-2}}，\ |z| > 1$

图 9.12 绘出了上述 z 变换的零极点图和收敛域。

5. z 域尺度变换性质

若　$x(n) \leftrightarrow X(z)$，ROC：$R$

则 $$z_0^n x(n) \leftrightarrow X(z_0^{-1} z)，\text{ROC}：|z_0| R \tag{9.12}$$

此性质表明：信号在时域乘以 z_0^n，相当于在 z 域进行尺度变换，此时若 z_p 为 $X(z)$ 的零点或极点，则 $z_0 z_p$ 为 $X(z_0^{-1} z)$ 的零点或极点。这里 z_0 通常是一个复常数，即 $z_0 = r_0 e^{j\omega_0}$，$z_0 z_p$ 就是原零极点位置在 z 平面内逆时针旋转一个角度 ω_0，并且在径向位置有一个 r_0 倍的变化。如果

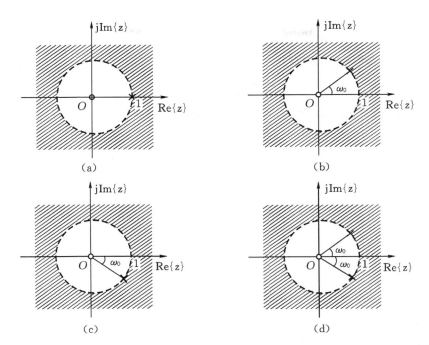

图 9.12 (a)$U(z)$的零极点图及 ROC；(b)$U(e^{-j\omega_0}z)$的零极点图及 ROC；(c)$U(e^{j\omega_0}z)$的零极点图及 ROC；(d)例 9.8 中 $X(z)$的零极点图及 ROC

$z_0 = r_0$，尺度变换就仅仅是零极点位置在径向有 r_0 倍的变化；如果 $z_0 = e^{j\omega_0}$，尺度变换就变成了频移，只对零极点位置进行旋转，此时收敛域不发生变化。图 9.13(a)给出了 $X(z)$的零极点图及收敛域，图 9.13(b)和(c)则分别是 $z_0 = r_0 e^{j\omega_0}$ 和 $z_0 = r_0$ 时 $X(z_0^{-1}z)$的零极点图及收敛域。

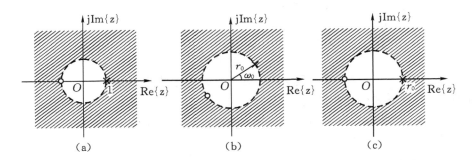

图 9.13 (a)$X(z)$的零极点图及 ROC；(b)$X(z_0^{-1}z)$的零极点图及 ROC；(c)$X(\frac{z}{r_0})$的零极点图及 ROC

6. 时域反转性质

若　$x(n) \leftrightarrow X(z)$，ROC：$R$

则　　　　　　　　　　　　$$x(-n) \leftrightarrow X(z^{-1}), \quad \text{ROC：} \frac{1}{R} \tag{9.13}$$

信号在时域进行反转相当于 z 域坐标变换为 z^{-1}，其收敛域为 R 的倒置。这一性质表明，如果 z_0 是 $X(z)$收敛域中的零点或极点，那么 z_0^{-1} 就是 $X(z^{-1})$的零点或极点，z_0^{-1} 是 z_0 的共轭倒量对称分布。

我们知道,若 $x(n)$ 为实信号,则 z 变换 $X(z)$ 的零极点是共轭成对出现的。若 z_i 为 $X(z)$ 的零点或极点,则 z_i^* 也为 $X(z)$ 的零点或极点,因此 $\frac{1}{z_i}$,$\frac{1}{z_i^*}$ 均为 $X(z^{-1})$ 的零点或极点。图9.14给出了共轭倒量对称分布的零级点示意图。

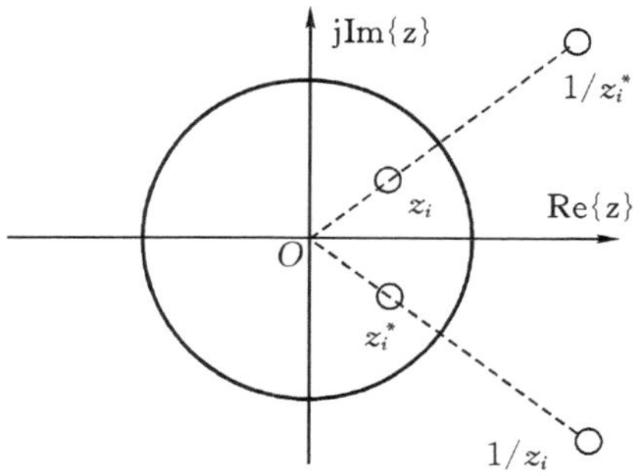

7. 时域内插性质

若　$x(n) \leftrightarrow X(z)$,ROC:$R$

$$x_k(n) = \begin{cases} x\left(\dfrac{n}{k}\right), & n \text{ 为 } k \text{ 的整数倍} \\ 0, & \text{其它 } n \end{cases}$$

图 9.14　共轭倒量对称分布

则　　　　　　　　　　$x_k(n) \leftrightarrow X(z^k)$,ROC:$R^{\frac{1}{k}}$　　　　　　　　　　(9.14)

证明:$X_k(z) = \sum\limits_{n=-\infty}^{+\infty} x_k(n) z^{-n} = \sum\limits_{n=-\infty}^{+\infty} x\left(\dfrac{n}{k}\right) z^{-n} = \sum\limits_{r=-\infty}^{+\infty} x(r) z^{-kr} = X(z^k)$

8. 卷积性质

若　$x_1(n) \leftrightarrow X_1(z)$,ROC:$R_1$

　　$x_2(n) \leftrightarrow X_2(z)$,ROC:$R_2$

则　　　　　　　　$x_1(n) * x_2(n) \leftrightarrow X_1(z) \cdot X_2(z)$,ROC:$R_1 \bigcap R_2$　　　　　(9.15)

证明:

$$x_1(n) * x_2(n) \leftrightarrow \sum_{n=-\infty}^{+\infty} \sum_{m=-\infty}^{+\infty} x_1(m) x_2(n-m) z^{-n} = \sum_{n=-\infty}^{+\infty} \sum_{m=-\infty}^{+\infty} x_1(m) x_2(n-m) z^{-(n-m)} z^{-m}$$

$$= \sum_{m=-\infty}^{+\infty} x_1(m) z^{-m} \sum_{n=-\infty}^{+\infty} x_2(n-m) z^{-(n-m)}$$

$$= \sum_{m=-\infty}^{+\infty} x_1(m) z^{-m} X_2(z) = X_1(z) X_2(z)$$

一般情况下式(9.15)的收敛域是 $X_1(z)$ 和 $X_2(z)$ 收敛域的公共部分。若在相乘过程中有零极点相抵消,则收敛域可能会扩大。

卷积性质是离散时间 LTI 系统 z 域分析的基础,同时卷积性质将卷积和的运算转化为 z 域的乘法运算,为卷积和的计算提供了一种简便的算法。

9. z 域微分性质

若　$x(n) \leftrightarrow X(z)$,ROC:$R$

则　　　　　　　　　　　$nx(n) \leftrightarrow -z \dfrac{\mathrm{d}X(z)}{\mathrm{d}z}$,ROC=$R$　　　　　　　　　(9.16)

由于 $-z \dfrac{\mathrm{d}X(z)}{\mathrm{d}z}$ 的极点的位置与 $X(z)$ 的极点的位置相同,仅仅是阶数不同,因此它们的收敛域相同。这一性质可以通过将式(9.2)z 变换表达式两边对 z 进行微分,再乘以 $(-z)$ 来求得。

例 9.9　求信号 $x(n) = na^n u(n)$ 的 z 变换。

$$a^n u(n) \leftrightarrow \frac{1}{1-az^{-1}}, \quad |z| > |a|$$

$$na^n u(n) \leftrightarrow -z\frac{\mathrm{d}}{\mathrm{d}z}\left(\frac{1}{1-az^{-1}}\right) = \frac{az^{-1}}{(1-az^{-1})^2}, \quad |z| > |a|$$

10. 时域求和性质

若　$x(n) \leftrightarrow X(z)$，ROC：$R$

则
$$\sum_{k=-\infty}^{n} x(k) \leftrightarrow \frac{1}{1-z^{-1}} X(z), \quad \text{ROC 包含 } R \cap |z| > 1 \tag{9.17}$$

这是因为
$$\sum_{k=-\infty}^{n} x(k) = x(n) * u(n)$$

而
$$u(n) \leftrightarrow \frac{1}{1-z^{-1}}, \quad |z| > 1$$

利用卷积性质有
$$\sum_{k=-\infty}^{n} x(k) \leftrightarrow \frac{1}{1-z^{-1}} X(z), \quad \text{ROC 包含 } R \cap |z| > 1$$

11. 初值定理

若因果序列 $x(n)$ 的 z 变换为 $X(z)$，而且 $\lim\limits_{z \to \infty} X(z)$ 存在，则
$$x(0) = \lim_{z \to \infty} X(z) \tag{9.18}$$

证明：由于因果信号 $x(n)$ 的 z 变换可以表示为
$$X(z) = x(0) + x(1)z^{-1} + x(2)z^{-2} + \cdots$$

上式中右边除了第一项外，其余各项由于只包含 z 的负幂次项，因而当 $z \to \infty$ 时趋近于零，于是有
$$x(0) = \lim_{z \to \infty} X(z)$$

由初值定理我们知道，对于因果序列 $x(n)$，若初值有限，则 $X(\infty)$ 一定存在，即意味着在 $X(z)$ 的表达式中，其分母多项式的阶数一定大于等于分子多项式的阶数。

此外，对因果序列有
$$z[X(z) - x(0)] = x(1) + x(2)z^{-1} + x(3)z^{-2} + \cdots$$

所以
$$x(1) = \lim_{z \to \infty} z[X(z) - x(0)]$$

依此类推，可得
$$x(n) = \lim_{z \to \infty} z^n \left[X(z) - \sum_{k=0}^{n-1} x(k)z^{-k} \right] \tag{9.19}$$

这说明，利用式(9.19)可以直接从 $X(z)$ 递推出 $x(n)$ 的任何一点的值。

12. 终值定理

若因果序列 $x(n)$ 的 z 变换为 $X(z)$，而且 $X(z)$ 除了在 $z=1$ 允许有一阶极点外，其余极点均在单位圆内。

则
$$\lim_{n \to \infty} x(n) = \lim_{z \to 1} (z-1)X(z) \tag{9.20}$$

证明：由于 $x(n)$ 为因果序列，于是

$$\mathscr{Z}\{x(n+1)-x(n)\} = \sum_{n=-1}^{\infty} x(n+1)z^{-n} - \sum_{n=0}^{\infty} x(n)z^{-n}$$

则有

$$(z-1)X(z) = zx(0) + \sum_{n=0}^{\infty}[x(n+1)-x(n)]z^{-n}$$

两边取 $z \to 1$ 的极限，则有

$$\lim_{z \to 1}(z-1)X(z) = \lim_{z \to 1}\left\{zx(0) + \sum_{n=0}^{\infty}[x(n+1)-x(n)]z^{-n}\right\}$$

$$= x(0) + \sum_{n=0}^{\infty}[x(n+1)-x(n)]$$

$$= x(0) + [x(1)-x(0)+x(2)-x(1)+\cdots]$$

$$= x(\infty)$$

应该注意，只有当 $x(n)$ 的终值存在，才能保证 $\lim\limits_{z \to 1}(z-1)X(z)$ 收敛于终值。$X(z)$ 的极点在单位圆内，且在单位圆上只能在 $z=1$ 处有一阶极点，就保证了 $x(n)$ 的终值存在。例如信号 $x(n)=(a^n+1)u(n)$，$|a|<1$ 的 z 变换为

$$X(z) = \frac{1}{1-az^{-1}} + \frac{1}{1-z^{-1}} = \frac{2-(a+1)z^{-1}}{(1-az^{-1})(1-z^{-1})}$$

由终值定理可得

$$x(\infty) = \lim_{z \to 1}\left[(z-1)\frac{2-(a+1)z^{-1}}{(1-az^{-1})(1-z^{-1})}\right] = 1$$

显然，对于序列 $x(n)=(a^n+1)u(n)$，$|a|<1$，$x(n)$ 的终值为 1，与用终值定理求得的结果相同。但当 $|a|>1$ 时，则 $x(n)$ 的终值为无穷并不等于用终值定理求出的结果。这是因为当 $|a|>1$ 时，信号在单位圆外存在着极点，不符合终值定理的条件。因此在应用初值与终值定理时一定要注意前提条件。图 9.15 绘出了部分信号 z 变换的极点分布与信号特性的关系。从图中可以看出，只有当信号 $x(n)$ 的 z 变换除了在 $z=1$ 处有一阶极点外，其余极点均在单位圆内时，$x(n)$ 的终值才存在。

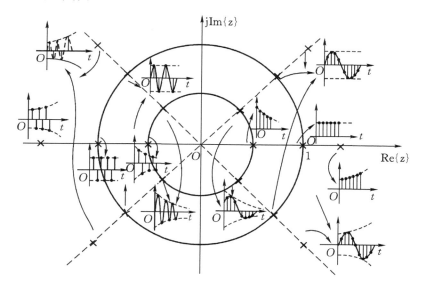

图 9.15　部分信号 z 变换的极点分布与信号特性的关系

初值和终值定理提供了一种在 z 域求时域的初值和终值的方法。利用这种方法,可以从信号的 z 变换中获得信号的初值和终值,这对于离散时间 LTI 系统的分析是十分有用的。

以上所讨论的 z 变换性质和定理均列于表 9.1 中,以便查阅。

表 9.1　z 变换的性质及定理

序号	性质	信号	z 变换	收敛域
0	定义	$x(n)$	$X(z) = \sum\limits_{n=-\infty}^{+\infty} x(n)z^{-n}$	R
1	线性	$ax_1(n)+bx_2(n)$	$aX_1(z)+bX_2(z)$	至少 $R_1 \bigcap R_2$
2	时移	$x(n-n_0)$	$z^{-n_0}X(z)$	R,但在原点或无穷远点可能加上或删除
3	频移	$e^{j\omega_0 n}x(n)$	$X(e^{-j\omega_0}z)$	R
		$(-1)^n x(n)$	$X(-z)$	R
4	z 域尺度变换	$z_0^n x(n)$	$X(z_0^{-1}z)$	$\|z_0\|R$
5	时间反转	$x(-n)$	$X(z^{-1})$	R 的倒置
6	卷积	$x_1(n) * x_2(n)$	$X_1(z)X_2(z)$	至少 $R_1 \bigcap R_2$
7	z 域微分	$nx(n)$	$-z\dfrac{dX(z)}{dz}$	R
8	求和	$\sum\limits_{k=-\infty}^{n} x(k)$	$\dfrac{1}{1-z^{-1}}X(z)$	至少是 R 和 $\|z\|>1$ 的相交部分
9	初值定理	$x(0) = \lim\limits_{z\to\infty} X(z)$		
10	终值定理	$x(\infty) = \lim\limits_{z\to 1}[(z-1)X(z)]$		

9.4　常用信号的 z 变换

为了便于 z 变换的计算,把一些常用信号的 z 变换列于表 9.2 中。对于这些信号的 z 变换,可以直接由 z 变换定义式计算,也可以根据一些简单信号的 z 变换,再应用 z 变换的性质求得。下面就后一种方法来讨论部分信号的 z 变换。

表 9.2　常用信号的 z 变换

序号	信号	z 变换	收敛域
1	$\delta(n)$	1	整个 z 平面
2	$u(n)$	$\dfrac{1}{1-z^{-1}}$	$\|z\|>1$
3	$-u(-n-1)$	$\dfrac{1}{1-z^{-1}}$	$\|z\|<1$
4	$\delta(n-m)$	z^{-m}	除去 $z=0(m>0)$ 或 $\|z\|=\infty(m<0)$ 的全部 z

序号	信号	z 变换	收敛域
5	$a^n u(n)$	$\dfrac{1}{1-az^{-1}}$	$\|z\| > \|a\|$
6	$-a^n u(-n-1)$	$\dfrac{1}{1-az^{-1}}$	$\|z\| < \|a\|$
7	$na^n u(n)$	$\dfrac{az^{-1}}{(1-az^{-1})^2}$	$\|z\| > \|a\|$
8	$-na^n u(-n-1)$	$\dfrac{az^{-1}}{(1-az^{-1})^2}$	$\|z\| < \|a\|$
9	$[\cos(\omega_0 n)]u(n)$	$\dfrac{1-(\cos\omega_0)z^{-1}}{1-(2\cos\omega_0)z^{-1}+z^{-2}}$	$\|z\| > 1$
10	$[\sin(\omega_0 n)]u(n)$	$\dfrac{(\sin\omega_0)z^{-1}}{1-(2\cos\omega_0)z^{-1}+z^{-2}}$	$\|z\| > 1$
11	$[r^n \cos(\omega_0 n)]u(n)$	$\dfrac{1-(r\cos\omega_0)z^{-1}}{1-(2r\cos\omega_0)z^{-1}+r^2 z^{-2}}$	$\|z\| > r$
12	$[r^n \sin(\omega_0 n)]u(n)$	$\dfrac{(r\sin\omega_0)z^{-1}}{1-(2r\cos\omega_0)z^{-1}+r^2 z^{-2}}$	$\|z\| > r$
13	$\dfrac{(n+1)(n+2)\cdots(n+m)}{m!}u(n)$	$\dfrac{1}{(1-z^{-1})^{m+1}}$	$\|z\| > 1$
14	$-\dfrac{(n+1)(n+2)\cdots(n+m)}{m!}u(-n-1)$	$\dfrac{1}{(1-z^{-1})^{m+1}}$	$\|z\| < 1$
15	$\dfrac{(n+1)(n+2)\cdots(n+m)}{m!}a^n u(n)$	$\dfrac{1}{(1-az^{-1})^{m+1}}$	$\|z\| > \|a\|$
16	$-\dfrac{(n+1)(n+2)\cdots(n+m)}{m!}a^n u(-n-1)$	$\dfrac{1}{(1-az^{-1})^{m+1}}$	$\|z\| < \|a\|$

1. 信号 $x(n) = \delta(n-m)$

由于　$\delta(n) \leftrightarrow 1$，ROC 为整个 z 平面

利用 z 变换的平移性质，可得

$$\delta(n-m) \leftrightarrow z^{-m}$$

除 $z=0(m>0)$ 或 $z=\infty(m<0)$ 外，收敛域为全部 z 平面。

2. 信号 $x(n) = -u(-n-1)$

因为信号 $u(-n-1)$ 可以看作是信号 $u(n-1)$ 的反转，而信号 $u(n-1)$ 又是信号 $u(n)$ 平移的结果。因此由平移性质有

$$u(n-1) \leftrightarrow \frac{z^{-1}}{1-z^{-1}}, \quad |z| > 1$$

再利用时间反转性质，可得

$$u(-n-1) \leftrightarrow \frac{z}{1-z} = -\frac{1}{1-z^{-1}}, \quad |z| < 1$$

所以　　　　　　　　$-u(-n-1) \leftrightarrow \dfrac{z}{1-z} = \dfrac{1}{1-z^{-1}}, \quad |z| < 1$

3. 信号 $x(n) = na^n u(n)$

因为　　　　　　　　$a^n u(n) \leftrightarrow \dfrac{1}{1-az^{-1}}, \quad |z| > |a|$

根据 z 域微分性质,可得

$$na^n u(n) \leftrightarrow -z \frac{\mathrm{d}}{\mathrm{d}z}\left(\frac{1}{1-az^{-1}}\right) = \frac{az^{-1}}{(1-az^{-1})^2}, \quad |z| > |a|$$

4. 信号 $x(n) = [\cos(\omega_0 n)]u(n)$

因为 $\quad x(n) = \dfrac{1}{2}(\mathrm{e}^{\mathrm{j}\omega_0 n} + \mathrm{e}^{-\mathrm{j}\omega_0 n})u(n)$

应用频移性质,有

$$\mathrm{e}^{\mathrm{j}\omega_0 n}u(n) \leftrightarrow U(\mathrm{e}^{-\mathrm{j}\omega_0}z) = \frac{1}{1-\mathrm{e}^{\mathrm{j}\omega_0}z^{-1}}, \quad |z| > 1$$

$$\mathrm{e}^{-\mathrm{j}\omega_0 n}u(n) \leftrightarrow U(\mathrm{e}^{\mathrm{j}\omega_0}z) = \frac{1}{1-\mathrm{e}^{-\mathrm{j}\omega_0}z^{-1}}, \quad |z| > 1$$

所以 $\qquad X(z) = \dfrac{1-\cos\omega_0 z^{-1}}{1-(2\cos\omega_0)z^{-1}+z^{-2}}, \quad |z| > 1$

5. 信号 $x(n) = [r^n \cos(\omega_0 n)]u(n)$

由于 $\quad [\cos(\omega_0 n)]u(n) \leftrightarrow \dfrac{1-\cos\omega_0 z^{-1}}{1-(2\cos\omega_0)z^{-1}+z^{-2}}, \quad |z| > 1$

因此,利用 z 域尺度变换性质,有

$$[r^n \cos(\omega_0 n)]u(n) \leftrightarrow \frac{1-r\cos\omega_0 z^{-1}}{1-2r\cos\omega_0 z^{-1}+r^2 z^{-2}}, \quad |z| > r$$

9.5 z 反变换

9.5.1 z 反变换的定义

我们知道信号 $x(n)$ 的 z 变换可以看成 $x(n)r^{-n}$ 的离散时间傅里叶变换,通过傅里叶反变换的定义有

$$x(n)r^{-n} = \frac{1}{2\pi}\int_{2\pi} X(r\mathrm{e}^{\mathrm{j}\omega})\mathrm{e}^{\mathrm{j}\omega n}\,\mathrm{d}\omega$$

或者

$$x(n) = \frac{1}{2\pi}\int_{2\pi} X(r\mathrm{e}^{\mathrm{j}\omega})r^n\mathrm{e}^{\mathrm{j}\omega n}\,\mathrm{d}\omega$$

取 $z = r\mathrm{e}^{\mathrm{j}\omega}$,$r$ 固定不变,则有 $\mathrm{d}z = \mathrm{j}r\mathrm{e}^{\mathrm{j}\omega}\mathrm{d}\omega = \mathrm{j}z\mathrm{d}\omega$,即 $\mathrm{d}\omega = \dfrac{1}{\mathrm{j}}z^{-1}\mathrm{d}z$。因为上式积分是对 ω 在整个 2π 区间内进行,利用 $z = r\mathrm{e}^{\mathrm{j}\omega}$ 作积分变量后就相当于沿着 $|z| = r$ 的圆环绕一周,因此有

$$x(n) = \frac{1}{2\pi\mathrm{j}}\oint_c X(z)z^{n-1}\,\mathrm{d}z \tag{9.21}$$

其中,$\oint_c$ 代表逆时针沿着中心在原点、半径为 r 的圆作圆周积分,r 是使 $X(z)$ 收敛的径向长度。式(9.21)就是 z 反变换的表达式,它与式(9.2)一起构成了 z 变换对,即

$$x(n) = \frac{1}{2\pi\mathrm{j}}\oint_c X(z)z^{n-1}\,\mathrm{d}z$$

$$X(z) = \sum_{n=-\infty}^{+\infty} x(n)z^{-n}$$

式(9.21)表明,信号可以在 z 域分解为复指数信号的线性加权组合,这些复指数分量分布在一个圆周上,每个复指数分量的幅度为 $\dfrac{1}{2\pi j}\dfrac{X(z)}{z}dz$。显然,用式(9.21)来求 z 反变换要利用 z 平面的圆周积分。通常对有理 z 变换,求 z 反变换更方便的方法是幂级数展开法和部分分式展开法。下面就这两种方法进行讨论。

9.5.2 幂级数展开法

幂级数展开法是通过将 z 变换 $X(z)$ 展开成 z 的幂级数形式,进而求出 z 反变换。由式 (9.2)我们知道信号 $x(n)$ 的 z 变换

$$
\begin{aligned}
X(z) &= \sum_{n=-\infty}^{+\infty} x(n)z^{-n} \\
&= \cdots + x(-1)z + x(0) + x(1)z^{-1} + x(2)z^{-2} + \cdots + x(n)z^{-n} + \cdots
\end{aligned}
$$

就是 z 的幂级数展开,并且幂级数展开式通项的系数就是要求的时间信号 $x(n)$。因此只要将 $x(n)$ 的 z 变换展开为上述幂级数形式,就可以得到时间信号 $x(n)$。

对于有理 z 变换 $X(z)$ 的幂级数展开可以借助于代数中的长除法进行,即将 $X(z)$ 的分子和分母多项式按 z 的降幂或升幂排列,然后用分子多项式除以分母多项式,所得的商就是 $X(z)$ 的幂级数展开式。通常,由于右边序列的展开式中应包含无数多个 z 的负幂项,所以要按降幂长除;左边序列的展开式中应包含无数多个 z 的正幂项,所以要按升幂长除;对于双边序列则先要根据收敛域将其分成两部分,右边部分与左边部分,再分别按上述原则长除。

例 9.10 已知 $X(z) = \dfrac{1 + \dfrac{1}{2}z^{-1}}{1 - \dfrac{3}{2}z^{-1} + \dfrac{1}{2}z^{-2}}$,$|z| > 1$,求 $x(n)$。

由于 $X(z)$ 的收敛域为 $|z| > 1$,所以 $X(z)$ 所对应的时域信号 $x(n)$ 一定是一个右边信号,幂级数展开式中应含有 z 的负幂次项。因此对 $X(z)$ 用长除法展开成幂级数时,分子和分母多项式都应按降幂排列,即

$$
\begin{array}{r}
1 + 2z^{-1} + \dfrac{5}{2}z^{-2} + \cdots \\[4pt]
1 - \dfrac{3}{2}z^{-1} + \dfrac{1}{2}z^{-2}\,\overline{\Big)\ 1 + \dfrac{1}{2}z^{-1}\qquad\qquad\qquad} \\[4pt]
\underline{1 - \dfrac{3}{2}z^{-1} + \dfrac{1}{2}z^{-2}}\qquad\qquad \\[4pt]
2z^{-1} - \dfrac{1}{2}z^{-2}\qquad\qquad \\[4pt]
\underline{2z^{-1} - 3z^{-2} + z^{-3}}\qquad\qquad \\[4pt]
\dfrac{5}{2}z^{-2} - z^{-3}\qquad\qquad \\[4pt]
\underline{\dfrac{5}{2}z^{-2} - \dfrac{15}{4}z^{-3} + \dfrac{5}{4}z^{-4}} \\[4pt]
\dfrac{11}{4}z^{-3} - \dfrac{5}{4}z^{-4}
\end{array}
$$

所以，$n<0,x(n)=0,x(0)=1,x(1)=2,x(3)=\dfrac{5}{2},\cdots$

　　如果上题中，收敛域变为 $|z|<\dfrac{1}{2}$，那么 $X(z)$ 所对应的时域信号 $x(n)$ 是一个左边信号，幂级数展开式中应含有 z 的正幂项。此时对 $X(z)$ 进行幂级数展开，分子和分母多项式都必须按升幂排列，即

$$
\begin{array}{r}
z+5z^2+13z^3+\cdots \\[4pt]
\tfrac{1}{2}z^{-2}-\tfrac{3}{2}z^{-1}+1 \overline{\smash{\big)}\ \tfrac{1}{2}z^{-1}+1} \\
\end{array}
$$

$$
\begin{aligned}
&\tfrac{1}{2}z^{-1}+1 \\
&\tfrac{1}{2}z^{-1}-\tfrac{3}{2}+z \\
\hline
&\tfrac{5}{2}-z \\
&\tfrac{5}{2}-\tfrac{15}{2}z+5z^2 \\
\hline
&\tfrac{13}{2}z-5z^2 \\
&\tfrac{13}{2}z-\tfrac{39}{2}z^2+13z^3 \\
\hline
&\tfrac{29}{2}z^2-13z^3
\end{aligned}
$$

因此，$n\geqslant 0,x(n)=0,x(-1)=1,x(-2)=5,x(-3)=13,\cdots$

　　值得注意：如果 z 变换 $X(z)$ 的收敛域是一个环形区域（即所对应的时域信号为双边信号），必须先根据收敛域把 $X(z)$ 分为一个左边信号与一个右边信号之和，再分别应用幂级数展开法。例如，双边信号

$$
X(z)=\frac{1+\dfrac{1}{2}z^{-1}}{1-\dfrac{5}{6}z^{-1}+\dfrac{1}{6}z^{-2}},\ \frac{1}{3}<|z|<\frac{1}{2}
$$

在用幂级数展开法求 z 反变换时，先把 $X(z)$ 分为一个左边信号与一个右边信号之和，即

$$
X(z)=\frac{6}{1-\dfrac{1}{2}z^{-1}}-\frac{5}{1-\dfrac{1}{3}z^{-1}}
$$

第一部分的收敛域为 $|z|<\dfrac{1}{2}$，表明信号为左边信号，因此长除时按升幂长除，而第二部分的收敛域为 $|z|>\dfrac{1}{3}$，表明信号为右边信号，因此长除时按降幂长除。

　　由于幂级数展开法采用长除形式，只能得到时间信号 $x(n)$ 的若干个值，因此不容易据此写出 $x(n)$ 的表达式。

　　在用计算机计算 $X(z)$ 的反变换时，就是基于分子多项式长除分母多项式运算的。

9.5.3 部分分式展开法

z 变换的部分分式展开法和拉氏变换的部分分式展开法相同,是将 $X(z)$ 展开为部分分式之和,再根据 $X(z)$ 的收敛域是各项分式收敛域的公共部分,来确定各项分式的收敛域。然后再分别对每项分式进行 z 反变换,从而得到离散时间信号 $x(n)$。

例 9.11 对例 9.10 中的 z 变换

$$X(z) = \frac{1 + \frac{1}{2}z^{-1}}{1 - \frac{3}{2}z^{-1} + \frac{1}{2}z^{-2}}, \ |z| > 1$$

若用部分分式展开, 有

$$X(z) = -\frac{2}{1 - \frac{1}{2}z^{-1}} + \frac{3}{1 - z^{-1}}$$

因为 $X(z)$ 的收敛域为 $|z| > 1$, 所以各项分式的收敛域可确定为

$$X_1(z) = -\frac{2}{1 - \frac{1}{2}z^{-1}}, \ |z| > \frac{1}{2}$$

$$X_2(z) = \frac{3}{1 - z^{-1}}, \ |z| > 1$$

由表 9.2 可得各项分式的反变换为

$$x_1(n) = -2\left(\frac{1}{2}\right)^n u(n)$$

$$x_2(n) = 3u(n)$$

因此

$$x(n) = -2\left(\frac{1}{2}\right)^n u(n) + 3u(n)$$

如果 $X(z)$ 的收敛域不是 $|z| > 1$, 而是 $|z| < \frac{1}{2}$, 那么

$$X_1(z) = -\frac{2}{1 - \frac{1}{2}z^{-1}}, \ |z| < \frac{1}{2}$$

$$X_2(z) = \frac{3}{1 - z^{-1}}, \ |z| < 1$$

此时

$$x_1(n) = 2\left(\frac{1}{2}\right)^n u(-n-1)$$

$$x_2(n) = -3u(-n-1)$$

因此

$$x(n) = \left[2\left(\frac{1}{2}\right)^n - 3\right]u(-n-1)$$

如果 $X(z)$ 的收敛域为 $\frac{1}{2} < |z| < 1$, 则有

$$X_1(z) = -\frac{2}{1 - \frac{1}{2}z^{-1}}, \ |z| > \frac{1}{2}$$

$$X_2(z) = \frac{3}{1 - z^{-1}}, \ |z| < 1$$

此时
$$x_1(n) = -2\left(\frac{1}{2}\right)^n u(n)$$

$$x_2(n) = -3u(-n-1)$$

所以
$$x(n) = -2\left(\frac{1}{2}\right)^n u(n) - 3u(-n-1)$$

9.6　离散时间 LTI 系统的 z 域分析

如同连续时间 LTI 系统的 s 域分析一样,对离散时间 LTI 系统也可以在 z 域展开分析。

9.6.1　z 域分析法

对图 9.16 所示的离散时间 LTI 系统,若采用时域法进行分析,则有

$$y(n) = x(n) * h(n) \tag{9.22}$$

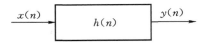

图 9.16　离散时间 LTI 系统

若采用频域分析法,则有

$$Y(e^{j\omega}) = X(e^{j\omega})H(e^{j\omega}) \tag{9.23}$$

计算出 $y(n)$ 的傅里叶变换 $Y(e^{j\omega})$,然后对 $Y(e^{j\omega})$ 进行反变换求得系统的输出 $y(n)$。

如果使用 z 域分析法,可以通过对式(9.22)进行 z 变换,应用卷积性质有

$$Y(z) = X(z)H(z) \tag{9.24}$$

先由式(9.24)计算出 $y(n)$ 的 z 变换 $Y(z)$,再通过 z 反变换求出系统的输出 $y(n)$。

显然,z 域分析法与频域分析法类似,都是将时域分析问题转换到另一个域进行。事实上,当 $z = e^{j\omega}$(即 z 变换在单位圆上求值时),z 域分析就是频域分析,此时的 $H(z)$ 就是离散时间 LTI 系统的频率响应。当 $z = re^{j\omega}$ 为一般情况时,$H(z)$ 称为离散时间 LTI 系统的系统函数或转移函数。系统函数 $H(z)$ 定义为

$$H(z) \triangleq \mathscr{Z}\{h(n)\} \ \text{或} \ H(z) \triangleq \frac{Y(z)}{X(z)} \tag{9.25}$$

和连续时间 LTI 系统的系统函数 $H(s)$ 一样,离散时间 LTI 系统的系统函数 $H(z)$ 与它的收敛域一起可以完整地表征一个系统。借助于系统函数 $H(z)$,可以求出系统的单位脉冲响应 $h(n)$,并在给定系统输入的情况下求得系统的输出,反之亦然。例如:若某个离散时间 LTI 系统的系统函数为

$$H(z) = \frac{2 + z^{-1}}{(1 + 2z^{-1})(1 - z^{-1})}, \ |z| > 2$$

$$= \frac{1}{1 - z^{-1}} + \frac{1}{1 + 2z^{-1}}$$

则该系统的单位脉冲响应 $h(n)$ 为

$$h(n) = [1 + (-2)^n]u(n)$$

如果该系统的输入信号 $x(n) = \left(-\dfrac{1}{2}\right)^n u(n)$，其 z 变换 $X(z)$ 为

$$X(z) = \frac{1}{1 + \dfrac{1}{2}z^{-1}}, \ |z| > \frac{1}{2}$$

此时系统输出 $y(n)$ 的 z 变换为

$$Y(z) = X(z)H(z) = \frac{2}{(1 - z^{-1})(1 + 2z^{-1})}, \ |z| > 2$$

$$= \frac{2/3}{1 - z^{-1}} + \frac{4/3}{1 + 2z^{-1}}$$

系统的输出 $y(n)$ 为

$$y(n) = \left[\frac{2}{3} + \frac{4}{3}(-2)^n\right]u(n)$$

如果已知上述系统的输出 $y(n) = [1 + 2(-2)^n]u(n)$，其 z 变换为

$$Y(z) = \frac{1}{1 - z^{-1}} + \frac{2}{1 + 2z^{-1}} = \frac{3}{(1 - z^{-1})(1 + 2z^{-1})}, \ |z| > 2$$

那么系统的输入信号 $x(n)$ 的 z 变换 $X(z)$ 为

$$X(z) = \frac{Y(z)}{H(z)} = \frac{\dfrac{3}{2}}{1 + \dfrac{1}{2}z^{-1}}, \ |z| > \frac{1}{2}$$

因此输入信号 $x(n)$ 是

$$x(n) = \frac{3}{2}\left(-\frac{1}{2}\right)^n u(n)$$

系统函数 $H(z)$ 在 z 域分析中起着非常重要的作用。借助于 $H(z)$ 在 z 平面的零极点分布和收敛域的研究，我们可以确定系统的因果性和稳定性。对一个因果系统来讲，即当 $n < 0$ 时，$h(n) = 0$，单位脉冲响应 $h(n)$ 为一个因果序列，由收敛域特征 4 可知，系统函数 $H(z)$ 的收敛域一定在最外部极点的外部，并且包括 $|z| = \infty$。对一个稳定系统来讲，单位脉冲响应 $h(n)$ 一定是绝对可和的，即 $\displaystyle\sum_{n=-\infty}^{+\infty} |h(n)| < \infty$，在这种情况下，$h(n)$ 的离散时间傅里叶变换 $H(e^{j\omega})$ 一定存在，即 $H(e^{j\omega}) = H(z)|_{z=e^{j\omega}}$，所以一个稳定系统，其系统函数的收敛域一定包含单位圆。

例 9.12 某因果稳定离散时间 LTI 系统的单位脉冲响应为

$$h(n) = \left[3\left(\frac{2}{3}\right)^n - 2\left(\frac{1}{3}\right)^n\right]u(n)$$

求其系统函数及收敛域。

解 由于

$$H(z) = \frac{3}{1 - \dfrac{2}{3}z^{-1}} - \frac{2}{1 - \dfrac{1}{3}z^{-1}} = \frac{1 + \dfrac{1}{3}z^{-1}}{\left(1 - \dfrac{2}{3}z^{-1}\right)\left(1 - \dfrac{1}{3}z^{-1}\right)}, \ |z| > \frac{2}{3}$$

系统函数有两个极点,分别为 $z=\dfrac{1}{3}, z=\dfrac{2}{3}$,均在单位圆内。由于系统是因果的,故其收敛域应在最外部极点的外部,并且系统还是稳定的,收敛域应包含单位圆。所以该系统的收敛域为 $|z|>\dfrac{2}{3}$。

综上分析可得:一个因果稳定的离散时间 LTI 系统,其系统函数的全部极点一定位于 z 平面的单位圆内。

9.6.2　系统函数

相当广泛的离散时间 LTI 系统都可以用一个具有零初始条件的 N 阶线性常系数差分方程来表征,其一般表示式为

$$\sum_{k=0}^{N} a_k y(n-k) = \sum_{k=0}^{M} b_k x(n-k) \tag{9.26}$$

若对方程两边进行 z 变换,则有

$$\sum_{k=0}^{N} a_k Y(z) z^{-k} = \sum_{k=0}^{M} b_k X(z) z^{-k}$$

其中:$X(z), Y(z)$ 分别是系统输入信号 $x(n)$ 和输出响应 $y(n)$ 的 z 变换,于是有

$$H(z) = \frac{Y(z)}{X(z)} = \frac{\displaystyle\sum_{k=0}^{M} b_k z^{-k}}{\displaystyle\sum_{k=0}^{N} a_k z^{-k}} \tag{9.27}$$

式(9.27)说明由线性常系数差分方程所表征的系统,其系统函数一定是 z 的有理函数。在式(9.27)中并没有给出系统函数 $H(z)$ 的收敛域,事实上,存在着两种或两种以上的单位脉冲响应,它们都满足式(9.26)的差分方程。这意味着,差分方程本身并没有包含收敛域的信息。因此,在用差分方程表征系统时,必须指出差分方程是否具有零初始条件或指出系统的因果性、稳定性等限制条件,只有这样差分方程才能完整地描述一个系统。

例 9.13　求由线性常系数差分方程

$$y(n) - \frac{5}{6} y(n-1) + \frac{1}{6} y(n-2) = x(n) - x(n-1)$$

所描述的离散时间 LTI 因果系统的系统函数。

解　对方程两边进行 z 变换有

$$Y(z) - \frac{5}{6} z^{-1} Y(z) + \frac{1}{6} z^{-2} Y(z) = X(z) - z^{-1} X(z)$$

因此

$$H(z) = \frac{1-z^{-1}}{1 - \dfrac{5}{6} z^{-1} + \dfrac{1}{6} z^{-2}} = \frac{1-z^{-1}}{\left(1 - \dfrac{1}{2} z^{-1}\right)\left(1 - \dfrac{1}{3} z^{-1}\right)},$$

系统函数有两个极点,分别为 $z=\dfrac{1}{3}, z=\dfrac{1}{2}$,由于系统是因果的,故其收敛域应在最外部极点的外部,故此收敛域为 $|z|>\dfrac{1}{2}$。并且该系统还是稳定的。

描述一个离散时间 LTI 系统除了用差分方程外,还可以用方框图、零极点图等方式。图 9.17(a) 是一个二阶因果系统的框图结构,对该图中输入输出端的加法器分别列方程可得:

$$W(z) = X(z) - \frac{1}{2}z^{-1}W(z) - z^{-2}W(z)$$

$$Y(z) = W(z) + 2z^{-1}W(z) + 3z^{-2}W(z)$$

其中 $W(z)$ 为建立方程所引入的中间参量。

联立方程可得该系统的系统函数为

$$H(z) = \frac{1 - 2z^{-1} + z^{-2}}{1 + 3z^{-1} + 2z^{-2}}, \quad |z| > 2$$

图 9.17(b)是由零级点图所描述的系统,由零极点图可写出其系统函数为

$$H(z) = H_0 \frac{1 + \frac{1}{2}z^{-1}}{\left(1 - \frac{1}{2}z^{-1}\right)\left(1 + \frac{1}{3}z^{-1}\right)}, \quad |z| > \frac{1}{2}$$

其中 H_0 为一常数。若有其他条件可确定 H_0 的取值,则系统函数 $H(z)$ 可以完全确定。

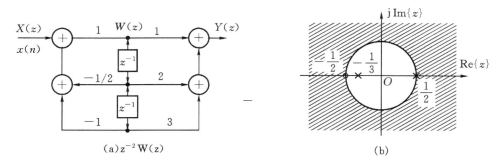

图 9.17　(a)一个二阶因果系统;(b)某一系统函数的 ROC 及零极点图

9.6.3　系统的级联与并联结构

一个离散时间 LTI 系统,其系统函数一般可以表示成

$$H(z) = \frac{b_0 + b_1 z^{-1} + \cdots + b_M z^{-M}}{a_0 + a_1 z^{-1} + \cdots + a_N z^{-N}} \tag{9.28}$$

其中:a_k, b_k 均为实数,M, N 均为正整数。

与连续时间系统函数一样,$H(z)$ 也可以表示成关于 z^{-1} 的一阶和二阶多项式的乘积之比(假设 $M = N, p = q$),即

$$H(z) = \frac{b_0}{a_0} \prod_{k=1}^{p} \frac{1 + \beta_{1k} z^{-1} + \beta_{2k} z^{-2}}{1 + \alpha_{1k} z^{-1} + \alpha_{2k} z^{-2}} \cdot \prod_{k=1}^{N-2p} \frac{1 + \mu_k z^{-1}}{1 + \eta_k z^{-1}} \tag{9.29}$$

所以,离散时间 LTI 系统也能够用一阶和二阶系统的级联来实现。其中每个一阶和二阶系统的系统函数 $H_{1k}(z)$ 和 $H_{2k}(z)$ 分别是

$$H_{1k}(z) = \frac{1 + \mu_k z^{-1}}{1 + \eta_k z^{-1}} \tag{9.30}$$

和

$$H_{2k}(z) = \frac{1 + \beta_{1k} z^{-1} + \beta_{2k} z^{-2}}{1 + \alpha_{1k} z^{-1} + \alpha_{2k} z^{-2}} \tag{9.31}$$

对应的差分方程分别为

$$y(n) + \eta_k y(n-1) = x(n) + \mu_k x(n-1)$$

和
$$y(n) + \alpha_{1k}y(n-1) + \alpha_{2k}y(n-2) = x(n) + \beta_{1k}x(n-1) + \beta_{2k}x(n-2)$$
其方框图结构如图 9.18 所示。

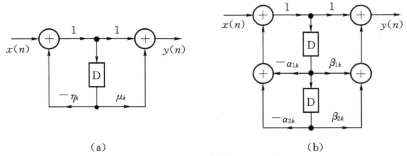

(a)　　　　　　　　　　　　　　　(b)

图 9.18　级联情况下离散时间系统的直接 II 型结构

(a)一阶系统；(b)二阶系统

　　如果我们把式(9.29)进行部分分式展开,并合并共轭成对项(假设分母多项式没有重根且 $M=N$),则有

$$H(z) = \frac{b_0}{a_0} + \sum_{k=1}^{p} \frac{\gamma_{0k} + \gamma_{1k}z^{-1}}{1 + \alpha_{1k}z^{-1} + \alpha_{2k}z^{-2}} + \sum_{k=1}^{N-2p} \frac{A_k}{1 + \eta_k z^{-1}} \tag{9.32}$$

所以,离散时间 LTI 系统也能够用一阶和二阶系统的并联来实现。其中每个一阶和二阶系统的系统函数 $H_{1k}(z)$ 和 $H_{2k}(z)$ 分别是

$$H_{1k}(z) = \frac{A_k}{s + \eta_k z^{-1}} \tag{9.33}$$

和

$$H_{2k}(z) = \frac{\gamma_{0k} + \gamma_{1k}z^{-1}}{1 + \alpha_{1k}z^{-1} + \alpha_{2k}z^{-2}} \tag{9.34}$$

对应的差分方程分别为
$$y(n) + \eta_k y(n-1) = A_k x(n)$$
和
$$y(n) + \alpha_{1k}y(n-1) + \alpha_{2k}y(n-2) = \gamma_{0k}x(n) + \gamma_{1k}x(n-1)$$
其方框图结构如图 9.19 所示。

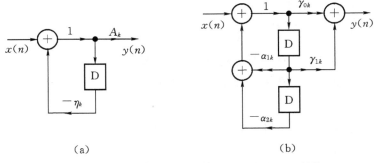

(a)　　　　　　　　　　　　　　　(b)

图 9.19　并联情况下离散时间系统的直接 II 型结构

(a)一阶系统；(b)二阶系统

最后需要指出,对一个给定的系统函数 $H(s)$ 或 $H(z)$,实现它的级联和并联结构并不是唯一的。例如对于级联结构,选取不同的组合将会导致不同参数的级联结构。

9.7 用零极点图分析离散时间 LTI 系统的时域特性

离散时间 LTI 系统的系统函数 $H(z)$ 通常可以表示为一个有理函数,即

$$H(z) = \frac{b_0 + b_1 z^{-1} + \cdots + b_M z^{-M}}{a_0 + a_1 z^{-1} + \cdots + a_N z^{-N}} \tag{9.35}$$

其中:a_k, b_k 均为实数,M, N 均为正整数。

如果系统函数 $H(z)$ 的分子多项式的阶数大于等于分母多项式的阶数(即 $M \geqslant N$)时,用长除法可以将 $H(z)$ 化为如下形式:

$$H(z) = c_0 + c_1 z^{-1} + \cdots + c_{M-N} z^{-(M-N)} + H_1(z) \tag{9.36}$$

其中,$H_1(z)$ 是一个有理真分式。在式(9.36)中,除了 $H_1(z)$ 项外,其余各项的 z 反变换均为单位脉冲函数及它的时移。因此,与连续时间的情况一样,我们只须考虑系统函数为有理真分式的情况(即 $M < N$)。

假定 $z_k (k = 1, 2, \cdots, M)$ 和 $p_k (k = 1, 2, \cdots, N)$ 分别是系统函数 $H(z)$ 的零点和极点,则系统函数总能根据其零极点的分布表示为

$$H(z) = H_0 \frac{\prod\limits_{k=1}^{M} (1 - z_k z^{-1})}{\prod\limits_{k=1}^{N} (1 - p_k z^{-1})}, \quad H_0 \text{ 为实数} \tag{9.37}$$

假定 $H(z)$ 的极点均为一阶的,则 $H(z)$ 的部分分式展开为

$$H(z) = \sum_{k=1}^{N} \frac{A_k}{1 - p_k z^{-1}} = \sum_{k=1}^{N} H_k(z) \tag{9.38}$$

此时系统的单位脉冲响应 $h(n)$ 为

$$h(t) = \sum_{k=1}^{N} h_k(n) = \sum_{k=1}^{N} A_k p_k^n u(n)$$

若 $H(z)$ 中有高阶极点,假设 p_1 为 $r(r > 1)$ 阶极点,其余极点均为单阶极点,则有

$$H(z) = \sum_{k=1}^{r} \frac{B_k}{(1 - p_1 z^{-1})^k} + \sum_{k=r+1}^{N} \frac{A_k}{1 - p_k z^{-1}} \tag{9.39}$$

则系统的单位脉冲响应 $h(n)$ 为

$$h(n) = \sum_{k=1}^{r} \frac{A_k (n+1)(n+2) + \cdots + (n+k-1)}{(k-1)!} p_1^n u(n) + \sum_{k=2}^{N} A_k p_k^n u(n)$$

显然,与连续时间的情况一样,系统函数 $H(z)$ 的极点决定了 $h(n)$ 的特性,而零点只影响 $h(n)$ 的幅值和相位。下面我们就极点分布的两种情况讨论 $H(z)$ 的极点分布与 $h(n)$ 的关系。

1. 在单位圆内的极点

单位圆内的极点可以分为实极点与共轭极点两种类型。如果 $H(z)$ 有一阶实极点 α,那么 $H(z)$ 的展开式中将含有

$$H_k(z) = \frac{A_k}{1 - \alpha z^{-1}}$$

项,其中 A_k 为常数。则其所对应的单位脉冲响应为

$$h_k(n) = A_k \alpha^n u(n)$$

由于 $|\alpha| < 1$,因此 $h_k(n)$ 是衰减的。而且极点越靠近原点衰减得越快。图 9.20(a)和(b)分别绘出了 $0 < \alpha < 1$ 和 $-1 < \alpha < 0$ 时,$h_k(n)$ 对应的波形。

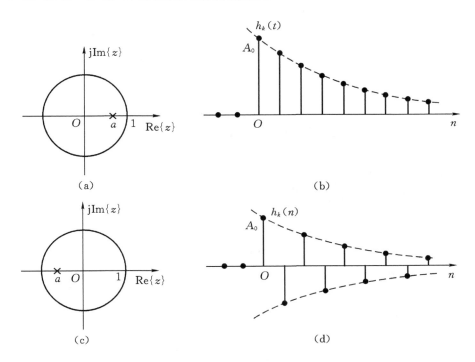

图 9.20　单位圆内的一阶极点

(a)极点 $a > 0$ 的情况;(b)极点 $a < 0$ 的情况

如果系统函数 $H(z)$ 在单位圆内有两阶实极点 α,则 $H(z)$ 的展开式中必定包含

$$H_k(z) = \frac{A_0}{1 - \alpha z^{-1}} + \frac{A_1}{(1 - \alpha z^{-1})^2}, \quad A_0, A_1 \text{ 为常数}$$

其 z 反变换为

$$h_k(n) = A_0 \alpha^n u(n) + A_1(n+1)\alpha^n u(n)$$

由于 $|\alpha| < 1$,所以当 n 较大时 $h_k(n)$ 仍是衰减的。当 n 趋于 ∞ 时,$h_k(n)$ 趋于 0。

除实极点外,系统函数 $H(z)$ 在单位圆内还可以有共轭成对分布的复数极点。假定单位圆内有一对共轭极点 $re^{\pm j\omega_0}$ 如图 9.21(a)所示,则 $H(z)$ 的展开式中必定含有

$$H_k(z) = \frac{A_k}{1 - re^{j\omega_0} z^{-1}} + \frac{A_k^*}{1 - re^{-j\omega_0} z^{-1}}, \quad A_k = |A_k| e^{j\theta_k} \text{ 为复常数}$$

其 z 反变换为

$$h_k(n) = A_k r^n e^{j\omega_0 n} u(n) + A_k^* r^n e^{-j\omega_0 n} u(n)$$

$$= r^n [A_k e^{j\omega_0 n} + A_k^* e^{-j\omega_0 n}] u(n) = 2|A_k| r^n [\cos(\omega_0 n + \theta_k)] u(n)$$

波形如图 9.21(b)所示,它是一个指数衰减的正弦序列。r 决定着衰减的快慢,r 越小衰减越

快;而 ω_0 决定着正弦振荡的角频率。如果在单位圆内有高阶共轭极点,所对应的单位脉冲响应在 n 较大时仍是衰减的。不再赘述。

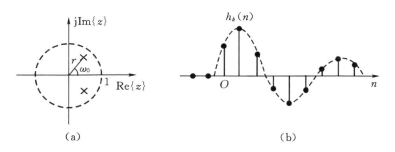

图 9.21　(a)单位圆内的一阶共轭极点;(b)系统的单位脉冲响应

2. 在单位圆上的一阶极点

在单位圆上的实极点只有 1 或 -1。如果系统函数 $H(z)$ 在单位圆上有一阶实极点,则 $H(z)$ 的展开式中一定包含

$$H_k(z) = \frac{A_k}{1 \pm z^{-1}}, \qquad A_k \text{ 为常数}$$

相应的单位脉冲响应分量为

$$h_k(n) = A_k \, (\pm 1)^n u(n)$$

如果 $H(z)$ 在单位圆上有图 9.22(a)所示的一阶共轭极点 $\mathrm{e}^{\pm\mathrm{j}\omega_0}$,则 $H(z)$ 展开式中必有

$$H_k(z) = \frac{A_k}{1 - \mathrm{e}^{\mathrm{j}\omega_0} z^{-1}} + \frac{A_k^*}{1 - \mathrm{e}^{-\mathrm{j}\omega_0} z^{-1}}, \qquad A_k = |A_k| \, \mathrm{e}^{\mathrm{j}\theta_k}$$

其 z 反变换为

$$h_k(n) = 2 \, |A_k| \, \cos(\omega_0 n + \theta_k) u(n)$$

它是一个正弦振荡序列,其波形如图 9.22(b)所示。

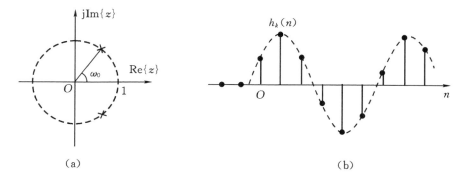

图 9.22　(a)单位圆上的一阶共轭极点;(b)系统的单位脉冲响应

至于单位圆上的高阶极点和单位圆外的极点对应的单位脉冲响应分量,当 n 趋于 ∞ 时均趋于无穷大。不再赘述。

综上所述,可以得到与连续时间 LTI 系统完全类似的结论:离散时间 LTI 系统的单位脉冲响应 $h(n)$ 取决于系统函数 $H(z)$ 的零极点在 z 平面上的分布状况。极点的位置决定 $h(n)$ 的特性,而零点的位置决定 $h(n)$ 的幅度与相位。如果系统函数 $H(z)$ 的分子多项式的阶数大于等于分母多项式的阶数(即 $M \geq N$ 时),$h(n)$ 中将含有脉冲函数及它的时移。

9.8 用零极点图分析离散时间 LTI 系统的频域特性

一个离散时间 LTI 系统的系统函数总可以通过对分子、分母多项式的因式分解而表示为

$$H(z) = H_0 \frac{\prod\limits_{k=1}^{M}(1 - z_k z^{-1})}{\prod\limits_{k=1}^{N}(1 - p_k z^{-1})} = H_0 z^{N-M} \frac{\prod\limits_{k=1}^{M}(z - z_k)}{\prod\limits_{k=1}^{N}(z - p_k)} \tag{9.40}$$

其中,z_k 为系统的零点,p_k 为系统的极点。$z^{(N-M)}$ 表示:$N > M$ 时,$H(z)$ 在原点处有 $N-M$ 阶零点;$N < M$ 时,$H(z)$ 在原点处有 $M-N$ 阶极点。

系统稳定时,$H(\mathrm{e}^{\mathrm{j}\omega}) = H(z)|_{z=\mathrm{e}^{\mathrm{j}\omega}}$,式(9.40)可改写为

$$H(\mathrm{e}^{\mathrm{j}\omega}) = H_0 \mathrm{e}^{\mathrm{j}\omega(N-M)} \frac{\prod\limits_{k=1}^{M}(\mathrm{e}^{\mathrm{j}\omega} - z_k)}{\prod\limits_{k=1}^{N}(\mathrm{e}^{\mathrm{j}\omega} - p_k)} = |H(\mathrm{e}^{\mathrm{j}\omega})| \mathrm{e}^{\mathrm{j}\varphi(\omega)} \tag{9.41}$$

其中 $\mathrm{e}^{\mathrm{j}\omega(N-M)}$ 表示模为 1,相位为 $\omega(N-M)$ 的复函数;$\mathrm{e}^{\mathrm{j}\omega} - z_k$、$\mathrm{e}^{\mathrm{j}\omega} - p_k$ 可以看作是在 z 平面上从零点、极点分别向单位圆上的一点所作的向量,称之为零点向量与极点向量,表示为

$$\mathrm{e}^{\mathrm{j}\omega} - p_k = A_k \mathrm{e}^{\mathrm{j}\varphi_k}, \quad \mathrm{e}^{\mathrm{j}\omega} - z_k = B_k \mathrm{e}^{\mathrm{j}\theta_k}$$

其中,A_k,B_k 分别是极点向量和零点向量的模,它们是从极点 p_k 和零点 z_k 到点 $\mathrm{e}^{\mathrm{j}\omega}$ 的向量长度;θ_k,φ_k 分别为零点向量和极点向量的相角,分别是零点向量和极点向量与正实轴的夹角。这同样表明:离散时间 LTI 系统函数的零极点的位置决定了系统的频率特性。与连续时间情况一样,离散时间系统的幅频特性等于各零点向量模的乘积除以极点向量模的乘积,即

$$|H(\mathrm{e}^{\mathrm{j}\omega})| = H_0 \frac{\prod\limits_{k=1}^{M} B_k}{\prod\limits_{k=1}^{N} A_k} = H_0 \frac{B_1 B_2 \cdots B_M}{A_1 A_2 \cdots A_N} \tag{9.42}$$

相频特性为各零点向量和极点向量相位的代数和,即

$$\sphericalangle H(\mathrm{e}^{\mathrm{j}\omega}) = \pm(N-M)\omega + \sum_{k=1}^{M} \theta_k - \sum_{k=1}^{N} \varphi_k \tag{9.43}$$

由此,离散时间 LTI 系统的频率特性也可以完全用几何求值的方法得到,即在 z 平面内分别从零点和极点向单位圆上的点 $\mathrm{e}^{\mathrm{j}\omega}$ 做向量,当点 $\mathrm{e}^{\mathrm{j}\omega}$ 沿单位圆移动一周时,考察所有零点向量和极点向量的模和相位的变化,就得到了系统的频率特性。

例 9.14 某一稳定系统的系统函数为

$$H(z) = \frac{1}{1 + az^{-1}}, \quad |z| > a$$

当 $0<a<1$ 时,零极点分布如图 9.23 所示。根据零极点的分布,用几何求值的方法可以求得图中各零、极点向量的模和相位,零点向量为 $e^{j\omega}$,极点向量为 $Ae^{j\varphi}$,如图 9.24(a)所示。由向量图可知,系统的幅频特性为

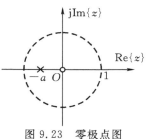

图 9.23　零极点图

$$|H(e^{j\omega})| = \frac{1}{A}$$

相频特性为

$$\angle H(e^{j\omega}) = \omega - \varphi$$

点 $e^{j\omega}$ 随着 ω 从 0 至 2π 沿着单位圆变化一周,零、极点向量均相应地改变。

在 $\omega=0$ 时,极点向量的模 A 最大,$|H(e^{j\omega})|$ 最小,而 $\omega=\pi$ 时,极点向量的模 A 最小,$|H(e^{j\omega})|$ 最大。随着 ω 从 0 至 2π 沿着单位圆变化一周,可以大致画出 $|H(e^{j\omega})|$ 的变化趋势,如图 9.24(b)所示。同样的分析,也可以画出相频特性的变化,如图 9.24(c)所示。

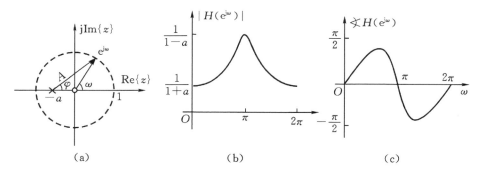

图 9.24　(a)零极点向量图;(b)幅频特性;(c)相频特性

不难看出,位于 $z=0$ 的零点或极点由于其向量的模为 1 不会影响系统的幅频特性,只会改变相频特性;此外,若有极点靠近单位圆,则当 ω 从 0 至 2π 沿着单位圆变化一周时,每经过极点附近时,幅频特性会出现峰值,极点距单位圆越近峰值就会越尖锐;若有零点靠近单位圆,每经过零点附近时,幅频特性会出现谷值。同时,在几何求值法中,还能使我们形象直观地观察到离散时间 LTI 系统频率特性的周期性、幅频特性的偶对称性和相频特性的奇对称性。

与连续时间系统相对应,同样可以验证:如果系统的零极点均在单位圆内,则是一个最小相移系统。如果系统的零极点以单位圆呈共轭倒量对称分布,则是一个全通系统。这些结论可以在后面的习题中得以验证。

9.9　单边 z 变换

9.9.1　单边 z 变换

与拉氏变换一样,z 变换也存在着单边、双边之分。前面的讨论都是针对双边 z 变换,本节将讨论单边 z 变换。单边 z 变换常用来分析增量线性系统(即初始条件不为零的线性常系数差分方程所描述的系统)。

时间信号 $x(n)$ 的单边 z 变换定义为

$$\mathscr{X}(z) = \sum_{n=0}^{+\infty} x(n)z^{-n} \tag{9.44}$$

与单边拉氏变换一样,信号 $x(n)$ 的单边 z 变换就是信号 $x(n)u(n)$ 的双边 z 变换。由于 $x(n)u(n)$ 是一个因果序列,因此单边 z 变换的收敛域一定位于最外部极点的外部并且包括 $|z|=\infty$。所以在讨论单边 z 变换时,不再强调其收敛域。单边 z 变换与双边 z 变换的区别仅在于求和区间。当信号 $x(n)$ 是一个因果序列时,其单边 z 变换与双边 z 变换相同,否则单边 z 变换与双边 z 变换是有区别的。

例 9.15 对于因果序列 $x(n)=a^n u(n)$,其单边 z 变换为

$$\mathscr{X}(z) = \sum_{n=0}^{+\infty} a^n u(n) z^{-n} = \sum_{n=0}^{+\infty} (az^{-1})^n = \frac{1}{1-az^{-1}}, \quad |z| > |a|$$

与 $x(n)$ 的双边 z 变换相同。

对于非因果序列 $x(n)=a^{n+1}u(n+1)$,其单边 z 变换为

$$\mathscr{X}(z) = \sum_{n=0}^{+\infty} a^{n+1} z^{-n} = a \sum_{n=0}^{+\infty} (az^{-1})^n = \frac{a}{1-az^{-1}}, \quad |z| > |a|$$

显然不同于 $x(n)$ 的双边 z 变换 $X(z)=\dfrac{z}{1-az^{-1}}$。

由于序列 $x(n)$ 的单边 z 变换就是序列 $x(n)u(n)$ 的双边 z 变换。因此,单边 z 反变换与双边 z 反变换有一样的表达式,即

$$x(n) = \frac{1}{2\pi j} \oint_c X(z) z^{n-1} dz \tag{9.45}$$

式(9.44)与式(9.45)一起构成了单边 z 变换对。

单边 z 变换的大多数性质与双边 z 变换相同,但是也有例外。其中之一就是移位性质,而这个性质在分析离散时间增量线性系统时是非常重要的。

移位性质:

若 $$x(n) \leftrightarrow \mathscr{X}(z)$$

则 $$x(n-1) \leftrightarrow z^{-1}\mathscr{X}(z) + x(-1)$$

证明:

$$\sum_{n=0}^{\infty} x(n-1) z^{-n} = \sum_{m=-1}^{\infty} x(m) z^{-(m+1)}$$

$$= x(-1) + z^{-1} \sum_{m=0}^{\infty} x(m) z^{-m}$$

$$= z^{-1}\mathscr{X}(z) + x(-1)$$

同理: $$x(n-2) \leftrightarrow z^{-2}\mathscr{X}(z) + z^{-1}x(-1) + x(-2)$$

$$x(n-n_0) \leftrightarrow z^{-n_0}\mathscr{X}(z) + z^{-n_0} \sum_{n=-n_0}^{-1} x(n) z^{-n}$$

对 $x(n)$ 的左移序列 $x(n+n_0)$ 应用单边 z 变换的定义,有

$$x(n+n_0) \leftrightarrow z^{n_0}\mathscr{X}(z) - z^{n_0} \sum_{n=0}^{n_0-1} x(n) z^{-n}$$

9.9.2 利用单边 z 变换分析增量线性系统

我们知道,对于连续时间增量线性系统,可以用单边拉氏变换直接进行分析。类似地,对离散时间增量线性系统,也可以直接利用单边 z 变换进行分析。

例如:初始条件为 $y(-2)=\dfrac{1}{2}$,$y(-1)=1$ 的线性常系数差分方程

$$y(n) - \frac{3}{4}y(n-1) + \frac{1}{2}y(n-2) = x(n)$$

所描述的系统是一个增量线性系统。若系统的输入信号 $x(n) = \left(\frac{1}{3}\right)^n u(n)$，求系统的输出 $y(n)$。

我们对该方程两边进行单边 z 变换，则有

$$\mathscr{Y}(z) - \frac{3}{4}\left[z^{-1}\mathscr{Y}(z) + y(-1)\right] + \frac{1}{2}\left[z^{-2}\mathscr{Y}(z) + z^{-1}y(-1) + y(-2)\right] = \mathscr{X}(z)$$

整理后有

$$\mathscr{Y}(z) = \frac{\mathscr{X}(z)}{1 - \frac{3}{4}z^{-1} + \frac{1}{2}z^{-2}} + \frac{\frac{3}{4}y(-1) - \frac{1}{2}z^{-1}y(-1) - \frac{1}{2}y(-2)}{1 - \frac{3}{4}z^{-1} + \frac{1}{2}z^{-2}}$$

上式中的第一项仅与输入信号和系统特性有关，对应于零状态响应；而第二项仅与系统的初始条件和系统特性有关，对应于零输入响应。可见通过单边 z 变换能直接得到系统的全响应表示。代入初始条件及 $\mathscr{X}(z)$ 后，可得

$$\mathscr{Y}(z) = \frac{1}{\left(1 - \frac{1}{3}z^{-1}\right)\left(1 - \frac{3}{4}z^{-1} + \frac{1}{2}z^{-2}\right)} + \frac{\frac{1}{2} - \frac{1}{2}z^{-1}}{1 - \frac{3}{4}z^{-1} + \frac{1}{2}z^{-2}}$$

$$= \left[\frac{\frac{4}{13}}{1 - \frac{1}{3}z^{-1}} + \frac{3}{1 - \frac{1}{2}z^{-1}} + \frac{\frac{3}{2}}{1 - z^{-1}}\right] + \frac{\frac{1}{2}}{1 - \frac{1}{2}z^{-1}}$$

进行反变换后，系统响应为

$$y(n) = \left[\frac{4}{13}\left(\frac{1}{3}\right)^n + \frac{7}{3}\left(\frac{1}{2}\right)^n + \frac{3}{2}\right]u(n)$$

综上所述，运用单边 z 变换分析增量线性系统的步骤是：

(1)对差分方程两边进行单边 z 变换，并代入初始条件；

(2)解出单边 z 变换 $\mathscr{Y}(z)$；

(3)对 $\mathscr{Y}(z)$ 进行反变换，求时域响应 $y(n)$。

例 9.16 已知由差分方程

$$y(n) - \frac{1}{2}y(n-1) - \frac{1}{2}y(n-2) = x(n) + x(n-1)$$

所描述的增量线性系统，其初始条件为 $y(-1)=1, y(-2)=1$，系统输入 $x(n) = (-1)^n u(n)$，求系统响应 $y(n)$。

对上述差分方程两边进行单边 z 变换，有

$$\mathscr{Y}(z) - \frac{1}{2}\left[z^{-1}\mathscr{Y}(z) + y(-1)\right] - \frac{1}{2}\left[z^{-2}\mathscr{Y}(z) + z^{-1}y(-1) + y(-2)\right]$$

$$= \mathscr{X}(z) + z^{-1}\mathscr{X}(z) + x(-1)$$

代入初始条件解得

$$\mathscr{Y}(z) = \frac{(1 + z^{-1})\mathscr{X}(z)}{1 - \frac{1}{2}z^{-1} - \frac{1}{2}z^{-2}} + \frac{\frac{1}{2}y(-1)(1 + z^{-1}) + \frac{1}{2}y(-2)}{1 - \frac{1}{2}z^{-1} - \frac{1}{2}z^{-2}}$$

代入 $\mathscr{X}(z) = \dfrac{1}{1+z^{-1}}$，有

$$\mathscr{Y}(z) = \frac{2 + \dfrac{1}{2}z^{-1}}{\left(1 + \dfrac{1}{2}z^{-1}\right)(1 - z^{-1})} = \frac{\dfrac{5}{3}}{1 - z^{-1}} + \frac{\dfrac{1}{3}}{1 + \dfrac{1}{2}z^{-1}}$$

对 $\mathscr{Y}(z)$ 进行反变换，有

$$y(n) = \left[\frac{5}{3} + \frac{1}{3}\left(-\frac{1}{2}\right)^n\right]u(n)$$

9.10　应用 Matlab 分析系统的时域、频域特性

Matlab 是进行系统分析与设计很方便掌握的辅助工具。本节通过一些例子来说明利用这一工具来分析系统的方法与语句，引导同学掌握利用先进的分析工具进行系统特性的方法。

练习 1　利用 Matlab 进行系统函数部分分式的展开

Matlab 中有专用的命令用于求系统函数的部分分式展开，即

$$[r, p, k] = \mathrm{residuez}(num, den)$$

其中 num 和 den 分别表示系统函数 $H(z)$ 中分子和分母多项式的系数向量，r 为各项部分分式的系数，p 为极点，k 为余项。若 $H(z)$ 为真分式，则 $k = 0$。

例 9.17　$H(z) = \dfrac{1 - z^{-1}}{1 + 3z^{-1} - 4z^{-2} - 12z^{-3}}$，求其 z 反变换 $h(n)$。

Program 1：

```
num = [1  -1]; den = [1 3  -4  -12];
[r,p,k] = residuez(num,den)
```

运行结果为：

```
r = 2.4000   -1.5000   0.1000
p = -3.0000   -2.0000   2.0000
k = []
```

部分分式展开为

$$H(z) = \frac{2.4}{1 + 3z^{-1}} - \frac{1.5}{1 + 2z^{-1}} + \frac{0.1}{1 - 2z^{-1}}$$

所对应的单位脉冲响应为 $h(n) = [2.4(-3)^n - 1.5(-2)^n + 0.1(2)^n]u(n)$。

练习 2　$H(z)$ 的零极点图与系统特性的 Matlab 分析

$H(z)$ 的零极点可用 Matlab 中的命令 tf2zp 给出

$$[z, p, k] = \mathrm{tf2zp}(num, den)$$

其中 num 和 den 分别表示系统函数 $H(z)$ 中分子和分母多项式的系数向量，z 为零点，p 为极点，k 为增益常数。

零极点图可用 Matlab 中的命令 zplane 画出；系统的单位冲激响应用 impluse 求出，而系统的频率响应用 freqs 求出。

例 9.18　应用 Matlab 画出系统函数为 $H(z) = \dfrac{1}{1 + \dfrac{5}{6}z^{-1} + \dfrac{1}{6}z^{-2}}$ 的零极点图、单位脉冲

响应和频率响应。

Program 2：

```
num = [1]; den = [1 5/6 1/6 ];
[z,p,k] = tf2zp(num,den);
figure
zplane(num,den);   % pole - zero - plot
title ('零极点图');
figure
freqz(num,den);   % frequency response
title('频率响应')
figure
impz(num,den);   % unit impluse response
title('单位脉冲响应');
```

运行结果如图 9.25 所示。

$$z = 0, p = -0.5000, -0.3333$$

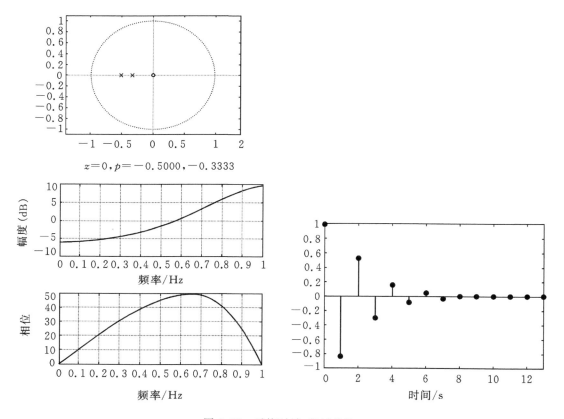

图 9.25　系统时域、频域特性

例 9.19　画出系统函数 $H(z)=1-z^{-N}$，$N=6$ 的零极点图及幅频特性；

Program 3：

```
num = [1 0 0 0 0 0 -1]; den = [1];
w = [0:1:500] * 2 * pi/500;
x1 = 1 - exp(-6 * j * w);
figure
zplane(num,den);
mangx = abs(x1); angx = angle(x1). * pi/180;
figure
subplot(2,1,1);plot(w/pi,mangx);
subplot(2,1,2);plot(w/pi,angx);
figure
impz(num,den);    % unit impluse response
```

运行结果如图 9.26 所示。

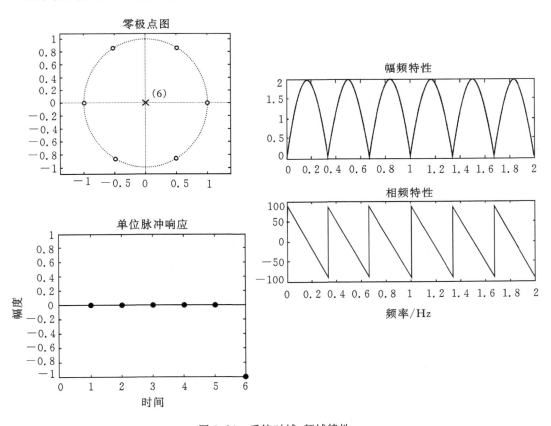

图 9.26　系统时域、频域特性

习 题

9.1 用定义求下列信号的 z 变换及收敛域。

(a)$\delta(n)-\dfrac{1}{2}\delta(n-2)$ (b)$u(n)+u(-n+3)$

(c)$\left(\dfrac{1}{2}\right)^{n}u(n-2)$ (d)$\left(\dfrac{1}{2}\right)^{n}u(-n)$

(e)$\left(\dfrac{1}{2}\right)^{|n|}$ (f)$e^{an}u(n)$

(g)$x(n)=\begin{cases}n^{2}, & n=1,2,3 \\ 1, & n\geqslant 4 \\ 0, & n\leqslant 0\end{cases}$ (h)$x(n)=\begin{cases}2^{n}, & n<0 \\ \left(\dfrac{1}{3}\right)^{n}, & n\geqslant 0\end{cases}$

9.2 假设 $x(n)$ 的 z 变换为

$$X(z)=\dfrac{1-\dfrac{1}{4}z^{-2}}{\left(1+\dfrac{1}{4}z^{-1}\right)\left(1+\dfrac{5}{4}z^{-1}+\dfrac{3}{8}z^{-2}\right)}$$

试画出 $X(z)$ 的零极点图,并求 $X(z)$ 可能的收敛域。

9.3 如果 $X(z)$ 代表 $x(n)$ 的 z 变换,R 代表它的收敛域,试用 $X(z)$ 和 R 确定下面每个序列 $y(n)$ 的 z 变换和相应的收敛域。

(a)$y(n)=x^{*}(n)$ (b)$y(n)=\mathrm{Re}\{x(n)\}$

(c)$y(n)=\sum\limits_{k=-\infty}^{n}x(k)$ (d)$y(n)=\sum\limits_{k=0}^{m}x(n-k)$

(e)$y(n)=\sum\limits_{k=-\infty}^{n}a^{k}x(k)$ (f)$y(n)=a^{n}\sum\limits_{k=-\infty}^{n}x(k)$

9.4 试用部分分式展开法求以下各式的 z 反变换。

(a)$\dfrac{1}{1+\dfrac{1}{2}z^{-1}}$, $|z|<\dfrac{1}{2}$ (b)$\dfrac{1-\dfrac{1}{2}z^{-1}}{1-\dfrac{1}{4}z^{-2}}$, $|z|>\dfrac{1}{2}$

(c)$\dfrac{z^{-1}}{1-\dfrac{3}{2}z^{-1}+\dfrac{1}{2}z^{-2}}$, $\dfrac{1}{2}<|z|<1$ (d)$\dfrac{1}{1+3z^{-1}+2z^{-2}}$, $|z|<1$

(e)$\dfrac{1}{\left(1-\dfrac{1}{2}z^{-1}\right)\left(1-\dfrac{1}{3}z^{-1}\right)}$, $\dfrac{1}{3}<|z|<\dfrac{1}{2}$ (f)$\dfrac{1+z^{-1}}{1-2z^{-1}\cos\omega_{0}+z^{-2}}$, $|z|>1$

9.5 已知 $x(n)$ 的 z 变换 $X(z)$ 为

$$X(z)=\dfrac{1}{\left(1+\dfrac{1}{3}z^{-1}\right)\left(1-\dfrac{4}{3}z^{-1}\right)}$$

(a)确定与 $X(z)$ 有关的所有可能的收敛域;

(b)求出所有可能收敛域所对应的离散时间序列 $x(n)$;

(c)确定以上哪种序列存在离散时间傅里叶变换。

9.6 用长除法求下列各式的 z 反变换,仅计算前 4 个点的函数值。

(a) $\dfrac{1}{1+\dfrac{1}{2}z^{-1}}$, $|z|>\dfrac{1}{2}$ 　　　　　　(b) $\dfrac{1+z^{-2}}{1+6z^{-1}+8z^{-2}}$, $|z|<2$

(c) $\dfrac{1+z^{-1}+z^{-2}}{1+3z^{-1}+2z^{-2}}$, $|z|>2$ 　　　　(d) $\dfrac{1-\dfrac{1}{2}z^{-1}}{1+\dfrac{3}{4}z^{-1}+\dfrac{1}{8}z^{-2}}$, $|z|<\dfrac{1}{4}$

9.7 对图 P9.7 所确定的离散时间 LTI 因果系统,求系统函数及其收敛域,并判断系统的稳定性。

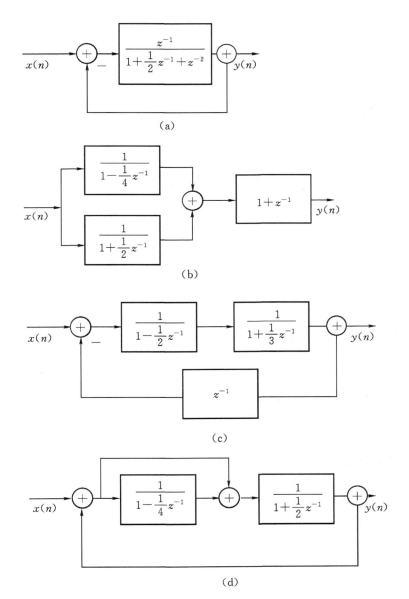

图 P9.7

9.8 对下列差分方程所描述的 LTI 因果系统,求系统的系统函数及单位脉冲响应。

(a)$y(n)-\dfrac{1}{2}y(n-1)=x(n)$

(b)$y(n)+2y(n-1)+2y(n-2)=x(n-1)+2x(n-2)$

(c)$y(n)-5y(n-1)+6y(n-2)=x(n)-3x(n-2)$

(d)$y(n)+3y(n-1)+3y(n-2)+y(n-3)=x(n)+x(n-2)+x(n-3)$

9.9 画出系统函数 $H(z)=\dfrac{-3z^{-1}}{1-\dfrac{5}{2}z^{-1}+z^{-2}}$ 的零极点图,写出与下列情况所对应的收敛域,并

求出相应的单位脉冲响应 $h(n)$。

(a)系统是因果的;(b)系统为反因果的;(c)系统是稳定的。

9.10 一个输入为 $x(n)$,输出为 $y(n)$ 的离散时间 LTI 系统,满足差分方程

$$y(n)+\frac{3}{4}y(n-1)+\frac{1}{8}y(n-2)=x(n)-\frac{1}{2}x(n-1)$$

求满足该方程的所有可能的单位脉冲响应,并指出它们的因果性与稳定性。

9.11 某离散时间 LTI 系统,当输入 $x_1(n)=\dfrac{3}{4}u(n)$,对应的响应

$$y_1(n)=\left[-\left(\frac{1}{3}\right)^{n+1}+1\right]u(n)$$

若输入 $x_2(n)=\left[\left(\dfrac{1}{2}\right)^n+(-1)^n\right]u(n)$,求系统的输出 $y_2(n)$。

9.12 对差分方程

$$y(n)+\frac{5}{6}y(n-1)+\frac{1}{6}y(n-2)=x(n)+\frac{1}{2}x(n-1)$$

所描述的 LTI 稳定系统,确定

(a)系统函数 $H(z)$;　　　　　　(b)单位脉冲响应 $h(n)$;

(c)若系统输入 $x(n)=u(n)$,求系统的响应 $y(n)$;

(d)如果系统输出 $y(n)=\left[2\left(-\dfrac{1}{3}\right)^n-3\left(-\dfrac{1}{2}\right)^n\right]u(n)$,求系统的输入 $x(n)$。

9.13 某离散时间 LTI 因果系统在 z 平面上的
零极点如图 P9.13 所示。已知系统的单
位脉冲响应 $h(n)$ 的初值 $h(0^+)=1$。

(a)确定系统函数 $H(z)$;

(b)求系统的单位脉冲响应 $h(n)$;

(c)写出系统的差分方程;

(d)求出一个满足该系统差分方程的稳定
系统的单位脉冲响应。

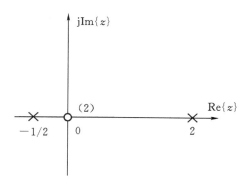

图 P9.13

9.14 某一离散时间 LTI 因果系统的零极点如图 P9.14所示,已知系统的单位脉冲响应 $h(n)$ 的终值 $\lim\limits_{n\to\infty}h(n)=1$。

(a)确定系统函数 $H(z)$;

(b)求系统的单位脉冲响应 $h(n)$;

(c)写出系统的差分方程;

(d)若系统的激励 $x(n)=(-2)^n u(n)$,求系统响应 $y(n)$。

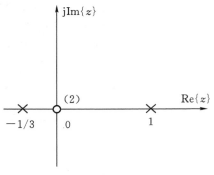

图 P9.14

9.15 已知系统由下列差分方程描述

$$y(n) = x(n) + \frac{3}{2}x(n-1) + \frac{1}{2}x(n-2)$$

(a)确定系统函数 $H_1(z)$,在 z 平面上画出它的零极点,并指出其收敛域;

(b)若要用一个离散时间 LTI 系统从 $y(n)$ 恢复 $x(n)$,求该系统的系统函数 $H_2(z)$;

(c)若 $H_2(z)$ 所表征的系统是稳定的,求其单位脉冲响应 $h_2(n)$。

9.16 考查图 P9.16 所示的离散时间 LTI 稳定系统。

(a)确定该系统的系统函数及收敛域;

(b)求出系统的频率响应、单位脉冲响应和单位阶跃响应;

(c)如果系统的输入 $x_1(n)=(-1)^n$,求系统响应 $y_1(n)$;

(d)若系统输入 $x_2(n)=(-1)^n u(n)$,求系统响应 $y_2(n)$。

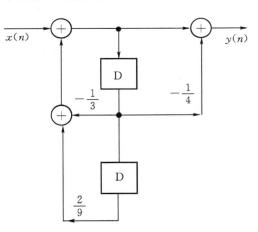

图 P9.16

9.17 一个离散时间 LTI 系统由图 P9.17 给出,且已知系统最初是松弛的。试求:

(a)系统的系统函数 $H(z)$;

(b)系统的单位脉冲响应 $h(n)$;

(c)画出系统的零极点图,并根据零极点图概略地绘出系统的幅频特性 $|H(e^{j\omega})|$。

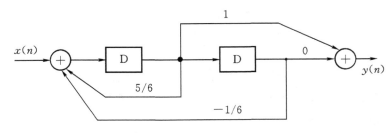

图 P9.17

9.18 某一个离散时间 LTI 系统的框图结构如图 P9.18 所示。已知该系统最初是松弛的。

试求：(a)系统的系统函数 $H(z)$；

(b)系统是否稳定？为什么？

(c)画出系统的零极点图,并粗略画出系统的幅频特性。

(d)当输入 $x(n)=\left(\dfrac{1}{2}\right)^{n}u(n)$时,求系统的输出 $y(n)$。

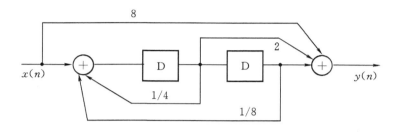

图 P9.18

9.18 某离散时间 LTI 系统的差分方程为

$$y(n)-ay(n-1)=bx(n)-x(n-1)$$

试确定使此系统成为一全通系统时的 b 值($b\neq a$)。

9.20 差分方程 $y(n)+\dfrac{1}{3}y(n-1)-\dfrac{2}{9}y(n-2)=x(n)$,描述了一个离散时间二阶因果系统,
其系统函数及收敛域为

$$H(z)=\frac{1}{1+\dfrac{1}{3}z^{-1}-\dfrac{2}{9}z^{-2}},\ |z|>\frac{2}{3}$$

(a)由于该系统的两个极点都是实极点,所以二阶系统可以由两个一阶系统的级联来实
现,其中一阶系统函数分别为

$$H_1(z)=\frac{1}{1-\dfrac{1}{3}z^{-1}}\ \text{和}\ H_2(z)=\frac{1}{1+\dfrac{2}{3}z^{-1}}$$

请利用这两个一阶系统的频率特性概略画出该系统的频率特性。

(b)若上述系统用两个一阶系统的并联来实现,其一阶系统函数分别为

$$H_1(z)=\frac{\dfrac{1}{3}}{1-\dfrac{1}{3}z^{-1}}\ \text{和}\ H_2(z)=\frac{\dfrac{2}{3}}{1+\dfrac{2}{3}z^{-1}}$$

试利用两个一阶系统的时域特性,求出二阶系统的单位脉冲及单位阶跃响应。

9.21 (a)离散时间系统函数的零极点如图 P9.21 所示。如果系统是稳定的,试用几何求值
法概略画出系统的频率特性,并给以必要的标注。

(b)(a)中图(b)所确定的系统频率响应的模是与频率 ω 无关的常数。因此我们称该系
统为全通系统。离散时间全通系统的零点 z_k 与极点 p_k 的分布有 $z_k=\dfrac{1}{p_k}$ 的对应关系,
即零点与极点镜象对称于单位圆。求上述全通系统的单位脉冲和单位阶跃响应。

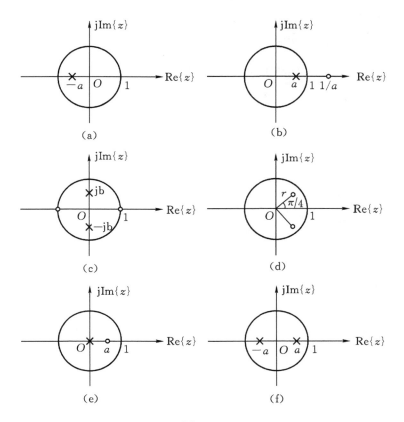

图 P9.21

9.22　利用单边 z 变换,求解由下列差分方程所描述的增量线性系统的响应 $y(n)$。

(a) $y(n) - \dfrac{1}{2}y(n-1) = x(n) + \dfrac{1}{2}x(n-1)$，$x(n) = u(n)$，$y(-1) = 1$

(b) $y(n) + 0.1y(n-1) - 0.2y(n-2) = 10x(n)$，$x(n) = u(n)$，$y(-1) = 4$，$y(-2) = 6$

(c) $y(n) + 2y(n) + 2y(n-1) + y(n-2) = \dfrac{4}{3}x(n)$

$\qquad x(n) = 3^n u(n)$，$y(-1) = 0$，$y(0) = \dfrac{3}{4}$

(d) $y(n) - 5y(n-1) + 6y(n-2) = x(n-2)$

$\qquad x(n) = u(n)$，$y(0) = 0$，$y(1) = 1$

9.23　某离散时间系统的差分方程为

$$y(n) - 3y(n-1) + 2y(n-2) = x(n-1) - 2x(n-2)$$

初始条件 $y(-2) = \dfrac{3}{2}$，$y(-1) = 1$。当加入激励信号 $x(n)$ 时,系统响应 $y(n) = (2^n - 1)u(n)$，

求系统激励信号 $x(n)$。

9.24　利用 Matlab 画出由下列系统函数 $H(z)$ 所描述系统的零极点图、系统的单位脉冲响应

与频率响应。

(a) $H(z) = \dfrac{1}{1 + \dfrac{1}{3}z^{-1} - \dfrac{2}{9}z^{-2}}, \quad |z| > \dfrac{2}{3}$

(b) $H(z) = 1 - z^{-1}$ (c) $H(z) = \dfrac{1}{3}(1 + z^{-1} + z^{-2})$ (d) $H(z) = 1 - z^{-5}$

(e) $H(z) = 1 + 2z^{-1} + z^{-2} + 2z^{-3}$

附录 A 部分分式展开

在信号与系统分析中,经常碰到以 $j\Omega, e^{j\omega}, s, z^{-1}$ 为变量的有理多项式的展开问题,下面就以有理真分式 $X(s)$ 为例,对其的部分分式展开进行讨论。

有理真分式 $X(s)$ 的一般形式是

$$X(s) = \frac{E(s)}{D(s)} = \frac{b_m s^m + b_{m-1} s^{m-1} + \cdots + b_0}{a_n s^n + a_{n-1} s^{n-1} + \cdots + a_0} \tag{A.1}$$

其中:a_k, b_k 均为实数;m, n 均为正整数,并且 $m < n$。对于上述有理真分式的展开可以分为以下两种情况进行。

A.1 $D(s)$ 的根都是单根

由于 $D(s)$ 是 s 的 n 次多项式,故可分解为 n 个因子的连乘

$$D(s) = a_n(s - s_1)(s - s_2)\cdots(s - s_n)$$

其中 $s_1, s_2, \cdots, s_n$ 为其单根。

$X(s)$ 可写为

$$X(s) = \frac{E(s)}{D(s)} = \frac{E(s)}{a_n(s - s_1)(s - s_2)\cdots(s - s_n)}$$

展开为部分分式之和,即

$$X(s) = \frac{1}{a_n}\left[\frac{K_1}{(s - s_1)} + \frac{K_2}{(s - s_2)} + \cdots + \frac{K_n}{(s - s_n)}\right] \tag{A.2}$$

式中:$K_1, K_2, \cdots, K_n$ 为 n 个待定系数,为了确定系数 K_k,可以利用留数法,在式(A.2)的两边乘以因子 $(s - s_k)$,再令 $s = s_k$,这样式(A.2)右边只剩下 K_k 项,于是

$$K_k = a_n\left[(s - s_k)X(s)\right]\big|_{s = s_k} \tag{A.3}$$

如果 $D(s)$ 的根中有复根,则一定共轭成对。从式(A.3)不难看出,展开式中两个共轭成对项的系数一定呈现共轭对称关系。

例 A.1 对多项式

$$X(s) = \frac{s^2}{\left(s - \frac{1}{4}\right)\left(s - \frac{1}{2}\right)(s - 1)}$$

进行部分分式展开,有

$$X(s) = \frac{K_1}{s - \frac{1}{4}} + \frac{K_2}{s - \frac{1}{2}} + \frac{K_3}{s - 1}$$

$$K_1 = X(s)\left(s - \frac{1}{4}\right)\bigg|_{s = \frac{1}{4}} = \frac{s^2}{\left(s - \frac{1}{2}\right)(s - 1)}\bigg|_{s = \frac{1}{4}} = \frac{1}{3}$$

$$K_2 = X(s)\left(s - \frac{1}{2}\right)\Big|_{s=\frac{1}{2}} = \frac{s^2}{\left(s - \frac{1}{4}\right)(s-1)}\Big|_{s=\frac{1}{2}} = -2$$

$$K_3 = X(s)(s-1)\Big|_{s=1} = \frac{s^2}{\left(s - \frac{1}{4}\right)\left(s - \frac{1}{2}\right)}\Big|_{s=1} = \frac{8}{3}$$

所以

$$X(s) = \frac{\dfrac{1}{3}}{s - \dfrac{1}{4}} - \frac{2}{s - \dfrac{1}{2}} + \frac{\dfrac{8}{3}}{s - 1}$$

例 A.2　将多项式

$$X(s) = \frac{s^2 + s}{\left[(s-1)^2 + 1\right](s-2)}$$

进行部分分式展开,便有

$$X(s) = \frac{K_1}{s-1+\mathrm{j}} + \frac{K_2}{s-1-\mathrm{j}} + \frac{K_3}{s-2}$$

$$K_1 = X(s)(s-1+\mathrm{j})\big|_{s=1-\mathrm{j}} = \frac{s^2+s}{(s-1-\mathrm{j})(s-2)}\Big|_{s=1-\mathrm{j}} = -1 + \frac{1}{2}\mathrm{j}$$

$$K_2 = X(s)(s-1-\mathrm{j})\big|_{s=1+\mathrm{j}} = \frac{s^2+s}{(s-1+\mathrm{j})(s-2)}\Big|_{s=1+\mathrm{j}} = -1 - \frac{1}{2}\mathrm{j}$$

$$K_3 = X(s)(s-2)\big|_{s=2} = \frac{s^2+s}{(s-1)^2+1}\Big|_{s=2} = 3$$

因此

$$X(s) = \frac{-1 + \dfrac{1}{2}\mathrm{j}}{s-1+\mathrm{j}} + \frac{-1 - \dfrac{1}{2}\mathrm{j}}{s-1-\mathrm{j}} + \frac{3}{s-2}$$

A.2　$D(s)$的根有重根

如果 $D(s)$ 的根有 p 阶重根 s_0,则 $D(s)$ 可写为

$$D(s) = a_n (s-s_0)^p (s-s_1)(s-s_2)\cdots(s-s_{n-p})$$

将 $X(s)$ 展开为部分分式有

$$X(s) = \frac{1}{a_n}\left[\frac{K_{0p}}{(s-s_0)^p} + \frac{K_{0p-1}}{(s-s_0)^{p-1}} + \cdots + \frac{K_{01}}{(s-s_0)} + \frac{K_1}{(s-s_1)} + \frac{K_2}{(s-s_2)} + \cdots + \frac{K_n}{(s-s_n)}\right]$$

$$\text{(A.4)}$$

式(A.4)两边同乘以$(s-s_0)^p$ 并令 $s=s_0$,可得

$$K_{0p} = a_n\left[(s-s_0)^p X(s)\right]\big|_{s=s_0} \tag{A.5}$$

依此类推,可得重根的部分分式系数的一般公式如下:

$$K_{0k} = \frac{a_n}{(p-k)!}\frac{\mathrm{d}^{p-k}}{\mathrm{d}s^{p-k}}\left[(s-s_0)^p X(s)\right]\big|_{s=s_0} \tag{A.6}$$

单根项的系数仍用前面所介绍的方法计算。

例 A. 3 求

$$X(s) = \frac{s+3}{(s+1)^3(s+2)}$$

部分分式展开式。对 $X(s)$ 进行部分分式展开，有

$$X(s) = \frac{K_{03}}{(s+1)^3} + \frac{K_{02}}{(s+1)^2} + \frac{K_{01}}{s+1} + \frac{K_1}{s+2}$$

$$K_{03} = (s+1)^3 X(s)\Big|_{s=-1} = \frac{s+3}{s+2}\Big|_{s=-1} = 2$$

$$K_{02} = \frac{\mathrm{d}}{\mathrm{d}s}\big[(s+1)^3 X(s)\big]\Big|_{s=-1} = \frac{-1}{(s+2)^2}\Big|_{s=-1} = -1$$

$$K_{01} = \frac{1}{2}\frac{\mathrm{d}^2}{\mathrm{d}s^2}\big[(s+1)^3 X(s)\big]\Big|_{s=-1} = \frac{1}{(s+2)^3}\Big|_{s=-1} = 1$$

$$K_1 = (s+2)X(s)\Big|_{s=-2} = \frac{s+3}{(s+1)^3}\Big|_{s=-2} = -1$$

所以

$$X(s) = \frac{2}{(s+1)^3} - \frac{1}{(s+1)^2} + \frac{1}{s+1} - \frac{1}{s+2}$$

附录 B　奇异函数

常规函数是用自变量与因变量之间的对应关系来定义的。一般说来,对于自变量的每一个值,如果因变量都有确定的值与之相对应,则称因变量是关于自变量的常规函数。常规函数可以有间断点,包括可去间断点、跳跃间断点和无穷间断点。

但是,也有一类函数与我们通常见到的函数不同,对它们无法用常规函数的定义方法来描述。这种函数需要用其在积分运算的背景下所起的作用来描述(或定义),这种函数就被称为奇异函数或广义函数。连续时间单位冲激信号 $\delta(t)$ 及其各阶导数就是这样的奇异函数。

连续时间单位冲激信号 $\delta(t)$ 作为一种奇异函数,我们在第 1 章已对其物理概念及其在极限意义下的定义方法作了说明,但从数学角度来说,这种定义仍然是不够严谨的。因为我们可以找出许多完全不同的信号,它们在极限的条件下都可以表现为单位冲激。如图 B.1 所示的几种信号,当 $\Delta \to 0$ 时,其宽度都趋于零,幅度趋于无穷大,而其面积始终保持为 1。之所以出现这种情况,是因为 $\delta(t)$ 这样的函数已经超出了常规函数的范畴,对这种函数的定义和运算都不能完全按照常规函数的方法去理解。

鉴于单位冲激函数在信号与系统分析中的重要作用,因而有必要利用广义函数或分配函数的理论对此作出严密正规的数学定义。

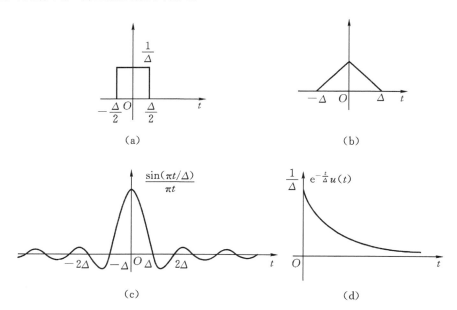

图 B.1　几种可逼近为 $\delta(t)$ 的函数波形

B.1 δ 函数及其性质

1950 年,施瓦兹(L. Schwartz)所建立的分配理论为奇异函数的定义奠定了基础。以"分配函数"或"广义函数"的概念来研究奇异函数,既可以给出其严格的数学定义,而且对其一系列的性质也可以作出严格的数学证明。

一个"分配函数(广义函数)"$g(t)$ 的定义,是其赋予检验函数 $p(t)$ 为一个数值 $N_g[p(t)]$ 的过程,表示为

$$N_g[p(t)] = \langle g(t), p(t) \rangle = \int_{-\infty}^{\infty} g(t)p(t)\mathrm{d}t \tag{B.1}$$

在式(B.1)中,若 $g(t)$ 和 $p(t)$ 都是普通函数,则式(B.1)就表示函数的内积运算,若 $g(t)$ 是广义函数,则 $g(t)$ 在普通函数概念下是无意义的,此时式(B.1)只是作为赋值的符号而言,不能将其作为一般的积分运算来对待。如果将冲激信号 $\delta(t)$ 理解为"分配函数",则按照分配函数或广义函数的理论,$\delta(t)$ 定义为

$$\int_{-\infty}^{+\infty} x(t)\delta(t)\mathrm{d}t = x(0) \tag{B.2}$$

其中,$x(t)$ 是在 $t = 0$ 连续的函数,通常被称为检验函数或试验函数。此定义表明:$\delta(t)$ 是这样一个函数,当它与检验函数相乘并做积分运算时,就为检验函数赋予了其在 $t = 0$ 时的值。

式(B.2)同时也给出了 $\delta(t)$ 的一个重要性质,这一性质称为 δ 函数的抽样性质。

根据以上定义,如果 $x(t) = 1$,则有

$$\int_{-\infty}^{+\infty} \delta(t)\mathrm{d}t = 1$$

如果 $x(t)$ 在 $t = 0$ 连续,则有

$$\int_{-\infty}^{+\infty} x(t)\delta(t)\mathrm{d}t = x(0) = x(0)\int_{-\infty}^{+\infty} \delta(t)\mathrm{d}t = \int_{-\infty}^{+\infty} x(0)\delta(t)\mathrm{d}t \tag{B.3}$$

因此有

$$x(t)\delta(t) = x(0)\delta(t) \tag{B.4}$$

类似地有

$$x(t)\delta(t - t_0) = x(t_0)\delta(t - t_0) \tag{B.5}$$

由式(B.4)不难推出

$$t\delta(t) = 0 \tag{B.6}$$

由式(B.5),相应地可得

$$\int_{-\infty}^{+\infty} x(t)\delta(t - t_0)\mathrm{d}t = x(t_0) \tag{B.7}$$

如果 $x(t)$ 是偶函数,即 $x(t) = x(-t)$,则由式(B.2)有

$$\int_{-\infty}^{+\infty} x(t)\delta(t)\mathrm{d}t = \int_{-\infty}^{+\infty} x(-t)\delta(t)\mathrm{d}t = \int_{-\infty}^{+\infty} x(t)\delta(-t)\mathrm{d}t = x(0)$$

可以得到

$$x(t)\delta(t) = x(t)\delta(-t),即$$
$$\delta(t) = \delta(-t) \tag{B.8}$$

这表明 $\delta(t)$ 是偶函数。

考虑积分

$$\int_{-\infty}^{+\infty} x(t)\delta(at)\mathrm{d}t$$

令 $at = \tau$，则有

$a > 0$ 时，$\int_{-\infty}^{+\infty} x(t)\delta(at)\mathrm{d}t = \dfrac{1}{a}\int_{-\infty}^{+\infty} x(\dfrac{\tau}{a})\delta(\tau)\mathrm{d}\tau = \dfrac{1}{a}x(0)$

$a < 0$ 时，$\int_{-\infty}^{+\infty} x(t)\delta(at)\mathrm{d}t = -\dfrac{1}{a}\int_{-\infty}^{+\infty} x(\dfrac{\tau}{a})\delta(\tau)\mathrm{d}\tau = -\dfrac{1}{a}x(0)$

综合以上两种情况，可得出

$$\int_{-\infty}^{+\infty} x(t)\delta(at)\mathrm{d}t = \frac{1}{|a|}x(0) = \frac{1}{|a|}\int_{-\infty}^{+\infty} x(\frac{\tau}{a})\delta(\tau)\mathrm{d}\tau$$

由此可得到

$$\delta(at) = \frac{1}{|a|}\delta(t) \tag{B.9}$$

B.2　δ 函数的微分与积分

根据广义函数或分配函数的理论，可以定义 $\delta(t)$ 的导数。$\delta(t)$ 的一阶导数 $\delta'(t)$ 定义为

$$\int_{-\infty}^{+\infty} x(t)\delta'(t)\mathrm{d}t = -x'(0) \tag{B.10}$$

其中 $x'(0)$ 是 $x(t)$ 的一阶导数在 $t = 0$ 时的值。$\delta'(t)$ 称为单位冲激偶，通常用图 B.2 所示的图形来表示。

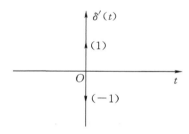

图 B.2　单位冲激偶

假定 $x(t) = 1$，则有

$$\int_{-\infty}^{+\infty} \delta'(t)\mathrm{d}t = 0 \tag{B.11}$$

如果 $x(t)$ 是奇函数，即 $x(t) = -x(-t)$，则由式(B.10) 有

$$\int_{-\infty}^{+\infty} x(t)\delta'(t)\mathrm{d}t = -\int_{-\infty}^{+\infty} x(-t)\delta'(t)\mathrm{d}t = -\int_{-\infty}^{+\infty} x(t)\delta'(-t)\mathrm{d}t$$

可得

$$\delta'(t) = -\delta'(-t) \tag{B.12}$$

这表明 $\delta'(t)$ 是奇函数。

普通函数 $f(t)$ 与冲激偶 $\delta'(t)$ 相乘，有

$$f(t)\delta'(t) = f(0)\delta'(t) - f'(0)\delta(t) \tag{B.13}$$

证明：

根据微分运算的法则及 $\delta(t)$ 的性质，有

$$\frac{\mathrm{d}}{\mathrm{d}t}[f(t)\delta(t)] = f(t)\delta'(t) + f'(t)\delta(t) = f(t)\delta'(t) + f'(0)\delta(t)$$

而

$$\frac{\mathrm{d}}{\mathrm{d}t}[f(t)\delta(t)] = \frac{\mathrm{d}}{\mathrm{d}t}[f(0)\delta(t)] = f(0)\delta'(t)$$

因此有

$$f(t)\delta'(t) = f(0)\delta'(t) - f'(0)\delta(t)$$

据此可以进一步推出

$$t\delta'(t) = -\delta(t) \tag{B.14}$$

$$t^2\delta'(t) = 0 \tag{B.15}$$

按照上述方法，可以推出 $\delta(t)$ 的高阶导数为

$$\int_{-\infty}^{\infty} x(t)\delta^{(n)}(t)\mathrm{d}t = (-1)^n \frac{\mathrm{d}^n x(t)}{\mathrm{d}t^n}\Big|_{t=0} \tag{B.16}$$

我们已经知道，单位冲激函数 $\delta(t)$ 的一次积分即为单位阶跃函数，即

$$u(t) = \int_{-\infty}^{t} \delta(t)\mathrm{d}t \tag{B.17}$$

单位阶跃函数已经是一个常规函数了。如果以 $u_{-2}(t)$ 表示 $\delta(t)$ 的二次积分，则有：

$$u_{-2}(t) = \int_{-\infty}^{t}\int_{-\infty}^{\tau}\delta(\lambda)\mathrm{d}\lambda\mathrm{d}\tau = \int_{-\infty}^{t} u(\tau)\mathrm{d}\tau = tu(t) \tag{B.18}$$

显然，此时 $u_{-2}(t)$ 也是一个常规函数。将以上结论推广到 $\delta(t)$ 的 n 次积分，则有

$$u_{-n}(t) = \underbrace{\int_{-\infty}^{t}\cdots\int_{-\infty}^{t}}_{n\uparrow}\delta(t)\underbrace{\mathrm{d}t\cdots\mathrm{d}t}_{n\uparrow} = \frac{t^{n-1}}{(n-1)!}u(t) \tag{B.19}$$

通过在分配函数的意义下对奇异函数定义方法的了解，开阔了审视各种函数的视野。

也使我们对包括连续时间单位冲激及其各阶导数在内的奇异函数所具有的诸多特性有了更加深入的理解。

参考文献

[1]　A. V. Oppenheim，A. S. Willsky，S. H. Nawab. Signals and System[M]. 2nd ed. Prentice-Hall. Inc. 1997.

[2]　A. V. 奥本海姆,等. 信号与系统[M]. 2 版. 刘树棠译. 西安:西安交通大学出版社,1998.

[3]　阎鸿森,王新凤,田惠生. 信号与线性系统[M]. 西安:西安交通大学出版社,1999.

[4]　郑君里,应启珩,杨为理. 信号与系统[M]. 3 版. 北京:高等教育出版社,2011.

[5]　郑君里,应启珩,杨为理. 信号与系统引论[M]. 北京:高等教育出版社,2009.

[6]　管致中,夏恭恪,孟桥. 信号与线性系统[M]. 北京:高等教育出版社,2004.

[7]　吴大正,杨林耀,张永瑞. 信号与线性系统分析[M]. 4 版. 北京:高等教育出版社,2005.

[8]　姜建国,曹建中,高玉明. 信号与系统分析基础[M] 北京:清华大学出版社,1994.

[9]　邹理和. 数字信号处理[M]. 北京:国防工业出版社,1985.

[10]　吴湘淇. 信号、系统与信号处理[M]. 北京:电子工业出版社,1996.

[11]　胡广书. 数字信号处理——理论、算法与实现[M]. 3 版. 北京:清华大学出版社,2012.

[12]　胡广书. 数字信号处理导论[M]. 2 版. 北京:清华大学出版社,2013.

[13]　高西全,丁玉美. 数字信号处理[M]. 3 版. 西安:西安电子科技大学出版社,2008.

[14]　P. A. 林恩著. 信号分析与处理导论[M]. 刘庆普,沈允春译. 宇航出版社,1990.

[15]　R. A. Gabel，R. A. Roberts. Signals and Linear Systems[M]. 3rd Edition，John wiley & Sons，Inc.，1987.

[16]　C. D. McGillem，G. R. Cooper. Continuous and Discrete Signal and System Analysis. 3rd Edition[M]. Holt，Rinehart and Winston Inc.，1991.

[17]　H. K wakernaak，R. Sivan. Modern Signals and Systems[M]. Prentice-Hall，Inc.，1991.

[18]　P. Kraniauskas. Transforms in Signals and Systems[M]. Addison wesley Publishing company Inc.，1992.

[19]　B. P. Lathi. Signals，Systems and Controls [M]. Intext Educational Publishers，1973.

[20]　B. P. Lathi 著,刘树棠等译,线性系统与信号[M]. 2 版. 西安:西安交通大学出版社,2005.

[21]　邢冀川,吴进,徐征. 数字信号处理原理及其 Labview 实现[M]. 北京:电子工业出版社,2013.

[22]　程佩青. 数字信号处理教程[M]. 4 版. 北京:清华大学出版社,2013.